"十四五"职业教育国家规划教材 修订版

逆向工程与快速成型技术应用

第 4 版

主　编　孙春华　李耀辉
副主编　陈雪芳　杜建红　李洪伟
参　编　宋佳成　齐腾博　汤　兵　张束胜

机械工业出版社

本书是"十四五"职业教育国家规划教材的修订版,也是全国机械行业职业教育优质规划教材、"十二五"江苏省高等学校重点教材的修订版。

本书从逆向工程与快速成型技术实际应用所需的素质、知识和技能要求出发,按照"数据采集→数模重构→快速制造"的产品快速开发流程设计项目,分解任务,并结合职业技能标准要求梳理本书的结构体系,着眼于素质养成、知识应用、技能培养,融"理论"与"实践"于一体。

本书分为两篇,共有 7 个项目,每个项目由多个任务构成。项目 1～3 为逆向工程技术篇,主要涉及数据采集和数模重构,详细介绍了不同的数据采集方法,以及利用 Geomagic Wrap 和 Geomagic Design X 软件进行数据处理和数模重构。项目 4～7 为快速成型技术篇,内容涵盖 FDM、SLA、LCD、DLP、3DP、SLS、SLM 快速成型技术,生物 3D 打印和金属增材制造技术,切片分层处理,成型材料和后处理,成型设备的操作,以及成型设备的维护保养与故障诊断。

本书可作为高等职业院校机械设计与制造、数字化设计与制造技术、机械制造及自动化、模具设计与制造、增材制造技术等专业,以及职教本科院校机械设计制造及自动化、材料成型及控制工程、工业设计等专业的教材,也可作为从事逆向工程与快速成型技术应用的技术人员的培训教材或参考书。

本书为立体化教材,配有教学资源和在线课程,包括电子课件、实操视频、练习数据等。凡购买本书的读者可登录机械工业出版社教育服务网(http://www.cmpedu.com)或课程网站(http://wzk.36ve.com),注册后免费下载和自学。

图书在版编目(CIP)数据

逆向工程与快速成型技术应用 / 孙春华,李耀辉主编 . --4 版 . -- 北京:机械工业出版社,2025.1(2025.3 重印). -- ISBN 978-7-111-76858-6

I . TH;TB4

中国国家版本馆 CIP 数据核字第 2024D124R9 号

机械工业出版社(北京市百万庄大街 22 号　邮政编码 100037)

策划编辑:王英杰　　　　　　责任编辑:王英杰　王　良
责任校对:郑　雪　张　薇　　封面设计:王　旭
责任印制:郜　敏

中煤(北京)印务有限公司印刷

2025 年 3 月第 4 版第 2 次印刷

184mm×260mm・18 印张・469 千字

标准书号:ISBN 978-7-111-76858-6

定价:54.00 元

电话服务　　　　　　　　　　　网络服务

客服电话:010-88361066　　　机　工　官　网:www.cmpbook.com
　　　　　010-88379833　　　机　工　官　博:weibo.com/cmp1952
　　　　　010-68326294　　　金　　书　　网:www.golden-book.com

封底无防伪标均为盗版　　机工教育服务网:www.cmpedu.com

前言

逆向工程、快速成型（又称增材制造、3D 打印）技术已成为产品快速开发的一种重要手段，被广泛应用于家电、汽车、航空航天、生物医学、建筑和艺术等领域。随着"工业4.0"时代的到来，我国工业由传统制造业不断向数字化和智能化的方向发展，越来越多的企业将逆向工程和快速成型技术引入产品创新设计制造中，对具备逆向设计和快速成型知识及能力的高素质技术技能型人才的需求也日益迫切。

为全面贯彻落实党的二十大报告中"深入实施科教兴国战略、人才强国战略""制造强国"的部署，推动三维数字化和快速成型技术的普及，提升产业创新驱动能力，支撑装备制造业转型升级，满足创新型国家建设的人才需求，本书以逆向工程与快速成型技术应用为背景，融逆向设计与快速制造为一体，以教书育人为主旨，以技术应用为重点，从逆向工程与快速成型技术的应用能力要求出发，遵循"项目引领、任务驱动、做学导合一"的职业教育课程改革理念，按照"数据采集→数模重构→快速制造"的产品快速开发流程，设计项目，分解任务，达到掌握和应用逆向工程与快速成型技术知识和能力的课程目标。本书具有如下特色：

1. 重视素质教育，落实立德树人根本任务

贯彻"弘扬科学家精神、涵养优良学风"的理念，深入挖掘逆向工程与快速成型技术发展中科学家和大国工匠的家国情怀、科学思维、工匠精神等，作为教学育人元素，构建教材思政内容，培养学生的民族自信、组织管理、团队协作、规范操作、问题分析、质量控制、创新意识等方面的意识和职业素养。

2. 紧扣项目任务实施，融"知识学习、技能提升、素质培养"于一体

案例选自大赛题目和企业生产实际，涵盖艺术、机械和汽车行业的典型产品，由简入繁。以此为载体，按照快速开发流程，以项目下达、任务实施、结果评价构建内容，使学生对产品的快速开发有整体的认识。通过知识链接、任务实施、实际操作的有机结合，将知识和技能、重点和难点贯穿于项目布置和任务实施中，践行"做中学，学中做"的职教理念，培养学生产品快速开发的技术应用能力。

3. 紧跟新技术发展，及时动态更新教材内容

内容选取上，力求反映逆向工程和快速成型技术的最新发展应用，将逆向设计和数据采集的新方法、快速成型的新技术和新工艺、增材制造行业新标准等融入教材内容。结合1+X 证书制度的落实，助力技能大赛技能的培养，实现岗课赛证融通。在课程网站（http://wzk.360ve.com）开设新技术、新工艺、新方法专栏，及时发布，动态更新，以补充书本内容。

4. 多方合作共同开发数字资源库，本书内容呈现多样化

本书注重学校与企业、行业以及院校间的合作，深化逆向工程与快速成型领域的产教研

融合，多方合作遴选教学案例、协同开发课程资源。将本书中的知识点、设备操作、软件使用、案例实施等内容，以 PPT、微课、视频、动画等形式呈现，并以二维码的形式置于教材相关内容处，便于学生利用碎片化时间，随时随地扫描观看。同时开发了课程网站，既有对教材内容的延伸，也有对教材内容的补充。

本书编写团队由教学经验丰富的一线骨干教师和技术能力强的企业工程技术人员组成。本书是在编者多年教学与工程实践基础上编写而成的，由苏州市职业大学孙春华教授、李耀辉副教授担任主编，苏州市职业大学陈雪芳教授、杜建红教授和李洪伟讲师担任副主编；江苏奇迹智能制造科技有限公司销售总监宋佳成、中瑞智创三维科技股份有限公司工程师齐腾博、江苏薄荷新材料科技有限公司总经理汤兵、苏州博理新材料科技有限公司副总经理张束胜等参加编写。全书由孙春华统稿、定稿。

在本书的编写过程中，还得到苏州西博三维科技有限公司、北京赛育达科教有限责任公司等企业人员的大力支持和帮助，在此表示衷心的感谢！本书编写还得到杭州机电职业学校、安徽国防科技职业学院、苏州市职业大学等 10 余所院校师生的支持和帮助，在此不一一列举，一并表示真诚感谢！

由于编者水平有限，书中难免存在疏漏及不足之处，恳请读者批评指正，提出宝贵意见。

编　者

二维码清单

名称	图形	页码	名称	图形	页码
1-1 逆向工程应用的成功案例		12	2-8 EXA Scan 扫描仪的使用		41
1-2 逆向工程技术的创新应用		16	2-9 接触式和激光（非接触式）扫描组合实例		45
1-3 先进产品能通过逆向仿制出来吗？——以航空发动机为例		16	2-10 逆向数据采集—脸谱实例		45
1-4 增材制造模型设计职业技能等级证书标准		17	3-1 多视角扫描数据的注册对齐—1点注册		49
2-1 三坐标测量机的工作原理		20	3-2 多视角扫描数据的注册对齐—n点注册		49
2-2 Sense 3D 手持式扫描仪的软件安装与连接		25	3-3 多视角扫描数据的联合点对象对齐		49
2-3 Sense 3D 手持式扫描仪的使用		26	3-4 模型表面孔洞填充		50
2-4 Win3DD 单目三维扫描仪的标定		29	3-5 模型表面平滑处理		50
2-5 Win3DD 单目三维扫描仪的使用		31	图 3-21 表面质量与精度分析		62
2-6 XTOM 型三维光学扫描仪的使用		35	图 3-31 自动分割划分领域		74
2-7 EXA Scan 扫描仪的组成和连接		40	图 3-32 手动划分领域		74

（续）

名称	图形	页码	名称	图形	页码
图 3-33　合并领域		74	图 3-100　"淋浴花洒"偏差分析结果		95
图 3-34　扩大或缩小领域操作		74	图 3-103　显示模型颜色		96
3-6　石膏头像扫描数据预处理—点阶段处理		77	3-12　淋浴花洒扫描数据预处理—多边形处理		97
图 3-42　调整模型显示视角		78	3-13　淋浴花洒数模重构—坐标对齐		100
图 3-43　反转选区设置		78	3-14　淋浴花洒参照基准创建及坐标对齐（拓展）		101
图 3-47　体外孤点删除结果		79	3-15　淋浴花洒坐标对齐（3-2-1方式）		102
图 3-50　"全局注册"对话框及注册结果		79	3-16　淋浴花洒数模重构—拟合上表面（放样）		102
3-7　石膏头像扫描数据预处理—多边形处理		81	3-17　淋浴花洒上表面放样编辑及与面片拟合对比		103
3-8　石膏头像数模重构—模型坐标对齐		83	3-18　"传统境界拟合"构建淋浴花洒上表面		104
3-9　石膏头像数模重构—创建底座		86	3-19　淋浴花洒数模重构—拟合底部曲面		104
图 3-76　底座草图及封闭性检查		86	图 3-129　创建底部领域		104
3-10　石膏头像数模重构—头像创建及文件输出		87	3-20　淋浴花洒数模重构—放样上下曲面过渡面		104
图 3-90　模型精度分析		89	图 3-136、图 3-137　放样偏差分析与精度改善		105
3-11　淋浴花洒扫描数据预处理—点云处理		91	3-21　淋浴花洒数模重构—拟合出水口侧面		106

（续）

名称	图形	页码	名称	图形	页码
图 3-143　倒圆角 1		107	3-30　风扇数模重构—基座及叶片创建（拓展）		119
图 3-148　淋浴花洒侧面和表面的曲面精度		108	3-31　风扇数模重构—叶片创建及偏差分析		119
3-22　淋浴花洒数模重构—曲面裁剪及镜像		108	3-32　风扇数模重构拓展—偏差分析		122
图 3-155　曲面闭合性检查		110	图 3-199　风扇偏差分析		122
3-23　淋浴花洒数模重构—创建淋浴花洒尾部特征		110	3-33　后视镜外罩扫描数据预处理		123
3-24　淋浴花洒数模重构—创建出水口特征		111	3-34　后视镜外罩数模重构—创建侧面 1 和侧面 2		124
3-25　淋浴花洒数模重构—偏差分析及文件输出		112	图 3-206　划分领域		126
图 3-171　花洒重构精度分析		113	3-35　后视镜外罩数模重构—放样顶面		127
3-26　散热器风扇扫描数据预处理		114	3-36　后视镜外罩数模重构—剪切顶面和尾部		128
3-27　风扇数模重构—坐标对齐		117	3-37　后视镜外罩数模重构—曲面间放样连接、重构质量分析		129
图 3-180　自动划分领域		117	图 3-219　曲面偏差和质量分析		130
图 3-181　合并圆柱表面领域		117	3-38　鼠标外壳坐标对齐（X-Y-Z）		139
3-28　风扇数模重构—坐标对齐（回转精灵）		118	3-39　参照平面创建		139
3-29　风扇数模重构—创建基座及叶片		118	3-40　人像扫描数据		141

(续)

名称	图形	页码	名称	图形	页码
3-41 摩托车挡泥板扫描数据		141	4-7 增材制造人才需求分析		192
3-42 洗衣液瓶扫描数据		142	5-1 UG软件输出STL文件的方法及步骤		198
3-43 凸台扫描数据		142	5-2 Miracle切片软件的安装		213
4-1 了解快速成型技术		146	5-3 Miracle切片软件基本功能简介		213
4-2 SLA成型原理及工艺特点		150	5-4 Miracle切片软件模型操作功能简介		215
4-3 LOM成型原理及工艺特点		154	5-5 分层基本参数介绍		215
4-4 SLS成型原理及工艺特点		155	5-6 支撑的设置		215
4-5 FDM成型原理及工艺特点		156	5-7 头像分层切片处理		219
图4-20 三维喷涂粘结制作的原型		159	7-1 Miracle 3D打印机的基本操作		242
图4-22 不同材料打印不同用途的零件		160	7-2 人体头像的FDM制作		242
4-6 生物3D打印		160	7-3 ChiTuBox用户手册		249
图4-23 生物3D打印原理		161	7-4 后视镜外罩的切片处理		251
图4-32 不同打印工艺打印的复杂组织器官		164	7-5 后视镜外罩的成型及后处理		253
图4-44 快速成型技术在汽车上的应用		175	7-6 ComeTrue Slice软件操作手册		256

二维码清单

（续）

名称	图形	页码	名称	图形	页码
7-7　ComeTrue Slice 软件使用		256	7-12　取件及后处理		263
7-8　Mint-200 全彩 3D 打印技术使用手册		259	7-13　iSLM280 设备说明书		264
7-9　胶水、清洁液及打印墨头的安装		260	7-14　淋浴花洒及支架的分层切片处理		265
7-10　补粉铺粉及列印校正		260	7-15　淋浴花洒和支架的 SLM 制造		265
7-11　石膏头像的 3DP 成型		261			

目录

前言

二维码清单

上篇　逆向工程技术

项目1　逆向工程技术概述 …………… 2
　任务1.1　掌握逆向工程技术的定义 ………… 2
　　1.1.1　初识逆向工程技术 ……………… 3
　　1.1.2　逆向工程技术的定义 …………… 4
　任务1.2　熟悉逆向工程技术的实施流程
　　　　　和条件 …………………………… 5
　　1.2.1　逆向工程技术的实施流程 ……… 5
　　1.2.2　逆向工程技术的实施条件 ……… 8
　任务1.3　了解逆向工程技术的应用和发展 …… 10
　　1.3.1　逆向工程技术的应用 …………… 10
　　1.3.2　逆向工程技术的发展 …………… 12
　任务1.4　清晰逆向工程技术对产品创新设计的
　　　　　作用 ………………………………… 13
　　1.4.1　产品创新设计的步骤和方法 …… 14
　　1.4.2　逆向工程在产品创新设计中的
　　　　　作用 ……………………………… 15
　项目总结 ………………………………………… 16
　项目训练与考核 ………………………………… 17
　思考题 …………………………………………… 17

项目2　逆向数据采集 ………………… 18
　任务2.1　了解数据采集方法的分类和特点 …… 18
　　2.1.1　数据采集方法的分类 …………… 19
　　2.1.2　接触式数据采集 ………………… 19
　　2.1.3　非接触式光学扫描 ……………… 21
　　2.1.4　非接触式非光学扫描 …………… 22

　　2.1.5　各种数据采集方法的比较 ……… 23
　任务2.2　使用Sense 3D手持式扫描仪采集
　　　　　人体头像数据 …………………… 25
　　2.2.1　Sense 3D手持式扫描仪简介 …… 25
　　2.2.2　人体头像的数据采集 …………… 26
　任务2.3　使用Win3DD单目三维扫描仪采集
　　　　　石膏头像数据 …………………… 28
　　2.3.1　Win3DD单目三维扫描仪简介 … 28
　　2.3.2　Win3DD单目三维扫描仪的标定 … 29
　　2.3.3　石膏头像的数据扫描 …………… 31
　任务2.4　使用XTOM型三维光学面扫描仪采集
　　　　　汽车散热器风扇外形数据 ……… 34
　　2.4.1　XTOM型三维光学面扫描仪简介 … 35
　　2.4.2　风扇的数据采集 ………………… 35
　任务2.5　使用EXA Scan手持式三维扫描仪
　　　　　采集汽车后视镜外罩数据 ……… 39
　　2.5.1　EXA Scan手持式三维扫描仪简介 … 39
　　2.5.2　EXA Scan手持式三维扫描仪的组成
　　　　　和连接 …………………………… 40
　　2.5.3　后视镜外罩的数据采集 ………… 40
　项目总结 ………………………………………… 44
　项目训练与考核 ………………………………… 45
　思考题 …………………………………………… 45

项目3　数据处理及数模重构 ………… 47
　任务3.1　Geomagic Wrap软件认知 ………… 47

3.1.1 逆向设计的工作流程 ………… 48
3.1.2 Geomagic Wrap 软件的主要作用和
功能 …………………………… 49
3.1.3 Geomagic Wrap 软件的基本操作 … 50
3.1.4 基本操作实例 ………………… 54
任务 3.2 Geomagic Design X 软件认知 …… 57
3.2.1 Geomagic Design X 软件的工作
流程 …………………………… 57
3.2.2 Geomagic Design X 软件的界面及
主要功能 ……………………… 58
3.2.3 Geomagic Design X 软件的基本
操作 …………………………… 68
任务 3.3 石膏头像的数据处理与数模重构 … 76
3.3.1 石膏头像的点云数据处理 …… 76
3.3.2 石膏头像的多边形数据处理 … 81
3.3.3 石膏头像的数模重构 ………… 83

任务 3.4 淋浴花洒的数据处理与数模重构 … 90
3.4.1 淋浴花洒的点云数据处理 …… 91
3.4.2 淋浴花洒的多边形数据处理 … 97
3.4.3 淋浴花洒的数模重构 ………… 99
任务 3.5 汽车散热器风扇的数据处理与数模
重构 …………………………………… 113
3.5.1 风扇的数据处理 ……………… 114
3.5.2 风扇的数模重构 ……………… 116
任务 3.6 汽车后视镜外罩的数据处理与数模
重构 …………………………………… 122
3.6.1 后视镜外罩的数据处理 ……… 123
3.6.2 后视镜外罩的数模重构 ……… 124
任务拓展 花洒支架的创新设计 …………… 131
项目总结 …………………………………… 137
项目训练与考核 …………………………… 140
思考题 ……………………………………… 141

下篇 快速成型技术

项目 4 快速成型技术概述 …………… 144
任务 4.1 了解快速成型技术原理 ………… 144
4.1.1 物体成型的方式 ……………… 145
4.1.2 快速成型技术的定义 ………… 146
4.1.3 快速成型技术的原理与流程 … 146
4.1.4 快速成型技术的优缺点 ……… 148
任务 4.2 熟知快速成型技术典型工艺 …… 149
4.2.1 快速成型技术的分类 ………… 149
4.2.2 固化成型工艺 ………………… 150
4.2.3 片材成型工艺 ………………… 154
4.2.4 烧结成型工艺 ………………… 155
4.2.5 熔融成型工艺 ………………… 156
4.2.6 粘结成型工艺 ………………… 158
4.2.7 生物组织制造工艺 …………… 160
4.2.8 典型工艺的比较和选择 ……… 165
任务 4.3 了解金属增材制造技术 ………… 166
4.3.1 金属增材制造技术的分类 …… 167
4.3.2 金属增材制造技术的工作原理 … 167
4.3.3 金属增材制造技术的特点 …… 169
任务 4.4 了解快速成型技术的应用与发展 … 170

4.4.1 快速成型技术的典型应用 …… 171
4.4.2 快速成型技术的简要发展史 … 184
4.4.3 快速成型技术的发展现状 …… 185
4.4.4 快速成型技术的发展趋势 …… 187
4.4.5 我国发展快速成型产业的重要战略
意义 …………………………… 188
任务拓展 了解增减材复合加工技术 ……… 189
项目总结 …………………………………… 190
项目训练与考核 …………………………… 191
思考题 ……………………………………… 191

项目 5 快速成型数据模型的前处理 …… 193
任务 5.1 快速成型数据处理流程 ………… 193
5.1.1 快速成型数据处理流程简介 … 194
5.1.2 快速成型模型的数据来源 …… 194
任务 5.2 STL 文件及其缺陷检测与修复 … 195
5.2.1 STL 文件简介 ………………… 195
5.2.2 STL 文件的缺陷类型 ………… 199
5.2.3 STL 文件的快速检查与修复 … 200
任务 5.3 三维模型的分层处理 …………… 204

5.3.1　模型的分割 ····················· 205
　　5.3.2　成型方向的选择 ················ 206
　　5.3.3　多模型的摆放 ·················· 207
　　5.3.4　支撑的设置 ···················· 208
　　5.3.5　台阶效应 ······················ 209
　　5.3.6　层片扫描路径 ·················· 210
　　5.3.7　Gcode 文件简介 ················ 211
　　5.3.8　分层处理案例 ·················· 212
项目总结 ································· 219
项目训练与考核 ·························· 220
思考题 ··································· 221

项目 6　快速成型材料及后处理 ······ 222

任务 6.1　认识快速成型材料 ············ 222
　　6.1.1　快速成型工艺对材料性能的基本
　　　　　要求 ·························· 223
　　6.1.2　快速成型工艺常用的材料 ······ 223
　　6.1.3　主要成型材料的优缺点分析 ···· 229
　　6.1.4　国内快速成型材料的发展 ······ 229
任务 6.2　不同材料成型件的后处理方法 ·· 230
　　6.2.1　对快速成型件的一般要求 ······ 231
　　6.2.2　不同材料成型件的支撑去除 ···· 231
　　6.2.3　不同工艺成型件的表面处理 ···· 233
　　6.2.4　其他处理方法 ················· 235
任务 6.3　不同工艺快速成型件的后处理
　　　　　流程 ···························· 236
　　6.3.1　FDM 成型件的后处理流程 ······ 237
　　6.3.2　SLA 成型件的后处理流程 ······ 238
　　6.3.3　SLS 成型件的后处理流程 ······ 239
项目总结 ································· 239
项目训练与考核 ·························· 240
思考题 ··································· 240

项目 7　快速成型件的制作 ··········· 241

任务 7.1　基于熔融沉积成型（FDM）制作
　　　　　人体头像 ······················ 241

　　7.1.1　Miracle S2- 桌面级 3D 打印机
　　　　　简介 ·························· 242
　　7.1.2　人体头像的 FDM 快速成型 ····· 242
任务 7.2　基于光固化成型（SLA）制作汽车散
　　　　　热器风扇 ······················ 244
　　7.2.1　Magics RP 软件简介 ··········· 245
　　7.2.2　SL300 光固化打印机介绍 ······ 245
　　7.2.3　风扇的 SLA 快速成型 ········· 246
任务 7.3　基于光固化工艺（LCD）制作后
　　　　　视镜外罩 ······················ 249
　　7.3.1　ChiTuBox 软件简介 ············ 249
　　7.3.2　LCD 成型设备介绍 ············ 250
　　7.3.3　后视镜外罩的 LCD 快速成型 ···· 251
任务 7.4　基于粉末粘接工艺（3DP）制作石膏
　　　　　头像 ·························· 255
　　7.4.1　3DP 成型设备简介 ············· 256
　　7.4.2　ComeTrue Slice 切层软件简介 ··· 256
　　7.4.3　Mint-200 全彩 3D 打印机使用前的
　　　　　准备工作 ······················ 259
　　7.4.4　使用 Mint-200 全彩 3D 打印机制作
　　　　　头像 ·························· 261
任务 7.5　基于金属熔化成型（SLM）3D 打印
　　　　　系统制作淋浴花洒和支架 ········ 263
　　7.5.1　ZRapid iSLM280 设备简介 ······ 264
　　7.5.2　淋浴花洒和支架的 SLM 制作 ··· 265
任务拓展　了解硅胶复模技术 ············ 269
项目总结 ································· 272
项目训练与考核 ·························· 273
思考题 ··································· 273

附录　快速成型领域常用的缩略词 ····· 274

参考文献 ···························· 276

上篇

逆向工程技术

项目 1

逆向工程技术概述

项目简介

逆向工程（Reverse Engineering，RE）技术，是 20 世纪 80 年代末发展起来的一门新技术，已用于产品的仿制、改进及创新设计，是引进消化吸收先进技术和缩短产品设计开发周期的重要支撑手段，在机械、航空、汽车、医疗、艺术等领域获得广泛的应用。围绕逆向工程技术与科技创新间存在什么样的关系？逆向工程技术将如何助推科技创新人才的培养等问题，本项目分解为如下四个任务：掌握逆向工程技术的定义、熟悉逆向工程技术的实施流程和条件、了解逆向工程技术的应用与发展、清晰逆向工程技术对产品创新设计的作用。通过本项目各任务的实施，将达成下列目标：

素质目标	知识目标	能力目标
（1）愿意学习，能进行条理分析和归纳总结，独立思考，解决问题 （2）能客观评价事物，评价自己和他人，能接受他人对自己的批评和改进意见 （3）能从新技术的发展应用中，激发出科技报国的家国情怀和使命担当 （4）具备应用新技术，进行产品创新设计的思维	（1）了解逆向工程技术的概念及内涵 （2）熟悉逆向工程技术的工作流程 （3）知晓逆向工程技术的实施条件 （4）知道逆向工程技术与产品创新的关系	（1）能够理解和接受逆向工程技术的概念 （2）能够了解逆向工程技术的应用目的和意义 （3）知道应用逆向工程技术的软硬件条件 （4）能够理解逆向工程技术对产品创新所起的作用

任务 1.1　掌握逆向工程技术的定义

任务引入

逆向工程技术产生于 20 世纪 80 年代末至 90 年代初。最先关注逆向工程技术领域的是欧美的许多学校及工业界。随着科技的发展和消费水平的提高，以及各行业对缩短产品开发周期、节省产品成本、定制个性化需求的日益迫切，逆向工程技术很快就引起了各国学术界的普遍重视，取得了令人瞩目的研究成果。很多国家纷纷将逆向工程技术应用于先进技术的引进消化吸收方面，以开发出更具竞争力的产品，建立符合本国国情的科技创新体系，缩短与发达国家的差距。逆向工程技术在获得赞誉的同时，也出现不同的声音，认为该技术是抄袭、仿制先进产品的工具,侵犯了知识产权,扰乱了正常的竞争秩序。那么逆向工程技术到底是一种什么样的技术?下面将开启我们的逆向工程技术之旅,了解逆向工程技术的概念和特点。

任务分析

　　逆向工程技术的发展应用一直都备受争议。逆向工程技术到底是好是坏?对此我们需要首先了解该技术,深入分析该技术的特点,才能给予客观的评价。本任务以汽车仪表板的设计开发为例,根据逆向工程技术在产品开发中所发挥的作用,给出基于实物的逆向工程技术的定义。对比采用逆向工程技术开展的"逆向设计"与常规"正向设计"的特点,介绍了逆向工程技术应用的几个层面,分析逆向工程技术应用的目的和意义。

难点和重点

　　难点:如何理解逆向工程技术实施的目的是为了创新。
　　重点:理解逆向工程技术的内涵。

任务实施

1.1.1　初识逆向工程技术

　　逆向工程技术可以简单地理解为从产品实物本身提取关于此产品信息的过程。下面通过一个典型案例来认识一下逆向工程技术的工作过程和所发挥的作用。
　　图 1-1 所示为汽车仪表板逆向设计开发的过程。首先根据最初的概念产品制作油泥模型;然后利用扫描仪采集油泥模型数据,再根据采集数据重构 CAD 模型,完成详细的结构设计;进一步制造出样品,在车辆上安装调试后,再正式投产制造,从而完成仪表板的设计。在该产品的开发过程中,运用采集油泥模型的点云数据进行模型重构,获得原 CAD 模型,在此基础上重新设计或改型设计,这就是逆向工程技术的工作过程。

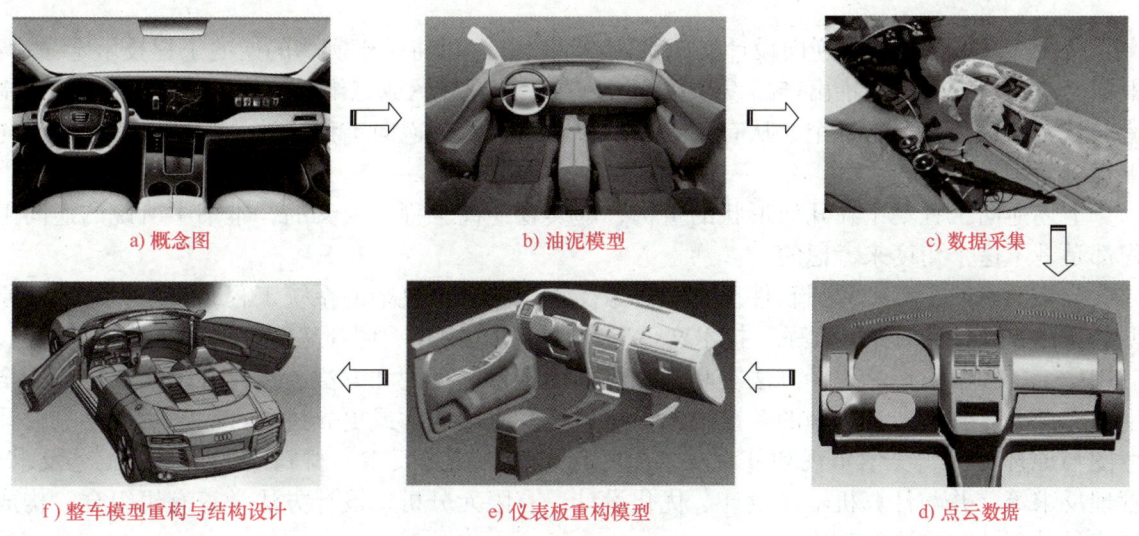

a) 概念图　　　　　b) 油泥模型　　　　　c) 数据采集
f) 整车模型重构与结构设计　　e) 仪表板重构模型　　d) 点云数据

图 1-1　汽车仪表板的逆向设计开发过程

概括来说，目前新产品的开发有两种模式。一种是以逆向工程技术的应用为核心，即以已有产品为蓝本，在消化吸收的基础上，进行新产品设计的方法，这种方法称为"逆向设计"。现在很多新型产品的开发都是采用这样的方法。而另一种是从市场需求出发，历经功能表述、概念设计、详细设计，再到加工制造的过程，这样的设计过程称为"正向设计"，是较为传统的一种设计方法。

图 1-2 简略表示出两种设计方法的工作流程。可以看到，逆向设计由具体到抽象，对于大多数人来说这种设计方法较易掌握和应用。

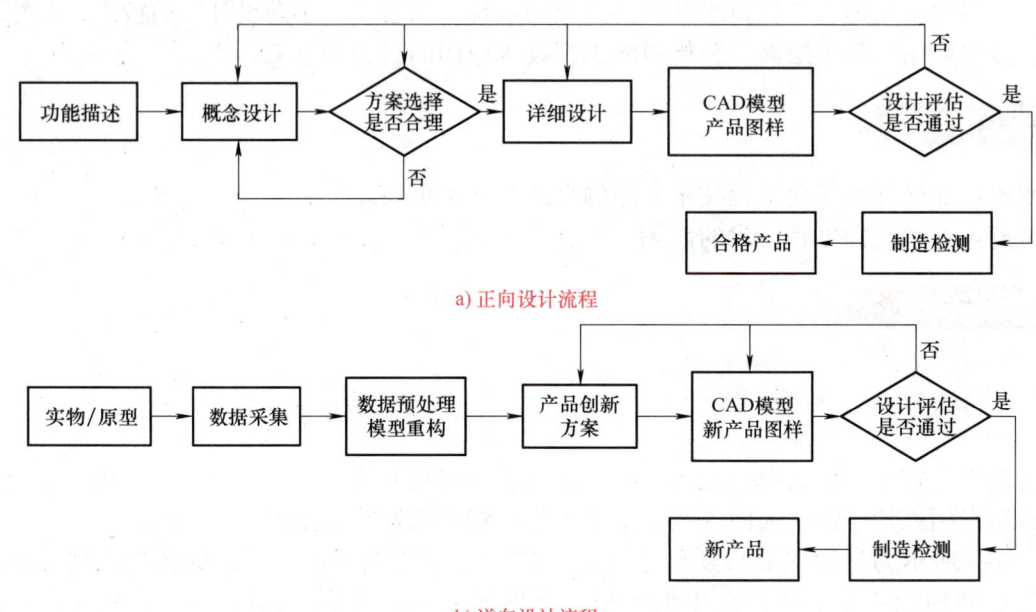

图 1-2　正向设计与逆向设计流程对比

1.1.2　逆向工程技术的定义

从上述汽车仪表板的逆向设计实施案例推而广之，可将基于实物的逆向工程技术定义为：根据已有的实物模型反推出产品设计数据（包括二维设计图或三维数据模型），再进行加工制造的技术。整个过程是一个"从有到有"的过程。因此，逆向工程又被称为反求工程、反向工程。

上述逆向工程集中在几何形状的重构，即实物逆向工程是狭义的，本书中所说的逆向工程都是基于这个角度来考虑的。

广义的逆向工程则包括软件反求和影像反求，是一个复杂的系统工程，它是在对产品原型、实物、软件（图样、程序、技术文件等）或影像（图片、照片等）等进行研究的基础上，应用系统工程学、产品设计方法学和计算机辅助技术的理论和方法，探究并掌握支持产品全生命周期设计、制造和管理的关键技术，进而开发出同类的或更先进的产品，实现产品设计意图与原理反求、美学审视和外观反求、几何形状与结构反求、材料反求、制造工艺反求、管理反求等，并与计算机辅助设计、优化设计、有限元分析、设计方法学等有机组合，构成现代设计理论和方法的整体。

任务1.2　熟悉逆向工程技术的实施流程和条件

任务引入

逆向工程技术基于已有实物进行新产品设计,给设计带来了便利。要实施逆向工程,须遵循一定的流程。那么,在实施逆向工程时须遵循怎样的工作流程?又涉及哪些核心技术?要使用逆向工程技术须具备哪些条件?下面一起来了解。

任务分析

想要了解逆向工程的核心技术,先要了解逆向工程的工作流程。因此,本任务首先总结了逆向工程技术的工作流程,对各个阶段进行了介绍,并归纳出所涉及核心技术。在此基础上,清楚每一个阶段所需的实施条件,从而加深对逆向工程技术实施条件必要性的认识。通过该任务的实施,学习者将对如何实施逆向工程和必须具备的实施条件有非常清晰地认识。

难点和重点

难点:逆向工程实施过程中软件的作用。
重点:1. 逆向工程的实施流程。
　　　2. 逆向工程的实施条件。

任务实施

1.2.1　逆向工程技术的实施流程

通过完成上述任务,已经知道逆向工程的一般工作过程可概括为:实物或原型准备→数据采集→数据预处理→模型重构→创新设计→创新产品制造。图1-3列出了逆向工程的工作流程。

(1) 实物或原型准备　为了保证数据采集能顺利实现,需要保证要采集数据的实物或原型清洁、吸光性好,采集时稳固。如果采集数据对象的表面不干净或生锈,要进行相应的表面处理;采用光学采集设备时,若实物表面有吸光或实物透光等情况,还需要采用喷涂剂进行表面喷涂;如果实物不能稳固放置,还要考虑使用适当的夹具。

(2) 数据采集　这是逆向工程实施的至关重要的阶段,也是后续工作的基础。采集数据的准确性、完整性是衡量测量设备质量的重要指标,也是保证后续工作高质量完成的重要前提。为更好更快地完成数据的采集,在采集前要进行采集路径的规划;所选采集的设备要操作方便、快捷。所采集的数据可以是点云数据,也可以是三角面片表示的STL文件数据。所采集数据的精度除了与扫描设备的精度有关外,还与扫描软件的精度以及采集数据的环境和操作人员的素质有关。

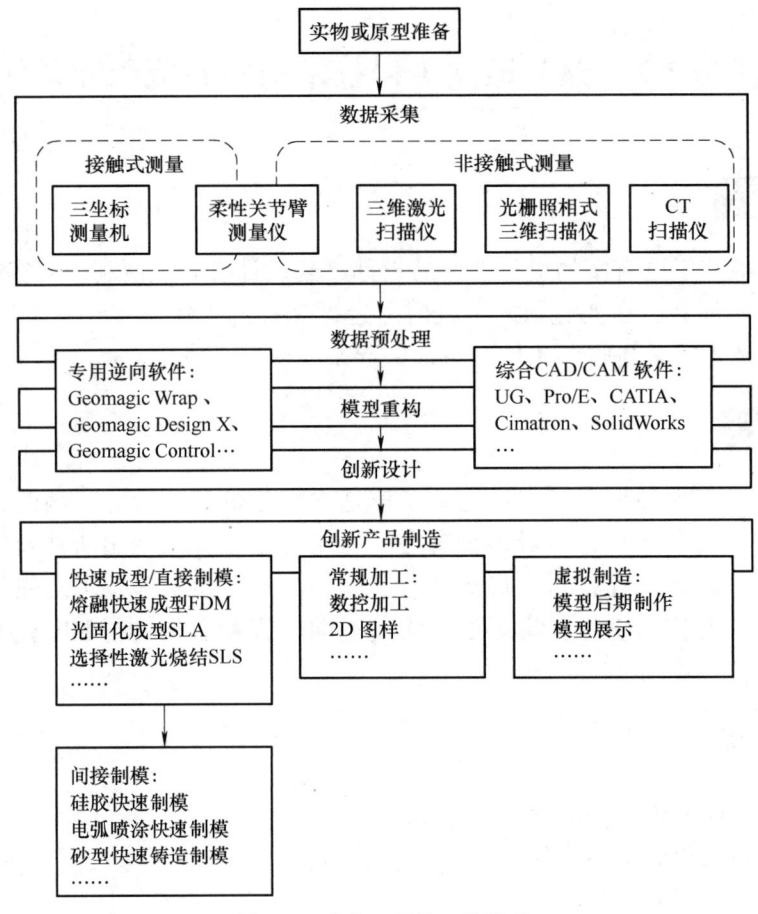

图 1-3 逆向工程的工作流程

（3）数据预处理　数据预处理是为模型重构提供有用的三角面片模型或有特征的点、线、面。对所采集数据进行预处理，包括格式转换、数据过滤、数据拼合、数据平滑等一系列操作。对于海量的复杂点云数据还要进行数据精简、按测量数据的几何属性进行区域划分，采用几何特征匹配的方法获取样件原形所具有的设计和加工特征等。数据采集软件一般会提供这些功能，当然不少通用的逆向设计软件也提供这方面的功能。

（4）模型重构　模型重构是在处理好的采集数据基础上，根据要求完成 CAD 模型的构建。一般有两种重构方法：①对于精度要求较低的、型面复杂的产品，如玩具、艺术品等的逆向开发，用基于三角形面片直接建模；②对于精度要求较高，或型面复杂产品的逆向开发，采用精确曲面、参数曲面或特征构建的建模方法，以点云为依据，通过构建点、线、面，还原出原实物的三维 CAD 模型。

三维 CAD 模型的重构是后续处理的关键步骤，设计人员不仅需要熟练掌握软件，还要熟悉逆向造型的方法步骤，并且要洞悉产品原设计人员的设计思路，然后再结合实际情况进行创新。

（5）创新设计　创新设计是设计师在消化吸收原产品的基础上，突破技术保密限制，重新设计的过程，也是设计师创新的过程。创新设计是逆向工程技术中极其重要的一个环节，是逆向工程的真正目的。

（6）创新产品制造　新产品制造可采用快速成型（即 3D 打印、增材制造）技术、数控加工技术、模具制造技术等。另外,所构建的模型也可以进行虚拟制造和仿真。目前,逆向工程技术与快速成型技术的结合,为新产品的快速开发提供了更广阔的空间。

通过上述对逆向工程实施流程各阶段的介绍,可以知道,逆向工程技术实施过程中所涉及的核心技术有数据采集技术、几何模型重构技术和产品制造技术。这些关键技术,将在后续的任务实施过程中逐渐了解和掌握。

实施案例

下面介绍康明斯(Cummins)公司使用 Geomagic 软件和金属 3D 打印技术,让 1952 年参赛的赛车 65 年后重返赛场的一个实施案例。

1952 年,#28 Cummins Diesel Special 赛车(以下简称 #28 赛车)以史上最快圈速在印第安纳波利斯 500 英里大奖赛(Indy 500)上夺得首发位置而震惊了赛车界。这一壮举加上该赛车的多项其他创新,使其在赛车史上占据重要地位。自此,#28 赛车一直在印第安纳波利斯赛车博物馆和康明斯公司办公大楼中展示。

65 年后,#28 赛车受邀参加在英国举行的古德伍德速度嘉年华,与数百辆现代和老爷车参加颇具传奇色彩的 Goodwood Hillclimb 爬坡赛。在为比赛做准备时,康明斯公司的工程师发现 #28 赛车水泵被腐蚀得很厉害,如图 1-4 所示,可能无法顺利完成该赛事。如果 #28 赛车要以正常运行状态重返古德伍德速度嘉年华,则需要一台新水泵。

图 1-4 被严重腐蚀的旧水泵壳体

如果采用传统的砂型铸造方法进行铸造泵体,生产单个外壳要花费大约 10 周时间,会因此错过参加古德伍德速度嘉年华的赛事。于是,康明斯公司的工程师们提出了采用逆向工程和金属 3D 打印技术相结合的新方法直接生产新泵体。新水泵壳体只用了 3 天就 3D 打印完成,整个过程耗时 5 周,其开发速度比原来提高了 50%。下面讲述其详细的设计和制造过程:

(1) 数据采集 首先使用 CT 扫描仪扫描旧水泵壳体,采集水泵内外结构的完整数据。

(2) 数据检测 为了验证扫描数据的准确性,工程师们将 CT 扫描仪生成的点云数据导入 Geomagic Control X 检测与计量软件中,在软件中分离并校准了泵的内外几何形状。

(3) 逆向设计 使用 Geomagic Design X 逆向工程软件,设计团队很快依据扫描数据重构出水泵的三维 CAD 模型,并和采集数据进行了比对,检测了重构模型的精度和一些重要的装配尺寸,如图 1-5、图 1-6 所示。这些检测项目有助于康明斯工程师团队确定叶轮和轴的正确装配尺寸,以保证所有部件的最终装配精度和密封效果。

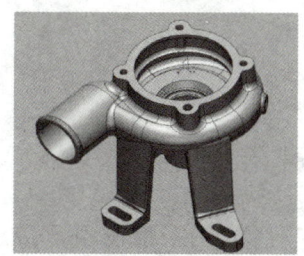

图 1-5 重构的水泵 CAD 模型

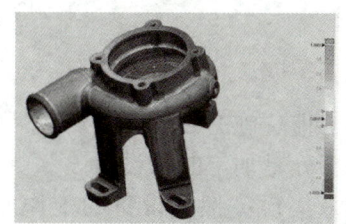

图 1-6 CAD 模型与扫描数据的对比

(4) 快速制造 康明斯工程师团队将该 CAD 文件发送给三维(3rd Dimension)团队,

由该团队对文件进行整理，分析得出最优的成型方向，并对稳定3D打印提供支持。尽管原水泵外壳由镁制成以减轻重量，但长期接触水和冷却剂后，镁的易腐蚀性成为康明斯公司试图解决的一大难题。因此，三维团队提出了采用LaserForm 316–L不锈钢材料来替代原材料，在ProX DMP 320金属3D打印机上直接制造水泵外壳的方案。三维团队在收到水泵几何模型文件的短短三天后，就向康明斯公司交付了成品水泵外壳。

图1-7所示为用快速成型技术制造的水泵和叶轮的装配件。可以看到，快速成型的外壳与其他泵组件完美匹配，具备像新机器一样的性能，可满足六次以上Goodwood Hillclimb爬坡赛赛车活动。与其在印第安纳波利斯赛道上的表现一样，#28赛车在古德伍德速度嘉年华赛事上惊艳了所有的粉丝，并被《人车志》（Car and Driver）杂志的"2017古德伍德速度嘉年华上十大最精彩事件"栏目专题报道。

图1-7 快速成型技术制造的水泵和叶轮的装配件

逆向工程技术与快速成型技术的完美结合，使得#28赛车，在很短的时间内重上赛场，以完好的性能完成赛事，取得了优异成绩。

1.2.2 逆向工程技术的实施条件

从逆向工程的实施流程可以看出，逆向工程的实施过程中发生了四个转变：第一个是从"实物模型"到"采集数据"的转变，第二个是从"采集数据"到"原产品三维模型"的转变，第三个是从"原产品三维模型"到"创新产品三维模型"的转变，第四个是从"创新产品三维模型"到"创新产品实物"的转变。要实现这四个转变，自然少不了相关的硬件、软件条件。图1-8所示为逆向工程的实施条件。

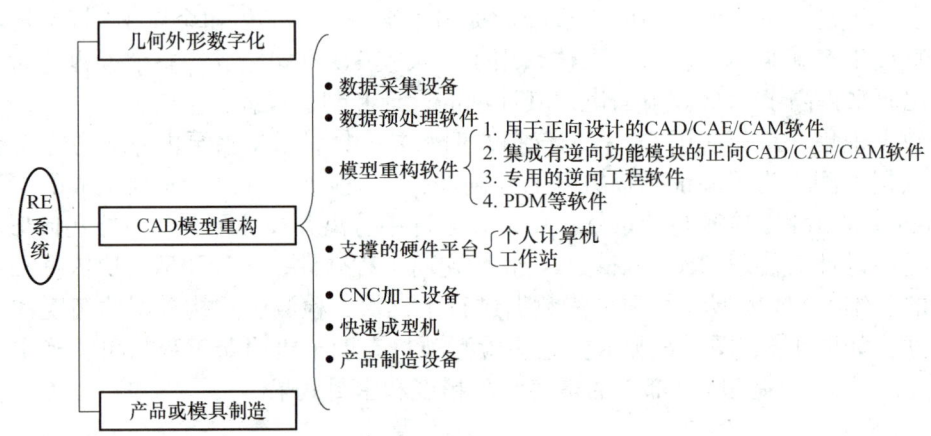

图1-8 逆向工程的实施条件

1. 实施逆向工程的硬件条件

逆向工程实施的硬件主要分为两部分：一部分是实物的数据采集设备，又称为数字化设备；另一部分是加工制造设备。

数据采集设备根据设备的工作原理可分为接触式和非接触式采集设备。接触式采集设备主要有三坐标测量机、关节臂测量机等，非接触式采集设备有激光式关节测量臂、激光跟踪仪、激光扫描仪等。在逆向实施过程中，需要从实物对象中采集三维数据信息。采集设备的发展为产品三维信息的获取提供了硬件条件。不同的测量方式，不但决定了测量本身的精度、速度和经济性，还造成了测量数据类型及后续处理方式的不同。

采集设备的精度与速度是数字采集设备最基本的指标。采集精度决定CAD模型的精度及反求的质量，采集速度也在很大程度上影响逆向过程的快慢。目前常用的各种测量方法在这两方面各有优缺点，且有一定的适用范围，所以在应用时应根据被测物体的特点以及测量精度的要求来选择相应的测量设备。这部分将在项目2中重点介绍。

加工制造设备主要有数控加工设备、产品制造设备和快速成型设备。由于逆向工程多用于产品的创新设计制造，一般为单件或小批量生产。为缩短制造周期，避免工夹具的准备或制造模具，选择快速成型设备进行制造的概率越来越大。有关快速成型设备相关知识将在项目4中详细介绍。

2. 实施逆向工程技术的软件条件

随着逆向工程及其相关技术理论研究的深入，其成果的商业应用也日益受到重视。在专用的逆向工程软件问世之前，CAD模型的重构都依赖于正向的CAD/CAM软件，如UG、CATIA、IDES、Pro/E等。由于逆向建模的特点，正向的CAD/CAM软件已不能满足快速、准确的模型重构需要，所以开发专用的逆向软件的需求日益迫切。因此，伴随着逆向工程及其相关技术理论研究的深入进行，以及其成果广泛的商业应用，大量的商业化专用逆向工程CAD建模系统日益涌现。当前市场上提供逆向建模功能的系统多达数十种，具有代表性的有Imageware、Geomagic Studio、Geomagic Design X、RapidForm、STRIM and Surface Reconstruction、TRACE和Re-Soft等软件。

当然随着市场和技术的发展，一些专用的逆向工程软件被并购集成到大型的CAD/CAM软件中，如Imageware软件被德国的Siemens PLM Software公司并购后，集成于UG NX软件中；一些流行的CAD/CAM系统中也开发有逆向设计模块，如CATIA中的DES、QUS模块，Pro/E中的Pro/SCAN等。这些具有正向设计与逆向设计功能于一体的集成系统的出现，极大地方便了逆向工程设计人员，为逆向工程的实施提供了极大便利。下面就专用的逆向造型软件做以介绍。

1）Imageware软件。该软件由美国EDS公司出品，现被德国Siemens PLM Software公司所收购，并入旗下的NX产品线，是最著名的逆向工程软件。Imageware采用非均匀有理样条曲线（NURBS）技术，数据处理流程遵循"点—曲线—曲面"原则，流程清晰，易于使用。同时该软件因其强大的点云处理能力、曲面编辑能力和A级曲面的构建能力，在计算机辅助曲面检查、曲面造型及快速样件等方面，具有其他软件无可匹敌的强大功能，当之无愧地成为逆向工程领域的领导者。目前该软件被广泛应用于汽车、航空、航天消费家电、模具、计算机零部件等设计与制造领域，拥有较为广泛的客户群，如国外的BMW、Boeing、GM、Chrysler、Ford、Raytheon、Toyota等著名国际大公司，国内的上海大众、上海交大、上海DELPHI、成都飞机制造公司等大型企业院校。

2）Geomagic Studio软件。Geomagic Studio是美国Raindrop（雨滴）公司出品的一款逆向软件产品，其数据处理流程遵循"点阶段—多边形阶段—曲面阶段"原则，可根据任何实物零部件所采集到的点云数据创建出完美的多边形模型和网格，并可自动转换为NURBS曲面。Geomagic Studio软件可在精确构建多边形模型和NURBS曲面模型的同时，提升处理速度，其处理速度比传统CAD软件提高10倍；同时简化的工作流程使得软件使用较为方便，可有效缩短软件使用的培训时间。作为CAD、CAE和CAM工具的完美补充，Geomagic Studio可以输出多种行业标准文件格式，包括STL、IGES、STEP等。

目前该公司已推出Geomagic Design X版本，在原来逆向设计功能的基础上增加了正向设计功能，可进行正向与逆向设计相结合的混合设计，为 CAD 模型的重构提供了便利。

3）CopyCAD。CopyCAD 软件是由英国 Delcam 公司推出的功能强大的、知名的专业化逆向/正向混合设计 CAD 系统。该软件采用全球首个 Tribrid Modelling 混合造型技术，集三角形、曲面和实体三种造型方式为一体，创造性地引入逆向/正向混合设计的理念，成功地解决了传统逆向工程中不同系统相互切换、烦琐耗时等问题，为工程人员提供了人性化的创新设计工具，从而使得"逆向重构+分析检验+外形修饰+创新设计"可在同一系统下完成。CopyCAD 软件为各个领域的逆向/正向设计提供了快速、高效的解决方案。

4）RapidForm。该软件是全球四大逆向工程软件之一，由韩国 INUS 公司出品。RapidForm 软件提供了新一代运算模式，多点云处理技术、快速点云转换成多边形曲面的计算方法、彩色点云数据处理等功能，可实时将点云数据运算出无接缝的多边形曲面，成为采集数据后处理最佳的接口。独有的彩色点云数据处理功能，将颜色信息映像在多边形模型中；在曲面设计过程中，颜色信息被完整保存，可运用于 RP 成型设备，制作出有颜色信息的模型。RapidForm 软件也提供上色功能，通过实时上色编辑工具，使用者可以直接编辑模型颜色，获得满意的彩色模型。

通过上述介绍可以知道，要实施逆向工程，完成原实物到创新产品的蜕变，软硬件条件缺一不可。随着科技的发展，对系统数字化、自动化和智能化的要求越来越高，软件的地位和重要性也日益显现。

任务 1.3　了解逆向工程技术的应用和发展

任务引入

随着逆向工程技术的发展，逆向工程已成为联系新产品开发过程中各种先进技术的纽带，在新产品开发过程中居于核心地位，被成功应用于产品改型与创新设计，成为消化、吸收先进技术，实现新产品快速开发的重要技术手段。本任务就来了解逆向工程技术的应用和发展。

任务分析

逆向工程技术最初被应用于采集油泥模型或木质模型的数据，来构建对美学有特别要求的产品。随着逆向工程技术的优势被更多的企业认识，其应用领域也逐渐拓宽，应用层面也不断深入。下面先了解逆向工程技术的应用，归纳其应用层次，再总结应用逆向工程技术的优势。

难点和重点

难点：为什么说多数原创性的工作都是在逆向工程技术的基础上进行的？
重点：了解逆向工程的应用领域和发展现状。

任务实施

1.3.1　逆向工程技术的应用

逆向工程作为一种非常高效的产品设计思路和方法，可以迅速、精确、方便地获得实物的三维数据及模型，为产品提供先进的开发、设计及制造的技术支撑。它已成为航空航天、汽车、船舶和模具等工业领域最重要的产品设计方法之一，是工程技术人员通过实物样件、图样等快速获取工程设计概念和设计模型的主要技术手段，已成为与正向设计并存的一种新产品开发模式。该技术的应用大大缩短了产品开发周期，提高了产品研发的成功率，节省了开发成本。迄今，逆向工程技术的应用领域越来越多，已拓展到医疗、艺术、动漫等领域。近年来发展较快的数字博物馆、数字文创等，其数字模型的构建大多采用了逆向工程技术。图 1-9 ～图 1-16 列举了逆向工程的几个典型应用。

图 1-9　基于油泥模型的划水艇设计　　　　　图 1-10　模具的三维数模重构及快速修补

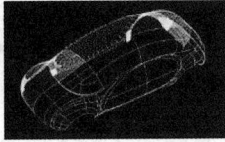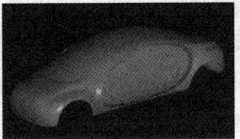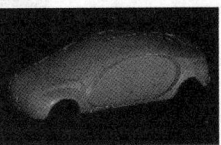

图 1-11　汽车的仿制和改型设计

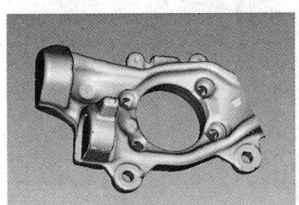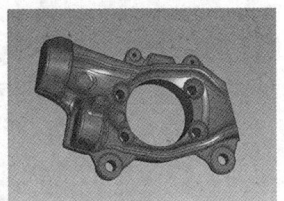

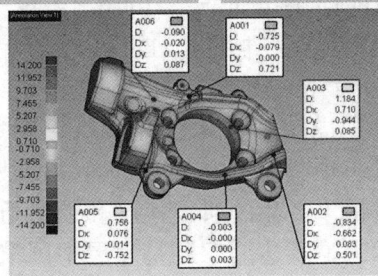

图 1-12　零件的三维数字化检测

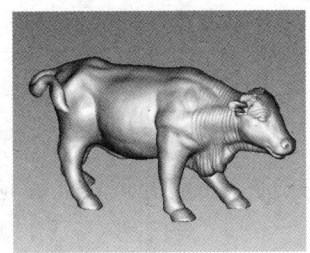

图 1-13　艺术品的重构　　　　　　　　图 1-14　动漫的数字模型

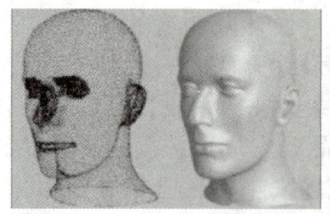

图 1-15　服装头盔的设计

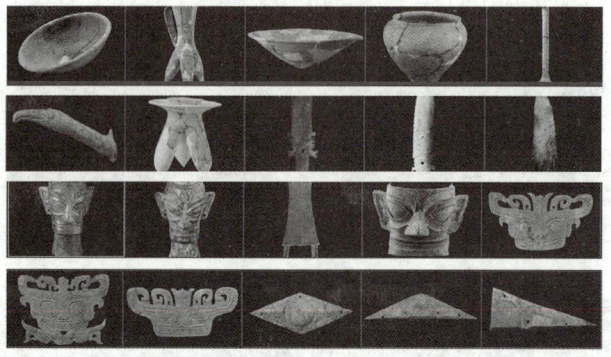

图 1-16　三星堆博物馆中的部分青铜器数字展品

纵观逆向工程技术的应用，可将其分为三个应用层次：①仿制。这是逆向工程技术应用的低级阶段，如文物、艺术品的复制，或是产品原始设计图文件缺失、部分零件重新设计，或委托厂商交付一件样品或产品，如木鞋模、高尔夫球杆球头等。②改进设计。这是一个基于逆向工程技术的典型设计过程。利用逆向工程技术，直接在已有的国内外先进产品的基础上，进行结构性能分析、重构设计模型、再优化设计与制造。利用逆向工程吸收并改进国内外先进产品和技术，极大地缩短了产品的开发周期，可有效地占领市场。这是逆向工程较为典型的应用。③创新设计。这是逆向工程技术的高级应用。在飞机、汽车和模具等行业的设计和制造过程中，产品通常由复杂的自由曲面拼接而成，在此情况下，设计者通常先设计出概念图，再制作出油泥、黏土模型或木模以代替三维的 CAD 设计，然后使用测量设备采集外形数据，重构 CAD 模型，在此基础上进行设计或创新，最终制造出产品。

1-1 逆向工程应用的成功案例

通过逆向工程技术消化吸收原型数据，然后经修改和再设计新产品，是一项具有开拓性、综合性的技术。如今，产品推陈出新的速度越来越快，产品的研发速度和创新力成为决定企业竞争力的最关键因素。无论是发达国家还是发展中国家，都在采用逆向工程技术进行着原创性的工作，如美国航空发动机两巨头的起步。因为直接从成功案例学习，本身就提高了学习的起点，极大地缩短了在黑暗中探索的历程，少走弯路，这正是逆向工程能够缩短新产品开发周期的原因。

1.3.2　逆向工程技术的发展

逆向工程技术产生于 20 世纪 80 年代末至 90 年代初，一经出现就引起各国工业界和学术界的高度重视。经过 30 多年的研究，逆向工程在数据处理、曲面处理和曲面拟合、规则特征识别、专用商业软件和三维扫描仪研发等方面已取得非常显著的进步。基于实物的逆向工程技术的方法、流程已实用化，并在产品开发中取得了广泛的应用。但在实际应用中，缺乏明确的建模指导方针，整个过程还需要大量的人工交互，使得数据处理和重构模型的质量严重依赖建模人员的经验和技术技能。而且目前使用的逆向工程 CAD 建模软件大多仍以构造满足一定精度和光顺度要求的 CAD 模型为最终目标，没有考虑到产品创新需求。因此，逆向建模依然是数字化设计和制造领域一个十分活跃的研究方向。

逆向工程 CAD 建模的研究经历了以几何形状重构为目的 CAD 建模、基于特征的 CAD 建模和支持产品创新的 CAD 建模三个阶段。目前以现有产品为原型，还原设计意图，注重重构模型的再设计能力已成为当前逆向工程 CAD 建模研究的重点。各发展阶段的特点如下：

1. 以几何形状重构为目的的 CAD 建模

以几何形状重构为目的的 CAD 建模在当前逆向工程 CAD 建模软件中还是比较常用的，建模目的是以构建满足一定精度和光顺性要求，与相邻曲面光滑拼接的曲面 CAD 模型。

该种建模方法对于恢复几何原形是比较有效的，但建模过程交互操作多，步骤复杂，建模效率低，难以实现高精度产品的精确建模。而且这种方法缺乏对特征的识别，建模后丢失了特征信息，与产品的造型规律不相符合，无法表达产品的原始设计意图。因此，该种建模方法和模型表示对于表达产品设计意图和创新设计是不相适宜的。

2. 基于特征的 CAD 建模

基于特征的 CAD 建模通过抽取蕴含在采集数据中的特征信息，重构出基于特征表达的参数化 CAD 模型，具有如下优势：①表达了原始设计信息，可以重构出更为精确的 CAD 模型，提高 CAD 模型重构效率；②通过特征参数可以进行产品的修改和优化，以得到不同参数的系列化新产品 CAD 模型，从而加快新产品的开发速度。但该方法也存在一个缺陷，即将模型重构分割为孤立的曲面片造型，忽略了产品模型的整体属性。

3. 支持产品创新的 CAD 建模

支持产品创新的 CAD 建模方法在重构出原产品 CAD 模型的基础上，进而实现产品的创新设计，达到了逆向工程技术的最终目标，体现了逆向工程技术的核心和实质。但从目前的发展水平来看，现有的技术还远远不能支持这种高层次的逆向工程需求。目前根据点云采集数据生成曲面模型，在模型分割与特征识别方面是公认的薄弱环节，并且缺乏创新设计手段。在这种情况下，从采集数据点云的区域分割及特征识别入手，理解原有产品的设计意图，建立便于产品创新设计的 CAD 模型，就显得十分迫切。

由于现有逆向工程 CAD 建模方法的局限，对逆向工程技术应用人员的素质提出了较高的要求。逆向工程的各个过程都需要专业人才，需要有经验丰富的工程师，特别对模型重构人员的要求更高。

任务 1.4　清晰逆向工程技术对产品创新设计的作用

任务引入

逆向工程技术的应用缩短了产品开发周期，节省了开发成本，提高了企业的竞争力，成为实现新产品快速开发的有效途径。因此，逆向工程技术已经成为各国如何充分消化吸收别国的科技成就，更好更快地发展和提高本国技术的普遍手段，成为实现创新设计的重要途径。但很多的企业对逆向工程的认识还十分有限，甚至存在一定的误区。要消除误区，须客观正确地认识逆向工程对产品创新的作用。

任务分析

要客观正确认识逆向工程对产品创新的作用，就要用事实说话。本任务从产品创新设计的步骤和方法入手，在分析应用逆向工程技术取得产品创新成功案例的基础上，阐述了产品创新采用逆向工程的必要性，客观地分析了逆向工程对产品创新的作用，帮助学习者更加清晰地理解逆向工程是产品创新的重要手段，产品创新是逆向工程实施的最终目标。

难点和重点

难点：为什么说逆向工程是实现创新设计的重要途径？
重点：了解逆向工程技术在产品创新中的作用。

任务实施

1.4.1 产品创新设计的步骤和方法

创新即抛开旧的，创造新的，是人类的一种高级创造活动。松下电器公司的创始人松下幸之助曾言："今后的世界，并不是以武力统治，而是以创新支配。"经济学家熊彼得先生认为：企业家领导企业发展成功的原动力就是创新。可见，要发展、要成功，必然是从创新入手，唯创新才能脱颖而出，才能发展自己，才能在竞争中取胜。

创新产品的"新"，可以通过产品的形态、结构和性能，或者产品商业模式甚至社会责任体现出来。当然，产品的创新不是天马行空、不着边际的创新，需要考虑到成本和可行性，以及实现的难度。产品的创新性是产品开发成功和市场前景性的重要因素。布朗在其所著的《创新之战》一书中，提出了产品创新性的两点标准：一是产品价值增加的大小，二是营销人员的热情及用户的认知。

设计师在进行创新时需要坚持如下几个原则：

1）产品设计与用户需求的关联性。即产品是否满足了用户尚未满足的需求；在满足需求的情况下，是否比竞争对手做得更好。因此，产品要满足一定的适用性、安全性、可持续性，以及具备人性化。

2）产品设计与实现技术的可行性。脱离了当前的科学技术，无法将创意落地，好的创意只能是空中楼阁。因此，很多的创新产品是渐进创新的成果。

3）产品设计与产品价值的可延展性。当企业发展到一定规模和较成熟的阶段时，想继续做强做大，往往会更加注重产品价值的延展。采用品牌延伸策略，向上或向下延伸，推出副品牌或新产品，利用消费者对现有品牌的认知度和认可度，可以在较短时间内以较低的风险来快速盈利，迅速占领市场。

产品创新设计是一项有计划、有步骤、有目标、有方向的创造活动。产品创新的设计程序，按照新西兰工业设计协会主席道格拉斯·希思提出的方法，一般分为6步：①确定问题；②收集资料和信息；③列出可能的方案；④检验可能的方案；⑤选择最优的方案；⑥具体实施方案。

设计师可采用如下方法进行产品创新：

（1）联想　即由某种东西联想到另外一种东西，或者由某种东西的某种功能联想到更深层次的创新。

(2) 改变 对产品的颜色、形状、功能或者结构等一些固有特征进行改变，有时候也能达到创新的目的。

(3) 组合 根据需要将不同产品的功能、特性进行组合，得到新的产品。

(4) 分解 将现有产品进行分解，实现功能上的创新。

(5) 变化 将产品的位置、顺序、方向等进行变化，有时候可以得到创新性设想。

(6) 转化 将新材料、新技术等新元素转化到产品设计中。

创新思维不是一蹴而就的，其培养需要经过一定的过程，一般经历如下几个阶段：提出问题－酝酿解决－发现新方案－验证成果。在培养过程中，要记住关键的"一、三、五、七"。一即"一股精神"，一股坚韧不拔的精神；三即"三个臭皮匠"，通过群策群力，可大幅度地提高创新能力；五即"五个手指头"，虽有长短，但各有各的作用，因此创新团队要精诚合作，发挥各自优势；七即"七种发展创新思维的方法"，包括吸纳各种创意、尝试变化、积极进取、以更高的标准要求自己、善于学习、善于把握良机、激发灵感。

同时，要甩掉一切思想包袱，大胆思考，随时随地将新想法记录下来。要尽量拓宽知识面，为创新做好知识储备；并有机结合各方面的知识，以形成新的知识、理论和技术。

1.4.2 逆向工程在产品创新设计中的作用

产品的创新步骤和方法表明，任何产品的问世都蕴含着对已有科学技术的继承、应用和借鉴，并在继承的基础上进一步提高与发展。"引进、消化、吸收、创新"是被证明的实现新产品快速开发的有效途径。因此，技术引进成为很多国家吸收国外先进技术，促进民族经济高速增长的战略措施。例如，二战后的日本通过仿制美国及欧洲的产品，在采取各种手段获取先进的技术和引进技术的消化和吸收的基础上，建立了自己的产品创新设计体系，使经济迅速崛起，成为仅次于美国的制造大国。再如，韩国"现代"汽车也是通过逆向工程技术来学习日本"本田"汽车，才取得了今天的成就。

逆向工程设计通过抽取已有产品或设计方案的主要特征作为新产品设计的基础，可有效缩短产品设计、加工、制造的周期。因此，利用逆向工程技术在已有产品技术的基础上进行再设计，提高新产品的性能已经成为一条快捷设计理念。为发展经济，很多发展中国家采取从发达国家引进先进技术的做法，而要掌握这些技术，正常的途径都是通过逆向工程技术。逆向工程技术已经成为各国充分消化吸收别国的科技成就，更好更快地发展和提高自己技术的普遍手段，是实现创新设计的重要途径。

目前，我国企业对于技术引进基础上的逆向工程技术重视还不够，多数企业把技术设备的引进仅仅看作是提高产品技术含量或者增加产品种类的方式，而没有考虑到技术引进与逆向工程技术的结合对企业技术水平的提升，没有从更高的战略角度来考虑技术引进问题。同时，对逆向工程技术的认识还十分有限，甚至存在一定的误区。认为采用逆向工程技术仿制已有的实物是复制别人的技术。除此之外，对逆向工程技术的研究也很零散，绝大多数的研究工作还处在对零件的几何逆向阶段，很少将实物原型再现与再设计、再分析、再提高，从而实现重大改型的创新设计联系起来。逆向工程似乎变成了简单仿制的代名词。因此，社会和企业要改变现有的观念和做法，充分利用逆向工程技术，制定先由逆向工程再到正向工程的正确科技创新路线，以加速创新型国家的建设。

随着计算机技术、数控技术和激光测量技术的飞速发展，逆向过程不再是对已有产品进行简单"复制"，其内涵与外延都发生了深刻变化，它是在理解原有模型设计思想的基础上，以设计方法学为指导，以现代设计理论、方法、技术为基础，运用各种专业人员的工程设计经验、知识和创新思维，对已有的产品进行解剖、深化和再改造，进而快速开发、制造出高附加值、高技术水平的新产品。例如四足消防机器人就是仿造一般四足动物的运动和姿态设计开发的，当发生火灾时，该机器人可以代替消防人员进入火灾现场，进行火情观察和汇报，其应用极大地提高了抢救速度，也保障了消防人员的安全。

1-2 逆向工程技术的创新应用

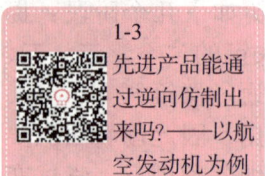

1-3 先进产品能通过逆向仿制出来吗？——以航空发动机为例

逆向工程绝不是单纯的外形的模仿，要想成功制造出引进的先进产品，还需要制造技术、材料技术等多方面的支持，如航空发动机的开发，简单的逆向仿制是制造不出来的。

当然，任何一项新技术、新产品，都应该受到有关法律的保护，这样才能引导正常的市场竞争和贸易。逆向过程绝不等同于"偷"技术，现有法律认为，只要产品的获得方式是合法的，那么逆向工程就是获取产品商业机密的正当手段。它是在科技道德和法律制约下，从学术、工程、技术方面来促进科技的发展。这是因为：①任何产品的设计和开发总要借鉴、继承已有的知识和技术，市场上的产品总要被别人借鉴，关键是要划清产权的界限；②青出于蓝而胜于蓝是发展规律，通过逆向反求来发展新产品，起点高、周期短、成效快，绝非照抄照搬；③科学的反求有助于促进技术革新。逆向工程是制造业实现快速产品创新设计的重要途径，实物原型的再现仅仅是逆向工程的初步阶段，在此基础上进行的基于原型的再设计、再分析、再提高，从而实现重大改型的创新设计，这才是逆向工程的真正价值和意义所在。从发展的角度看，利用逆向工程实现产品创新的方法才具有更加广阔的应用前景。

项目总结

为实现"逆向工程技术的认知"的项目目标，构建了如下几个任务：掌握逆向工程技术的定义、熟悉逆向工程技术的实施流程和条件、了解逆向工程技术的应用和发展、清晰逆向工程技术对产品创新设计的作用，从定义内涵、工作流程、实现条件、应用发展，以及对产品创新设计的作用，帮助学生了解逆向工程技术的常识性问题，纠正认知上的偏差。

逆向工程是通过采集实物数据，重构出CAD模型用于制造的一种创新技术。它不是仿造、山寨，而是产品创新设计的一条快速途径，已广泛应用于许多领域，并取得了重大的经济和社会效益。基于采集数据点云的模型重构，进而实现产品的创新设计是逆向工程的目的，是企业产品市场竞争力和企业可持续发展的技术保障。

在逆向工程技术的实施过程中，实物三维数据的采集是基础，也是逆向工程整个过程的首要前提，是其余各阶段工作的重要保证。数据预处理是必不可少的一个环节。从测量设备所获取的点云数据，不可避免的带入误差和噪音点，而且数据量庞大，只有通过数据预处理才能提高精度和曲面重构的算法效率。实物的三维CAD模型重构是整个过程中最关键、最复杂的一环，是后续产品加工制造、工程分析和产品再设计等的基础。

在逆向工程的实施过程中，软硬件条件缺一不可。随着计算机技术和软件技术的发展，软件的重要性日益凸显，已成为实施逆向工程的重要保障。

逆向工程是产品快速开发的重要手段，是"引进、消化、吸收、创新"的有效途径。要对逆向工程有正确的认识，用好逆向工程技术，提高市场竞争力，加快产品创新，提升创新能力，为创新型国家的建设做出应有的贡献。

项目训练与考核

1. 项目训练

小组交流讨论:交流逆向工程技术的成功应用案例,讨论如何利用逆向工程技术加速我国创新型国家的建设。

2. 项目考核卡

项目考核卡见表1-1。

表1-1 逆向工程技术认知项目考核卡

考核项目	考核内容	参考分值	考核结果	考核人
素质目标考核	遵守规则	5		
	课堂互动	5		
	团结合作	10		
	创新理解	5		
知识目标考核	逆向工程的概念	5		
	逆向工程的工作流程	10		
	逆向工程的实施条件	10		
	逆向工程的应用领域	10		
能力目标考核	所举案例切题	5		
	能说明案例中逆向工程技术的使用过程	10		
	能清晰本案例中实施逆向工程的条件	10		
	能概括本案例实施逆向工程的成功经验	15		
合计		100		

思考题

1-1 何为逆向工程?逆向工程的目的和意义是什么?

1-2 正向设计和逆向设计实施的流程有什么区别?

1-3 逆向工程在哪些领域获得了应用?

1-4 在采用逆向工程技术时,如何才能充分发挥其优势?

1-5 逆向工程技术的实施流程如何?在实施过程中,哪一步最为基础和重要?

1-6 简述实施逆向工程的软硬件条件。

1-7 如何认识软件在逆向工程系统中的重要性?

1-8 逆向工程对产品创新设计有什么作用?

1-9 深入企业调研逆向工程技术应用方面的情况。

1-10 上网查找逆向工程的工作岗位设置和能力要求,写一份2000字左右的调研报告。

1-11 仔细阅读《增材制造模型设计职业技能等级证书标准》,熟悉该标准中与逆向工程有关的职业技能方面的要求。

1-4 增材制造模型设计职业技能等级证书标准

项目 2

逆向数据采集

项目简介

数据采集（又称三维扫描）是逆向工程技术实施的基础。不同类型的数据采集设备对采集数据的精度和完整性影响较大，因此，需要了解不同数据采集设备的特点。同时如何选择合适的数据采集设备和正确使用数据采集设备，也同样重要。基于此，本项目划分为如下几项任务：了解数据采集方法的分类和特点、使用 Sense 3D 手持式扫描仪采集人体头像数据、使用 Win3DD 单目三维扫描仪采集石膏头像数据、使用 XTOM 型三维光学面扫描仪采集汽车散热器风扇数据、使用 EXA Scan 手持式三维扫描仪采集汽车后视镜数据。案例的选择来自生活、企业和大赛，由简入繁，具有趣味性和典型性。希望通过本项目的引导和任务实施，达成下列目标：

素质目标	知识目标	能力目标
（1）愿意学习，能有条理地分析和归纳总结，能独立思考，解决问题 （2）能客观评价事物，评价自己和他人，能接受他人对自己的批评和改进意见 （3）能够从容地应对复杂多变的环境，独立解决问题 （4）能遵守实验室管理制度，按照设备操作规范和使用方法，进行设备管理和操作 （5）团队协作和沟通能力	（1）了解数据采集方法的分类 （2）掌握不同数据采集方法的特点 （3）了解不同数据采集设备的工作原理 （4）熟悉不同数据采集设备的操作步骤 （5）了解各指令的功能和使用	（1）能理解不同数据采集方法的特点 （2）知道不同采集设备的工作原理 （3）能选择合适的采集设备 （4）会操作采集设备进行实物的数据采集 （5）能根据采集数据采用合适的操作命令进行预处理 （6）能将采集到的数据保存为合适的格式，便于模型重构

任务 2.1 了解数据采集方法的分类和特点

任务引入

采用不同的数据采集方法，对实物采取的前期处理和路径规划等有影响，对采集效率、数据精度、数据完整性和采集数据的预处理方法也有影响。因此，当接到一个数据采集任务时，要与客户沟通，了解客户需求，综合考虑实物属性、材质和结构，以及所具备的硬件和软件条件，以便制定能够满足精度要求和供货周期的采集方案。为此须首先了解数据采集方法的分类以及不同数据采集方法的特点。

任务分析

学会选择合适的采集设备，要从了解数据采集方法的分类开始，先对不同类型的采集方法有总体的认识，然后再进行归纳总结，了解不同数据采集方法的特点，为选择适当的采集方法和合适的采集设备打下基础。

难点和重点

难点：如何根据实物特点和任务要求选择合适的数据采集设备？
重点：掌握数据采集设备的分类和特点。

任务实施

2.1.1 数据采集方法的分类

数据采集，又称三维扫描，是指通过特定的采集设备和方法，将物体的表面形状转换成离散的几何点坐标数据。采集的数据将作为实物曲面重构、评价、改进和制造的依据。因此，高效、高质量地实现实物表面的数据采集，是逆向工程实现的基础和关键技术之一，是不可或缺的第一步。

目前，用来采集实物表面数据的测量设备和方法多种多样，其原理也各不相同。不同的测量方法，不但决定了测量本身的精度、速度和经济性，还影响到测量数据类型和后续处理方式。根据测量设备的测头是否接触实物表面，可将数据采集方法分为接触式、非接触式以及混合式三大类，如图2-1所示。接触式可分为基于力-变形原理的触发式和连续扫描式；而非接触式按其原理不同，分为光学法和非光学法，其中光学法包括三角形测量法、结构光法、激光干涉法等。下面介绍几种典型数据采集设备的工作原理和特点。

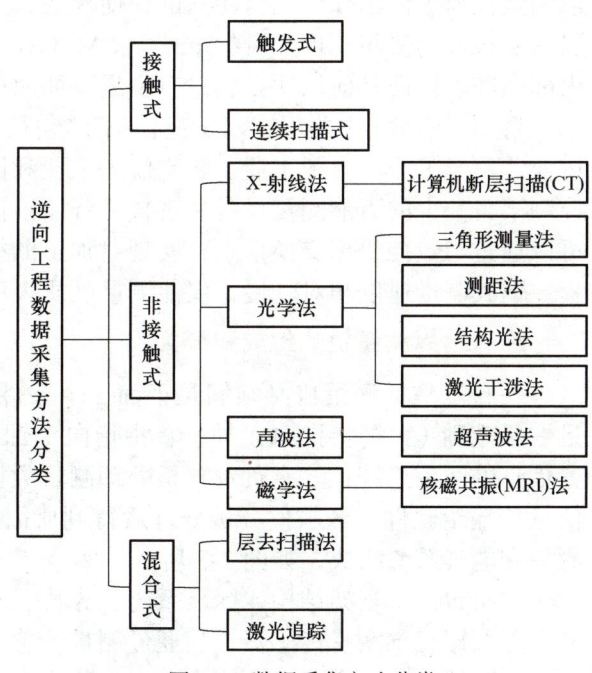

图2-1 数据采集方法分类

2.1.2 接触式数据采集

接触式三维数据采集设备，是利用测量探头与被测量物体的接触，触发一个记录信息，并通过相应的设备记录下当时的标定传感器数值，从而获得三维数据信息。在接触式测量设备中，三坐标测量机（Coordinate Measuring Machining，CMM）是应用最为广泛的一种采集设备。

1. 三坐标测量机的工作原理

三坐标测量机的工作原理是将被测物体置于三坐标测量机的测量空间中，测得被测物体上各测点的坐标位置，再根据这些点的空间坐标值，经过数学运算求出其尺寸和几何误差。如图2-2所示。

如要测量工件上一圆柱孔的直径，可以在垂直于孔轴线的截面Ⅰ内，触测内孔壁上三个点（点1、2、3），根据这三点的坐标值就可计算出孔的直径及截面圆的圆心坐标 O_1；如果在该截面内测更多的点（点1、2、…、m，m为测点数），则可根据最小二乘法或最小条件法计算出该截面圆的圆度误差；如果对多个垂直于孔轴线的截面圆（Ⅰ、Ⅱ、…、n，n为测量的截面圆数）进行测量，则根据测得点的坐标值可计算出孔的圆柱度误差以及各截面圆的圆心坐标，再根据各圆心坐标值又可计算出孔轴线位置；如果再在孔端面A上测三点，则可计算出孔轴线对端面的垂直度误差。

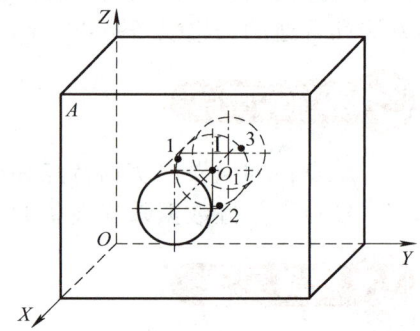

图2-2 三坐标测量机的工作原理

由此可见，CMM的这一工作原理使得其具有很大的通用性与柔性。从原理上说，它可以测量任何工件的任何几何元素的任何参数，对被测物体的材质和色泽也没有特殊要求，可以达到很高的测量精度（±0.5μm）。CMM对物体边界和特征点的测量相对精确，对没复杂内部型腔、特征几何尺寸多、只有少量特征曲面的规则零件的反求特别有效。

目前，CMM主要用来测量机械加工零件的特征尺寸和几何公差，已被广泛用于机械制造业、汽车工业、电子工业、航空航天工业和国防工业等各领域，成为现代工业检测和质量控制不可缺少的万能测量设备。现代CMM不仅能在计算机控制下完成各种复杂测量，而且可以通过与数控机床交换信息，实现对加工的控制，并且还可以根据测量数据，实现逆向工程。但其测量速度相对较慢，仅能测量硬质表面，在测量内部尺寸时经常会受到限制。

2. 三坐标测量机的组成和分类

一台三坐标测量机必须满足下面3个条件：①有X、Y、Z三个工作轴，两两垂直，满足右手定则（大拇指指向X轴，食指指向Y轴，中指指向Z轴）；②有一个可以感知空间位置信息的测头系统；③有负责分析处理测量数据的软件系统。在测量过程中，测头将感知的信息传输给软件，经软件分析处理后得到所需数据。因此，一台三坐标测量机主要由主机、测头和电气系统组成，如图2-3所示。

主机包括了框架结构、标尺系统、导轨、驱动装置、平衡系统、转台与附件。

测头即三维测量传感器，它通过测量传感器到物体表面的距离，得到物体在三维空间中的坐标位置。测头主要有硬测头、电气测头、光学测头等，可分为接触式和非接触式。若按输出信号分，有用于发信号的触发式测头和用于扫描的瞄准式测头、测微式测头等。

电气系统包括了电气控制系统、计算机硬件部分、测量机软件，以及打印与绘图装置。测量机软件主要用于处理、分析测头系统测量所得数据，得出测量结果，是较为核心的部分。

三坐标测量机按照结构形式和运动关系来分，可分为移动桥式、龙门式、悬臂式、水平臂式、坐标镗床等；按测量范围可分为小型坐标测量机、中型坐标测量机和大型坐标测量机；按精度可分为低精度、中等精度和高精度的测量机。

图2-4所示为两种较为典型结构的三坐标测量机：一种是移动桥式，另一种是悬臂式。

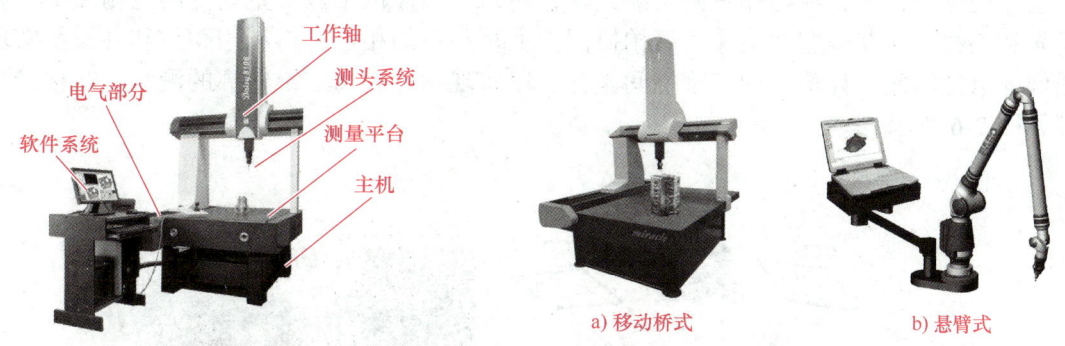

图2-3 三坐标测量机的组成　　　　图2-4 三坐标测量机的两种典型结构

2.1.3 非接触式光学扫描

非接触式扫描方法由于其高效性和广泛的适应性，并且克服了接触式测量的一些缺点，使其在逆向工程领域的应用和研究日益广泛。非接触式扫描设备是利用某种与物体表面发生互相作用的物理现象，如光、声和电磁等，来获取物体表面的三维坐标信息，其中，以应用光学原理发展起来的测量方法应用最为广泛，如激光三角法、结构光法等。由于非接触式光学扫描测量迅速，并且不与被测物体接触，因而具有能测量柔软质地的被测物体等优点，越来越受到人们的重视。下面介绍几种典型的光学测量原理。

1. 激光三角法

激光三角法是根据光学三角测距原理，如图2-5所示，利用光源和光敏元件之间的位置和角度关系来计算被测物体表面点坐标数据。用一束激光以某一角度聚焦在被测物体表面，然后从另一角度对物体表面上的反射激光光斑进行成像，物体表面激光照射点的位置高度不同，所接受散射或反射光线的角度也不同，用CCD光电探测器测出光斑像的位置，就可以计算出主光线的角度，从而计算出物体表面激光照射点的位置高度。当物体沿激光光线方向发生移动时，测量结果就将发生改变，从而实现用激光测量物体的位移。

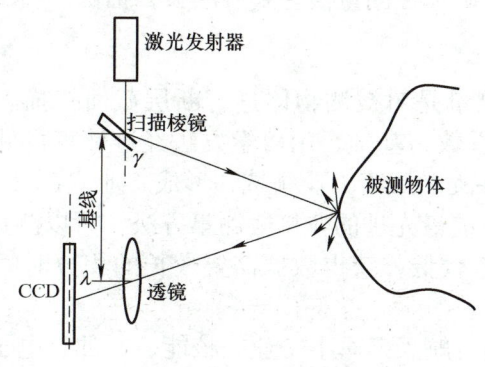

图2-5 三角测距原理

2. 结构光法

结构光三维扫描采用的是集结构光技术、相位测量技术、计算机视觉技术于一体的复合三维非接触式测量技术。结构光扫描的原理采用的是照相式三维扫描技术，是一种结合相位和立体视觉的技术，在物体表面投射光栅，用两架摄像机拍摄发生畸变的光栅图像，利用编码光和相移方法获得左右摄像机所拍摄图像上每一点的相位，再利用相位和外极线实现两幅图像上点的匹配，计算点的三维空间坐标，以实现物体表面三维轮廓的测量。结构光测量原理如图2-6所示。

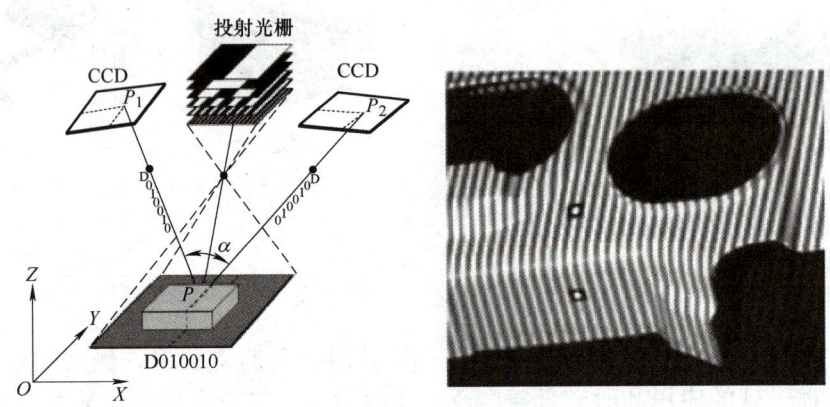

图2-6 结构光测量原理

基于结构光法的扫描设备是目前测量速度和精度最高的扫描测量系统，特别是分区测量技术的进步，使光栅投影测量的范围不断扩大，成为目前逆向测量领域中使用最广泛和最成熟的测量系统。德国GOM公司的ATOS测量系统是这种方法的典型代表。在国内，北京天远三维科技有限公司和清华大学合作、上海数造机电科技有限公司和上海交通大学合作、苏州西博三维科技有限公司与西安交通大学模具与先进成型研究所合作，已成功研制出具有国际先进水平、拥有自主知识产权的照相式三维扫描系统。

2.1.4 非接触式非光学扫描

除三坐标测量机外，目前采集断层数据的技术在实物外形的测量中呈增长趋势。断层数据的采集方法分为非破坏性测量和破坏性测量两种。非破坏性测量主要有CT测量法、MRI测量法、超声波测量法等，破坏性测量法主要有层去扫描法。

1. 非破坏性测量

（1）CT测量法　CT测量是对被测物体进行断层截面扫描。基于X射线的CT扫描以测量物体对X射线的衰减系数为基础，用数学方法经过计算机处理后而重建断层图像。这种方法最早用于医学上，并逐渐用于工业领域，形成工业CT（ICT），特别适用于中空物体的无损检测。这种方法是目前最先进的非接触测量方法，可以测量物体表面、内部和隐藏结构特征。但它的空间分辨率较低，获得数据需要较长的积分时间，重建图像计算量大，造价高。

目前工业CT已在航空、航天、军事工业、核能、石油、电子、机械、考古等领域广泛应用。我国从20世纪80年代初期也开始研究CT技术，清华大学、重庆大学、中国科学院高能物理研究所等单位已陆续研制出 γ 射线源工业 CT 装置，并进行了一些实际应用。

（2）MRI 测量法　核磁共振成像术（MRI）的理论基础是核物理学的磁共振理论，是 20 世纪 70 年代末发展起来的十种新式医疗诊断影像技术之一。与 X 射线 CT 扫描一样，可以提供人体断层的影像。其基本原理是用磁场来标定人体某层面的空间位置，然后用射频脉冲序列照射，当被激发的氢原子核在动态过程中自动恢复到静态场的平衡时，把吸收的能量发射出来，然后利用线圈来检测这种信号。检测到的信号输入计算机，经过处理转换在屏幕上显示图像。它能深入物体内部且不破坏物体，对生物没有损害，在医疗上具有广泛应用。但这种方法造价高，空间分辨率不及 CT，且目前对非生物材料不适用。核磁共振成像自 20 世纪 80 年代初临床应用以来，发展迅速，并且还在蓬勃发展中。

（3）超声波测量法　超声波测量的原理是当超声波脉冲到达被测物体时，在被测物体的两种介质边界表面会发生回波反射，通过测量回波与零点脉冲的时间间隔，即可计算出各面到零点的距离。这种方法相对 CT 和 MRI 技术而言，设备简单，成本较低，但测量速度较慢，且测量精度不稳定。目前主要用于物体的无损检测和壁厚测量。

2. 破坏性测量

以上所述的 CT 测量法、MRI 测量法、超声波测量法均为非破坏性测量方法，其设备造价比较昂贵，近年来发展起来的层去扫描法相对成本较低。层去扫描法用于测量物体截面轮廓几何尺寸的工作过程为：将被测物体用专用树脂材料（填充石墨粉或颜料）完全封装，待树脂固化后，装夹到铣床上，进行微进给量平面铣削，得到包含有被测物体与树脂材料的截面；然后由数控铣床控制工作台移动到 CCD 摄像机下，位置传感器向计算机发出信号，计算机收到信号后，触发图像采集系统驱动 CCD 摄像机对当前截面进行采样、量化，从而得到三维离散数字图像。由于封装材料与零件截面存在明显边界，利用滤波、边缘提取、纹理分析、二值化等数字图像处理技术进行边界轮廓提取，就能得到边界轮廓图像。通过物像坐标关系的标定，并对此轮廓图像进行边界跟踪，便可获得物体该截面上各轮廓点的坐标值。每次图像摄取与处理完成后，使用数控铣床将被测物铣去很薄一层（如 0.1mm），又得到一个新的横截面，再执行前述的操作过程，就可以得到物体上相邻很小距离的每一截面轮廓的位置坐标。层去扫描法可对具有孔及内腔的物体进行测量，测量精度高，数据完整，不足之处是这种测量是破坏性的。美国 CGI 公司已生产出层去扫描测量机。在国内，海信技术中心工业设计所和西安交通大学合作，研制成功具有国际领先水平的层去式三维数字化测量机（CMS 系列）。

2.1.5　各种数据采集方法的比较

实物样件表面的数据采集，是逆向工程实现的基础。采集精度和速度是数字化方法最基本的指标。数字化方法的精度决定了重构 CAD 模型的精度和反求质量，测量速度也在很大程度上影响着反求过程的快慢。从国内外逆向工程技术的发展来看，研制高精度、多功能和快速的采集系统是其重点之一。

不同采集方法各有优缺点，且都有一定的适用范围。在接触式测量方法中，三坐标测量机的应用最为广泛；而在非接触测量方法中，结构光法被认为是目前最成熟的三维形状测量方法，在工业界得到广泛应用。从应用情况来看，随着光学测量设备在精度与速度方面越来越具有优势，光学扫描仪得到了更为广泛的应用。表 2-1 列出了接触式三坐标测量和非接触式激光扫描的优缺点，表 2-2 列出不同测量原理的优缺点。

表 2-1 接触式三坐标测量和非接触式激光扫描的优缺点

	接触式三坐标测量	非接触式激光扫描
优点	数据采集精度高 可使用范围广泛 具备在一定遮挡场合进行数据采集的能力 采集的离散点集使用CAD软件处理容易 不会破坏采集对象	数据采集速度快,整个采集过程时间短 采集数据密度大,有助于改善建模的可视化和细节分析 无需过多的数据采集路径规划 不破坏采集对象 可以对柔软或易碎对象进行采集
缺点	采集过程周期长,测头半径补偿烦琐 不能对物体内部实施数据采集 对软工件或易碎件实现采集的能力有限 采集前必须制定相应的路径规划和策略 探头的半径大小限制了对工件细部特征的采集	要实现对高反射光或分散光的工件表面进行采集,需要使用反差剂(显影剂) 不能对物体内部或者被遮挡的几何特征进行采集 采集所获得的高密度离散几何数据在许多CAD软件中很难被处理 技术成本高 扫描设备需要与被测对象隔开一定的距离

表 2-2 不同测量原理的优缺点

不同测量原理	测量精度	测量速度	有无形状限制	能否测内腔	成本	使用范围
三坐标法	0.6~30μm	慢	有	否	高	不能测软质材料,环境要求高
激光三角形法	±5μm	一般	有	否	较高	应用广泛
结构光法	±(1~3)μm	快	有	否	一般	应用广泛
工业CT	1mm	慢	无	能	高	有发展前景
核磁共振	1mm	慢	无	能	高	用于医学临床,用于非生物材料待研
超声波法	±(0.5‰H[①]+0.1)mm	快	无	能	较低	主要用于医学领域
层去扫描法	25μm	较慢	无	能	高	破坏性测量

① H 为被测材料的厚度。

从表 2-1 和表 2-2 可以看出,各种数据采集方法都有一定的局限性。对于逆向工程而言,选用的数据采集方式应满足以下要求:

1) 采集精度应满足实际的需要。
2) 采集速度快,尽量减少采集数据在整个逆向过程中所占用的时间。
3) 采集数据要完整,以减少数模重构时由于数据缺失带来的误差。
4) 数据采集过程中不能破坏采集对象。
5) 要降低数据采集成本。

因此,应根据被采集对象的实际情况,选择适合的采集方法,或者组合不同数据采集方法,优势互补,以得到精度高并且完整的扫描数据。例如,对自由曲面形状物体的数据采集一般用非接触光学测量的方法,对规则形状物体的数据采集一般用接触式测量。如果被测物体除不规则形状外,还有许多规则的细节特征,则可选择接触式和非接触式扫描的组合。

图 2-7 所示的零件，其外形和型腔不规则，但却有许多凸台、孔的特征。因此，可采用非接触式扫描快速地获取箱体的外表面数据。但如果仅用非接触式的光学测量方法，孔的边缘数据不够准确，会影响拟合后孔的位置，而这些孔是用于与其他零部件配合固定的，其位置精度非常重要，所以采用接触式测量方法来测定这些孔的相对位置关系更为合适。

图 2-7 要采集的箱体零件

提示： 对于文物的数据采集，不光要考虑测头对文物表面可能带来的损坏，还要考虑激光和反差剂的使用对文物的损害。因此，要慎重以待！

任务 2.2　使用 Sense 3D 手持式扫描仪采集人体头像数据

任务引入

Sense 3D 手持式扫描仪是一款使用简单、携带方便、成本较低的非接触式激光式扫描仪，且光线对人体眼睛无伤害。作为数据采集入门级的扫描仪，非常适宜初学者。因此，为激发同学们学习数据采集的热情，增加学习的信心，利用该采集设备采集人体头像数据，以获得数据采集的初步体验。

任务分析

人体头像细节特征多且不规则，再加上人体头像的造型只需处理外形数据，精度要求不是很高。因此，Sense 3D 手持式扫描仪完全可以胜任。在使用该设备采集人体头像三维数据时，先要了解 Sense 3D 手持式扫描仪。通过完成该任务，了解一种非接触式光学扫描进行数据采集的特点，掌握 Sense 3D 手持式扫描仪的使用。

难点和重点

难点：如何利用该设备采集到完整的头像数据？
重点：掌握该设备的使用方法。

任务实施

2.2.1　Sense 3D 手持式扫描仪简介

Sense 3D 手持式扫描仪由美国 3D Systems 公司于 2013 年研制，主要由红外线发射器、红外线接收器、成像镜头、USB 数据线等组成，如图 2-8 所示。该扫描仪使用的是 Prime Sense 技术的第一类激光扫描，所发射的红外线功率仅为 0.4mW，能够保证眼睛不受伤害。该设备价格便宜，操作简单，轻便灵巧，易于携带，采集速度快。扫描时，将 USB 数

2-2
Sense 3D 手持式扫描仪的软件安装与连接

据线与装有 Sense 扫描软件的计算机连接即可。数据采集过程中可自动识别物体、调节分辨率、对焦和跟踪。

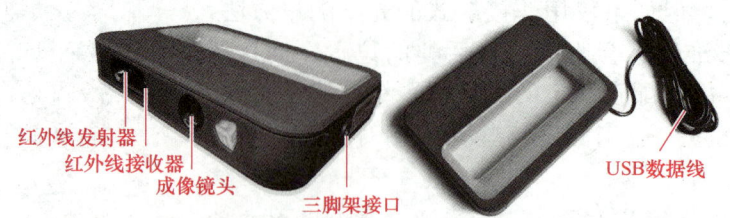

图 2-8 Sense 3D 手持式扫描仪

配套的 Sense 软件拥有直观的用户界面，并且内置自动变焦、追踪、聚焦、剪裁、升级和分享工具。软件能够将扫描数据生成 STL 以及 PLY（彩色）文件，可以直接用于 3D 打印机进行打印。

配套的 Sense 软件安装非常方便，按照指示一步步完成即可，在此就不再赘述。请注意：首次在该计算机上使用时，需要输入与设备号对应的激活码。以后在该计算机上使用时，将不再出现该提示。

2.2.2 人体头像的数据采集

2-3 Sense 3D 手持式扫描仪的使用

使用 Sense 3D 手持式扫描仪采集人体数据时，操作者绕着被扫描人体旋转一圈以上时，扫描软件将自动拼接采集到的数据，完成整个头像的数据采集。具体步骤如下：

Step 1 连接 Sense 3D 手持式扫描仪和计算机。

先将 Sense 3D 手持式扫描仪的 USB 数据线与装有 Sense 软件的计算机连接，然后开启计算机，打开 Sense 软件。在弹出的界面中，如图 2-9 所示，选择"头部"选项，进行扫描设置。

注意： 图 2-9 中扫描设置中的"对象"选项是用于除了人的头部和全身以外的任何物体数据采用。头部扫描可采集人的头部和肩部的数据，全身扫描是指人的整个身体的数据。

Step 2 数据扫描。

单击界面中的 按钮，3s 后即可开始头部的数据采集。

Step 3 过程控制。

操作者手持扫描仪，平稳地绕人体转动。在扫描的过程中，可单击 按钮，进行暂停，也可单击 按钮，恢复暂停后的扫描，或者单击 按钮开始新的扫描。图 2-10 所示为扫描过程中计算机屏幕上显示的画面。

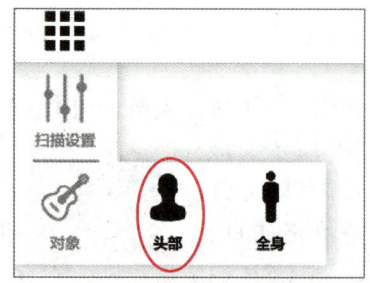

图 2-9 Sense 软件扫描设置

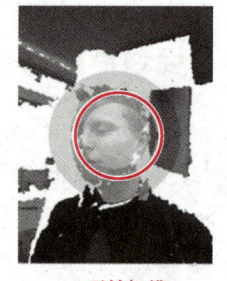
a) 开始扫描

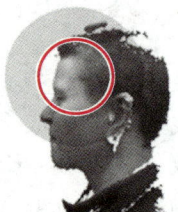
b) 暂停扫描

图 2-10 数据采集软件中所显示的画面

Step 4 完成扫描。

手持 Sense 3D 扫描仪，绕人体一圈以上后，单击 ✓ 结束按钮，即完成扫描。

注意：为获得完整的头像数据，在扫描时，可旋转一圈半，甚至二圈。

Step 5 保存数据。

单击保存 🖫 按钮，即可将扫描的数据保存为默认的格式——OBJ 文件。当然，可以单击 ↗ 按钮导出数据文件，将其保存为 WRL、STL、PLY，或 OBJ 格式的文件，通常保存为 STL 文件格式。

通过以上任务的实施，将使用 Sense 3D 手持式扫描仪的注意事项小结如下：

1）采用光学扫描仪扫描，光线的明暗程度对数据采集精度影响较大，因此，在进行人体头像的数据采集时，应保证现场有充足的光线，光线尽可能均匀。最好在室内自然光下进行，不要在太阳光或暖色光下进行。若光线较暗，可采用白光灯进行补光。

2）被扫描人体的头发最好梳理整齐，或进行其他的一些处理方法，如戴上泳帽、贝雷帽等。同时，保证在采集数据的整个过程中，采集对象保持静止不动。

3）要选择正确的扫描模式。

4）扫描时，操作者要匀速地绕人体转动。采集对象四周要留有充足的空间，保证操作者可以围绕采集对象自由地转动。当速度过快或速度过慢时，会导致扫描仪跟踪丢失，则需要重新进行扫描。

5）扫描时，要根据物体的大小选择合适的距离，并尽可能保持距离不变。头部扫描时，最佳距离为 300～500mm。距离太远或太近都会导致扫描仪跟踪丢失。

6）在预览模式时，要确保扫描的整个物体显示在屏幕的绿色框内，以确保扫描时捕获到整个对象。只有物体刚好被绿色方框框住，才可单击左边的扫描选项进行扫描。

7）扫描时，要一边查看屏幕上的图像，一边缓慢而稳定地围着对象移动扫描仪。当屏幕上指定框内显示为全彩色时，扫描仪才能有效识别，进行数据的采集。此范围以外的物体则作为背景显示为灰色和浅色。图 2-11 所示为是否有效识别的画面。

a) 无效识别　　　　　　　　b) 有效识别

图 2-11　是否有效识别的画面

8）扫描过程中允许对物体多次扫描。如果单次扫描后的显像中有空白，可继续扫描并尝试填补空白，但要确保物体的空间位置不变。

9）在数据扫描过程中，会出现图 2-12 所示的几种不同数据显示：

图 2-12a 所示为数据建立：在扫描收集数据的过程中，会在物体或人表面生成大量绿色雪花状物。此时，表示工作正常。

图 2-12b 所示为跟踪提示：如果在扫描时移动过快或过慢，会出现提示"移动较快或较慢"的消息框，屏幕上收集的扫描数据会变黄。此时需要调整移动速度。

图 2-12c 所示为跟踪丢失提示：这种情况一般是在扫描时移动太快导致物体落在镜头视

图之外。此时屏幕上收集到的数据变红色,需要重新将镜头聚焦在先前扫描过的区域以恢复跟踪。

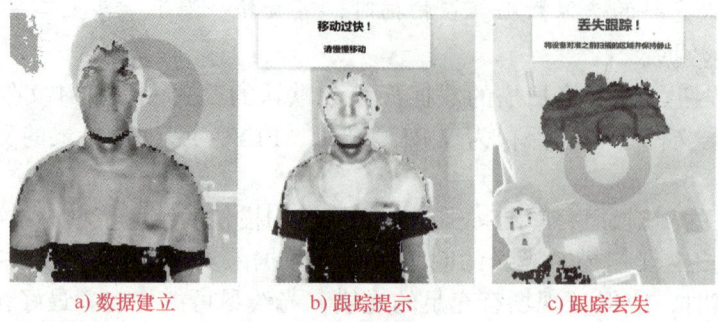

a) 数据建立　　　　　　b) 跟踪提示　　　　　　c) 跟踪丢失

图 2-12　几种数据显示方式

任务 2.3　使用 Win3DD 单目三维扫描仪采集石膏头像数据

任务引入

Win3DD 单目三维扫描仪使用广泛,常用于实际产品的数据采集,以及数字化设计与创新大赛等项目中。因此,学会该扫描仪的使用,可以让更多学生了解大赛的要求,参与到大赛中。在本任务中,以石膏头像为例,采用 Win3DD 单目三维扫描仪进行该石膏头像的数据采集。

任务分析

石膏头像相对来说体型较大且构形较为精细,在采用 Win3DD 单目三维扫描仪进行数据采集时,需要两次摆放,以完成正反两面雕像的数据采集。因此,为方便拼合数据,首先要在雕像上粘贴标记点,然后再分别对正反两面进行扫描。当两面数据采集完成后,可采用扫描软件中的拼接功能或专用逆向工程软件中的注册和合并功能,获得完整的多边形数据模型。

难点和重点

难点:采用 Win3DD 单目三维扫描仪进行实物数据采集时,如何保证数据的快速拼合?
重点:掌握 Win3DD 单目三维扫描仪的操作步骤。

任务实施

2.3.1　Win3DD 单目三维扫描仪简介

单目视觉测量是指仅利用一台数码相机或摄像机拍摄图像来进行采集工作。由于仅需一台视觉传感器,结构简单,避免了立体视觉中的视场小、立体匹配难的不足,在低端三维扫描仪中应用较多。Win3DD 单目三维扫描仪采用单工业相机白光光栅扫描技术,可针对外观复杂、自由曲面、柔软易变形或易磨损的物体进行表面数据获取,克服了传统激光扫描仪精度低、效率差及行程限制等缺陷;同时增强的计算方法可对深色物体进行扫描,可避免反差剂的使用与清洗工作。图 2-13、图 2-14 分别为该扫描仪的实物外形及构成。

图 2-13　Win3DD 单目三维扫描仪实物外形

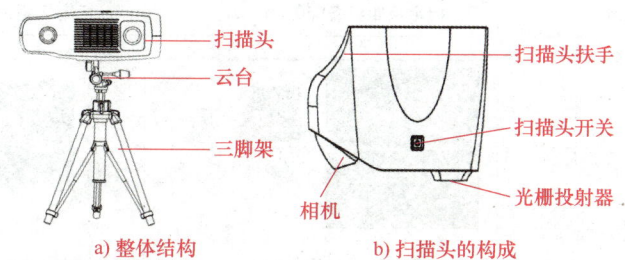

图 2-14　Win3DD 单目三维扫描仪及扫描头的结构

使用 Win3DD 单目三维扫描仪时要注意:

1)仅能使用云台对扫描头做上下、水平、左右调整,如图 2-15 所示。

2)当用云台及三脚架将角度、高低调整结束后,一定要将各方向的螺钉、扣件等锁紧,并检查确认,否则可能会导致设备不稳发生倾倒而损坏硬件,也可能导致扫描发生晃动产生噪音点,影响扫描结果。

3)在搬运扫描头时,禁止使用扶手进行搬运。

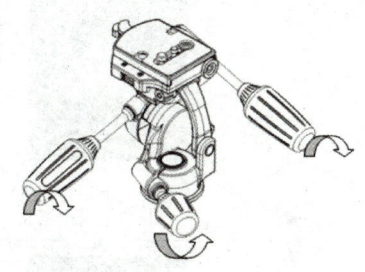

图 2-15　云台三个方向的调整

2.3.2　Win3DD 单目三维扫描仪的标定

标定是得到被测工件点的三维坐标与其 CCD 成像的二维图像坐标系中对应点的函数关系的过程。扫描仪的标定精度是决定扫描系统精度的重要因素。扫描系统进行硬件调整、经过长途运输、室温显著变化后,以及在使用过程中产生较严重振动的情况下,都要进行重新标定,以保证扫描系统的精度。

2-4 Win3DD 单目三维扫描仪的标定

标定时采用的 Win3DD 标定板有 99 个点,其中有 5 个大点。标定过程中扫描仪的高度和标定板位置的调整顺序如图 2-16 所示,具体表述如下:

1)首先启动装有 Geomagic Wrap 软件且已安装好扫描仪插件驱动的专用计算机,然后启动 Win3DD 单目三维扫描仪,预热 5~10min,以保证标定状态与扫描状态尽可能相同。

2）将标定板放置在视场中央，通过调整硬件系统的高度（标准高度600mm）、俯仰视角、以及标定板的位置，执行图2-16所示的10步操作（保证预览窗口与右侧窗口中的点位一致），使白色十字线、投影十字线和4个大点尽可能重合。

3）此时软件系统在左下方显示标定结果平均误差值。标定成功，则显示为图2-17所示。如果标定不成功，则会提示"标定误差太大，请重新标定"。

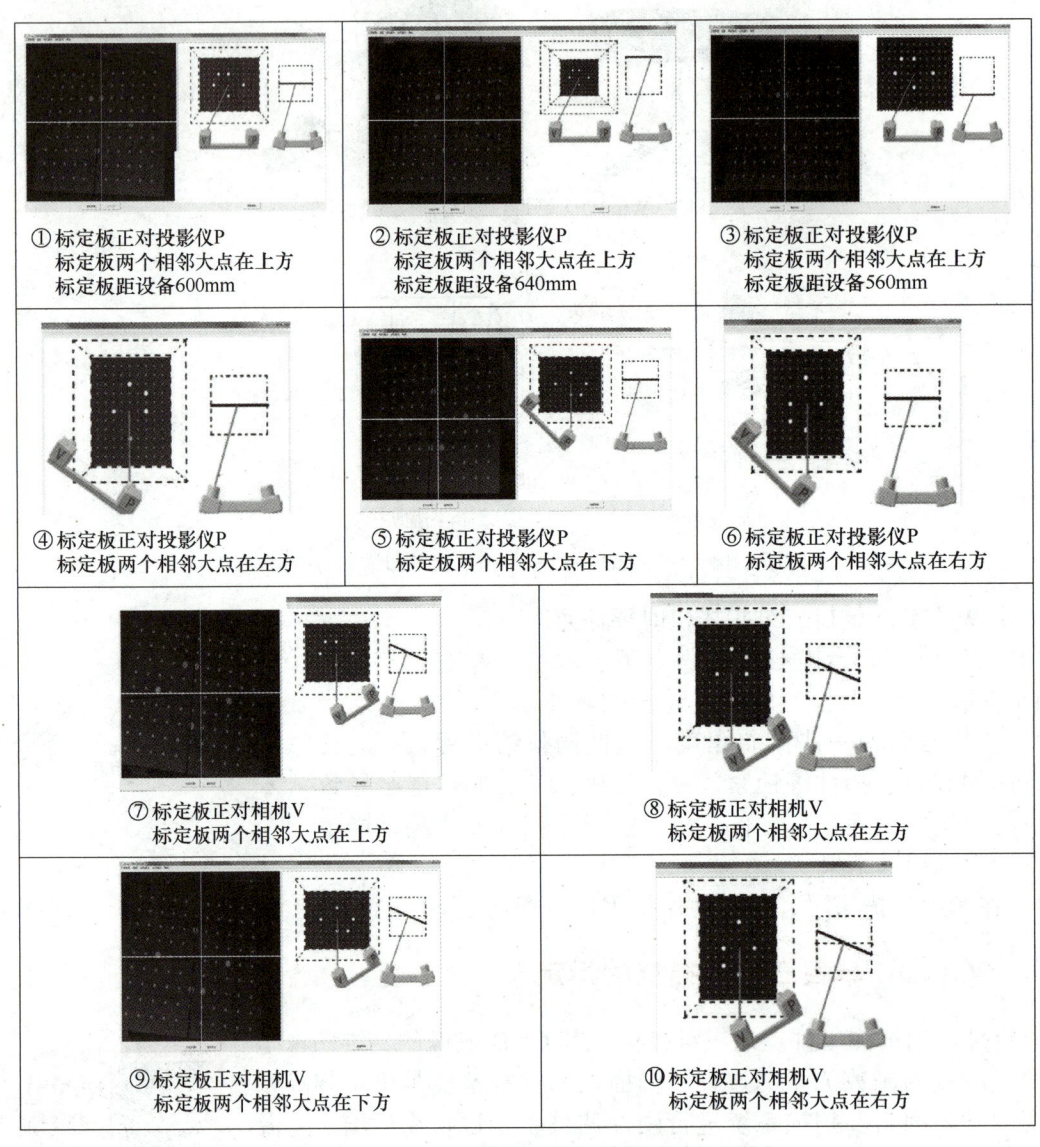

图2-16　Win3DD单目三维扫描仪的标定步骤

（注：④～⑩标定板距设备600mm）

注意：①每步标定时都要将标定板上至少88个标志点提取出来，才能继续下一步的标定；②如果最后得到的标定误差太大，标定精度不符合要求，则需要重新标定，直至通过标定。如果标定不通过就进行数据采集，则会得到无效的扫描精度与点云数据。

项目 2　逆向数据采集

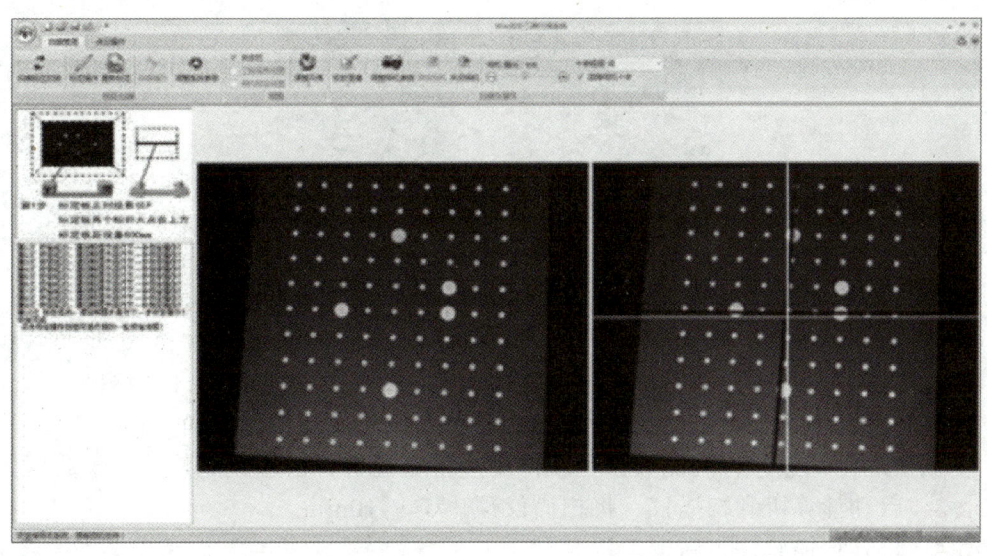

图 2-17　标定成功图（注意十字线以及图中的大点方向）

2.3.3　石膏头像的数据扫描

Win3DD 单目三维扫描仪标定成功后，就可以用于实物的数据采集。扫描体为图 2-18 所示的石膏头像。当将一个方位的石膏头像固定放置于转盘上进行数据采集后，需要将石膏头像放置在反转盘，进行另一个侧面的数据采集。所采集到的两面数据，依据标记点，在软件中进行自动拼合，形成完整的雕像数据。

2-5
Win3DD 单目三维扫描仪的使用

Step 1　扫描前处理。

由于石膏头像通体白色且不反光，因此不需要进行喷涂，但需要在物体表面贴专用的标记点（图 2-18），便于扫描时的自动拼合。

贴标记点时，请注意如下几点：

1）标记点要尽量贴在工件的平面区域或曲率较小的曲面，且距离工件边界较远一些。

2）在贴标记点时，要贴牢靠和平整。

3）贴标记点时要不规则粘贴，标记点不要贴在一条直线上，且避免对称粘贴。

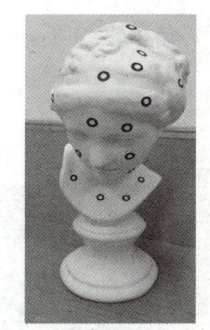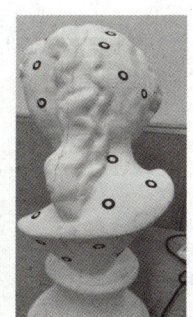

图 2-18　石膏头像外形及粘贴的标记点

4）标记点两点间的距离控制在 20～100mm 范围内。

5）公共标记点至少为 3 个，由于图像质量、拍摄角度等多方面原因，有些标记点不能正确识别，因而建议用尽可能多的标记点，一般以 4～7 个为宜。

6）粘贴的标记点要保证扫描策略的顺利实施，并使标记点在长度、宽度、高度方向均应合理分布。

图 2-19 列举了标记点的错误和正确贴法。

Step 2　数据采集路径规划。

在扫描时，将石膏头像放置在贴有标记点的转盘上。为了使正反面雕像的数据自动归到同一坐标下，采用如下的扫描策略：

a) 错误贴法　　　　b) 正确贴法

图 2-19　标记点错误和正确贴法

1）在进行石膏头像的数据采集前，首先用扫描仪获取整个物体表面（正反两面）的全局标记点，并独立存放在一个文件中。在扫描物体时，调入全局标记点。

2）将石膏头像固定于一个方位放置在转盘上，转动该转盘对该面进行扫描。

3）反转转盘，将石膏头像的另一面放置于该转盘上，进行另一面的扫描。

4）依据全局标记点，将两侧数据在软件中进行自动拼合，形成完整的雕像数据。

Step 3　启动计算机和扫描仪，将扫描仪预热 5～10min。

Step 4　打开扫描软件，新建工程。

在出现的对话框中，在"任务"菜单中单击"新建"命令。软件系统将进入工作界面。

Step 5　启动扫描系统。

选择"采集"菜单，单击"扫描"菜单项，如图 2-20 所示，即可打开"Win3D 三维扫描系统"软件。

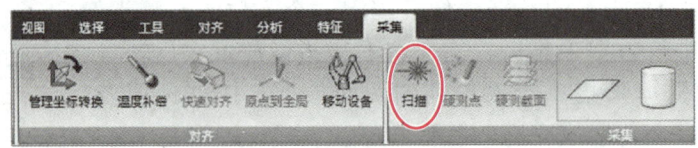

图 2-20　"采集"菜单

单击"扫描"菜单项，系统在启动 Geomagic 插件的同时打开"Win3D 三维扫描系统"，如图 2-21 所示。

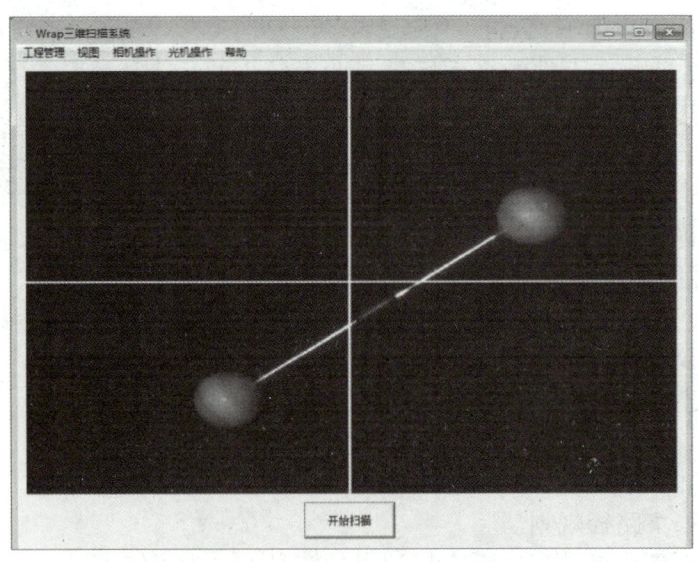

图 2-21　启动 Win3D 三维扫描系统

注意： 在扫描过程中不能单击上角的 ![x] 关闭按钮，否则要重新进行前面的步骤。

Step 6 设置相机参数。

单击"相机操作"菜单中的"参数设置"菜单项，即可打开"相机参数设置"对话框，如图 2-22 所示。软件默认相机曝光值为 500，可调范围为 100～999。本任务中采用默认值。

Step 7 标定。

具体参见本任务的"2.3.2 Win3DD 单目三维扫描仪的标定"。如果不需要标定的话，则该步骤可省略。

Step 8 一侧数据扫描。

将石膏头像放在扫描盘上，并固定好，尽可能多地在扫描仪中看到实物，进行石膏头像一侧的数据扫描。单击图 2-21 中的"开始扫描"按钮，即可开始对实物进行数据扫描。

图 2-23 所示是采集一侧数据时的情况。在扫描数据的过程中匀速转动转盘，将模型旋转 360°。每次转动，需要有面与面间的过渡。简单的做法就是确保有三个或者三个以上的标记点是转动前已扫描上的，每次转动扫描的角度根据模型曲率的变化自行判断。

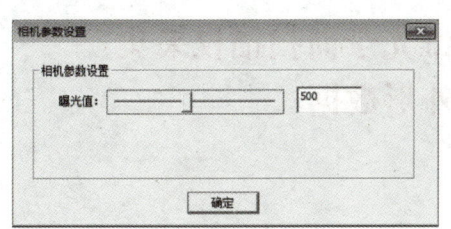

图 2-22 "相机参数设置"对话框

图 2-23 一侧的数据采集

注意： 在数据扫描过程中千万不要触碰模型使之发生方位变化，或者使模型晃动，否则会造成扫描出来的点云数据错层。

如果在数据扫描过程中，出现"公共标记点过少"的提示框，表示软件无法自动拼合。此时，可往回转一定的角度，重新对实物扫描。

Step 9 另一侧数据扫描。

第一面石膏的数据扫描完毕之后，把石膏头像从转盘上拿下，将转盘翻面，再将石膏头像翻转，放置在转盘上，进行另一侧的数据扫描，直至完成。

注意： 转盘的背面也必须贴上标记点。

Step 10 完成数据扫描。

单击"Win3D 扫描仪"对话框中的"确定"按钮，如图 2-24 所示，则完成数据的扫描。

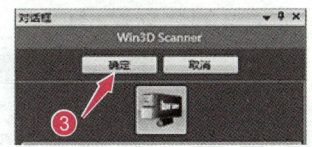

图 2-24 Win3D 扫描对话框

Step 11 扫描数据的保存。

完成扫描后，对于扫描数据通常有两种保存方式："导出点云"和"导出全局点"。

单击"开始"菜单中的"导出点云"按钮，打开"另存为"对话框，系统会按顺序把每个视角的测量点云分别保存到工程路径下。保存文件的格式有很多，通常保存为 STL 格式，以便在其他软件中打开。

如果单击"开始"菜单中的"导出全局点"按钮，可将模型导出为全局点。保存为"全局点"是方便以后模型的补充扫描，因为全局点的文件中保存有工件上采样点的信息。如需要进行补充扫描，可打开该全局点文件。此时就不需要重新进行整体的扫描，只需要扫描需要补充的局部即可，软件会自动将补充扫描的部分数据和原来的数据进行拼合。

若采集后的数据有很多的噪音点和体外孤点等，则需要进行一定的预处理，使其具备曲面重构的较为规整的数据模型。

现将使用 Win3DD 单目三维扫描仪的注意事项总结如下：

1）请耐心等待软件完全启动后再操作软件。
2）在一项操作未完成时，尽量不要再操作软件。
3）如果软件运行过程中崩溃或异常退出，请检查计算机中"任务管理器"的进程"Wrap.exe"和"EllipseDetectionServer.exe"是否已经关闭。如未关闭，请关闭这两个进程后再重启软件。
4）软件启动之后，请将相机曝光值调至合适数值，太暗会影响标定和扫描质量，太亮可能会导致相机卡死。
5）如果扫描过程中，发现扫描仪投射光栅有误（如光栅卡死或者扫描完成后未投射十字），请按提示重新扫描。

任务 2.4　使用 XTOM 型三维光学面扫描仪采集汽车散热器风扇外形数据

任务引入

要进行数据采集的风扇，如图 2-25 所示，是用于汽车散热器进行冷却的常规部件。由于该部件运行时速度快，平稳无噪声，因此，要求所采集的数据精度高，完整性好，为项目 3 中的风扇数模重构部分提供较好的数据。

任务分析

该风扇由 4 个形状一致的叶片和中间基轴组成，可以用接触式扫描其中一个叶片，但这样速度比较慢，需要测很多点近似拟合出叶面曲线；而用非接触式扫描方法相对既快又方便，并可扫出叶片的全貌。因此，结合实际，采用如图 2-26 所示的 XTOM 型三维光学面扫描仪，完成风扇外形的三维数据扫描。为更好地完成数据采集，先对风扇进行喷涂和贴标记点处理，然后进行风扇两面的数据采集。采集的数据利用软件的自动拼接功能完成合并，得到完整的数据模型。

图 2-25　风扇零件

图 2-26　XTOM 型三维光学面扫描仪

难点和重点

难点：采用XTOM型三维光学扫描仪进行实物数据采集时，如何保证采集精度？
重点：掌握XTOM型三维光学扫描仪的操作步骤。

任务实施

2.4.1　XTOM型三维光学面扫描仪简介

XTOM型三维光学面扫描系统采用结构光测量的方式，利用蓝光光栅投影单元将一组具有相位信息的光栅条纹投影到测量工件表面，左右两个高分辨率工业相机进行同步3D扫描，可以在极短的时间内获得被测物表面的三维扫描数据。与传统格雷码加相移方法相比，测量精度更高，单次测量幅面更大、抗干扰能力强、受被测工件表面明暗影响小，能够测量几毫米到几十米且表面剧烈变化的工件。

XTOM型三维光学面扫描仪的特点：

1）采用国际最先进的外差式多频相移三维光学测量技术。
2）多线程运算，计算速度更快。
3）国际最新的相机标定算法，标定板幅面从32mm×24mm到3m×3m。
4）一机多用，单幅测量幅面从32mm到3m。
5）单幅扫描一次可获得130万～660万的点云，点间距为0.04～0.67mm，测量精度为0.008～0.05mm。
6）移动式测量，方便快捷。
7）具有强大的自动拼接和重叠面自动删除功能。
8）测量扫描速度快，单幅扫描时间为3～6s。

2.4.2　风扇的数据采集

Step 1　扫描前处理。

由于风扇为黑色，表面需喷一层薄薄的白色粉末。扫描过程中，标记点可被实时跟踪识别，多幅扫描后进行全局匹配，自动完成拼接，所以需贴上标记点。图2-27所示为置于旋转工作台上、表面经前处理后的风扇。

2-6
XTOM型三维光学扫描仪的使用

Step 2　扫描规划。

为了正反两面数据自动归到同一坐标下，可采用以下两种扫描方式：

1）在扫描前配合。使用工业近景摄影测量设备获取整个物体表面（正反两面）的全局标志点，在扫描时，调入全局标记点，进行正反面扫描。

2）先完成一个面的扫描，通过转盘上的辅助点获取被测物体另一表面的标识点，完成另一面的扫描。

这里采用第二种方式。

图2-27　前处理后的风扇

Step 3 启动设备、计算机,打开扫描软件。

Step 4 新建一个工程项目。

单击"文件"→"新建"命令,系统弹出图2-28所示的界面,选择新工程的存放目录,然后在"名称"一栏输入工程名称。如果需要使用全局标记点,则再勾选上"导入全局控制点"复选框。由于风扇没有使用全局标记点,直接创建新建测量项目即可。

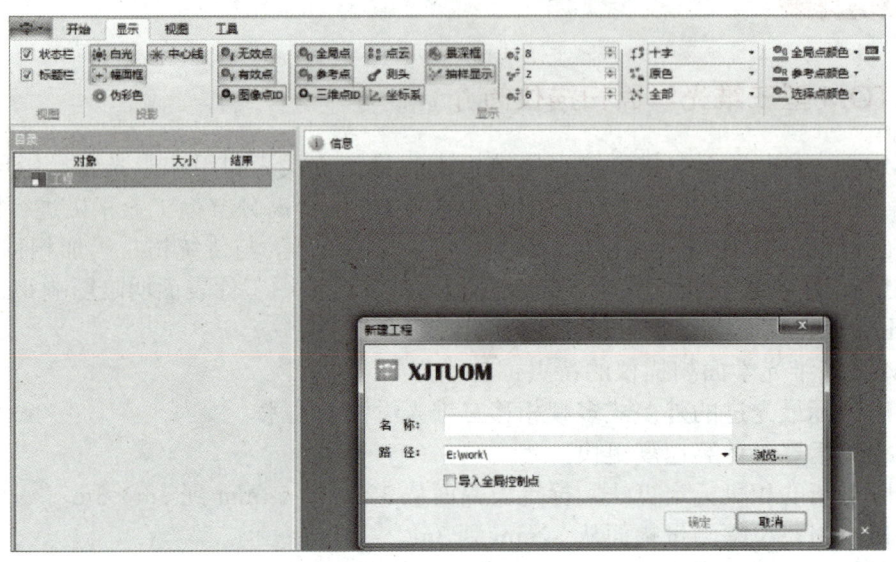

图2-28 新建工程项目界面

Step 5 正面数据扫描。

单击工具条上"测量设备开关"按钮,调整测量距离到标准距离下,在左右相机摄像窗口(图2-29右边的两个小窗口)看到被测物体,且出现系统可以识别的标记点(蓝色)时,单击工具条上"扫描"按钮,开始扫描,测量头投出黑白条纹到被测物体表面,在图形窗口出现被测物体的表面数据,如图2-29左侧窗口所示。景深框投射的方向就是测量头对准物体的方向,在工程区系统将自动保存点云文件。

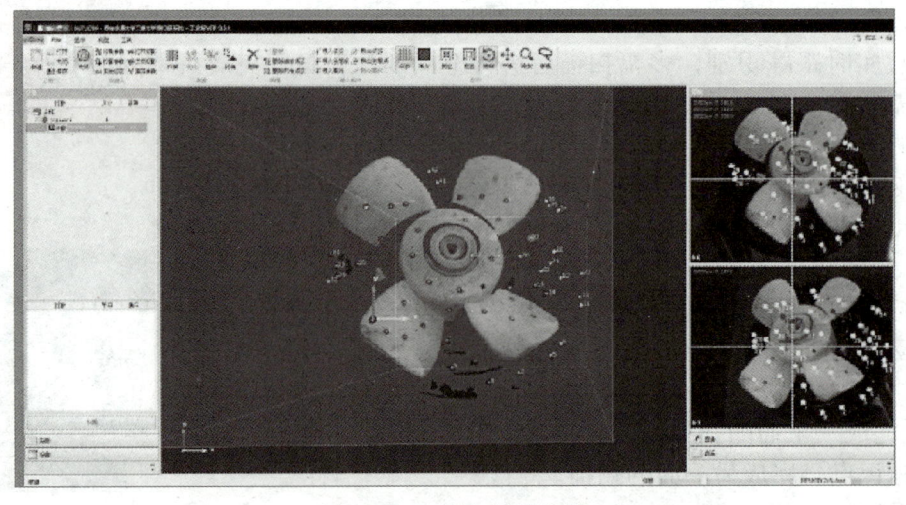

图2-29 一幅扫描的数据

转动扫描物体的方向，再次单击"扫描"按钮，系统扫描完成之后会自动与上一幅扫描得到的点云进行拼接，同时刷新工程区信息，增加新的测量数据。图2-30所示为多幅扫描的结果。

在多幅数据扫描时，要观察图形窗口扫描的点云是否对齐。如果没有明显对齐，如图2-31所示，则需要删除工程区已扫的这片点云数据，调整物体角度，重新扫描。

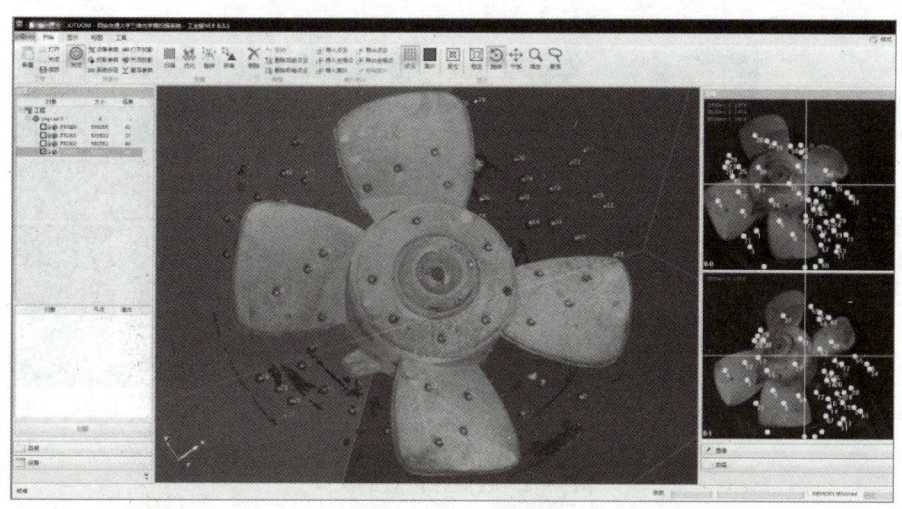

图2-30　多幅扫描的数据

注意：扫描时按照一定的顺序（朝一个方向）旋转适合的角度扫描，保证每一幅扫描图像与上一幅有至少5个以上的相同标记点，以保证拼接的精度。

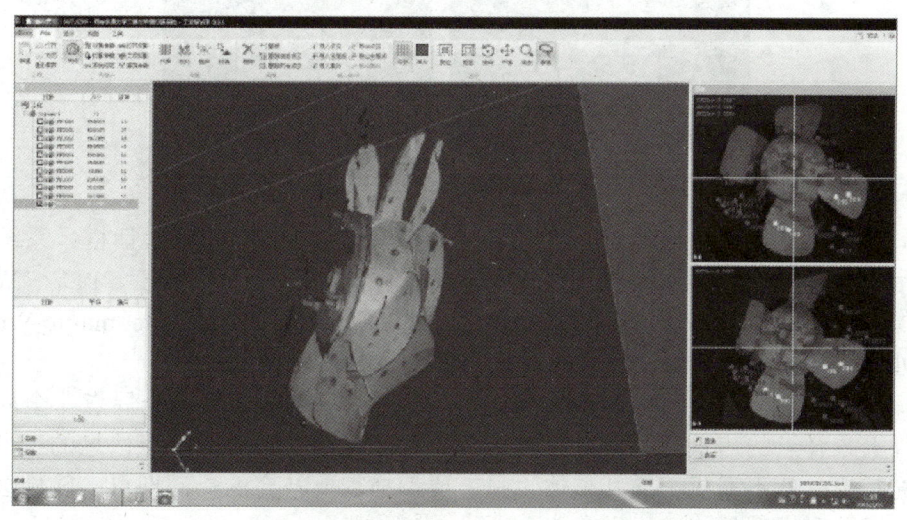

图2-31　扫描数据没有对齐的情况

Step 6　过渡标记点的获取。

将风扇翻转接近90°扫描，如图2-32所示，直至获取的物体反面标记点能满足反面的数据扫描。

Step 7　反面数据的扫描。

利用过渡后的标记点（与正面标记点在同一坐标系下），扫描反面的数据，方法同正面扫描，扫描完成后如图 2-33 所示。

Step 8 点云文件的导出。

模型扫描好之后，通常有两种导出方式：第一种为"导出点云"，第二种为"导出全局点"。

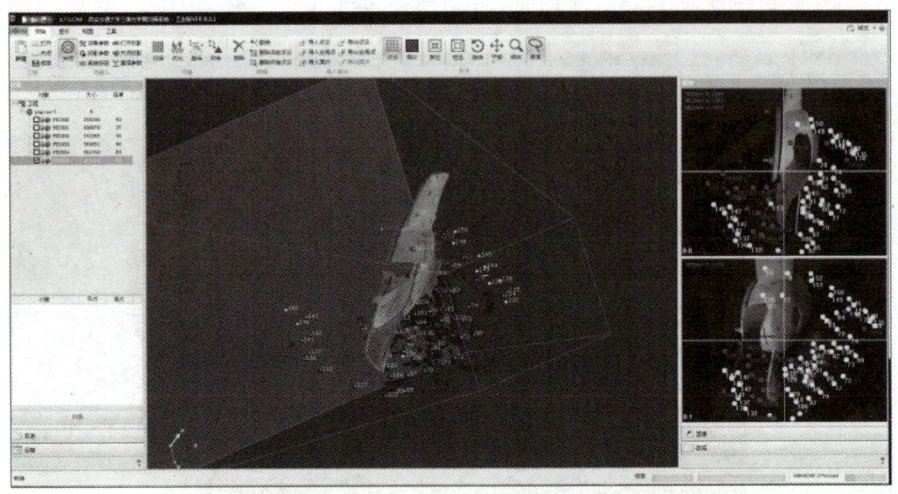

图 2-32 过渡标记点的获取

图 2-33 风扇扫描完成后数据

1）单击"开始"菜单中的"导出点云"按钮，打开"另存为"对话框，系统会按顺序把每个视角的测量点云分别保存到工程路径下。文件的扩展名可为 ASC、PLY、WRL 格式。在这里，保存为 PLY 格式，取名为 fan.ply，将用在项目 3 中导入到 Geomagic Wrap 软件中进行数据处理，并在 Geomagic Design X 软件中进行数模重构。

2）单击"开始"菜单中的"导出全局点"按钮，将模型导出为全局点。全局点的作用是保存工件上采样点的信息，方便以后补充数据时的扫描。带有全局点信息的工件，以后如果需要补充扫描，就不需要扫描其整体，只需要扫描需要补充的局部即可，软件会自动将补充扫描到的部分和模型整体进行融合。

至此已经完成了风扇数据采集的任务。现将 XTOM 型三维光学面扫描仪使用特点总结如下：该扫描仪可用于采集较复杂结构物体的数据，操作较简单，采集速度较快，数据拼合方便。使用 XTOM 型三维光学面扫描仪与其他非接触式光学扫描仪一样，要注意对扫描件的前处理，包括喷涂反差剂、贴标记点；要进行采集路径规划，要选择合理的旋转角度，保证每幅图像上有至少 4～5 个公共的标记点。如果需进行正反面的数据采集，要注意过渡区域标记点的采集或正反面标记点的采集。

任务 2.5　使用 EXA Scan 手持式三维扫描仪采集汽车后视镜外罩数据

任务引入

通过观察汽车后视镜，驾驶员可以了解本车及后面车辆的行驶状况，对保证车辆安全行驶起到非常大的作用。汽车后视镜外罩的设计，除了正确的结构外，还要求美观且符合空气动力学原理，保证各区域光滑连接，因此，对采集数据的精度要求较高。本任务将对某款汽车的后视镜外罩进行数据采集，满足客户对采集数据精度和完整性的要求。

任务分析

为满足客户的要求，所选采集设备要具有较高的精度。同时考虑到后视镜外形为自由曲面类，为提高采集速度，优先选用非接触式光学扫描仪。因此，本任务采用了 EXA Scan 手持式三维扫描仪完成汽车后视镜外罩的三维数据采集。

由于 EXA Scan 手持式三维扫描仪为光学式的，因此，对后视镜外罩的数据采集采取如下扫描方案：首先对后视镜外罩表面进行反差剂的喷涂，然后粘贴标记点，最后采集数据。通过完成该任务，深入了解非接触式光学扫描进行数据采集的特点，掌握 EXA Scan 手持式三维扫描仪的使用。

难点和重点

难点：采用 EXA Scan 手持式三维扫描仪进行实物数据采集时，如何保证采集数据的完整和精确？

重点：掌握 EXA Scan 手持式三维扫描仪的操作步骤。

任务实施

2.5.1　EXA Scan 手持式三维扫描仪简介

EXA Scan 手持式三维扫描仪由 CREAFORM 公司推出，主要由高质量的 CCD 照相机和激光发射器组成，用视觉标记来确定扫描仪在工作过程中的空间位置，使用线激光来获取物体表面点云。因此，该设备是基于自定位测量原理。数据采集时，在需要扫描物体表面的任意位置贴上标记点，高速 CCD 照相系统会辨认所有标记点组成的三角面来进行定位；十字激光采集该三角面上的点数据，并且在采集软件中实时显示，输出为 STL 格式的表面数据，其原理如图 2-34 所示。采用该扫描仪采集数据具有如下特点：

1) 在操作过程中，目标点自动定位，不需要额外的对齐后处理，不需要多次重建参考点，避免了累积误差。

2) 高分辨率的 CCD 系统，具有 2 个 CCD 及 1 个十字激光发射器，扫描更清晰，也更精确。

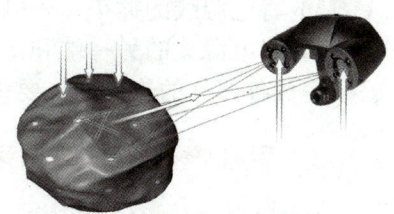

图 2-34　EXA Scan 手持式三维扫描仪的工作原理

3)点云无分层,自动生成 STL 三角网格面,便于后期数据的快速处理。

4)可内外扫描,测量范围无局限。

5)可同时使用多台扫描头采集同一实体的数据,且获得的所有数据文件都在同一个坐标系中,便于后期的数据拼合。

6)可根据细节需求,控制扫描文件的大小,组合扫描不同的部位。

7)设备较轻,可装入一只手提箱内,携带方便。

因此,该设备是一种自定位、高分辨率的便携式激光扫描仪,可灵活自由地采集数据。采集数据可方便地用于重构表面、A 级表面处理及精度检测。该激光扫描仪的应用范围非常广泛,已在航空航天、汽车制造、生物力学、消费品、教育、文化遗产保护及建筑、制造等行业应用,被证实有强大的适用性和优异的性能表现。

2.5.2 EXA Scan 手持式三维扫描仪的组成和连接

EXA Scan 手持式三维扫描仪是一种可手持扫描来采集物体表面三维数据的便携式三维扫描仪,其组成如图 2-35 所示。

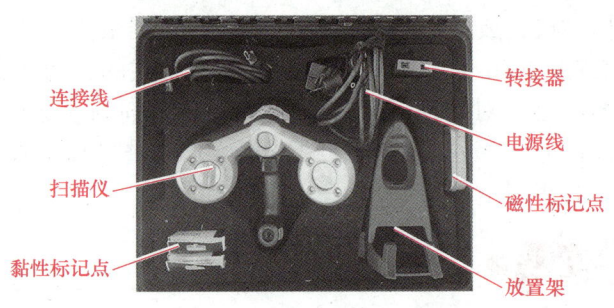

图 2-35 EXA Scan 手持式三维激光扫描仪携带箱内的部件

在使用前,需要正确连接扫描仪各部件,主要操作步骤如下(图 2-36):

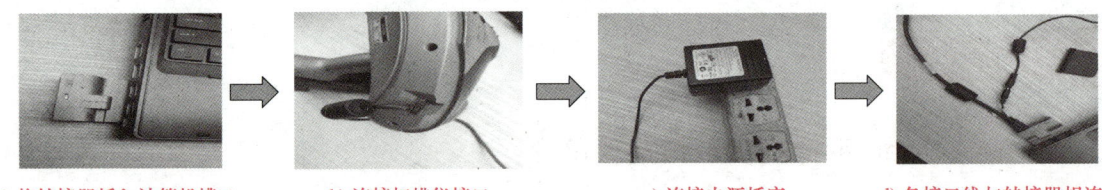

图 2-36 扫描仪端口连接步骤

1)将转接器插入计算机的槽口。
2)将连接线的一端与扫描仪相连,另一端与转接器相连。
3)将电源线的插头插入电源插座。
4)将电源线的另一端和连接线的另一端与转接器连接。

完成各部件的连接后,要将扫描仪稳固地置于放置架上。

2.5.3 后视镜外罩的数据采集

某汽车后视镜外罩形状,如图 2-37 所示,其外形由几个大的流线曲面组成。

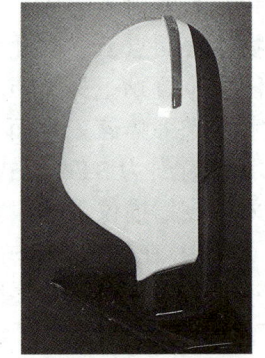

图 2-37 汽车后视镜外观

项目2　逆向数据采集

由于 EXA Scan 便携式三维激光扫描仪采用自动定位原理，因此需要进行采集前处理，包括在物体表面贴专用的标记点，以便扫描时的自动拼合。另外，由于后视镜外罩外观反光，因此还需要喷涂反差剂。

2-8　EXA Scan 扫描仪的使用

下面讲述数据采集的具体操作步骤。

Step 1 采集前处理。

EXA Scan 便携式三维激光扫描仪自带的扫描软件可对多视觉扫描数据自动拼合，所以需要在被扫描件上贴专用的标记点。标记点必须以最小 20mm 的距离随机地粘贴在被扫描件表面上；如果表面曲率变化较小，可粘贴得稀疏些，最大距离可以达到 100mm；物体边缘处如要粘贴标记点，须离开边缘 12mm 以上。这些标记点可使得采集数据在空间中完成自定位。除此之外，标记点粘贴还要注意以下几点：

1）标记点粘贴要牢固，尽量粘贴在平坦的表面上，避免粘贴在两个特征的交界处。
2）标记点粘贴的距离要适中，以保证每个测量幅面内至少能识别三个标志点。
3）标记点的排列位置尽量随机，避免出现等边、等腰三角位置，或在一条直线上。
4）标记点之间的距离应该互不相同，不要贴成规则点阵的形状。

图 2-38 所示为合适标记点与不合适标记点的分布情况。注意：有时很难在物体的外表面贴上合适的标记点，比如较小的表面或者小的物体。此时，可将标记点贴于一个平板上（最好是黑色且不光滑的），然后将物体放于该平板上进行扫描。

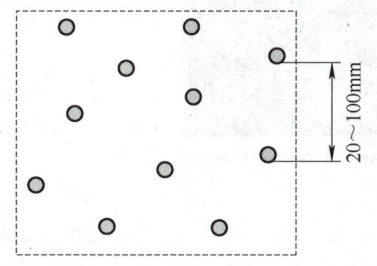
a）合适的标记点分布情况

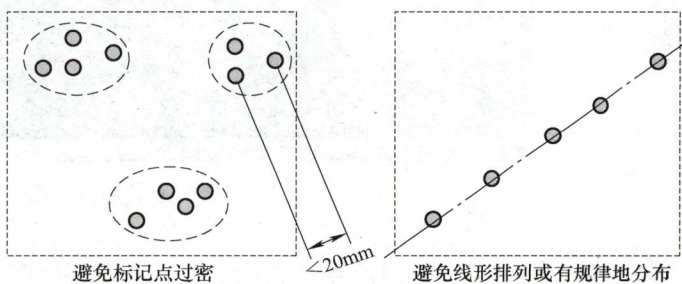
b）不合适的标记点分布情况

图 2-38　标记点的粘贴分布

除了要在后视镜外罩外表面贴上标记点外，由于后视镜外罩的金属表面反光，因此还需要喷上反差剂。在喷涂反差剂前，要将反差剂摇晃均匀；喷涂时，与物体间保持一定的距离，用力地按下反差剂压盖，使喷出的反差剂呈雾状，在物体表面形成厚度均匀的一薄层。

图 2-39 所示为前处理好的后视镜。

Step 2 采集路径规划。

首先将零件摆放到可以看到尽可能多的标记点的位置，先采集标记点，并将采集到的标记点作为一个独立文件。在扫描后视镜外罩外表面时先调入标记点文件，再扫描零件表面，这样扫描的数据会更容易地自动拼合在一起。

Step 3 配置扫描仪参数。

每台 EXA Scan 手持式三维激光扫描仪都配有数据采集软件。启动数据采集软件 VXelement，其界面如图 2-40 所示。为了获得高精度的扫描数据，需要根据扫描物体的具体情况调整配置参数：激光功率和快门时间。一般物体扫描时，可将激光功率参数设置

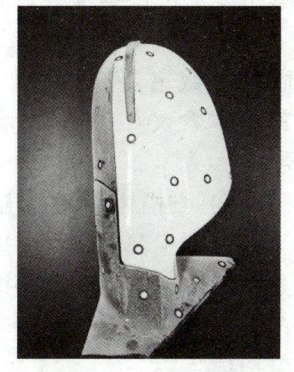
图 2-39　前处理好的后视镜

为 65%，快门时间为 2.0ms；对黑色物体，激光功率可调到 95%，快门时间为 3.0ms。采集后视镜时，参数设置为激光功率 65%、快门时间 2.0ms。

Step 4 新建文件，扫描标记点。

将后视镜放置于贴有标记点的底板上，摆放位置要尽可能看到更多的标记点，在扫描界面中单击"新对话"→"新项目"→"定位标点"命令，单击工具栏中的"扫描"按钮。扫描仪从距离零件 600mm 左右开始逐渐拉近到距零件表面 300mm 左右扫描标记点，如图 2-41 所示。这时扫描数据只保留能扫描到的标记点。删除底板上的标记点后，单击"文件"菜单，单击"保存定位标点"按钮保存标记点，以备后期扫描表面时调入使用。

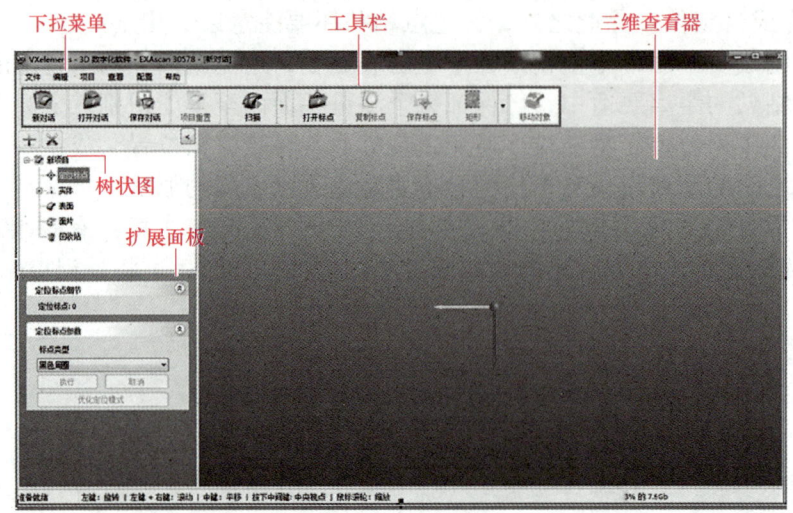

图 2-40 扫描软件界面

Step 5 新建文件，扫描零件表面。

1）调入标记点文件。在工具栏中单击"新对话"按钮，单击树状图中"新项目"→"定位标点"命令，单击工具栏中"打开标点"按钮，找到 Step 4 中保存好的定位标记点文件，将其调入。

2）设置面扫描参数。单击树状图中的"新项目"→"表面"命令，设置表面的"解析度"（点距），默认为 2.00mm。解析度值对扫描区域点的疏密度会有影响，减小解析度值可增加采集数据，因此解析度值可根据需要设置。

单击树状图中"新项目"→"面片"，出现图 2-42 所示的界面。面片参数主要有三个：面片优化、折叠三角形、移动孤立的补丁，其具体含义如图 2-42 所示。通过调整面片参数可获得符合要求的数据。

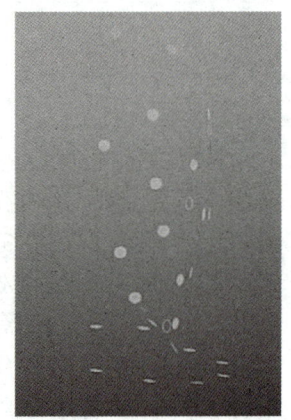

图 2-41 标记点扫描

3）扫描表面。单击菜单栏中"项目"命令，变换扫描模式为"扫描表面"。

单击工具栏中的"扫描"按钮，开始扫描。在扫描过程中，要一直按着扫描仪的触发器，如图 2-43 所示，并保持扫描距离 250～300mm，以确保效果最佳。让十字激光总是照在被扫描物体上，慢慢扫遍整个被扫描件的表面。当再次单击工具栏中的"扫描"按钮，结束扫描。

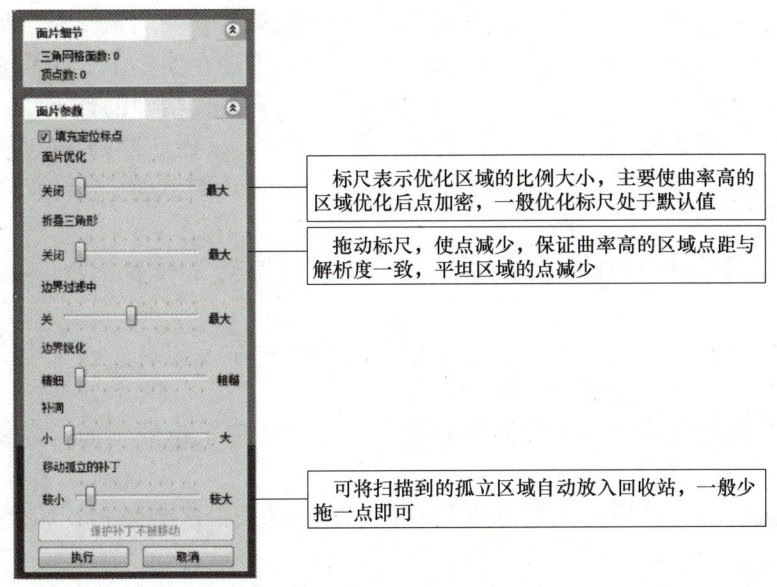

图2-42　面片参数设置对话框

4）编辑所扫描的表面数据。单击树状图中的"新项目"→"面片"，单击鼠标右键，在弹出快捷菜单中，单击"编辑面片"命令。旋转扫描面片，查看需要删除的数据；通过单击工具栏中"矩形"按钮旁的下拉小三角按钮确定选取模式。选取要删除的面片，单击"回收站"按钮，可删除选定区域。

5）保存编辑后的结果。

6）变换位置，再次扫描。将被扫物体翻转，重复步骤3）～5），扫描并保存结果。

单击树状图中"新项目"→"表面"，预览扫描结果，如图2-44所示。

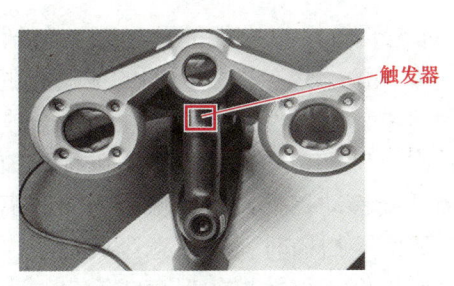

图2-43　扫描仪触发器

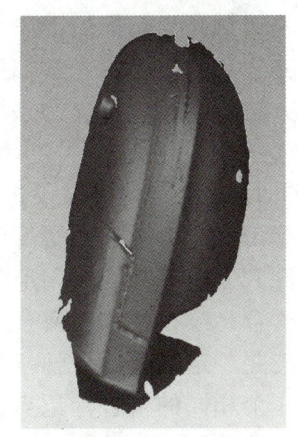

图2-44　扫描结果

Step 6　保存扫描数据。

将扫描数据结果保存为STL文件。该文件将在项目3中导入到Geomagic Design软件中进行数据处理和曲面重构。

通过以上任务的实施，将使用EXA Scan手持式三维激光扫描仪的注意事项总结如下：

1）扫描实物前，要对实物进行前处理：一是确保表面干净、无反光，如果反光则需要用反差剂进行喷涂；二是根据需要进行标记点的粘贴，可贴在实物上，也可贴在平板上；三是要进行扫描路径的规划，以确保用最少的时间采集到完整、精确的数据。

2）扫描时，先采集标记点，独立存放在一个文件中，以便后期扫描实物时调用。

3）在扫描时需要保持合适的扫描距离，扫描距离太近或太远都会使十字线激光丢失，无法采集到数据。

4）最好将小型扫描物体放在一个贴有标记点的旋转工作台上，扫描时匀速移动工作台。

5）扫描过程中如果遇到很难过渡的区域，可临时粘贴标记点。注意不要将标记点贴在过渡区域上，而是添加在过渡区域的两侧。

6）在数据扫描过程中，要时时观察计算机屏幕上数据采集的画面，以便及时补扫漏扫的区域。

7）扫描数据的质量受扫描次数与速度的直接影响，扫描次数越多，精度越高。

项目总结

为实现"逆向数据采集"的项目目标，构建了如下几个任务：了解数据采集方法的分类和特点、使用 Sense 3D 手持式扫描仪采集人体头像数据、使用 Win3DD 单目三维扫描仪采集石膏头像数据、使用 XTOM 型三维光学面扫描仪采集汽车散热器风扇外形数据、使用 EXA Scan 手持式三维激光扫描仪采集汽车后视镜外罩数据。通过了解不同采集设备的工作原理和适用范围，知道如何选择采集设备，掌握逆向数据采集的基本步骤，学会采集设备的操作，熟悉采集数据的输出。

数据采集是借助测量设备将实物的表面数据数字化，是逆向工程实现的基础和关键技术之一。按照设备与采集对象间是否接触，可将数据扫描方法分为接触式、非接触式以及混合式三大类。非接触光学扫描由于采集数据速度快，对实物软硬度没有什么要求，是应用较多的数据采集方法。非接触式光学扫描设备很多，不同的扫描设备，虽然扫描的原理不同，扫描软件操作方法不同，但扫描的宗旨是相同的，即通过不同视觉的扫描数据拼合出完整的数据模型。

在采用非接触式光学扫描仪进行数据采集时，首先要做好扫描件的预处理，包括喷涂反差剂、贴标记点。为了达到更好的扫描效果，任何发亮的、黑色的、透明的或反光的（如镜子、金属件）表面等都应均匀地喷涂白色的反差剂粉末。为了能实现手工注册拼合或扫描过程中自动拼合，应在物体表面合理粘贴标记点。其次要做好扫描路径规划，以提高扫描速度。扫描时按照一定的顺序，朝一个方向旋转被扫描件或移动扫描设备，保证相邻两幅扫描图像至少有 3 个相同的拼合标记点；当正反面（或上下面）扫描时，要注意区域过渡，可直接扫描区域过渡或采用正反面标记点的方法。最后，要做好采集数据的保存或输出。为方便采集数据在其他软件中使用，可将采集数据保存或输出为 STL 文件。STL 为一种三角面片格式文件，常用于逆向工程和快速成型技术中。

采集数据的快速、完整、精确不仅与扫描人员的技术水平有关，而且与采集设备的精度和软件有关。因此，要严格按照设备的操作规程，熟悉软件的使用功能，采集完整精确的数据，为逆向设计打下良好的基础。

项目训练与考核

1. 项目训练

根据具体条件选用一种数据采集设备,以 3～4 人为一小组,完成一实物的数据采集和保存。要求团队分工协作,设备操作规范,数据采集完整,并将数据输出为 STL 格式。

2. 项目考核卡

数据采集项目考核卡见表 2-3。

表 2-3 数据采集项目考核卡

考核项目	考核内容	参考分值	考核结果	考核人
素质目标考核	遵守操作规则	5		
	课堂互动	5		
	团结合作	5		
知识目标考核	了解采集方法的分类	5		
	了解不同采集方法的特点	5		
	知道采集设备的工作原理	10		
	熟悉采集设备的操作流程	10		
能力目标考核	能选择合适的实物	5		
	会规划采集路径	5		
	会使用采集设备	15		
	能获得完整精确的数据	25		
	会输出采集数据	5		
合计		100		

思考题

2-1 扫描二维码,观看视频"接触式和激光(非接触式)扫描组合实例",讨论并思考下列几个问题:

(1) 该鼠标具有什么样的结构特点?

(2) 为什么不能采用接触式数据采集设备采集鼠标的全部数据?

(3) 在一次装夹过程中,可以采用非接触式光学扫描仪完成鼠标全部数据的采集吗?

(4) 你觉得接触式和非接触式采集方法有何区别?

(5) 为什么要进行测头的标定?

(6) 采集后的多个数据文件,为什么要进行合并?

(7) 采集数据可保存成什么格式,以便于在其他软件系统中打开进行模型重构?

2-9 接触式和激光(非接触式)扫描组合实例

2-2 扫描二维码,观看视频"逆向数据采集—脸谱实例",思考如下问题:

2-10 逆向数据采集—脸谱实例

（1）为什么采集脸谱时，需要进行喷涂？
（2）喷涂显影剂（也叫反差剂）时需要注意哪些方面？
（3）总结一下，什么样的实物在采用光学扫描仪进行数据采集前需要进行喷涂处理？

2-3　讲述接触式与非接触式数据采集方法的特点？

2-4　讲述 Sense 3D 三维扫描仪的工作原理和操作步骤。思考一下该如何提高 Sense 3D 扫描仪的数据采集精度？

2-5　EXA Scan 手持式三维激光扫描仪采用的工作原理是什么？如何进行操作？又如何提高 EXA Scan 手持式三维激光扫描仪的数据采集精度？

2-6　讲述 Win3DD 单目三维扫描仪采用的工作原理和操作步骤。思考如何提高 Win3DD 单目三维扫描仪的采集精度？

2-7　总结非接触式光学扫描仪数据采集的主要步骤。

2-8　若对一个瓷器文物进行数据采集，需要注意哪些问题？采取哪种数据采集方法？

项目 3

数据处理及数模重构

项目简介

通过本项目的学习,读者可了解 Geomagic Wrap 和 Geomagic Design X 软件中扫描数据处理和数模重构的基本流程,并掌握软件的操作使用方法。同时,通过典型案例的学习,能举一反三,具备进行中等复杂程度模型的扫描数据处理和数模重构的能力。

本项目的学习目标如下:

素质目标	知识目标	能力目标
(1)愿意学习,能有条理地分析并归纳总结,能独立思考并解决问题 (2)能客观评价事物,评价自己和他人,能接受他人对自己的批评和改进意见 (3)能从容应对突发和偶然状况,科学、合理地解决问题 (4)具备应用新技术进行产品创新设计的意识和思维 (5)具备团队协作和沟通能力	(1)了解逆向工程技术的实施条件与流程 (2)掌握 Geomagic Wrap 软件的扫描数据处理流程与方法 (3)掌握 Geomagic Design X 软件的数模重构方法与命令 (4)熟悉模型重构精度的分析与控制方法	(1)能够描述逆向工程技术实施的软硬件条件 (2)能够熟练应用 Geomagic Wrap 软件进行扫描数据处理 (3)能够熟练应用 Geomagic Design X 软件进行零件的逆向设计 (4)能对数模重构的模型进行质量、精度分析与优化控制 (5)能够理解逆向工程对产品创新所起的作用

任务 3.1 Geomagic Wrap 软件认知

任务引入

本任务以 Geomagic Wrap 2017 软件为载体,介绍软件的界面组成、主要功能及常用命令。通过该任务的实施,了解 Geomagic Wrap 软件的操作使用及扫描数据的处理方法。

任务分析

学习 Geomagic Wrap 软件,首先要了解逆向设计的工作流程,然后熟悉该软件各模块的主要功能,并且掌握该软件的基本操作。

难点和重点

难点:1. Geomagic Wrap 软件的扫描数据预处理规划。

2. Geomagic Wrap 软件的扫描数据预处理精度控制。

重点：1. 逆向设计的工作流程及各阶段的处理目标。

2. Geomagic Wrap 软件的功能及常用命令。

任务实施

3.1.1 逆向设计的工作流程

实物的三维 CAD 模型是产品加工制造的基础。三维 CAD 模型的获取方法主要有两种：一种是通过 CAD 建模软件（如 UG NX、CATIA、SolidWorks 等三维 CAD 软件）进行模型特征创建；另一种是通过扫描技术获得实物模型的点云或三角面片数据，再借助逆向软件（如 ImageWare、Geomagic Studio、Geomagic Wrap 和 Geomagic Design X 等专用逆向软件）进行数据处理和数模重构，从而获得可用于加工制造的 CAD 模型文件。这两种方法分别称为正向设计和逆向设计。

逆向设计的基础是实物的采集数据，方法是借助软件对采集数据进行预处理和数模重构。采集数据的处理是通过 Geomagic Wrap 等逆向软件，对采集数据进行杂点删除、噪音点减少、数据拼合、孔洞填充、模型表面平滑和数据简化等处理，以获取特征清晰、表面质量理想的三角面片特征，并保存为 STL 格式文件，为后续的数模重构提供良好的模型数据。数模重构则是在数据处理的基础上，根据实物的曲面属性，通过区域划分、曲面片构建、生成格栅、拟合曲面等重构精确曲面，或通过区域划分、区域分类、主曲面拟合、连接拟合等重构参数曲面。

传统采用"点→线→面"的造型方法，需要投入大量的建模时间，且参与建模人员要有丰富的建模经验。而逆向设计的原理则是采用许多细小的空间三角面片来逼近还原 CAD 实体模型，建模时采用"点云→三角网格面→曲面"的方式，过程更简单直观，更适用于快速计算和实时显示的领域，但该过程计算量大，对计算机的配置要求较高。

逆向工程的工作流程及主要作用如图 3-1 所示。

由图 3-1 可知，逆向工程一般可分为五个阶段：即数据采集、数据处理、重建原型 CAD 模型（数模重构）、创新设计和加工制造检验，这五个阶段是逆向工程的五大关键。其中，数据采集是逆向工程 CAD 建模的首要环节，数据处理是关键环节，其结果直接影响后期数模重构的质量，而数模重构则是逆向工程的决定性环节，直接决定最终模型的成功与否。

由于 Geomagic Wrap 软件的数模重构功能不够强大，且重构精度不是很高。因此，在实际的逆向建模中，多采用 Geomagic Wrap 等逆向软件进行采集数据的

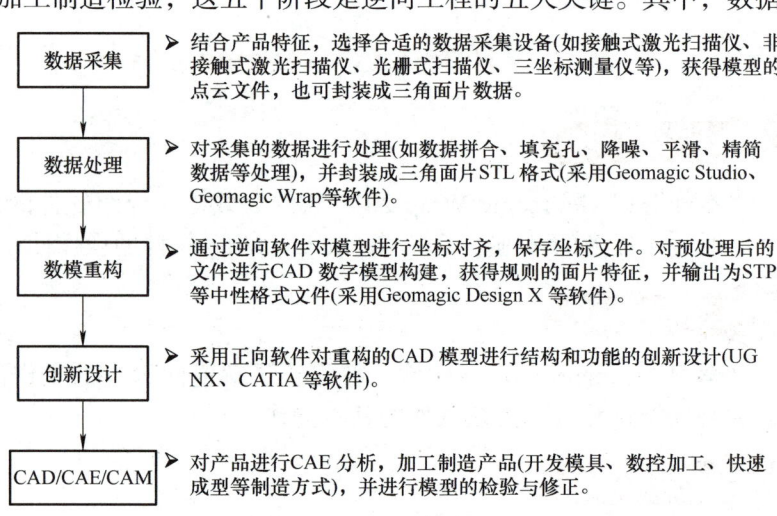

图 3-1　逆向工程的工作流程及主要作用

预处理，再借助 Geomagic Design X 等逆向软件，采用与 UG NX 等正向建模软件相似的理念：即基于特征的参数化建模，进行模型的 NURBS 曲面构建，并以实体方式创建产品的 CAD 数字化模型，以完成其数模重构。

3.1.2 Geomagic Wrap 软件的主要作用和功能

Geomagic Wrap 软件提供了包含基础模块、采集模块、分析模块、特征模块、点处理模块、多边形处理模块、精确曲面模块和曲线模块的八大数据处理模块，每个模块所提供的主要作用和功能见表 3-1。

表 3-1 Geomagic Wrap 软件的主要作用和功能

序号	模块名称	主要作用	主要功能
1	基础模块	提供基础的操作环境	文件操作、对象选取、显示控制和数据结构等
2	采集模块	通过特定的采集方法和设备，将被测物体表面形状转化为若干几何空间坐标点，从而得到逆向建模及尺寸评价所需的数据	1）移动硬件设备、快速对齐、坐标转换和温度补偿 2）选择特征类型，快速创建特征 3）使用硬测头采集，快速实现特征间的测量 4）重新使用已定义的投影曲面
3	分析模块	以扫描后的点云或多边形数据为参考，对处理后的曲面模型进行偏差分析，获取模型偏差分析图，并对所建曲面模型进行编辑修改，以提高逆向建模的精度	1）生成曲面模型的 3D 偏差分析图，并根据需要编辑偏差色谱和曲率色谱 2）测量对象上两点间的最短距离 3）计算模型的体积、重心和面积 4）生成所选点的 X、Y、Z 坐标值，并将其导出
4	特征模块	在活动对象上定义一个特征结构体，并对其命名，以作为分析、对齐和修剪工具的参考	1）探测特征，创建不同类型的特征 2）编辑、复制和转化特征 3）在图形区域内切换所有特征的显示方式 4）参数转换、输出到正向建模软件中
5	点处理模块	对导入的扫描数据进行预处理，将其处理为整齐、有序以及可提高处理效率的点云数据，并封装成三角面片的多边形数据模型	1）导入扫描后的数据集 2）通过检测体外孤点、减少噪音点、去除非连接项等，优化扫描数据 3）自动或手动拼合、合并多视角扫描数据集 4）通过统一采样、等距采样、随机采样和基于曲率的点采样等方式，精简点云数据集的数量 5）点云着色与修复，以便于数据的观察与处理 6）点云数据的编辑操作，快速删除并保留所需数据 7）按照设定的距离对点云数据进行过滤处理，并可执行数据对齐 8）对扫描数据进行三角面片网格化封装

(续)

序号	模块名称	主要作用	主要功能
6	多边形处理模块	对多边形网格数据进行表面光顺与优化处理，以获得光顺、完整的三角面片网格，并消除错误的三角面片，提高后续的曲面重构质量	1）填充模型中的内、外孔或边界孔，创建或拟合孔，并清除模型中不需要的特征 2）细化或简化三角面片数量 3）删除钉状物，松弛，快速光顺，砂纸打磨，减少噪音点等，以光顺三角面片网格 4）一键自动检测并纠正多边形网格中的误差 　3-4 模型表面孔洞填充　　3-5 模型表面平滑处理 5）检测模型中的图元特征（如圆柱、平面）并拟合 6）加厚、抽壳、偏移三角面片网格 7）锐化曲面之间的连接，通过拟合形成锐角 8）打开或封闭流形，删除非流形的三角面片，增强表面啮合 9）手动雕刻或加载图片，在模型表面形成浮雕特征 10）创建、编辑边界，如做松弛、细分、直线化、延伸、投影、伸出、删除边界等处理 11）修复相交区域，消除重叠的三角形 12）网格医生自动修复非流形边、自相交、钉状物、高度折射边等问题 13）转换为点云数据或输出到其他应用程序，以做进一步的处理与分析
7	精确曲面模块	通过探测模型特征轮廓线来构造曲面片和格栅网格，准确提取模型特征，进而拟合出光顺、精确的 NURBS 曲面	1）自动拟合曲面 2）探测并编辑处理轮廓线，如做松弛、细分、延伸、删除面片等处理 3）探测曲率线并对曲率线进行手动移动、级别设置、升级、约束等处理 4）构建曲面片并进行移动、松弛、修理等处理 5）构造栅格并进行松弛、编辑、简化等处理 6）拟合 NURBS 曲面，并可修改 NURBS 曲面片层、修改表面张力 7）对曲面进行松弛、合并、删除、偏差分析等处理 8）转换为多边形数据或输出到其他应用程序，以做进一步的处理与分析 9）通过参数转换，将定义的曲面数据发送到其他 CAD 软件进行参数化修改
8	曲线模块	对点云阶段和多边形阶段处理所得对象的边界轮廓线或截面轮廓线进行提取，并对轮廓线进行二维草图编辑，从而创建曲线模型特征，以便于将曲线模型输出到正向设计软件，进行后续的正向建模设计	1）在多边形模型上按照从截面或从边界方式创建曲线特征 2）在模型上绘制或抽取曲线 3）重新拟合、编辑曲线草图 4）将投影曲线转化为自由曲线或边界线 5）参数转换、输出到正向建模软件，以做进一步分析处理

3.1.3　Geomagic Wrap 软件的基本操作

1. 用户界面

Geomagic Wrap 软件的用户界面如图 3-2 所示，主要包含以下几个部分。

项目 3　数据处理及数模重构

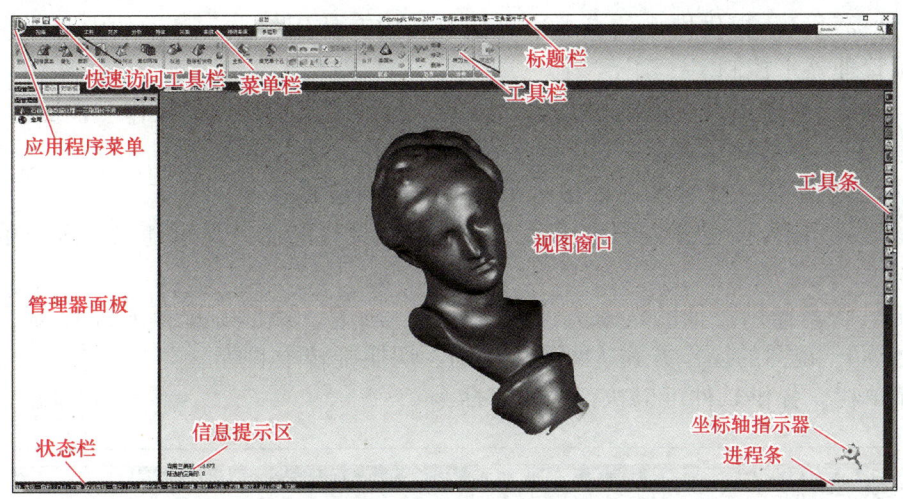

图 3-2　Geomagic Wrap 软件的用户界面

1）应用程序菜单。包含文件的"新建""打开""导入""保存"等命令。

2）快速访问工具栏。包含与文件操作相关的常用快捷方式，如"打开""保存""撤销""恢复"等命令。

提示：Geomagic Wrap 软件中只能撤销前一步操作。因此，在操作时要养成仔细观察和及时保存的好习惯。

3）视图窗口。显示当前的工作对象，在视窗内可以看到模型图形和所选取的部分。

4）管理器面板。该面板包含"模型管理器""显示"和"对话框"三个选项卡。

提示：当需要放大视图窗口显示范围时，可单击管理器面板右上角的"自动隐藏"图标 ，面板将自动隐藏。同时，面板的名称显示在程序界面左侧的边界。当光标停留在某个选项卡名称上时，将使相应的选项卡临时显示出来，此时再次单击"自动隐藏"图标 ，管理器面板的各选项卡将恢复到默认状态。

① "模型管理器"选项卡：用于显示模型对象。可在"模型管理器"中对各对象进行显示、隐藏、重命名及保存等操作。还可对选中的若干对象进行创建组操作，便于按要求对各对象进行分类。

② "显示"选项卡：用于控制对象的显示。可修改系统参数和对象视觉特性，以便于对象观察，如观察全局坐标系、边界框、静态/动态显示百分比等，如图 3-3 所示。

③ "对话框"选项卡：用于显示所执行命令的操作步骤界面。

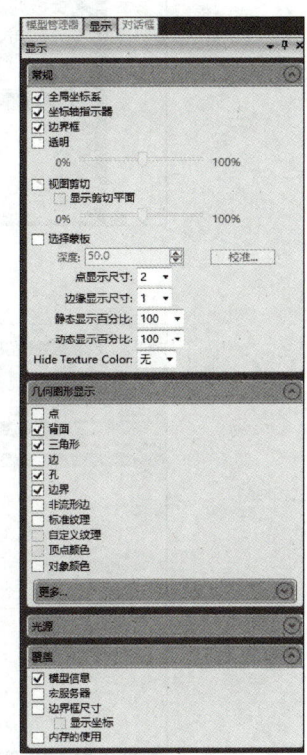

图 3-3　"显示"选项卡

提示：使用过程中若由于误操作等原因，导致"模型管理器""显示""对话框"的位置散乱，影响界面效果及观察操作，如图 3-4 所示，则可单击"视图"→"重置布局"命令，重启应用程序后，即可恢复管理器面板的默认状态。

若管理器面板中的选项卡不小心被关闭，则可单击"视图"→"面板显示"命令。在下拉菜单中勾选"模型管理器""显示""对话框"，即可再现管理器面板中的各选项卡，如图 3-5 所示。

5）信息提示区。提供模型信息、边界信息和内存使用信息。显示的内容通过管理器面板上的显示管理器来控制。

6）状态栏。为操作人员提供相关执行信息，如系统正在处理的操作、快捷键等。

7）进程条。显示操作进程。

8）坐标轴指示器。显示坐标轴相对于模型的当前位置。

9）工具栏。包含按组分类的常用命令按钮。工具栏的命令显示随着所选菜单项的不同而变化。

10）工具条。提供特征的选取方式（如套索、画笔、矩形等选择方式）、显示方式（如可见、贯通等）、视图的操作方式（如适合视图、切换旋转中心等）。

11）菜单栏。提供软件可以执行的所有命令。

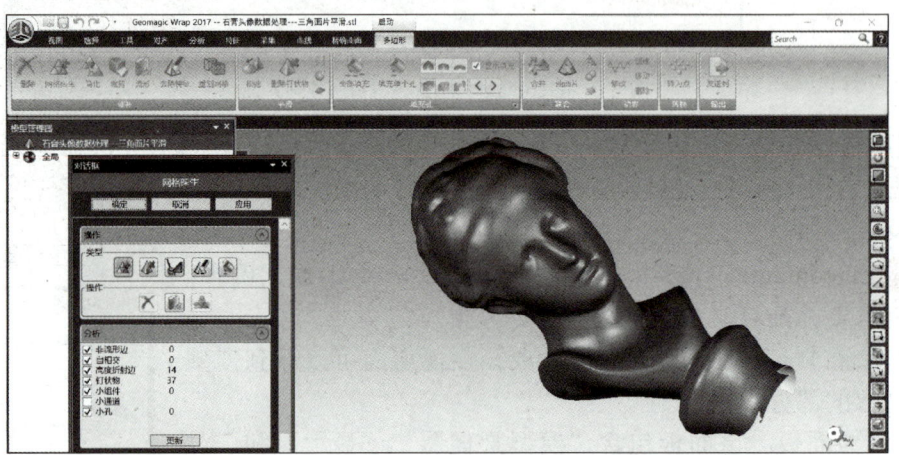

图 3-4　重置管理器面板

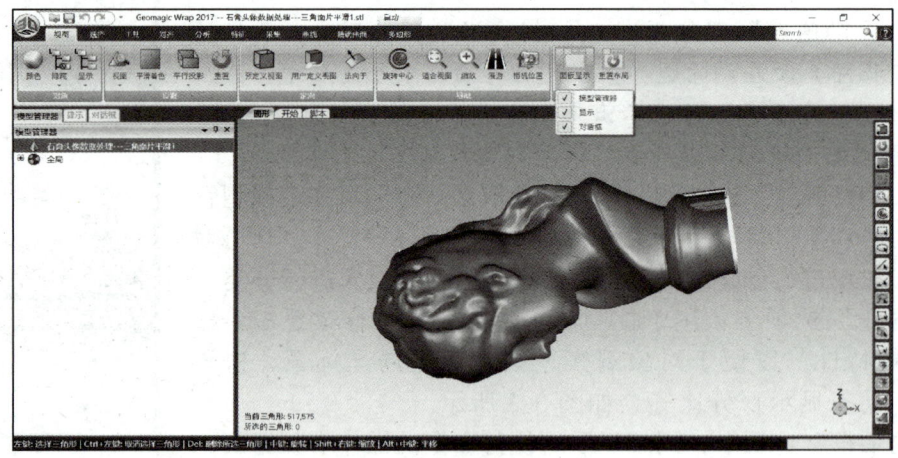

图 3-5　"面板显示"设置

2. 鼠标操作及快捷键

同很多三维造型软件一样，Geomagic Wrap 软件的操作方式也是以鼠标为主，键盘为辅。鼠标操作主要用于对模型的旋转、缩放、平移及对象的选取等。

现将鼠标的左、中、右 3 个键分别定义为 MB1、MB2 和 MB3。通过功能键和鼠标的特定组合，可进行对象的快速选择和视窗调节。表 3-2 列出了软件中大部分功能键和鼠标组合可实现的功能。

通过快捷键可以快速地获得某个命令，不用在菜单栏或工具栏里选择命令。Geomagic Wrap 软件中组合键以及快捷键的使用功能见表 3-2。

表 3-2　组合键以及快捷键的使用功能

组合键或快捷键	命令详解	组合键或快捷键	命令详解
1. 组合键		2. 快捷键	
单击 MB1	选择用户界面的功能键和激活对象元素；或在一个数值栏里单击上、下箭头来增大或减小该数值	<Ctrl>+G	选择贯穿
单击 MB1 并拖动	激活对象的选中区域	<Ctrl>+F	设置旋转中心
<Ctrl>+MB1	取消选择的对象和区域	<Ctrl>+B	重新设置边界框
<Alt>+MB1	调整光源的入射角度和亮度	<Ctrl>+ 左键框选	取消选择部分
<Shift>+MB1	当同时处理几个模型时，选取并激活多个模型	<Ctrl>+O	打开模型
<Ctrl>+MB3	旋转	<Ctrl>+Z	撤销上一步操作
<Shift>+MB3	缩放	<Ctrl>+T	选择矩形工具
滚动 MB2	将光标放在视窗中的任一部分，可对视图进行缩放；将光标放在数值栏里，可增大或缩小数值	<Ctrl>+P	选择画笔工具
单击 MB2 并拖动	可在视窗中进行视图的旋转	<Ctrl>+A	全选
<Alt>+MB2	平移	<Ctrl>+V	选择可见
<Shift>+<Ctrl>+MB2	移动模型	<Ctrl>+D	拟合模型到视窗
单击 MB3	可获得快捷菜单，包含一些使用频繁的命令	<Ctrl>+R	重新设置当前视图
<Alt>+MB3	平移	<Ctrl>+X	选项工具
2. 快捷键		<Ctrl>+<Shift>+X	执行宏操作
F1	帮助	<Ctrl>+<Shift>+E	结束宏操作
F2	单独显示	<Del>	删除所选择的
F3	显示下一个	<Esc>	中断操作
F4	显示上一个	空格键	应用 / 下一步
F5	全部显示	<Alt>+0	隐藏全部视图对象
F6	只选中列表	<Alt>+1	隐藏不活动的视图对象
F7	全部不显示	<Alt>+2	隐藏 / 显示下一个视图对象
<Ctrl>+N	新建模型	<Alt>+3	隐藏 / 显示上一个视图对象
<Ctrl>+S	保存模型	<Alt>+4	显示所有的特征
<Ctrl>+Y	重复上一步操作	<Alt>+5	隐藏所有的特征
<Ctrl>+L	选择线条工具	<Alt>+7	切换所有基准
<Ctrl>+U	选择定制区域	<Alt>+8	编辑时全选，或全选视图对象
<Ctrl>+C	全部不选	<Alt>+9	显示全部视图对象

3. 帮助

通过将光标放在菜单栏、工具栏、对话框上，或将光标放在有疑问的命令上，然后按 F1 键，即可获得该命令的帮助。图 3-6 所示为软件提供的帮助页面。

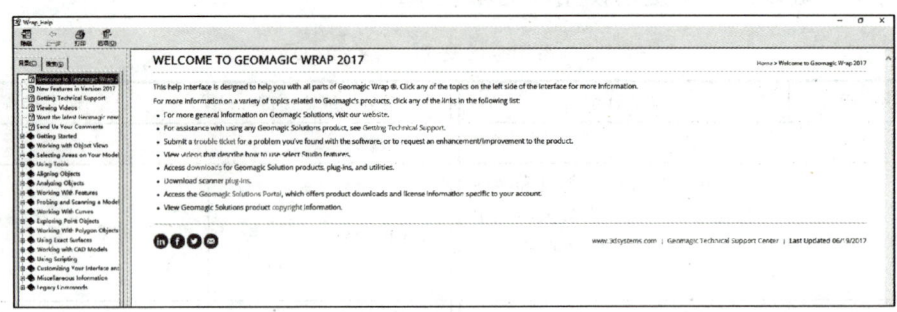

图 3-6　帮助页面

3.1.4　基本操作实例

Step 1　打开 Rearview Mirror.wrp 文件。

启动 Geomagic Wrap 软件。单击应用程序菜单上的 按钮→"打开"命令或单击快速访问工具栏上的"打开"按钮 ，系统弹出"打开文件"对话框，查找并选中 Rearview Mirror.wrp 文件，然后单击 打开 按钮。在视窗中显示出"后视镜"的模型数据，如图 3-7 所示。

Step 2　预定义视图。

Geomagic Wrap 软件给出了一些标准的预定义视图，以便操作人员对模型进行观察。

单击"视图"→"预定义视图"命令，在下拉菜单中将出现可供选择的预定义视图：俯视图、仰视图、左视图、右视图、前视图、后视图和等轴测视图，如图 3-9 所示。图 3-8、图 3-9 所示分别为"预定义视图"下拉菜单中的命令以及相对应的模型视图。

图 3-7　"后视镜"三角面片数据模型

图 3-8　"预定义视图"下拉菜单

Step 3　管理器面板—模型管理器。

"模型管理器"显示所有对象以及基于此对象所创建的基准、特征等信息。单击某对象名称，可以激活该对象使其成为当前对象。选中对象名称右击，弹出的快捷菜单如图 3-10 所示，可进行隐藏、忽略、钉住、删除、保存和重命名等操作。

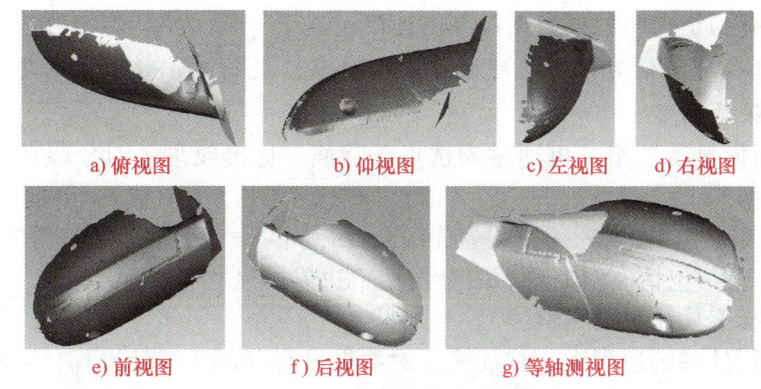

a) 俯视图　　　　b) 仰视图　　　　c) 左视图　　d) 右视图

e) 前视图　　　　f) 后视图　　　　g) 等轴测视图

图 3-9　后视镜模型各视图

提示： 当有多个对象出现在"模型管理器"中时，可通过按住 \<Ctrl\> 键，再单击对象进行多个对象的激活，或者利用快捷键进行多个对象之间的切换。若需要单独观察某个模型时，可选择"隐藏"命令取消其他模型的显示，此时，所隐藏对象名称前的图标呈灰色显示。

Step 4　管理器面板—显示。

"显示"选项卡中的内容分为常规、几何图形显示和光源等几部分，如图 3-11 所示。

1）"常规"组：包括全局坐标系、坐标轴指示器、边界框、透明、视图剪切、选择蒙板、静态显示百分比、动态显示百分比等选项。通过勾选"全局坐标系""坐标轴指示器""边界框"复选框，可在视图窗口中显示全局坐标轴、坐标轴指示器以及数据模型的边框，如图 3-12 所示。

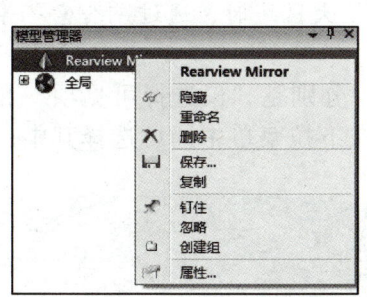

图 3-10　模型管理器

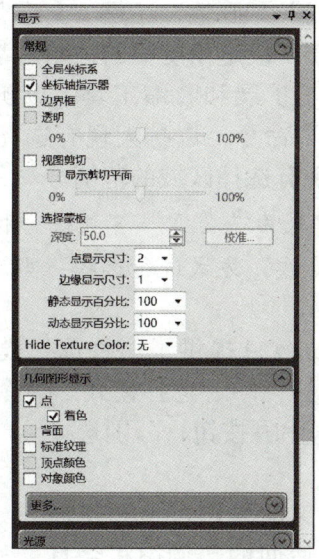

图 3-11　"显示"管理器

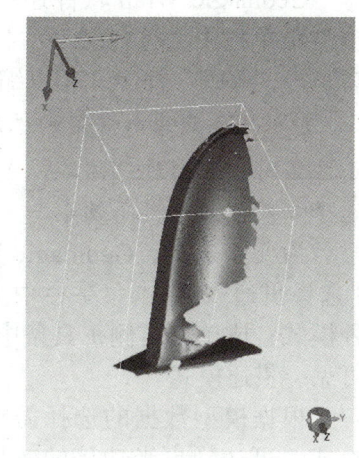

图 3-12　边界框及全局坐标系显示

如果勾选"透明"复选框，并移动透明滑块在滑动条上的位置，可改变数据模型显示的透明度。

"视图剪切"显示视图的截面。通过改变剪切平面的位置（改变滑块在滑动条上的位置），可观看不同位置的截面形状。

通过改变"静态显示百分比"和"动态显示百分比"的数值，可限制可见静态、动态时浏览的数据量，有利于提高观察数据模型的速度。

提示：该选项可降低对计算机的硬件资源要求，提高工作效率，尤其是在处理大型扫描数据文件时效果更明显。

2)"几何图形显示"组：可通过勾选点、背面、标准纹理、对象颜色等选项，在视窗中显示不同的数据。

3)"光源"组：包括光线主题（设置光源数目）、环境、亮度、反射率等的光源设定选项。

4)"覆盖"组：包括模型信息、内存使用、边界框尺寸等选项。

Step 5　选择工具和视图编辑。

在对数据进行处理的过程中，往往需要对数据进行局部或全部选择，或删除数据中多余的、不需要的部分。

单击菜单栏中"选择"→"选择工具"命令，可通过矩形、椭圆、直线、画笔、套索、多义线和折角工具等选择方式，对模型数据进行选择；也可通过软件界面右侧的工具条中的命令，选取相应的特征选择方式，如图3-13所示。

提示：为提高操作效率，通常习惯通过工具条中的命令选项进行特征选择。

单击菜单栏中"选择"→"定制区域"命令，或者单击 按钮，选择用户指定区域内的点或多边形。

除了利用上述选择工具外，还可利用菜单栏中"选择"→"按角度选择"命令，与标准选择工具的运行模式进行切换。即无论原来的选择

图3-13　选择工具

工具是"矩形""椭圆形""直线""画笔"还是"套索"，当执行"按角度选择"命令时，所有共边的两三角形间的角度小于所设定角度值的三角形都被选中。

Geomagic Wrap软件还提供了扩展和收缩工具，以扩大或减小现有选择区域的范围。单击菜单栏中"选择"→"扩展"命令，以扩大现有选择区域的范围；单击菜单栏中"选择"→"收缩"命令，用以缩小现有选择区域的范围。

提示：操作中常用的选取方式为"套索""直线"和"画笔"等方式。当选择局部较小区域时，可通过"画笔"或"直线"方式进行选择；当选择较大区域时，通过"套索"等选择方式可大大提高效率。

为便于选择，Geomagic Wrap软件提供了两种选择模式，分别是"仅选择可见项"和"选择贯通"。单击菜单栏中"选择"→"选择模式"命令，在下拉菜单中即可选择其中一种模式；或单击右侧工具条中的 和 按钮，分别选择可见、贯通模式。

根据模型数据的选择需求，灵活采用可见和贯通模式，可达到事半功倍的效果，后面的实例中将会具体介绍。

提示：不管通过何种选择方式，模型上选中的特征以红色显示。若需要取消选择或反向选择模型特征，可单击鼠标右键，在快捷菜单选择"全部不选"或"反转选区"即可实现，如图3-14所示。

Geomagic Wrap软件还提供了多种数据选择方法，

图3-14　模型特征选取

如按曲率选择、选择有界组件等。由于篇幅所限,在这里不再一一讲述。操作者可以在使用过程中进一步体会这些选择工具的作用。

由于在实际的逆向建模过程中,多采用 Geomagic Wrap 软件进行扫描数据的预处理,即对采集数据进行杂点删除、噪音点减少、数据拼合、孔洞填充、模型表面平滑和数据简化等处理,以获取特征清晰、表面质量理想的三角面片特征。而模型的特征重构则主要在 Geomagic Design X 软件中实现。所以,本教材中关于 Geomagic Wrap 软件的介绍及应用,主要侧重于点云和多边形阶段的数据处理,精确曲面模块则不做过多介绍。

任务 3.2　Geomagic Design X 软件认知

任务引入

本任务以 Geomagic Design X 2019 软件为载体,介绍软件的工作流程、界面组成、主要功能及常用命令。通过该任务的实施,了解 Geomagic Design X 软件的操作使用,数模重构的流程及方法。

任务分析

1. 了解 Geomagic Design X 软件的数模重构流程。
2. 熟悉 Geomagic Design X 软件的界面组成及主要功能。
3. 掌握 Geomagic Design X 软件的操作及应用。

难点和重点

难点:1. Geomagic Design X 软件的数模重构路径规划。
　　　2. Geomagic Design X 软件的数模重构精度和质量控制。
重点:1. Geomagic Design X 软件的数模重构流程。
　　　2. Geomagic Design X 软件的功能及常用命令。

任务实施

3.2.1　Geomagic Design X 软件的工作流程

Geomagic Design X(原 Rapidform XOR)软件为 3D Systems 公司旗下产品,其前身 Rapidform 软件是韩国 INUS 公司出品的全球四大逆向工程软件之一。Geomagic Design X(简写为 DX)软件提供了新一代运算模式,可实时将点云数据运算为无接缝的多边形曲面,是一款为数不多的以 3D 扫描数据为基础来创建 CAD 模型的参数化逆向工程软件。该软件拥有强大的点云处理和正向建模能力,结合基于特征树的 CAD 数模和 3D 扫描数据处理,可将三维扫描数据转化为高品质、基于特征的 CAD 模型。重构后的 CAD 模型文件可以被 UG NX、SolidWorks、Creo、CATIA 等第三方软件编辑,并可运用于数控加工、模具设计与制造、快速成型等制造领域,适用于工业零部件的逆向建模处理。

Geomagic Design X 软件逆向设计的基本流程为:首先,由扫描后的点云或三角面片数据构建完整、理想的三角面片数据模型；然后，根据各三角面片的几何特征进行领域组划分，并基于领域组划分结果分析其特征类型，如平面、圆柱面、自由曲面等；最后，根据特征类型选择合理的建模方式，如拉伸、回转、放样、扫描、面片拟合、境界拟合等，进行特征的 NURBS 曲面重构，并以实体方式输出产品的 3D 模型文件，实现扫描数据的逆向数模重构。生成的 3D 模型可以与第三方建模软件（如 UG NX、CATIA、SolidWorks 等）兼容，实现进一步的产品创新设计，为后续的加工提供理想完整的模型数据。

Geomagic Design X 软件中逆向设计的工作流程如图 3-15 所示。

目前，逆向建模多结合 Geomagic Wrap 和 Geomagic Design X 等多款专用逆向软件，借助各自的软件优势，分别完成数据处理和数模重构。一般多在 Geomagic Wrap 软件中进行扫描数据的预处理，生成的三角面片通过 Geomagic Design X 软件，进一步创建为 NURBS 曲面，完成其数模重构。

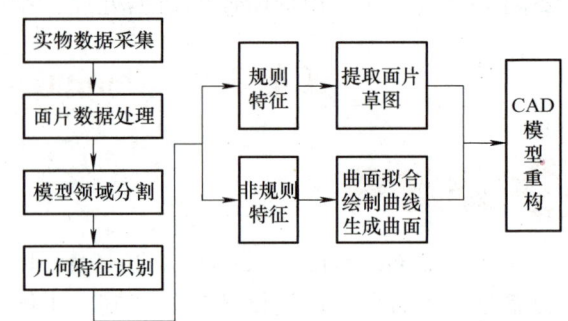

图 3-15 Geomagic Design X 软件中逆向设计的工作流程

模型重构是后续产品加工制造、工程分析和产品再设计的基础，不仅需要设计人员熟练掌握逆向软件，还要熟悉逆向造型的方法与步骤，并且要洞悉产品原设计人员的设计思路，从而结合实际需求更好地进行创新改进。

模型重构一般有两种方法：对于精度要求比较低、型面复杂、无规则的模型，如玩具、艺术品等的逆向设计，常采用基于三角面片直接建模的方法；对于精度要求较高、型面复杂产品的逆向开发，常采用拟合 NURBS 曲面或参数曲面建模的方法。

3.2.2 Geomagic Design X 软件的界面及主要功能

1. Geomagic Design X 软件的界面介绍

Geomagic Design X 软件的用户界面比较直观清晰，主要由标题栏、菜单栏、工具栏、工具条、特征树、模型树、状态栏、显示栏、对话框、模型显示区、选择过滤器、分析栏和内存/缓存监视器等部分组成，如图 3-16 所示，用户界面的功能介绍见表 3-3。

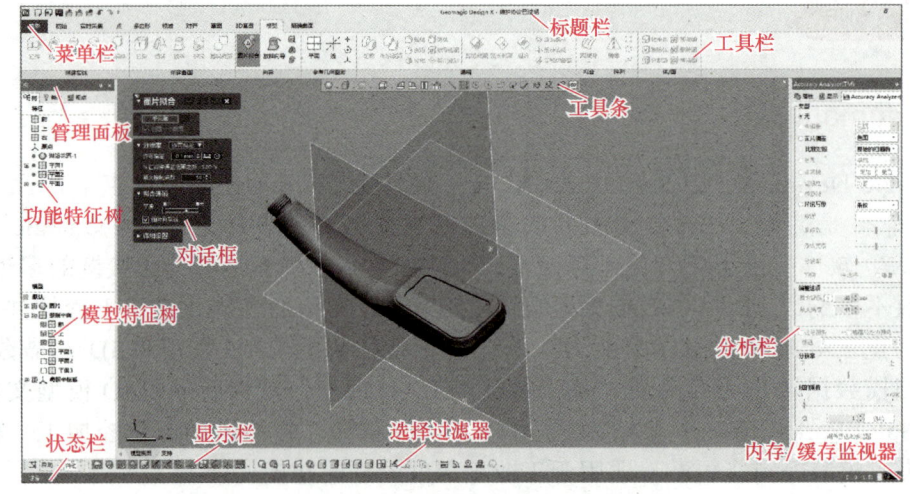

图 3-16 Geomagic Design X 软件界面

表 3-3 Geomagic Design X 软件用户界面功能介绍

序号	用户界面	主要功能
1	标题栏	显示软件名称及版本信息
2	菜单栏	包含软件中所有的功能和操作命令，每个菜单下集合了相应的功能命令
3	工具栏	工具栏命令会随着菜单栏选项的变化而不同，同时会根据模型显示区的特征类型激活相应的命令。用户可在工具栏区域单击鼠标右键，通过"自定义功能区"来定制工具栏显示
4	特征树	该软件采用参数化驱动建模方式，即通过存储构建几何形状来创建实体，同时存储建模的顺序和彼此之间的历程关系。可通过双击特征，或者选中特征后单击鼠标右键对其进行编辑。若删除某特征，则其关联的特征也将失效
5	模型树	通过分类显示所有创建的建模特征。可在此窗口中单击显示/隐藏按钮 ◉，选择和控制特征的可见性，以方便模型的观察和编辑需要
6	工具条	工具条中包含了模型显示、视点选项及特征选择模式选项。合理选择视图显示和特征选择方式，可使建模效率大大提高
7	状态栏	为操作人员提供相关执行信息，如系统正在处理的操作等
8	显示栏	可根据需要显示和隐藏各模型特征，如面片、领域、点云、草图、曲面体、实体等。将光标停留在显示栏的某个特征图标上，会提示该特征显示/隐藏的快捷键，如"面片特征"的显示/隐藏快捷键为<Ctrl>+1，"实体特征"的显示/隐藏快捷键为<Ctrl>+5。显示栏上各特征的显示/隐藏快捷键，从左到右依次为<Ctrl>+1、<Ctrl>+2…<Ctrl>+9、<Ctrl>+0
9	选择过滤器	通过对特征进行过滤设置，可快速准确地选中所需特征，如面片、领域、实体、面、边线、顶点等
10	模型显示区（即视窗）	显示当前的工作对象。模型显示区是建模的操作区域，模型特征的创建、编辑和观察等操作都在此区域进行
11	对话框	若某命令被激活，则打开相应的命令操作对话框，根据所激活命令的不同，此对话框显示的内容也不同
12	分析栏	可通过"体偏差"命令对建模精度进行分析。通过单击"分析"对话框右上角的 ▣ 按钮，可将对话框隐藏收缩，便于查看模型显示窗口；若不小心关闭"分析"对话框，可在右侧工具条上单击鼠标右键，选择"Accuracy Analyzer（TM）"选项，即可调出"分析"栏
13	内存/缓存监视器	可显示命令的执行操作进程

下面重点对 Geomagic Design X 软件界面中的工具条、特征树、显示栏、菜单栏及工具栏的主要功能进行介绍。

2. Geomagic Design X 软件的主要功能

（1）工具条 工具条包含显示模式、视点选择和选择工具几个功能，如图 3-17 所示。

图 3-17 工具条界面

显示模式包含面片显示、体显示和精度分析工具；视点选项包含视点转换、模型旋转、视点翻转和法向工具；选择工具包含直线、矩形、圆、多边形、画笔、延伸至相似和智能选择等模式。

1）显示模式。显示模式中各按钮的含义及功能见表 3-4。

2）视点选择。 ▣ 视点：显示标准视图模型的视图。包括前视图、后视图、左视图、右视图、仰视图、俯视图和等轴测视图。

表 3-4 显示模式中各按钮的含义及功能

序号	操作命令	主要功能
1. 显示模式		
1.1	点集	面片仅显示为单元点云
1.2	线框	面片仅显示为单元边界线
1.3	渲染	面片显示为渲染的单元面
1.4	边线渲染	面片显示为单元边界线的渲染单元面
1.5	曲率	打开或关闭面片曲率图的可见性
1.6	领域	打开或关闭领域的可见性
1.7	几何形状类型	将所有领域类型通过不同的颜色进行归类
2. 体的显示		
2.1	线框	仅显示体的边界线
2.2	隐藏线	显示体的可见边界线，隐藏不可见边界线
2.3	渲染	显示没有边界线的渲染
2.4	显示渲染的可视边界	显示体的面与可见边界线
3. 精度分析		
3.1	体偏差	对比实体或曲面与原始扫描数据之间的偏差，是模型精度的评估依据
3.2	面片偏差	对比面片与原始数据或之前数据的偏差
3.3	曲率	分析高曲率区域的实体或曲面，高曲率区域显示为红色
3.4	曲率梳状线	使用沿 U、V 方向的梳状线分析高曲率区域的实体或曲面模型
3.5	连续性	显示边界线的连续性质量
3.6	等值线	显示所定义曲面的等值线
3.7	环境写像	在曲面上显示连续性的斑马线，是模型表面质量的评估依据

3）选择工具。选择工具主要用于领域划分和特征选择模式。

视点选择和选择工具的具体使用，将在后续的"软件基本操作"中详细讲解。

（2）管理面板　管理面板包含了许多不同的应用程序所需功能。Geomagic Design X 软件的一些重要设置均包含在管理面板中，面板可以放置在界面的任何位置，也可以被固定、隐藏或关闭。面板中的某些选项卡被关闭时，在软件界面底部的任何区域单击鼠标右键，可从列表中选择相应的功能面板。

1）特征树面板。特征树面板是模型创建历程的重要体现，在设计过程中起着十分重要的辅助作用，如图 3-18 所示。上部分为功能特征树，下部分为模型特征树。功能特征树存储建模的顺序和彼此之间的历程关系；模型特征树则分类显示所有创建的建模特征，并可对特征的可见性进行控制。

2）帮助面板。帮助面板在"管理面板"中，通过单击"帮助"选项，即可打开帮助面板。帮助面板包含了软件相关命令的学习资源，可按"目录（contents）"或"索引（index）"方式进行检索，"Index"标签可提供快速的搜索指引。帮助面板中的内容包括功能解释、使用方法及工具的详细选项，对初学者有很好的辅助作用。

3）视点面板。视点菜单在"管理器面板"中，通过单击"视点"选项，即可打开"视点面板"。通过捕捉模型当下的视图状态来创建和编辑其视点模型，如追加视点、应用视角、更新视点、删除视点、缩放和输出视点等功能。

（3）属性/显示/分析栏　属性/显示/分析栏如图3-19所示。一般放置在软件界面的右侧，包含Accuracy Analyzer（精度分析）、属性和显示几个功能。

图3-18　特征树面板

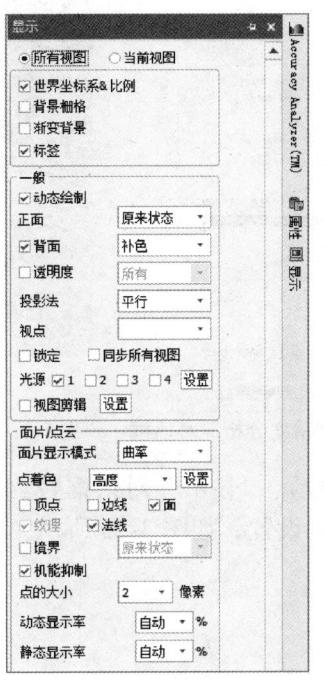

图3-19　属性/显示/分析栏

1）精度分析。Geomagic Design X软件中，Accuracy Analyzer（TM）工具允许用户查看模型重构的准确性，并以彩色图谱显示CAD模型对比扫描数据的偏差。可以设置不同的方式来显示模型表面的质量和连续性，也可以分析面片之间的偏差，"精度分析"对话框如图3-20所示，常用的有"体偏差""连续性"和"环境写像"几种显示方式。"体偏差"主要分析模型重构的精度，"连续性"和"环境写像"主要检查模型的表面质量，如连续性、光顺性等。

若选择"体偏差"单选框，则会出现一个控制偏差的色谱图，如图3-21a所示。精度分析时，一般将"颜色"选项设为"绿色"，所需偏差值可通过单击控制条中的"0.1"进行设置。

若选择"环境写像"单选框，则以黑白相间的斑马条纹显示，以便评估模型的光顺性，如图3-21b所示。"环境写像"又称斑马线法，即通过黑白相间条纹线的分布来检查曲面建模的品质，若斑马线条纹粗细均匀、间隔分布均匀，则表明曲面光顺性好；若斑马线出现漩涡或断开现象，则表明曲面光顺性或连续性差。

2）属性。在"属性"对话框可显示任何选定对象的信息。用户可以改变某些属性选项，如选择外观的开启或关闭，设置外观材质等。通过属性还可计算出模型几何形状的详细信息，如边线数、点云数、面积和重心等，如图3-22所示。

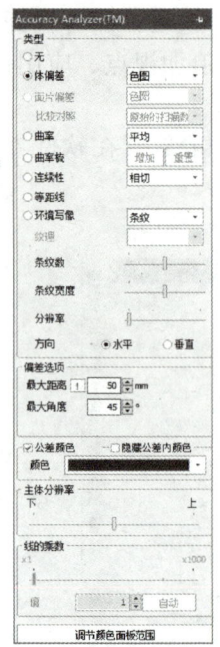 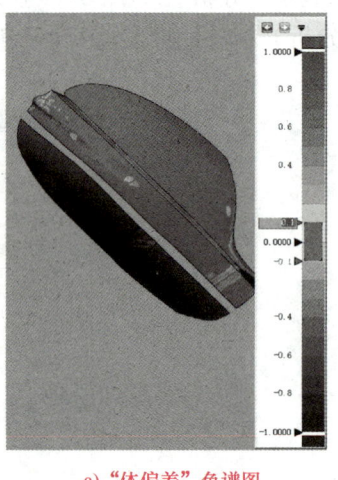 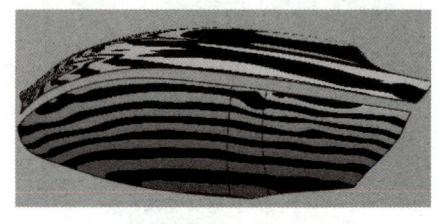

a)"体偏差"色谱图　　　　b)"环境写像"色谱图

图 3-20　"精度分析"对话框　　　　图 3-21　表面质量与精度分析

3）显示。"显示"对话框包含扫描数据和物体的显示选项、其他视图和模型视图数据显示属性的设置，如图 3-23 所示。

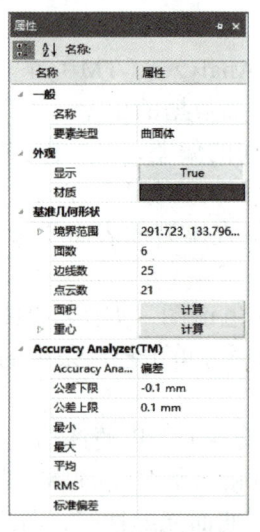 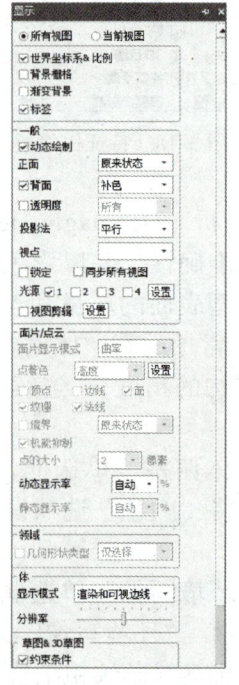

图 3-22　"属性"对话框　　　　图 3-23　"显示"对话框

在"显示"对话框中，可执行如下操作：

☆可勾选/取消勾选"世界坐标系＆比例""背景栅格""渐变背景""标签"等复选框，切换模型视图的显示呈现。

☆ "一般"选项区：控制所有数据的显示方式，包括透明度、投影法和视图设置等。
☆ "面片/点云"选项区：可通过不同的方式查看扫描数据。
☆ "领域"选项区：控制查看几何特征的形状类型。
☆ "体"选项区：查看曲面或实体，允许控制分辨率。
☆ "草图&3D草图"选项区：可通过具体的可见性选项选择草图组件。

（4）菜单和工具栏　Geomagic Design X 软件的菜单包括实时采集、点云处理、多边形处理、坐标对齐、领域划分、草图、3D草图、模型和精确曲面等几大功能，每个菜单对应相应的工具命令，可实现从实物模型的数据采集、数据处理、数模重构到 CAD 模型的输出全过程。由于篇幅有限，此处仅对逆向建模中软件常用的功能模块进行介绍。

1)"草图"模块的操作命令

"草图"模块包括设置、绘制、工具、阵列和正接的约束条件、一致的约束条件及再创建样条曲线七个操作组，"草图"模块如图 3-24 所示，表 3-5 为"草图"模块的操作命令及其主要功能。

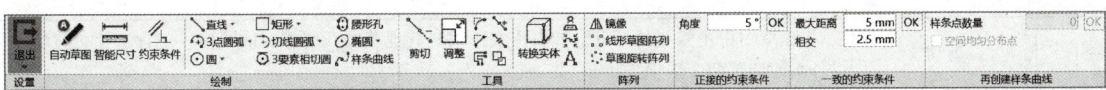

图 3-24　"草图"模块操作界面

表 3-5　"草图"模块操作命令及其主要功能

序号	操作命令	主要功能
1."设置"操作组		
1.1	面片草图	"面片草图"模式下，通过定义基准平面截取模型的轮廓多段线，再利用草图工具拟合绘制二维草图
1.2	草图	与常规的 CAD 软件草图功能类似，在定义的基准平面上，通过直线、圆、样条曲线等命令绘制草图
2."绘制"操作组		
2.1	自动草图	软件自动从截取的多段线处提取直线和圆弧，以创建完整、受约束的草图轮廓
2.2	智能尺寸	将距离、角度、半径等精确尺寸标注到草图上
2.3	约束条件	添加或编辑所选几何草图的约束条件，包含共同的约束条件和独立的约束条件
2.4	直线	绘制一条或多条直线，每次单击都会在当前位置继续绘制直线。可单击鼠标右键或双击鼠标左键，结束当前的直线绘制
	参照线	绘制可用于构造几何形状的参照线，此类构造几何形状可与草图要素一同使用
2.5	3点圆弧	通过设置起点、终点和半径进行圆弧绘制
	中心点圆弧	通过设置中心、起始点和终点绘制圆弧
2.6	圆	分别单击确定圆的中心点和半径来绘制圆
	外接圆	通过确定3个点来定义圆周，从而创建一个圆
2.7	多边形	通过指定位置、半径、回转角度和顶点数来创建正多边形
	矩形	通过确定对角线来绘制矩形
	平行四边形	通过三点法绘制平行四边形，前两点定义其长度，第三点定义其高度和角度

（续）

序号	操作命令	主要功能
2. "绘制"操作组		
2.8	切线圆弧	选择圆弧或线性图元等草图图形的端点作为圆弧的起点，该起点也是所绘制圆弧与原图形的切点，然后确定圆弧终点
	3点相切圆弧	首先选择与所绘制圆弧相切的三个草图要素，然后选择确定圆弧位置的其中两个草图要素
	3要素相切圆	绘制接触基准草图平面上其他三个草图要素边线的内接圆
2.9	腰形孔	通过3点法绘制腰形孔，前两点定义腰形孔的边长，第三点定义腰形孔的圆弧直径
2.10	椭圆	绘制一个椭圆。连续三次单击分别确定椭圆的中心点、椭圆的定向和第一条半径及其第二条半径
	局部椭圆	绘制椭圆弧。第一次单击确定椭圆的中心点，第二次单击确定椭圆的定向和第一条半径，第三次单击确定第二条半径，第四次单击确定椭圆弧的终点
	抛物线	通过基准草图平面上的4个点绘制抛物线曲线
2.11	样条曲线	通过插入多个点来绘制样条曲线
3. "工具"操作组		
3.1	剪切	移除草图中不需要的部分，如自由线段或与其他草图几何相交的线段，包含"相交剪切"和"分割剪切"两个选项
3.2	调整	选中草图要素的一个端点并通过拖动调整其尺寸
3.3	圆角	在两条交叉直线或指定半径的圆弧之间创建相切圆角
3.4	倒角	通过"距离-距离"和"距离-角度"两种方式定义倒角参数
3.5	偏移	以用户自定义的距离和方向偏移草图要素
3.6	延长	将草图图形延长至与另一草图图形相交
3.7	分割	在不删除草图要素的情况下，根据单击位置将草图分割出多个断点
3.8	合并	将草图中的多个要素合并到一个要素中
3.9	转换实体	将模型数据中的边线或草图中的曲线等投影到当前草图所在的基准平面上，并转换为当前的草图要素
3.10	轮廓投影	将某一特征的境界轮廓投影到当前草图所在的基准平面，并转换为其草图要素
3.11	变换为样条曲线	将直线段、圆弧段变换为样条曲线要素
3.12	文本变换为样条曲线	将文本变换为样条曲线要素
4. "阵列"操作组		
4.1	镜像	生成关于轴或草图线对称的草图图形要素
4.2	线形草图阵列	沿一条或两条线性路径以统一距离创建草图要素的多个复制
4.3	草图旋转阵列	通过一个定位点，沿一个圆形方向以统一的角度间隔，创建草图要素的多个复制
5. "正接的约束条件"操作组：用于判断两草图要素在交点处是否相切		
5.1	角度	通过设定一个允许的角度偏差值，计算相连的两个草图要素在交点上所成的角度，若角度值小于所设定的角度，则将这两个草图要素在交点上的约束设置为相切约束
6. "一致的约束条件"操作组：用于判断两草图要素的端点是否重合		
6.1	最大距离	当草图要素端点之间的间隔距离小于所设定的最大距离时，则将其端点进行重合约束
6.2	相交	当草图要素端点之间的交叉值小于所设定的相交值时，则将其端点进行重合约束
7. "再创建样条曲线"操作组：可改变已有样条曲线控制节点的点数，也可调整节点，使其均匀分布		
7.1	样条点数量	选择要编辑的样条曲线，重新设置控制节点的点数
7.2	空间均匀分布点	勾选此复选框，可使要编辑的样条曲线中各控制节点均匀分布

2)"模型"模块的操作命令。"模型"模块包括创建实体、创建曲面、向导、参考几何图形、编辑、拟合、阵列和体/面八个操作组,如图3-25所示。表3-6为"模型"菜单模块的操作命令及其主要功能,由于Geomagic Design X软件中的建模命令和常规的CAD软件类似,故此处不做详细介绍。

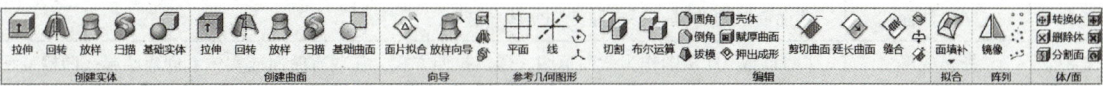

图3-25 "模型"模块操作界面

表3-6 "模型"模块操作命令及其主要功能

序号	操作命令	主要功能
1. "创建实体"操作组		
1.1	拉伸	根据封闭的草图轮廓和生成方向创建实体
1.2	回转	通过封闭的草图轮廓和轴(边线)创建回转实体
1.3	放样	通过至少两个封闭的草图轮廓创建放样实体。系统依据所选轮廓的顺序将其相互连接,也可将其他指定的草图轮廓用作导向曲线,进行引导放样
1.4	扫描	指定作为路径和截面轮廓的草图,沿引导路径拉伸截面轮廓,以创建封闭的扫描实体
1.5	基础实体	快速从带有领域的面片中提取简单的几何实体对象,如圆、圆柱、圆锥等
2. "创建曲面"操作组		
2.1	拉伸	根据草图轮廓(开放或封闭)和生成方向创建曲面
2.2	回转	通过草图轮廓(开放或封闭)和轴(边线)创建回转曲面
2.3	放样	通过至少两个草图轮廓创建放样曲面
2.4	扫描	指定作为路径和截面轮廓的草图,沿引导路径拉伸截面轮廓,以创建开放的扫描曲面
2.5	基础曲面	快速从带有领域的面片中提取简单的几何曲面对象
3. "向导"操作组		
3.1	面片拟合	将曲面拟合到所选的单元面或领域上
3.2	放样向导	从单元面或领域中提取放样对象。系统会以智能方式计算出多个断面轮廓,并基于所选数据创建放样路径。也可将其他指定的草图轮廓用作向导曲线,进行引导放样
3.3	拉伸精灵	从单元面或领域中提取拉伸对象。系统会根据所选领域,以智能方式计算出断面轮廓、拉伸方向和高度,生成的对象可与现有的体特征进行布尔运算
3.4	回转精灵	从单元面或领域中提取回转对象。系统会根据所选领域,以智能方式计算出断面轮廓、回转轴和回转角度,生成的对象可与现有的体特征进行布尔运算
	扫掠精灵	从单元面或领域中提取扫掠对象。系统会根据所选领域,以智能方式计算出断面轮廓和路径
4. "参考几何图形"操作组:在下一节的软件基本操作中进行讲解		
5. "编辑"操作组		
5.1	切割	通过平面或曲面对实体进行切割,可手动选择实体保留部分
5.2	布尔运算	对多个实体对象进行合并、切割和相交运算,得到所需要的实体模型
5.3	圆角	在实体或曲面体的边线上创建圆角特征
5.4	倒角	在实体或曲面体的边线上创建倒角特征
5.5	拔模	通过指定角度和距离创建实体或曲面体的拔模面

（续）

序号	操作命令	主要功能
5."编辑"操作组		
5.6	壳体	移除选定实体的已选面,并借助剩余面生成薄壁模型
5.7	赋厚曲面	将曲面赋厚为具有一定厚度的实体特征
5.8	押出成形	以 2D 或 3D 草图作为截面草图,通过拉伸方式,在现有曲面或实体上创建凸起或凹槽特征
5.9	剪切曲面	对曲面体进行剪切。剪切工具可以是曲面、实体或曲线,手动确定所需保留部分
5.10	延长曲面	延长曲面体的边界。可以选择单个曲面边线或整个曲面,延长曲面的开放边线
5.11	缝合	将相邻的曲面结合到单个曲面或实体中。操作时必须先剪切待缝合的曲面,以使其相邻边线在同一条直线上
5.12	曲面偏移	根据所选面或实体创建新的偏移曲面或实体,原始的父特征仍然保留
5.13	反转法线	将曲面法线方向反转到相反的方向
5.14	反剪切曲面	延长曲面边界并将其返回至未剪切状态
6."拟合"操作组		
6.1	面填补	根据所选边线创建曲面
6.2	重新拟合	将实体面或曲面重新拟合为面片来减小偏差
7."阵列"操作组		
7.1	镜像	根据选择的对称平面,来创建实体或曲面的镜像特征
7.2	线性阵列	根据定义的方向和间隔,按线性方式生成指定数目的主体的副本
7.3	圆形阵列	根据设定参数,将主体的多个副本规则放置在指定半径的圆周上
7.4	曲线阵列	沿指定的向导曲线放置主体的多个副本
8."体/面"操作组		
8.1	转换体	移动、旋转、缩放实体或曲面体,也可借助参照基准,将一个体与另一个体或面片对齐
8.2	删除体	删除所选的体特征
8.3	分割面	运用投影、轮廓投影和相交方法分割面。分割面完成后,对象要素会有若干面,但仍是一个要素
8.4	移动面	在面上应用线性或旋转变换,生成的结果面与原实体或曲面保持连接
8.5	删除面	移除实体或曲面体上的面
8.6	替换面	移除所选面,扩展相邻面,并将原始面替换为其他面

3)"3D 草图"模块的操作命令 "3D 草图"模块包括 3D 面片草图和 3D 草图两个模式,处理对象可以是面片或实体。在 3D 草图模式下,可以创建样条曲线、断面曲线和境界曲线;3D 面片草图模式下,也可以创建上述曲线,区别在于其创建的曲线位于面片上。3D 草图和 3D 面片草图的操作界面基本相同,如图 3-26 所示,表 3-7 为 3D 草图的操作命令及其主要功能。

图 3-26 "3D 草图"模块操作界面

表 3-7 "3D 草图"模块操作命令及其主要功能

序号	操作命令	主要功能
1. "设置"操作组		
1.1	3D 面片草图	单击后进入 3D 面片草图模式
1.2	3D 草图	单击后进入 3D 草图模式
2. "绘制"操作组		
2.1	样条曲线	通过插入控制点,在面片或自由的 3D 空间创建一条通过控制点的 3D 样条曲线
2.2	偏移	按自定义的距离和方向对直线或曲线进行偏移,创建具有相同形状和属性的直线或曲线
2.3	断面	创建面片上的断面曲线和实体曲面。可用于创建曲线网格、作为拟合曲面的边界;也可用于扫描或放样的路径
2.4	镜像	通过镜像创建 3D 曲线。在 3D 面片草图模式下,镜像后的 3D 曲线将投影在面片上;在 3D 草图模式下,镜像后的曲线在空间中的形状不发生变化
2.5	境界	选择面片上的部分或完整边界,创建为曲线。可用于创建扫描或放样的路径,或者提取形状不规则模型的边界
2.6	转换实体	将选定的 CAD 边线、曲线或草图转换为当前草图
2.7	绘制特征线	单击面片上的高曲率区域,将自动提取该位置曲线。该命令仅在 3D 面片草图模式下有效
2.8	曲面上的 UV 曲线	在实体表面上单击某一点,将在该点沿着 U 方向和 V 方向创建两条曲线。该命令仅在 3D 草图模式下有效
2.9	相交	选择相交的两实体对象,创建其交叉样条曲线。该命令仅在 3D 草图模式下有效
2.10	投影	将已存在的曲线投影到目标对象上,目标对象可以是面片、实体和参照面。该命令仅在 3D 草图模式下有效
3. "编辑"操作组		
3.1	剪切	移除相交曲线上不需要的部分
3.2	延长	通过设定距离值,沿一个方向延长曲线,方向可以选择曲线的切线/曲率/投射方向。在 3D 面片草图模式下,该命令是沿着面片方向进行延长
3.3	匹配	在两曲线之间或一条曲线与其他要素之间创建连续性约束,如相切、曲率一致和正交。该命令仅在 3D 草图模式下有效
3.4	混合	在两条现有曲线之间创建连续性约束,该命令仅在 3D 草图模式下有效
3.5	平滑	对所选曲线进行平滑度处理,使其波动变小
3.6	分割	分割所选曲线,可以选取曲线的一点作为分割点,或以曲线间的交叉点、曲线与面的交叉点作为分割点
3.7	合并	将两条以上的曲线合并为一条曲线
4. "创建/编辑曲面片网格"操作组		
4.1	提取轮廓曲线	通过检测面片上高曲率区域的网格,然后在这些区域提取三维轮廓曲线。所提取的轮廓曲线是创建曲面片网格过程的第一步,将被用来作为三维曲面片网格的分块布局。该命令仅在 3D 面片草图模式下有效
4.2	构造曲面片网格	以提取的轮廓线作为边界线,在面片上构造网格。所生成的曲面片网格是创建 NURBS 曲面的前提。当存在闭合轮廓曲线时该命令有效
4.3	移动面片组	对网格形状不规则或分布不均匀的面片组进行编辑,生成更规则的曲面片网格。该命令仅在含有曲面片网格时有效
4.4	松弛轮廓线	通过降低端点之间的张力来平滑轮廓线。该命令在存在闭合轮廓曲线时可用

(续)

序号	操作命令	主要功能
4. "创建/编辑曲面片网格"操作组		
4.5	松弛曲面片	通过降低曲面片端点之间的张力,平滑曲面片布局图中的曲线。该命令在包括曲面片网格时可用
4.6	删除曲面片	删除曲面片布局图中的所有曲面片,仅保留轮廓线
4.7	修复曲面片	检测并修复曲面片网格中的问题几何形状
5. "结合"操作组		
5.1	终点	设定一定的距离,当两曲线的相邻端点小于此距离时将其连接在一起
5.2	相交	设定一定的距离,当曲线间的最小距离在此范围之内时,创建曲线间的交点
6. "再创建"操作组		
6.1	样条点数量	设置曲线的插入点数,按照此数目重新生成曲线

3.2.3 Geomagic Design X 软件的基本操作

1. 鼠标操作及快捷键

一般的 3D 软件建模过程中都会频繁使用键盘和鼠标操作,键盘用于输入参数或使用组合键来执行某个命令,鼠标则用来选择命令或编辑对象。

同很多三维造型软件一样,Geomagic Design X 软件的操作方式也是以鼠标为主、键盘为辅的方式。鼠标操作方式主要有:单击鼠标左键、双击鼠标左键、按下鼠标左键拖动、滚轮前后滚动、单击鼠标右键和按下滚轮拖动等,用于对模型的旋转、缩放、平移及对象的选取等。

为了更好地满足用户的使用习惯和需求,Geomagic Design X 软件允许用户选择 UG NX、SolidWorks、Creo、CATIA 等软件的鼠标使用规则。可单击"菜单"→"文件"→"设置"命令,在"设置"对话框的"一般"选项卡中,选择"视图"列表中的"鼠标操作方式"选项,在右侧的下拉列表框中,依据个人使用习惯,选择相应的鼠标操作方式,如图 3-27 所示。

本书中的鼠标操作方式,默认采用 UG 软件的鼠标使用习惯。

通过功能键和鼠标的特定组合,可进行对象的快速选择和视窗调节,部分组合键的实现功能与 Geomagic Wrap 软件类同,可参见表 3-2。

通过快捷键可以快速地获得某个命令,不用在菜单栏或工具栏里选择命令。表 3-8 介绍了 Geomagic Design X 软件中常用的快捷键及其功能。

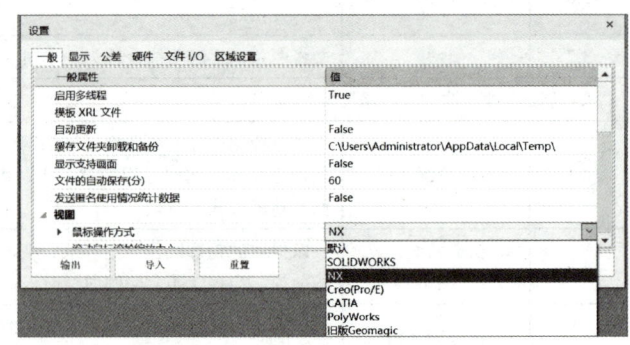

图 3-27 鼠标操作方式的设置

表 3-8　Geomagic Design X 常用的快捷键及其功能

快捷键	功能	快捷键	功能
<Ctrl>+N	新建文件	<Ctrl>+O	打开文件
<Ctrl>+S	保存文件	<Ctrl>+Z	撤销上一步操作
<Ctrl>+Y	恢复上一步操作	<Ctrl>+1	面片显示与隐藏
<Ctrl>+2	领域显示与隐藏	<Ctrl>+3	点云显示与隐藏
<Ctrl>+4	曲面体显示与隐藏	<Ctrl>+5	实体显示与隐藏
<Ctrl>+6	草图显示与隐藏	<Ctrl>+7	3D 草图显示与隐藏
<Ctrl>+8	参照点显示与隐藏	<Ctrl>+9	参照线显示与隐藏
<Ctrl>+0	参照平面显示与隐藏	<Ctrl>+<Shift>+A	法向
<Ctrl>+A	选择所有对象	<Ctrl>+F	实时缩放

2. 文件操作

新建：新建空白的 DX 文件，在此基础上进一步打开或导入模型文件。

打开：可以打开 DX 文件，模型建模历程及建模特征会显示在模型特征树和功能特征树中，可进一步查看或编辑操作。

导入：将扫描文件或其他 CAD 格式的文件导入到 DX 软件中，只显示最终的模型结果，没有建模历程及建模特征的显示。

保存：将 DX 文件保存为扩展名为 .xrl 的模型文件。

另存为：将 DX 文件另存为扩展名为 .xrl 的模型文件。

输出：数模重构后的模型可保存为 .STP 等的中性格式文件，便于第三方软件打开，但只有实体文件显示，不体现逆向建模历程。

实时转换：可将 DX 文件转换为第三方软件识别的 CAD 文件，并且有逆向建模历程的显示，便于模型的进一步改进及创新设计。

3. 视图操作

（1）定义视图查看方向　根据世界坐标系，应用视图功能可以定义模型的不同查看方向，以便于模型的观察和操作。视图工具条中各视图的功能按钮及对应的快捷键及功能见表 3-9。

表 3-9　视图按钮及对应的快捷键及功能

按钮 / 快捷键	功能	按钮 / 快捷键	功能
/<Alt>+1	将视点改为前视图	/<Alt>+2	将视点改为后视图
/<Alt>+3	将视点改为左视图	/<Alt>+4	将视点改为右视图
/<Alt>+5	将视点改为俯视图	/<Alt>+6	将视点改为仰视图
/<Alt>+7	将视点改为等轴测视图		90° 逆时针旋转视图
	90° 顺时针旋转视图		将当前视图反转 180°
<Ctrl>+<Shift>+A	将视图定向到法向，垂直于选择的曲面		

（2）显示和隐藏视图　Geomagic Design X 软件提供了一系列对视图进行控制的按钮与

快捷键。图 3-28 所示为软件左下方界面中，对模型中各视图要素进行显示和隐藏操作的显示栏，对应的快捷键见表 3-8。

4. 选择模式操作

（1）光标显示模式　在模型视图中，光标有两种显示模式：一种是选择模式，另一种是视图模式。通过单击鼠标中键，可进行两种显示模式的切换。另外，只有在光标为选择模式下，才可以执行对特征的选择操作。

（2）特征选择模式　利用 Geomagic Design X 软件进行逆向设计时，经常需要根据建模的需求，创建所需的领域、参照平面或参照线等特征。此时，需要借助合适的选择模式进行特征选取，选择模式工具条如图 3-29 所示，各按钮及其功能见表 3-10。

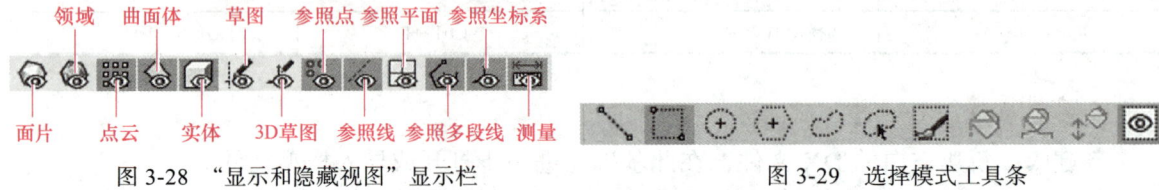

图 3-28　"显示和隐藏视图"显示栏　　　　图 3-29　选择模式工具条

表 3-10　选择模式工具条各按钮的功能

序号	按钮及模式	功能
1	直线选择模式	通过画线方式选择模型中的特征要素
2	矩形选择模式	通过矩形方式选择模型中的特征要素
3	圆选择模式	通过画圆方式选择模型中的特征要素
4	多边形选择模式	通过绘制多段线方式选择模型中的特征要素
5	套索选择模式	通过手动绘制曲线方式选择模型中的特征要素
6	自定义领域	选择用户选取部分的单元面
7	画笔选择模式	通过手动绘制轨迹方式选择模型中的特征要素 可按住 \<Alt\>+ 左键控制笔刷大小
8	涂刷选择模式	选择连接至所选单元面的所有单元面
9	延伸至相似	通过相似曲率选择连接的单元面区域
10	智能选择	单击并拖动鼠标左键，改变灵敏度，选择具有相似曲率的单元面
11	仅可见	选择当前视图中的可见对象

提示：执行以上各选择模式时，按住 \<Shift\>+ 左键，可增加更多的选择区域；取消已选区域时，可按住 \<Ctrl\>+ 左键，用鼠标左键在高亮显示区域进行选择。

（3）选择过滤器使用　选择过滤器工具位于软件界面左下方，如图 3-30 所示。可以利用选择过滤器快速选择面片、领域、实体、面、边、点、草图、尺寸等元素，也可在模型显示区单击鼠标右键，直接选取过滤的元素。

图 3-30　选择过滤器按钮

5. 创建参照几何元素

(1) 创建参照平面　参照平面是具有法线方向及无限尺寸的虚拟平面，便于创建面片草图、镜像特征等操作。单击"模型"→"平面"命令，弹出"追加平面"对话框，根据"要素"类型的不同，可选择不同的平面定义方法。

参照平面的创建方法见表 3-11。

表 3-11　参照平面的创建方法

序号	方法	功能描述
1	定义	通过指定的位置和法线创建参照平面
2	提取	通过拟合运算，根据选定的要素提取平面，如面片、领域等
3	投影	通过将平面要素投影为直线要素的方法来创建参照平面
4	选择多个点	通过选择 3 个以上的点来创建平面
5	选择点和法线轴	通过选择一个点（位置）和一条法线轴来创建平面
6	选择点和圆锥轴	利用圆锥轴创建平面
7	变换	利用已选择的要素创建平面
8	N 等分	通过等分所选的要素，来创建与选定要素垂直且平均分布的多个面
9	偏移	通过指定距离对选定的平面要素进行偏移来创建平面
10	回转	通过一指定角度旋转平面要素，来创建指定数量的参照平面
11	平均	通过对两个选择要素平均的方式创建一个参照平面
12	视图方向	在当前的视图方向上创建参照平面
13	相切	创建与选择要素相切的参照平面
14	正交	创建与面片上所选点要素正交的平面，也可选择一个点和两个实体面
15	绘制直线	创建通过且与绘制直线垂直的参照平面
16	镜像	参照选定的平面要素，自动创建面片的对称平面
17	极端位置	捕捉对象的极限位置并定义方向来创建参照平面

创建参照平面的方法很多，实际使用中需根据设计需求灵活选用。常用的创建参照平面的方法主要有以下几种：

① 提取：这种参照平面创建方法多用于在"领域"中提取相应的参照平面。

② 偏移：多用于将选定平面要素按指定距离进行偏移的情况。

③ 绘制直线：多用于创建面片的对称平面，与"镜像"方法联合使用。

④ 镜像：以模型数据和一个已有平面为参照，创建与已有平面关联的模型对称参照面。多用于创建面片模型的对称平面，要求面片模型具有对称特征，且对称平面两侧的面片数据扫描较完整。

⑤ N 等分：多用于放样等操作中所需的轮廓面片草图创建。

⑥ 视图方向：在当前视图上创建参照平面，绘制所需的草图曲线等，多用于特征较复杂的曲面模型中，其所需视图的参照平面不易创建时可选用该方法。

⑦ 选择多个点：在面片上选择三个及以上特征点来创建参照平面，特征点最好选择在面片上质量较好的位置，有利于参照平面精度的提高。

(2) 创建参照线　参照线是具有方向及无限尺寸的虚拟轴。单击"模型"→"线"命令，弹出"添加线"对话框，根据"要素"类型的不同，可选择不同的参照线定义方法。参照线的创建方法见表3-12。

表3-12 参照线的创建方法

序号	方法	功能描述
1	定义	通过指定的位置和方向创建参照线
2	提取	通过拟合运算从选定的要素中提取参照线
3	检索腰形孔轴	通过所选要素（如面片实体、2D或3D曲线等）创建腰形孔轴
4	检索圆柱轴	根据所选择的要素创建圆柱轴
5	检索圆锥轴	利用所选择的要素创建圆锥轴
6	投影	通过将平面要素投影为直线要素的方式来创建参照线
7	选择多个点	选择两个以上的点来创建参照线
8	选择点和直线	创建通过参考点且与直线平行的参照线
9	变换	利用已选择的要素创建参照线
10	2平面相交	利用两个相交的平面来创建参照线
11	平均	通过平均的方式创建参照线
12	相切	创建与选择要素相切的参照线
13	2直线相交	利用两个相交直线要素来创建参照线
14	回转轴	利用回转面片来创建参照线
15	拉伸轴	利用拉伸面片的拉伸方向特征创建参照线
16	回转轴阵列	利用旋转阵列特征的中心轴来创建轴线
17	移动轴阵列	利用阵列特征创建阵列方向的轴线

创建参照线的方法很多，实际使用中要根据设计需求灵活选用。常用的创建参照线的方法主要有以下几种：

① 检索圆柱轴：多用于对圆柱领域特征进行参照轴线的创建，也可通过"提取"领域方式创建圆柱轴。

② 平面相交：用于创建两个平面相交的参照线。

另外，常用的还有"回转轴""选择多个点""相切"等参照线的创建方法。

（3）创建参照点 参照点是一个零维的要素。参照点用于标记模型或3D空间中的具体位置。单击"模型"→"点"命令，弹出"添加点"对话框，根据"要素"类型的不同，可选择不同的参照点定义方法。

参照点的创建方法见表3-13。

表3-13 参照点的创建方法

序号	方法	功能描述
1	定义	通过指定的位置创建参照点
2	提取	通过拟合运算从选定的要素中创建点
3	检索圆的中心	创建选定要素的圆心点
4	检索腰形孔中心	通过拟合运算从选定的要素中提取腰形孔的中心点

(续)

序号	方法	功能描述
5	检索矩形中心	通过拟合运算从选定的要素中提取矩形的中心点
6	检索多边形中心	通过拟合运算从选定的要素中提取多边形的中心点
7	检索球中心	通过拟合运算从选定的要素中提取球的中心点
8	投影	利用投影到其他要素的方法提取点
9	选择多个点	选择多个点来创建其平均点
10	变换	创建选定要素的中心点
11	N 等分	通过等分曲线、线段、面片来创建多个等分点
12	中间点	通过设定比例值确定位置的方法来创建两个点之间的参照点
13	2 线相交	创建两条交线的交点
14	相交线 & 面	创建面与曲线的交点
15	3 平面相交	创建三个平面的交点
16	导入	从文件（ASCII 文件）创建批量参考点

创建参照点的方法有多种，实际使用中要根据设计需求灵活选用。常用的创建参照点方法主要有"检索圆的中心""相交线 & 面"和"3 平面相交"等方法。

6. 创建领域

领域是对导入的模型按相似度划分的不同区域。领域划分是对原有模型进行切分，将不规则曲面模型按照点云集的相似度划分成不同的点云集。领域划分是曲面模型的建模基础，领域分割后可通过合并、分离、插入、扩大和缩小等操作对生成的领域进行编辑。

领域划分方法有自动分割和手动划分两种方式，对于复杂模型多采用手动划分方式进行领域创建。

（1）自动分割 自动分割是根据采集数据的曲率和特征，通过设计合适的"敏感度"值，自动将面片归类为不同的几何领域。领域划分后，会以不同颜色显示不同的特征区域，从而分割出模型相应的特征。自动分割领域时尽量将模型分割成平面领域、圆柱领域等规则领域。

单击"领域"→"自动分割"命令，弹出"自动分割"对话框。"自动分割"领域时，主要通过"敏感度"和"面片的粗糙度"来控制领域的分割结果。可根据模型的复杂程度合理确定"敏感度"值，一般模型越复杂，可设置"敏感度"值大点，使分割的领域越细致。"面片的粗糙度"可根据点云的杂点水平进行合理调整，也可通过单击"估算"按钮设置合适的粗糙度值。

图 3-31 所示为"自动分割"对话框及领域的自动划分结果。

（2）手动划分 手动划分是建模者根据经验对零件特征进行合理归类，通过不同的选择模式划分出各个区域，并通过"插入"方式将区域创建为领域特征，便于后续的逆向建模设计。

手动划分领域方法：在工具条 上选取合适的选择模式，并在某一面片特征上绘制特定区域，单击"领域"→"插入"命令，即创建对应的领域特征。

图 3-32 所示为手动划分领域的基本步骤和结果。

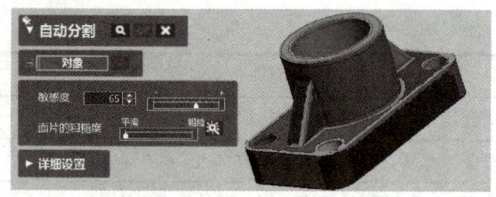

图 3-31 自动分割划分领域　　　　　　　　a) 绘制区域　　b) 创建领域

图 3-32 手动划分领域

图 3-31 自动分割划分领域

图 3-32 手动划分领域

（3）领域编辑　领域分割后可根据需要进行重新编辑，以满足实际设计需求。领域编辑的操作有：

① 重分块："重分块"操作可通过改变"敏感度"和"面片粗糙度"值，对选中的领域进行编辑，或进行重新划分。

② 合并：如果同一特征的领域被分割为不同的领域，可通过合并领域操作，将其合并为一个新的领域。首先选中要合并的领域（可按住 <Shift> 或 <Ctrl>+ 左键进行多选，或者通过工具条上的矩形、圆形等选择模式，框选所需要合并的区域），然后单击"领域"→"合并"命令，即完成合并后的新领域创建。

图 3-33 所示为对模型左下角的圆角特征进行领域合并前后的结果。

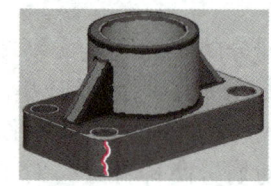

a) 合并前　　　　b) 合并后

图 3-33 合并领域

图 3-33 合并领域

③ 分割：通过绘制多段线，将同一领域中的不同特征，通过分割生成合理的多个区域，便于建模操作。单击"领域"→"分割"命令，在选中的领域上绘制自定义区域，进行领域分割。

④ 扩大/缩小：对选中的领域区域进行扩大/缩小操作，以增大/缩小领域的曲面面积。

首先选中要扩大/缩小的领域，然后单击"领域"→"扩大"（或"缩小"）命令，完成领域的编辑操作。

图 3-34 所示为对模型中间的圆柱特征领域进行扩大或缩小操作后的结果。图 3-34a 中圆柱特征被分为多个领域；图 3-34b 通过扩大方式将圆柱特征设为单一的领域；图 3-34c 通过缩小方式改变领域区域。

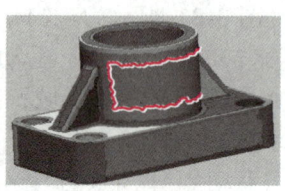

a) 原领域　　　　b) 扩大领域　　　　c) 缩小领域

图 3-34 扩大或缩小领域操作

图 3-34 扩大或缩小领域操作

实际应用中可根据领域划分需求，灵活应用有关领域编辑命令。

7. 坐标系对齐

坐标系是一切模型的基础，若没有坐标，模型将无法进行建模，DX 软件的逆向建模也是如此。在使用 DX 软件逆向建模过程中，经常需要借助参照平面进行面片草图截取或其他建模操作。如果导入的面片模型坐标系和软件坐标系不一致，就需要进行模型坐标系对齐，否则会给后续的建模带来不便，并造成一定的影响。图 3-35 所示为花洒零件坐标对齐处理前后的结果。

DX 软件中的对齐模块提供了多种方法，可将扫描得到的面片（或点云）数据，从原始位置移动到更有利于提高建模效率的空间位置，为扫描数据的后续使用提供更便捷的广义坐标系统。

通过对齐模块提供的对齐工具，可将扫描数据分别与用户自定义的坐标系、世界坐标系及原始 CAD 数据进行对齐，分别对应于对齐模块中的三组对齐工具：扫描到扫描、扫描到整体和扫描到 CAD。对齐模块工具栏如图 3-36 所示，其命令具体含义见表 3-14。

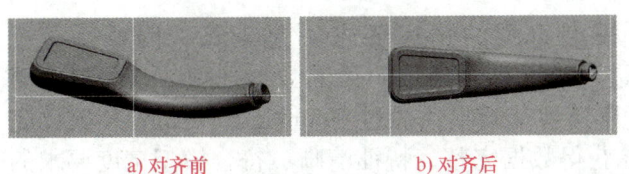

a) 对齐前　　　　b) 对齐后

图 3-35　花洒坐标对齐前后效果

图 3-36　对齐模块工具栏

表 3-14　坐标系对齐操作命令含义

序号	操作组	命令	含义
1	扫描到扫描	扫描数据对齐	将面片（点云）数据对齐到其他面片（或点云）数据。对齐方法包括自动对齐、手动对齐和整体对齐。当模型显示区有两个或两个以上的面片（或点云）数据时，才能激活该命令
		目标对齐	对指定文件夹的扫描数据进行对齐操作。当该文件夹内的扫描数据实时更新时，可实现模型的实时自动对齐
		球体对齐	通过匹配对象中的球体数据，实现多个扫描数据的粗略对齐
2	扫描到整体	对齐向导	自动生成并根据选择的模型局部坐标系，将局部坐标系与世界坐标系对齐，并将模型对齐到世界坐标系中。只有当模型显示区存在领域组时，才能激活该命令
		手动对齐	通过定义扫描模型中的基准特征或选择点云数据领域，并与世界坐标系中的坐标轴或坐标平面进行匹配，将模型与世界坐标系对齐，包括 3-2-1 和 X-Y-Z 两种对齐操作方式。当模型显示区存在面片（或点云）数据时，才能激活该命令
		变换扫描数据	通过旋转、平移、缩放或使用变换矩阵来变换 3D 扫描数据。可将扫描数据转换到特定位置，或对数据进行缩放。当存在一个或多个点云/面片，且不包含子节点时该命令可用
3	扫描到 CAD	快速匹配	粗略地将扫描数据对准到曲面或实体。当模型显示区存在一个面片（或点云）和体特征时，才能激活该命令
		最优匹配	利用要素间的重合特征，自动对齐扫描数据和模型。当模型显示区存在一个面片（或点云）和体特征时，才能激活该命令
		基准匹配	通过选择基准将扫描数据对齐到模型或坐标系。当模型显示区存在面片或点云时，才能激活该命令

任务 3.3　石膏头像的数据处理与数模重构

任务引入

在项目二的任务 2.3 中已经完成了石膏头像的点云数据采集。下面将利用 Geomagic Wrap 和 Geomagic Design X 软件，对采集到的石膏头像点云进行数据处理和数模重构，以获得符合原模型特征的实体数据文件。模型处理后应满足以下要求：

1）模型数据完整、特征清晰，整体精度符合要求。
2）完成石膏头像底座的特征构建，满足模型的放置功能需求。
3）将处理后的模型输出为 STP 格式的文件。

任务分析

石膏头像为工艺品，外形光滑，对模型重构的精度要求不是太高。因此，通过 Geomagic Wrap 软件对扫描后的点云数据进行点云和多边形阶段的数据处理，获得符合要求的三角面片数据模型。在获得的三角面片模型基础上，通过 Geomagic Design X 软件完成"石膏头像"模型的逆向建模设计，最终获得数据完整、特征清晰、符合模型精度要求的 CAD 数据文件。

难点和重点

难点：1. 合理分析并创建参照基准。
　　　2. 石膏头像的数模重构精度和质量控制。
重点：1. 多视角扫描点云数据的合并与表面孔洞的填充、表面平滑度处理。
　　　2. 模型的坐标对齐方法及参照基准的创建。
　　　3. 数模重构中的自动曲面创建、面片草图截取及草图精度调整。

任务实施

3.3.1　石膏头像的点云数据处理

"石膏头像"点云数据的模型处理思路如图 3-37 所示，主要操作命令和处理流程如图 3-38 所示。

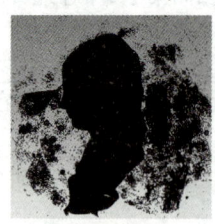
a) 导入数据

b) 着色点云

c) 删除杂点
d) 采样

e) 合并

图 3-37　石膏头像点阶段的处理思路

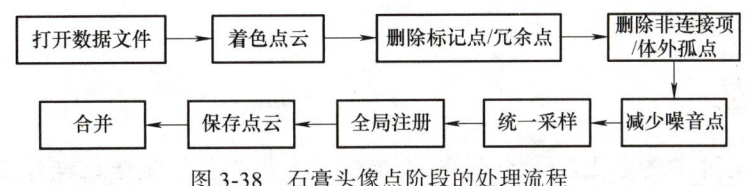

图 3-38 石膏头像点阶段的处理流程

下面详细介绍石膏头像点阶段的数据处理方法。

提示： 本项目中各任务案例实施过程的视频演示，基本与教材中的操作方法保持一致，个别步骤可能会有细微差别，目的是使大家进一步体会软件操作过程中的灵活性和所需的处理问题的应变能力。

3-6 石膏头像扫描数据预处理——点阶段处理

Step 1 打开文件。

启动 Geomagic Wrap 软件，单击软件左上角的"开始"按钮 → "打开"或"导入"命令，可选择扩展名为 .wrp、.asc、.stl、.obj 等类型的扫描文件。选择文件"石膏头像采集数据 .wrp"，或者直接将文件拖入软件中，即打开模型数据。

在模型管理器中，可以看到该模型是由 21 幅点云数据和标记点数据构成，如图 3-39 所示。在视图窗口中显示石膏头像的点云数据模型，如图 3-40 所示。

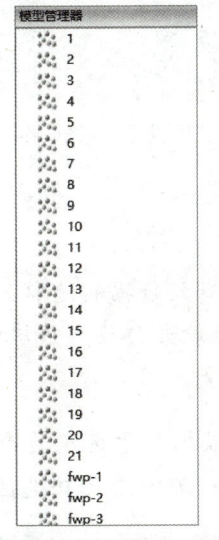

图 3-39 模型管理器数据

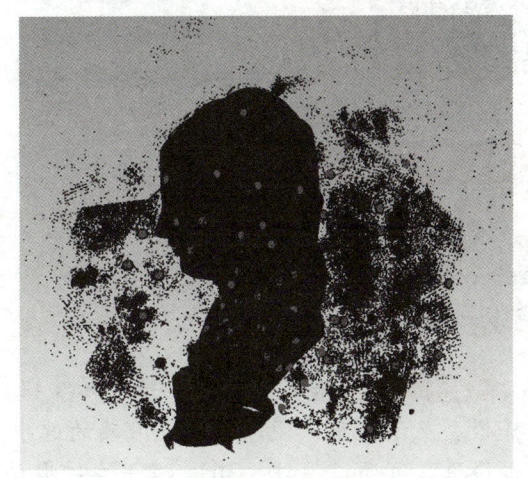

图 3-40 石膏头像点云数据

Step 2 设置旋转中心。

扫描后的模型数据除了表达模型特征的有效数据外，还包含标记点、背景数据等杂点。为了更方便地执行点云的放大、缩小或旋转，可设置模型的旋转中心。在视图窗口单击右键，在弹出的快捷菜单中单击"设置旋转中心"命令，在模型的合适位置选择一点作为旋转中心。

Step 3 着色点云。

为了清晰、方便地观察点云形状，可对点云进行着色。在管理器面板中选中所有点云和标记点数据，单击菜单栏中"点"→"着色"→"着色点"命令，观察界面右下方的进程条运行状态。系统计算完成后，若发现模型颜色仍为黑色，可单击管理器面板中的"显示"选项卡，取消勾选"几何图形显示"选项组中的"顶点颜色"复选框，点云数据将以苹果绿颜色显示，如图 3-41 所示。

> 🔍 **思考与探索**
>
> 请思考：若通过"着色点"命令和取消勾选"顶点颜色"复选框操作后，模型颜色仍无法改变，应如何操作？请大家查找资料，并以小组形式进行讨论总结。

Step 4 删除标记点、杂点数据。

在管理器面板中选中 fwp-1～fwp-21 的所有标记点数据，单击鼠标右键，在弹出的快捷菜单中单击"删除"命令，删除所有标记点数据。

将模型旋转到图 3-42 所示的视角，选中"石膏头像"特征的有效扫描数据，单击右键，在弹出的快捷菜单中单击"反转选区"命令，结果如图 3-43 所示。按键盘上的"Del"键或单击工具条上的 命令，删除扫描中的杂点数据，删除结果如图 3-44 所示。

图 3-41 着色点云

图 3-42 调整模型显示视角

图 3-43 反转选区设置

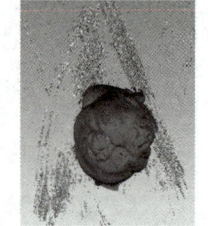  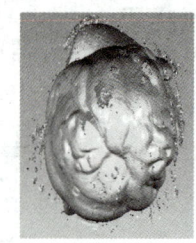

图 3-42 调整模型显示视角　　图 3-43 反转选区设置　　图 3-44 删除冗余点数据

> 🔍 **思考与探索**
>
> 请思考：此处为了提高数据的选择效率，对于石膏头像有效数据的选取，应选用直线、画笔、矩形、套索等选择方式中的哪种？以小组形式进行讨论并对各种常用选择方式的特点做一总结。

提示： 删除杂点数据时，要确保管理器面板上的所有数据处于选中状态。通过合理的选择模型显示视角，便于快速、准确的选中点云数据，以进行删除或反转选区操作；若点云数据误选，可通过按住 <Ctrl> 键 + 左键取消选择。

Step 5 删除非连接项。

旋转模型从多个视角观察，可以看到模型上仍残留一些远离主点云的杂点数据，可通过删除"非连接项"和"体外孤点"的方式做进一步处理。

单击菜单栏中"点"→"选择"→"非连接项"命令，在弹出的对话框中，设置"分隔"下拉列表框中的值为"低"，"尺寸"下拉列表框中选默认值，单击 确定 按钮，删除所选择的非连接项数据。此命令执行 2～3 次，处理前后的结果如图 3-45 所示。

Step 6 删除体外孤点。

单击菜单栏中"点"→"选择"→"体外孤点"命令，

a) 执行前　　b) 执行后

图 3-45 删除非连接项

在弹出的对话框中设置"敏感度"值为 85,单击 应用 按钮,待右下方进程条运行完成后,再单击 确定 按钮,如图 3-46 所示。此时体外孤点被选中,呈现红色,删除所选择的体外孤点,此命令执行 2～3 次即可,结果如图 3-47 所示。

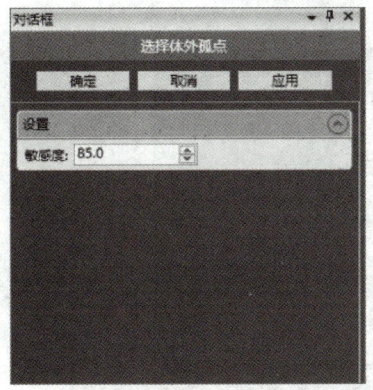
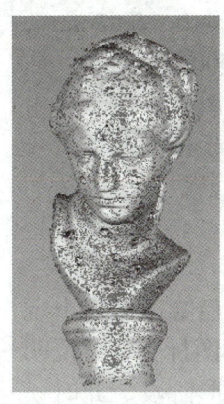

图 3-46　体外孤点对话框　　图 3-47　体外孤点删除结果

图 3-47 体外孤点删除结果

Step 7　减少噪音点。

单击菜单栏中"点"→"减少噪音"命令,在弹出的对话框中,选择"自由曲面形状","平滑级别"滑块滑到数值"1","迭代次数"为 5,"偏差限制"为 0.05mm。通过减少噪音点,使数据平滑度得到改善。

Step 8　采样。

由图 3-48 可以看出:删除冗余点和噪音点等杂点数据后,石膏头像的点云数据量上千万,数量庞大。由于该模型为工艺品,对模型的精度要求不是特别高,为提高后续数据的处理效率,可对点云数据进行采样处理。

单击菜单栏中"点"→"统一"命令,弹出图 3-49 所示的"统一采样"对话框。在"输入"选项组中点选"由目标定义间距"单选框,设置点云数为"2000000",并勾选"保持边界"复选框;单击 应用 按钮,软件将在满足模型精度的条件下减少点云数量至目标值。

图 3-48　点云数据量

Step 9　全局注册。

在管理器面板上选中 21 个点云文件,单击菜单栏中"对齐"→"全局注册"命令,在弹出的对话框中,采用默认选项设置。选择注册操作模式按钮 ,然后单击 应用 按钮,待运算完成后,选择分析操作模式按钮 ,单击 计算 按钮,如图 3-50 所示。模型主体特征呈现绿色,表明数据对齐的效果比较理想。

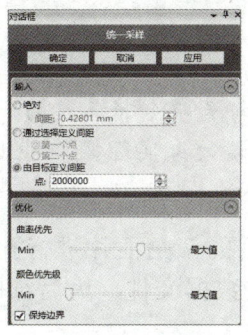
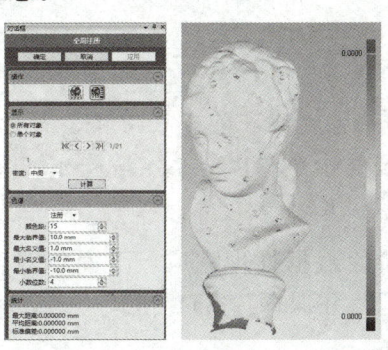

图 3-49　采样对话框　　图 3-50　"全局注册"对话框及注册结果

图 3-50 "全局注册"对话框及注册结果

Step 10 合并。

单击菜单栏中"点"→"合并"命令,打开"合并点"对话框。将"局部噪音减低"项设为"中间","全局噪音减少"项设为"自动",勾选"全局注册""保持原始数据""删除小组件"复选框,将"最大偏差"值设为"0.05mm","最大三角形数"的数目设置为"500000","执行—质量"的滑块拉到最右端,其他选项采用默认值,单击 确定 按钮,进行点云数据的合并。由于模型数据量较大,合并运算可能需要一段时间,注意观察进程条的进度提示。"合并点"对话框参数设置及合并后的模型结果如图 3-51 所示。

观察模型管理器,可以看到在模型管理树下出现一个名为"合并"的文件,其前面的图标为 ,说明数据的处理进入到下一个阶段:多边形阶段,此时模型为三角面片数据。模型管理器中仍然显示"石膏头像"的多幅点云数据,因后续将进行模型的多边形数

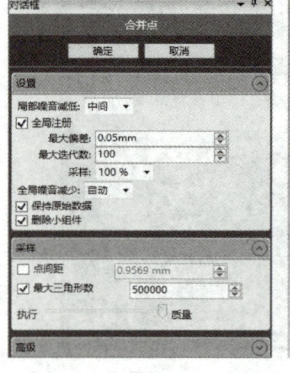

图 3-51 "合并点"对话框及合并结果

据处理,可将点云数据删除(或者在图 3-51 所示的对话框中取消"保持原始数据"复选框),合并后的模型管理器及三角形面片数量结果显示如图 3-52 所示。

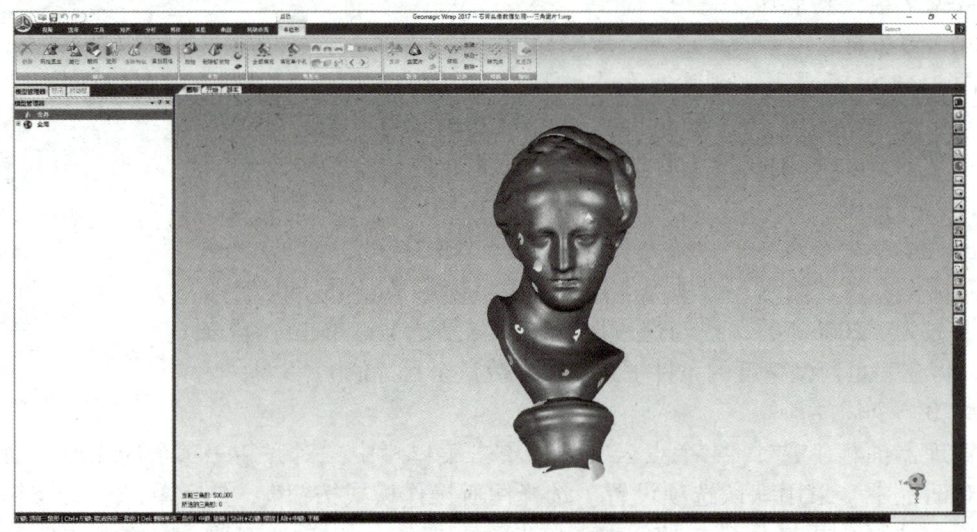

图 3-52 模型的多边形阶段

思考与探索

请思考:采样后的石膏头像数据,能否采用联合点对象和封装命令将其转为三角面片数据?与采用全局注册和合并命令相比,操作结果有何区别?请大家实际操作对比上述两种方法,并以小组形式进行讨论总结。

至此,石膏头像的点阶段数据处理完成。下面将对合并后的三角面片进行孔洞填充、表面平滑和数据简化等处理,并保存为 STL 格式(二进制)的数据文件,为后续的逆向数模重构提供良好的数据基础。

3.3.2 石膏头像的多边形数据处理

石膏头像多边形阶段的数据处理思路如图 3-53 所示，所用到的主要操作命令和具体处理流程如图 3-54 所示。

3-7 石膏头像扫描数据预处理——多边形处理

a) 孔洞填充　　　b) 特征修复　　　c) 表面平滑　　　d) 保存STL文件

图 3-53　石膏头像多边形数据处理思路

Step 11　孔洞填充。

选择菜单栏中"多边形"→"填充单个孔"命令，只有单击"填充单个孔"命令后，填充方式和填充方法的工具栏才会被激活。选择"基于曲率" ■ 的"完整孔" ■ 填充方式，对模型表面的标记点及特征缺失的孔洞进行填充。

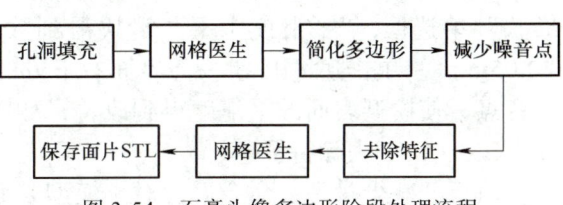

图 3-54　石膏头像多边形阶段处理流程

再次单击"填充单个孔"命令，视图窗口左下方提示孔个数为 1，即模型底部的开放孔特征。孔洞填充后的结果如图 3-55 所示。

提示： 孔洞填充有三种方法，即内部孔、边界孔和搭桥三种填充方法。对于每一种孔洞的填充方法，又可以根据填充孔所在的模型表面特征，选择基于曲率、切线或平面的填充方式。一般多选用基于曲率的填充方式，以保证填充后的模型能够更好地恢复原有的局部特征。

Step 12　网格医生。

单击菜单栏中"多边形"→"网格医生"命令，弹出图 3-56 所示的"网格医生"对话框，将"分析"选项组中的复选框全部勾选，可以看到分析结果中有很多的自相交、钉状物、高度折射边等问题。

此时浏览视图窗口中的模型，大部分质量不好的数据已被选中，并以红色显示，如图 3-57a 所示。单击 应用 按钮，执行网格医生操作，将所选中的数据删除，单击 确定 按钮。执行"网格医生"后的数据模型如图 3-57b 所示。

Step 13　简化多边形。

经过上述操作后，模型现有 50 万多个三角形面片，对于该模型来讲数据量仍较大，可适当减少数据以提高数据处理的运算效率。

单击菜单栏中"多边形"→"简化"命令，将数据量减少到 60%，这样可实现在保留模型表面特征和模型颜色的前提下，对三角面片的数据量进行简化，如图 3-58 所示。

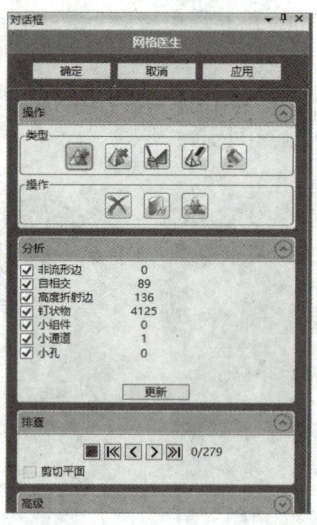

图 3-55　填充孔　　　图 3-56　"网格医生"对话框　　　图 3-57　执行"网格医生"结果

Step 14　减少噪音点。

单击菜单栏中"多边形"→"减少噪音"命令，在弹出的对话框中，点选"自由曲面形状"单选框，"平滑度水平"滑块滑到数值"2"，"迭代"次数为"5"，"偏差限制"为"0.05mm"。单击 应用 按钮，待界面右下方的进程条执行结束后，单击 确定 按钮。通过减少噪音点，使模型表面的平滑度得到改善，如图 3-59 所示。

Step 15　去除特征。

执行"减少噪音"命令后，对于模型表面的局部凹凸不平等粗糙特征，可通过"去除特征"命令进行改善。"去除特征"命令只有在选中操作区域后才能激活，而且对于同一曲率的特征执行后效果更好，对于模型其他位置的局部粗糙特征可采用同样的方式进行处理。

"去除特征"命令执行前后的效果对比如图 3-60 所示。

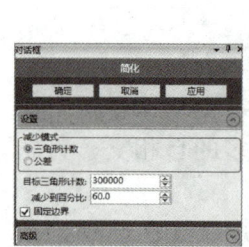
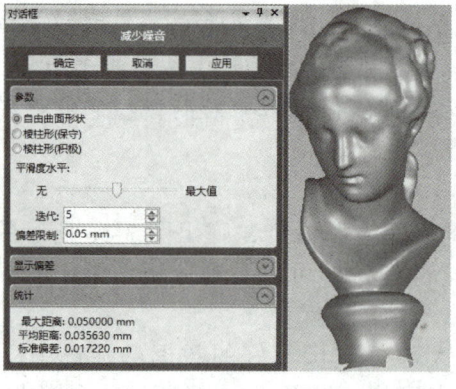
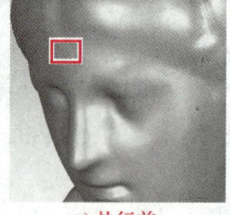
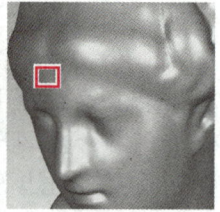

图 3-58　简化多边形　　　图 3-59　"减少噪音"对话框及结果　　　图 3-60　"去除特征"命令执行效果对比

同时，也可尝试通过"砂纸"命令进行模型局部平滑度的改善。

> **思考与探索**
>
> 请思考：在多边形数据处理中，经常需要对数据进行平滑处理。平滑命令除了上述的"减少噪音"和"去除特征"外，"松弛"和"砂纸"也可以进行平滑处理，请大家实际

操作对比上述四种方法，并就以下问题以小组形式进行讨论总结。
① 模型表面的局部平滑处理有哪些命令？有什么区别和特点？
② 模型表面的整体平滑处理常用哪些命令？有什么区别和特点？
③ 模型表面平滑处理的原则是什么？如何结合模型特点，合理选择有效的平滑方法？

Step 16　网格医生。

模型的多边形阶段数据处理完成后，保存前最好再次通过"网格医生"命令检查模型缺陷，并进行自动修复。

Step 17　保存面片文件。

单击菜单栏中"文件"→"另存为"命令，设置保存路径，修改文件名为"石膏头像数据处理-三角面片"，保存类型为二进制的 STL 格式，如图 3-61 所示，为后续的模型数模重构提供完整理想的多边形数据。

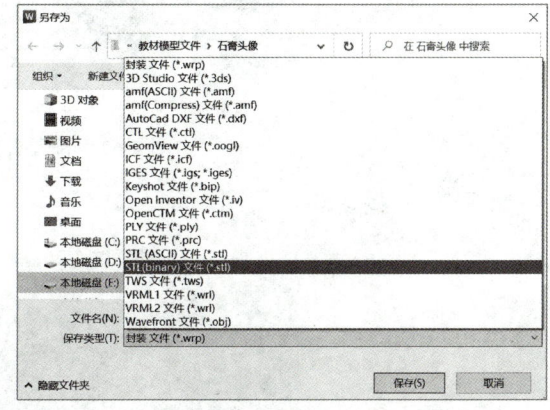

提示：由于软件只能撤销前一步操作，因此，在数据处理过程中，最好将一些关键步骤的数据文件进行另存，避免操作出现差错时数据文件的缺失。

图 3-61　保存 STL 文件

本案例中，"石膏头像"的扫描数据通过 Geomagic Wrap 软件，利用点阶段和多边形阶段的相关命令，实现扫描数据的杂点、噪音点删除以及点云数据的三角面片化。在此基础上，通过 Geomagic Wrap 软件，将封装后的三角面片数据进行孔洞填充和表面平滑处理，尽可能获取质量较好的原始数据特征。

完成扫描数据处理后，接下来将进入模型的曲面重构阶段，石膏头像的曲面重构将通过 Geomagic Design X 软件进行处理。

3.3.3　石膏头像的数模重构

逆向建模阶段的处理目标是通过曲面重构功能，构建模型的 NURBS 曲面，以获得曲面光顺、结构完整、符合模型精度和加工工艺的 CAD 实体模型。石膏头像数模重构的主要思路如图 3-62 所示。

3-8
石膏头像数模重构—模型坐标对齐

Step 18　导入模型文件。

启动 Geomagic Design X 软件，进入软件建模环境。单击"菜单"→"插入"→"导入"命令，或者单击快捷工具栏上的"导入"按钮，选择"石膏头像数据处理-三角面片.stl"模型文件，也可通过拖拽方式直接将模型拖入软件中进行导入，石膏头像导入后模型如图 3-63 所示。

由图 3-64 可以看到：模型底座的后部存在大量的扫描数据缺失现象，因此需要对底座特征进行数模重构。由于石膏头像为工艺品，且底座的功能主要是放置需求，整体没有很高的精度要求，因此，可以把底座特征作为回转体进行处理。

 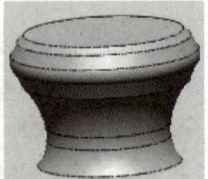  

a) 坐标对齐　　b) 创建底座实体　　c) 填充面片孔　d) 创建曲面　　e) 切割底座

  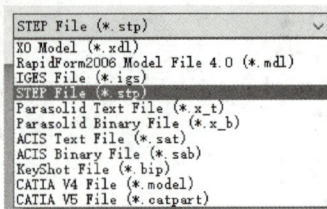

f) 合并实体　　g) 偏差分析　　h) 输出STP文件

图 3-62　石膏头像数模重构的主要思路

图 3-63　导入石膏头像的 STL 模型

为了便于提取底座的草图截面并进行旋转建模，需要先对模型进行坐标系对齐，使模型坐标系和软件坐标系重合。

Step 19　创建参照平面。

单击菜单栏中"模型"→"平面"命令，在"追加平面"对话框中，方法选择"绘制直线"方式。将模型旋转到合适的视角，绘制如图 3-65 所示的直线（尽量水平），单击☑按钮，系统将创建参照平面 1。

采用同样的方法绘制图 3-66 所示的水平直线，以创建参照平面 2，如图 3-67 所示。

图 3-64　模型数据缺失　　图 3-65　绘制水平直线 1　　图 3-66　绘制水平直线 2　　图 3-67　创建参照平面 2

提示: 绘制的两条水平直线尽可能平行,从而获得两个接近平行的参照平面。

Step 20 绘制草图。

单击菜单栏中"草图"→"面片草图"命令,弹出"面片草图的设置"对话框,点选"平面投影"方式,"基准平面"选择平面 1,如图 3-68 所示。单击 按钮,进入草图环境。

可将软件左下方显示栏中的"面片"特征隐藏(或者按 <Ctrl>+1 组合键),使绘图窗口只显示所截取的草图轮廓。在菜单栏上单击"圆"绘制命令,将草图的多段圆弧分别选中,绘制图 3-69 所示的圆形草图(蓝色轮廓),单击 按钮退出圆绘制命令,再单击按钮 或 ,完成草图绘制。

提示: 由于所截取的草图轮廓为多段圆弧,为确保模型的重构精度,尽量多选取几段圆弧特征。

按照上述方法,选择参照平面 2 为基准平面,截取面片草图,完成草图 2 的绘制,如图 3-70、图 3-71 所示。

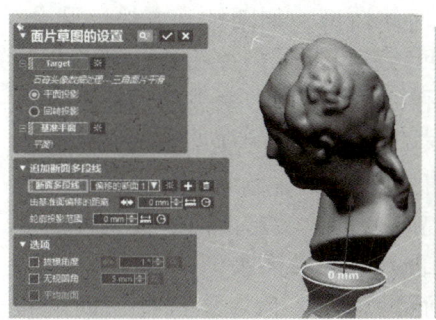 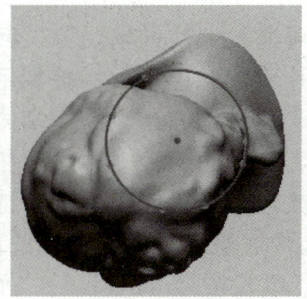 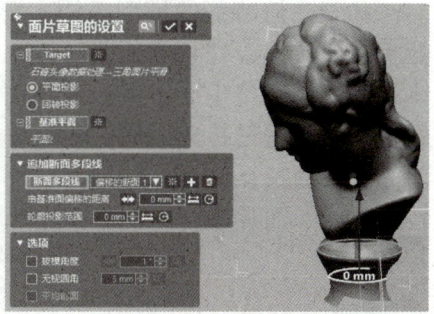

图 3-68 截取面片草图 1　　　图 3-69 绘制草图 1　　　图 3-70 截取面片草图 2

Step 21 创建参照轴。

单击菜单栏中"模型"→"线"命令,弹出"添加线"对话框,"要素"列表中"方法"列表框选择"选择多个点",分别选择上述两个草图圆的圆心,创建如图 3-72 所示的参照轴线。

Step 22 坐标对齐。

单击菜单栏中"对齐"→"手动对齐"命令,弹出"手动对齐"对话框,如图 3-73 所示。系统自动将石膏头像模型选为移动实体,单击下一阶段 ,选择移动方式为"X-Y-Z","位置"选择图 3-69 中草图圆的圆心;X 轴选择平面 1,Z 轴选择参照轴线 1,单击 按钮,完成模型的坐标对齐。模型对齐后的结果如图 3-74 所示。

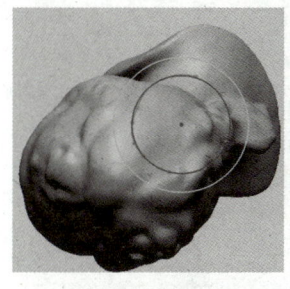  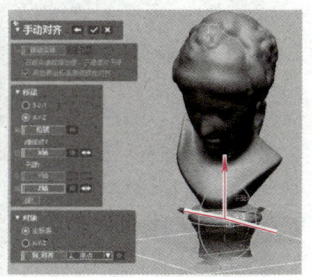

图 3-71 绘制草图 2　　　图 3-72 创建参照轴线 1　　　图 3-73 坐标对齐对话框

完成模型坐标对齐后,所创建的用于对齐的参照面、参照线等几何参照已偏离模型,可在特征树上将其删除。

为便于后续石膏头像底座的创建，可通过创建参照线来生成底座回转轴。单击菜单栏中"模型"→"线"命令，弹出"添加线"对话框，要素方法为"2平面相交"，分别选择参照平面"上"平面和"右"平面，创建回转轴"线1"。

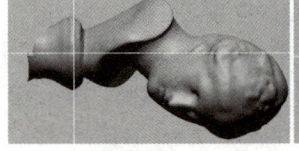
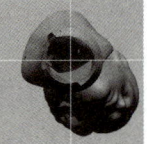

图 3-74 坐标对齐结果

 思考与探索

请思考：石膏头像的坐标对齐是否可以采用"3-2-1"对齐方式？坐标对齐的两种方法中，"X-Y-Z"和"3-2-1"所需要的参照要素有何区别？请大家实际操作对比上述两种方法，并以小组形式进行讨论总结。

Step 23 绘制底座截面草图。

DX 软件的建模方法主要有三种，即基于几何特征的模型重构、基于面片草图的模型重构和基于表面的模型重构。

基于几何特征的模型重构主要用于几何特征明确的几何体造型，如圆柱、方块、圆台、管状等回转体、柱状体或曲面体，可通过"拉伸精灵""回转精灵""扫掠精灵""基础实体"等命令直接生成实体。基于面片草图的模型重构是利用"面片草图"命令获取模型的截面特征，再通过拉伸、回转、放样、扫描等方法来创建实体。基于表面的模型重构则是将模型的各表面特征归类，如平面、回转面、曲面等，再通过相关的曲面建模命令，如拉伸、回转、放样、面片拟合、境界拟合、放样向导等创建模型的特征表面，最后由面生成实体。

石膏头像底座通过提取特征的面片截面草图来创建实体。

单击菜单栏中"草图"→"面片草图"命令，选择"回转投影"方式，"基准平面"选择模型的前平面，"中心轴"选择"线1"，如图 3-75 所示。单击 ✓ 按钮，进入草图环境。

在菜单栏上单击"3 点圆弧"命令，弹出"3 点圆弧"对话框。为了使圆弧的拟合精度更高，可将对话框下方的"拟合多段线"复选框取消勾选，通过 3 点方式对各段圆弧进行拟合。

在菜单栏上单击"直线"命令，绘制底座特征的直线草图，底座草图轮廓绘制结果如图 3-76 所示。

3-9 石膏头像数模重构—创建底座

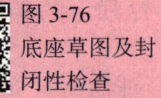

图 3-76 底座草图及封闭性检查

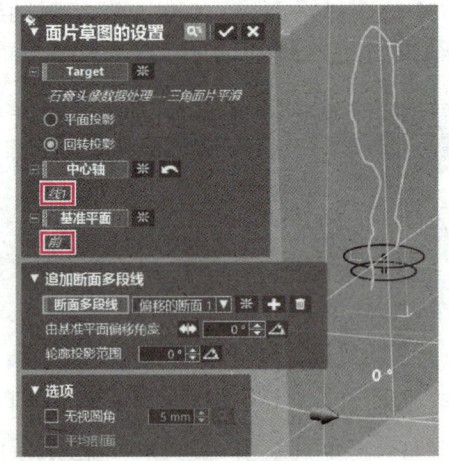

图 3-75 底座轮廓面片草图

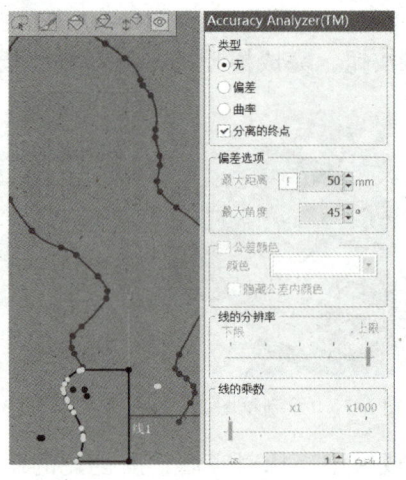

图 3-76 底座草图及封闭性检查

打开软件右侧的"精度分析"对话框，勾选"分离的终点"复选框，看到草图中多个端点显示为绿色，如图 3-76 所示，表示草图轮廓未封闭。

首先将草图中的各段圆弧设置为相切约束，方法为：先选中一段草图轮廓，按住 <Shift> 键的同时，双击另一段草图特征，在弹出的"约束条件"对话框中选中"相切"方式。

提示： 若约束后草图特征发生明显的偏移，则要添加"固定"约束。绘制时，应灵活掌握草图的拟合和约束设置，以保证模型特征的拟合精度。

设置好相关约束后，在菜单栏上单击"剪切"命令，在弹出对话框中，类型设为"相交剪切"，在各开放端点处，对其相邻两段草图轮廓进行相交剪切，以保证草图各端点连接处的闭合。

再次打开"精度分析"对话框，通过"分离的终点"检查发现：若草图轮廓中的各连接点为蓝色显示，则说明草图轮廓完全封闭，如图 3-77 所示。

Step 24 绘制底座实体。

单击菜单栏中"模型"→"回转"命令，将所创建的封闭截面草图，通过实体回转方式生成底座特征，如图 3-78 所示。

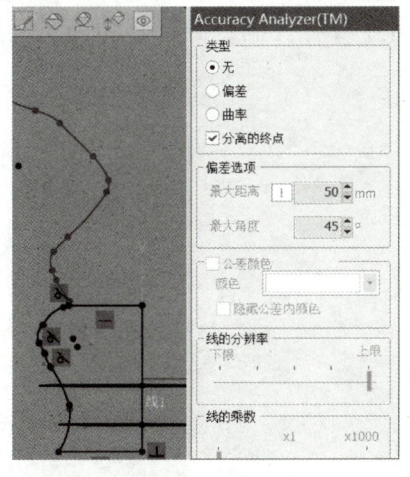
图 3-77 封闭的草图

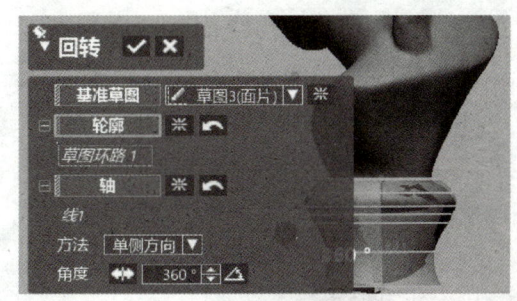
图 3-78 创建底座实体

Step 25 填充孔。

选中"石膏头像"模型，打开右侧的"属性"对话框，显示模型境界数为 1，说明模型没有完全闭合，如图 3-79 所示。

单击菜单栏中"多边形"→"填孔"命令，弹出"填孔"对话框，如图 3-80 所示。通过"境界"选项后的查找箭头，查找模型的孔缺陷并进行填充。单击对话框中的按钮，完成孔填充。再次通过"属性"对话框查看模型的境界数目，可看到此时的境界数为 0。

Step 26 修补精灵。

单击菜单栏中"多边形"→"修补精灵"命令，弹出"修补精灵"对话框，如图 3-81 所示。显示模型存在重叠单元面等缺陷，单击按钮，系统自动进行缺陷修复。

Step 27 创建曲面。

由于"石膏头像"为艺术品，没有很高的装配精度要求，因此，本实例通过自动创建曲面方式进行模型的曲面重构。

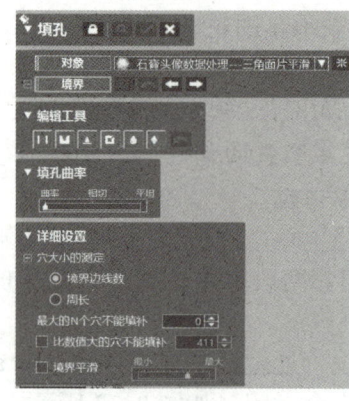
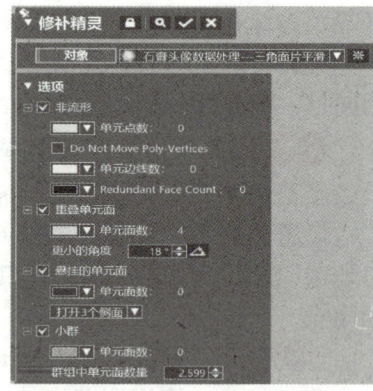

图 3-79　模型境界数分析　　　图 3-80　"填孔"对话框　　　图 3-81　"修补精灵"对话框

单击菜单栏中"精确曲面"→"自动曲面创建"命令,弹出"自动曲面创建"对话框,如图 3-82 所示。由于"石膏头型"具有人体面部特征,可视为有机生命体,选择类型为"有机",自动估算曲面片数,公差设为 0.1mm。单击 ✓ 按钮,系统自动计算并完成"石膏头像"的曲面片构建,如图 3-83 所示。由于模型曲面片没有孔洞,因此,曲面自动拟合后生成石膏头像的实体特征,如图 3-84 所示。

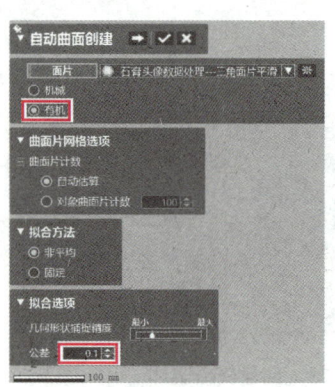

图 3-82　自动曲面创建对话框　　　图 3-83　自动曲面构建　　　图 3-84　生成实体

下面将上述拟合生成的石膏头像底部进行切割,并将头像本体部分与前面创建的底座实体进行合并,得到完整的"石膏头像"CAD 实体模型。

Step 28　切割底部特征。

(1) 曲面偏移　将模型树上的面片和实体中的"自动曲面创建 1"特征进行隐藏,如图 3-85 所示,以便于后续曲面创建。单击菜单栏中"模型"→"曲面偏移"命令,弹出"曲面偏移"对话框。选择底座回转体的上表面为参照面,偏移距离设为"0mm",如图 3-86 所示。

(2) 延长曲面　单击菜单栏中"模型"→"延长曲面"命令,打开"延长曲面"对话框,如图 3-87 所示。选择图 3-86 中的曲面特征为"边线/面"要素,设置合适的延长距离。下面将通过该延长平面对石膏头像的底座进行切割。

(3) 切割底座　将模型树上的"自动曲面创建 1"实体特征显示。单击菜单栏中"模型"→"切割"命令,在弹出的"切割"对话框中,"工具要素"选择"曲面偏移 1","对象体"选择"自动曲面创建1",单击下一阶段➡按钮,选择"残留体"为头像上部,单击对话框中的✓按钮,完成头像的底座切割,结果如图3-88所示。

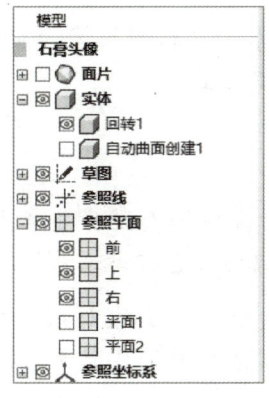

图3-85 特征隐藏

图3-86 偏移曲面

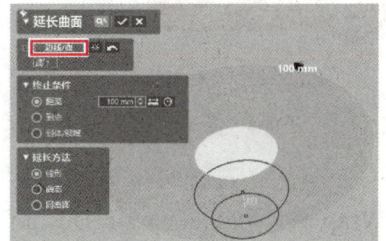

图3-87 延长曲面

Step 29 合并实体。

将模型树上的实体特征显示,单击菜单栏中"模型"→"布尔运算"命令,按住<Ctrl>+A组合键,系统选中头像上部和底座实体特征,操作方式选择"合并"。单击✓按钮,完成实体合并,合并后的石膏头像实体模型如图3-89所示。

Step 30 偏差分析。

可通过偏差分析对模型的特征重构精度进行评估。

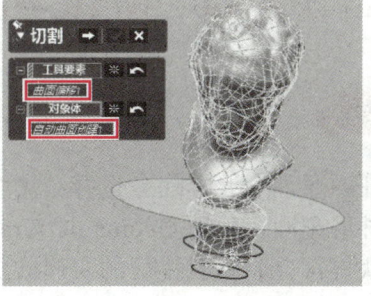

图3-88 切割底座

打开软件右侧的"精度分析"对话框,选中类型中的"体偏差"选项,模型精度分析结果如图3-90所示。将光标移到模型的任何特征位置即可查看其偏差值。可以看到:头像主体部分基本为绿色显示,精度在±0.1mm内,只有底座部分由于扫描数据缺失,重构后的精度略低。但底座部分主要是满足模型的放置需求,没有很高的精度要求,因此,该模型的整体数模重构精度符合其使用要求。

图3-89 合并实体

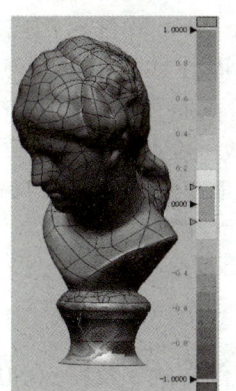

图3-90 模型精度分析

Step 31 文件输出。

"石膏头像"数模重构完成后，需要将其保存为能被第三方 CAD 软件编辑的文件格式，以便做进一步的结构改进或创新设计。

单击菜单栏中"菜单"→"文件"→"输出"命令，选择要素为"石膏头像"实体模型，单击 ✓ 按钮，在弹出的"输出"对话框中选择文件类型为 .STP 格式。

思考与探索

请思考：若处理后的石膏头像采用 3D 打印进行快速成型，为方便模型切片处理，应保存为哪种格式类型？如何操作？请大家上网查找资料，并以小组形式进行讨论总结。

至此，石膏头像的 3D 扫描数据的逆向建模基本完成。通过此案例，大家对 Geomagic Wrap 软件和 Geomagic Design X 软件的数据处理及数模重构方法的思路和应用基本掌握后，后续将通过其他案例对软件功能做进一步的讲解和应用。

任务 3.4　淋浴花洒的数据处理与数模重构

任务引入

为体现课证融通理念，本任务选择"增材制造模型设计职业技能等级证书"考核培训的典型案例——淋浴花洒，利用 Geomagic Wrap 和 Geomagic Design X 软件，对点云扫描数据进行处理，以获得符合原模型特征的实体数据文件。

模型处理后应满足以下要求：
1）模型特征完整、外形平滑、整体精度在 ±0.1mm 内。
2）处理后的模型分别输出为 STP 格式和 STL 格式。

任务分析

本案例中的淋浴花洒为手持式花洒，一般通过支架进行固定。其外形光滑，线条流畅，人体触及的表面不允许有尖锐的棱角，因此对表面光滑度有一定的要求，而对模型的重构精度要求一般。

首先，通过 Geomagic Wrap 软件对扫描后的点云数据进行点阶段和多边形阶段的数据处理，获得符合要求的三角面片数据模型。然后在获得的多边形模型基础上，通过 Geomagic Design X 软件完成"淋浴花洒"模型的逆向建模设计，最终获得数据完整、外形平滑、符合模型精度要求的 CAD 数据文件。

通过本案例的学习，主要掌握 DX 软件中的领域划分、面片草图和曲面建模的应用，使读者对曲面重构的方法有进一步的掌握。

难点和重点

难点：1. 曲面创建的有关命令及特点和应用。
　　　2. 曲面建模的精度和质量控制。

项目 3　数据处理及数模重构

重点：1. 数模重构中的参照基准创建及模型坐标对齐方法。
　　　2. 数模重构中的曲面创建及编辑方法。

 任务实施

3.4.1　淋浴花洒的点云数据处理

Step 1　打开文件。

启动 Geomagic Wrap 软件，打开"淋浴花洒采集数据 .wrp"模型数据，如图 3-91 所示。

提示： "打开"和"导入"命令均可打开所需的扫描数据文件，但"打开"命令会关闭之前的文件，并提示"是否保存"；"导入"命令可在保留当前模型文件的同时，继续打开其他模型文件。选择所要打开的文件时，可结合 <Shift> 或 <Ctrl> 键，一次打开多个视角的扫描文件。另外，也可通过将模型文件拖入软件中以导入模型数据。

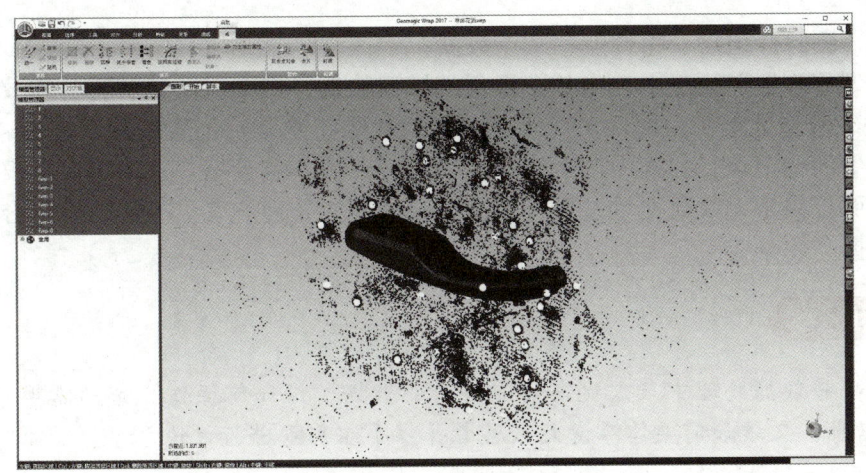

图 3-91　淋浴花洒扫描数据

提示： 当打开的文件中包含多个数据模型时，可在管理器面板上选择"显示"选项卡，勾选"对象颜色"复选框，软件将用不同的颜色来显示各模型数据，以便清晰地观察分析模型。

Step 2　着色点云。

点云数据的颜色一般显示为苹果绿，由图 3-91 可看出："淋浴花洒"点云数据显示为黑色，可通过"点"→"着色"→"着色点"命令进行编辑。若无变化，将管理器面板上"显示"选项卡中"几何图形显示"选项组中的"顶点颜色"复选框取消，即可显示为苹果绿颜色的点云数据，如图 3-92 所示。

提示： Wrap 软件中，点阶段数据处理的有关命令主要在"点"功能模块下执行。因此，为简化描述，后续的相关命令默认在激活"点"模块后执行。

提示： 若通过"着色点"和取消"顶点颜色"复选框操作后，模型颜色仍无法改变，可通过单击"着色"→"删除法线"命令，消除模型数据中的法线翻转因素，再执行"着色点"命令和取消"顶点颜色"复选框即可。

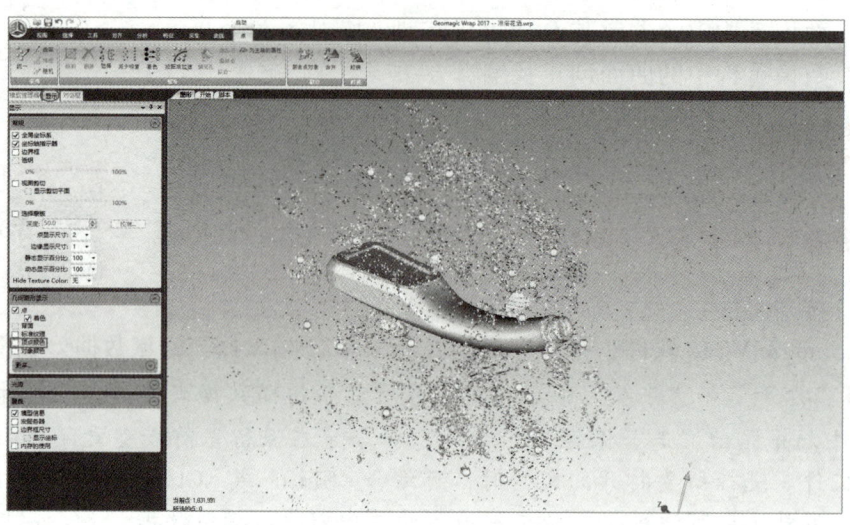

图 3-92 编辑点云颜色

Step 3 删除标记点、噪音点、杂点数据。

在"模型管理器"面板中选中各个视角的模型数据,借助视图的旋转、缩放等操作,从不同视角观察模型数据。由图 3-92 可以看出:"淋浴花洒"扫描数据除了模型本身特征外,还包含扫描中的标记点、扫描中产生的背景、噪音点等杂点数据。这些数据不仅影响模型的重构精度,而且由于无效数据量过大,还会影响数据的处理效率,因此,需要合理删除此类无效扫描数据。

思考与探索

请思考:若数据处理中只需观察某一视角的数据,该如何操作?若只需观察某一特定区域的数据时,又该如何操作?请大家思考并以小组形式进行讨论总结。

(1) 删除标记点 在"模型管理器"面板中选中七副标记点数据→单击鼠标右键→快捷菜单选择"删除",即可删除扫描的标记点数据,如图 3-93 所示。

提示:本教材中所提到的"快捷菜单"均通过单击鼠标右键选取,后面将不再强调。

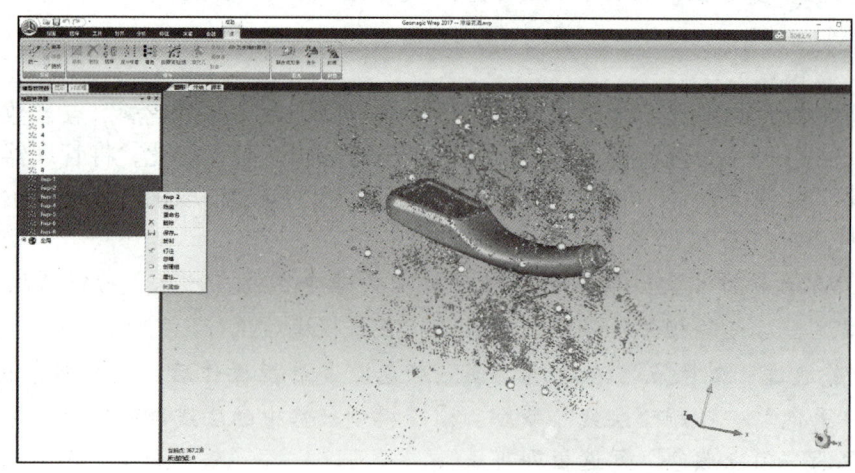

图 3-93 删除标记点

（2）删除噪音点、冗余点数据　将"淋浴花洒"模型数据调整到图 3-94 所示的视角，通过右侧工具条中的"套索"工具 选中整个模型，在快捷菜单中选择"反转选区"命令，单击上方工具栏中的删除命令 ，即可删除无效的杂点数据。

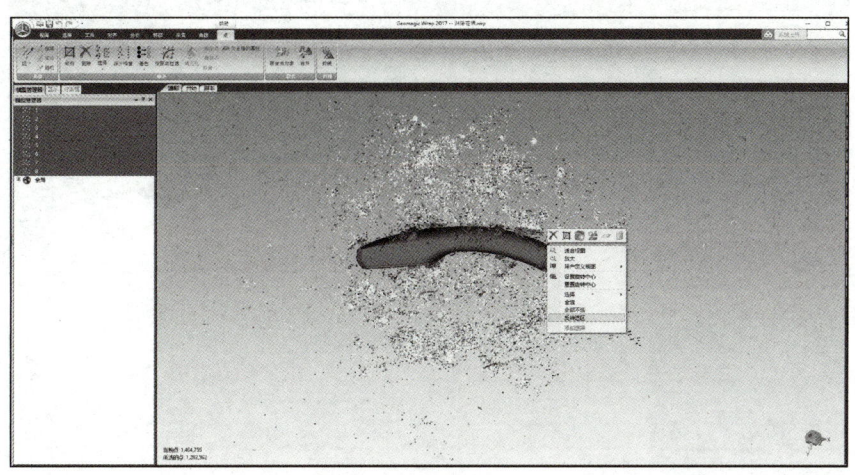

图 3-94　删除杂点

提示：若模型上有效的特征数据比较集中，或者杂点数据较多且分布散乱时，通过"反转选区"方法进行操作，可大大提高处理效率。但需注意：操作时要在管理器面板中将各视角数据选中，否则会发生误删有效数据的错误。若出现数据多选的情况，可通过 <Ctrl>+ 左键进行取消选择。

通过"反转选区"方式删除杂点等数据后，若模型上仍存在较多的杂点数据，可通过将模型旋转到不同的视角，重复上述方法删除大部分杂点数据即可。

Step 4　删除非连接项。

"非连接项"是指那些偏离主点云的"孤岛"数据，仅适用于无序点对象，通过评估点的临近性并选择与其他组点相距较远的一组点进行筛选。

单击菜单栏中"选择"→"非连接项"命令，在对话框中设置"分隔"下拉列表框中的值为"低"，"尺寸"下拉列表框中选默认值，单击 确定 按钮，被选中的非连接项在图形窗口中将呈现红色，图形窗口的模型信息显示出所选的点数，如图 3-95 所示。在"修补"命令组中单击"删除"命令，或按下 Del 键，即可删除所选择的非连接项数据。一般将删除"非连接项"命令执行 2～3 次即可。

Step 5　删除体外孤点。

"体外孤点"是指与其他绝大多数的点云具有一定距离的点，通常是由于扫描过程中不可避免地扫描到背景物体所产生的。

单击菜单栏中"选择"→"体外孤点"命令，对话框中设置"敏感度"值为"85.0"，单击 应用 按钮后，待右下方进程条运算执行完成后，再单击 确定 按钮，此时"体外孤点"被选中，呈现红色，如图 3-96 所示。在"修补"命令组中单击"删除"命令，或按下键盘的 <Del> 键，删除所选择的体外孤点。一般删除"体外孤点"命令执行 2～3 次即可。

提示：Geomagic Wrap 软件操作中，若对话框包含 应用 和 确定 按钮，则先执行"应用"步骤再执行"确定"步骤，即可完成操作；若不执行当前操作，则单击 取消 按钮即可。

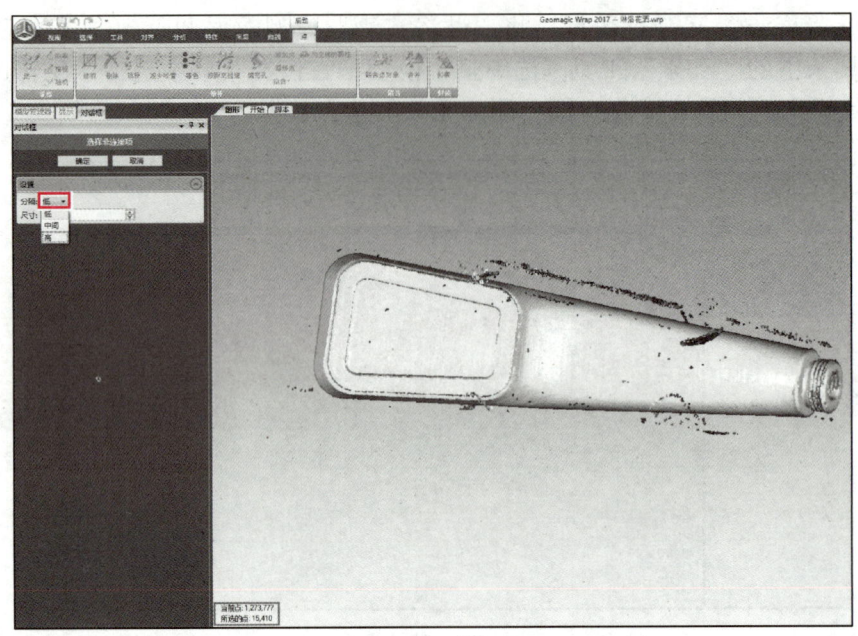

图 3-95 删除"非连接项"

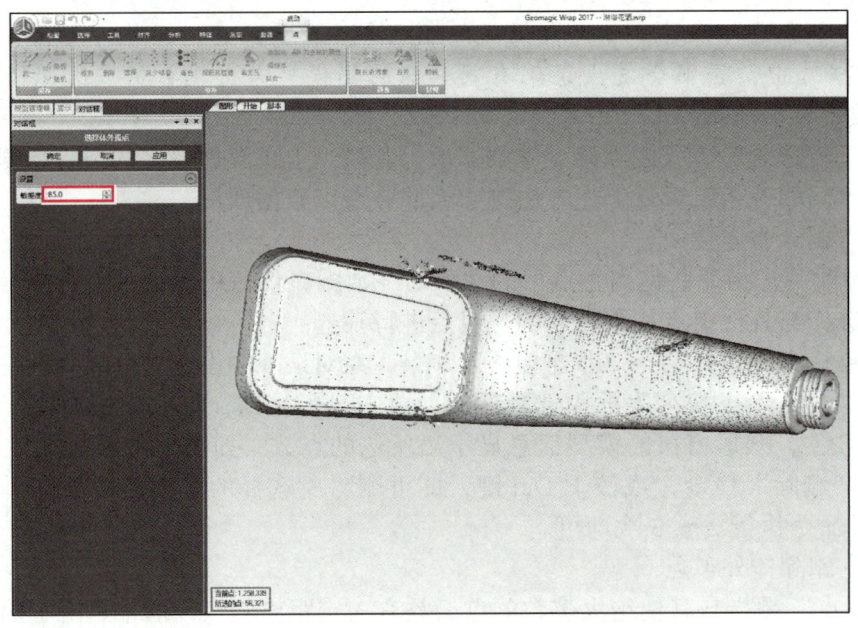

图 3-96 删除"体外孤点"

执行完删除"非连接项"和删除"体外孤点"操作后,模型上可能还会残留一些杂点数据,如图 3-97 所示。但会发现:这些零星的杂点数据和模型上的有效点云数据保持一定的距离,这就是执行"非连接项"和"体外孤点"的效果体现,此时,可通过旋转操作将模型切换到合适的视角,选中杂点数据删除即可,处理后的模型如图 3-98 所示。

提示: 删除杂点数据时,可灵活使用平移、旋转和缩放功能,将模型调整到合适的大小和视角,便于杂点数据的快速准确选择。

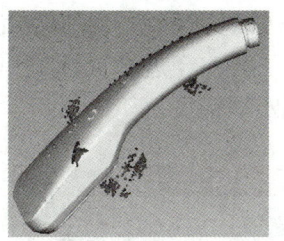
图 3-97 删除剩余杂点

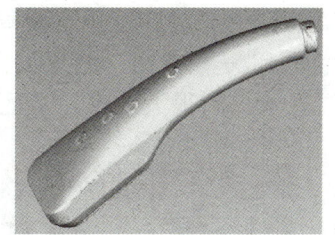
图 3-98 无效数据删除后的模型

Step 6 减少噪音点。

所谓的噪音点是指模型表面粗糙的、非均匀的外表点云。扫描过程中，由于扫描设备轻微抖动、测量激光直径误差或物体表面粗糙、表面预处理不当等，经常会产生模型噪音点。减噪处理可以使数据平滑，以降低模型上偏差点的偏差值，使数据统一排布，更好地呈现真实的物体形状。

单击菜单栏中"点"→"减少噪音"命令，在弹出的对话框中，勾选"自由曲面形状"单选框，"平滑度水平"滑块滑到数值"1"，"迭代"次数为"5"，"偏差限制"为"0.05mm"，如图 3-99 所示。

"淋浴花洒"降噪后的偏差分析结果如图 3-100 所示，可以看出：模型的整体精度较好。

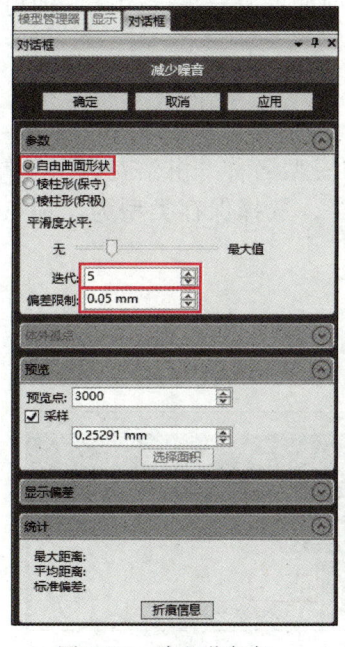

图 3-99 减少噪音点

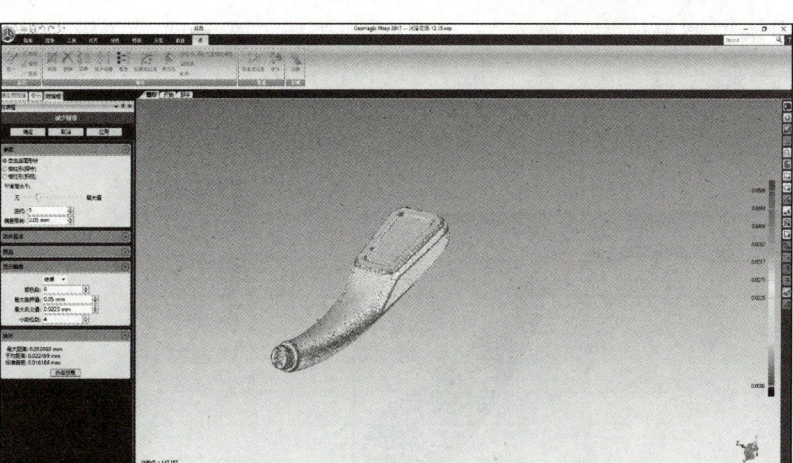

图 3-100 "淋浴花洒"偏差分析结果

经过前期的点云处理，获得了"淋浴花洒"的完整点云模型特征，如图 3-101a 所示。下面将通过"全局注册""联合点对象"和"封装"命令进一步获得模型的三角面片特征。

Step 7 全局注册。

由图 3-101b 可以明显观察到：淋浴花洒出水口处的点云数据存在明显的分层现象，主要是多视角扫描的各幅数据没有执行全面、整体的位置调整。因此，可通过全局注册进一步提高数据的对齐精度，尤其是对数据分层现象的改善。

单击菜单栏中"对齐"→"全局注册"命令,在弹出的对话框中,采用默认选项设置,然后单击 应用 和 确定 按钮,结果如图 3-101c 所示。可以看出,经过全局注册对齐后,点云数据的分层现象得到很大改善,从而进一步提高了模型的处理精度。

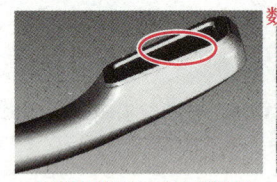 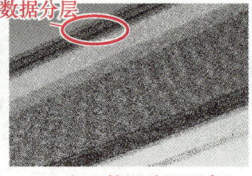 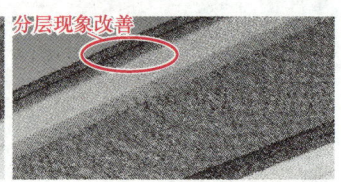

a) 淋浴花洒点云处理结果　　b) 点云数据分层现象　　c) 全局注册改善分层影响

图 3-101　淋浴花洒"全局注册"对齐效果

提示: "全局注册"命令执行前,首先要将模型上的有关杂点数据处理完整,否则注册时由于杂点数据也参与注册,会影响注册后的精度和效果。

Step 8 联合点对象。

选中"模型管理器"中的 8 个点云文件,然后单击菜单栏中"点"→"联合点对象"命令,在弹出的对话框中,将名称修改为"淋浴花洒",然后单击 应用 和 确定 按钮。

此时,在"模型管理器"中可以看到修改后的模型名称为"淋浴花洒",且模型名称前面的图标为 ,说明仍为点云类型数据,如图 3-102 所示。在视图窗口发现模型颜色呈现黑色,打开管理器面板中的"显示"选项卡,取消"顶点颜色"前面的复选框的勾选,即可显示为苹果绿颜色的点云数据,如图 3-103 所示。

Step 9 保存点对象。

单击菜单栏中"工具"→"单位"命令,弹出"修改单位"对话框,如图 3-104 所示。确认模型单位为"毫米",单击 确定 按钮。在管理器面板上选中模型名称"淋浴花洒",单击右键,在快捷菜单中单击"保存"命令,选择保存类型为"顶点文件(*.asc;*.vtx)",如图 3-105 所示。

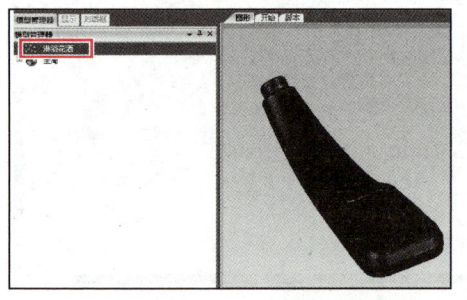 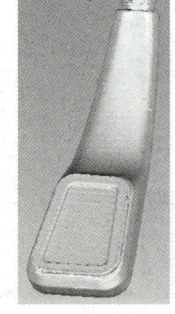 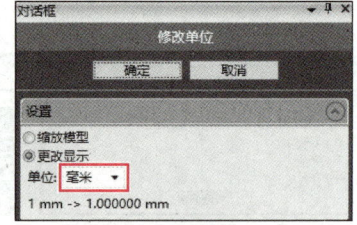

图 3-102　"联合点对象"结果　　图 3-103　显示模型颜色　　图 3-104　"修改单位"对话框

提示: 在 Geomagic Wrap 软件中,进行对象保存前,一定要确定模型的单位为"毫米"。同时,"联合点对象"执行完成后,要通过在管理器面板中选中模型名称的方法,对点云对象进行单独保存,以便于后续面片处理的进一步操作。

Step 10 封装数据。

在菜单栏中单击"点"→"封装"命令,在"封装"对话框中保留默认选项设置,单击

项目 3　数据处理及数模重构

确定 按钮。执行封装操作后，模型上的点云数据转为三角面片数据，模型颜色变为蓝色显示，同时"模型管理器"上增加图标为 ▲ 的多边形模型特征名称，如图 3-106 所示。

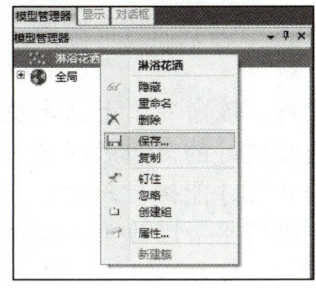
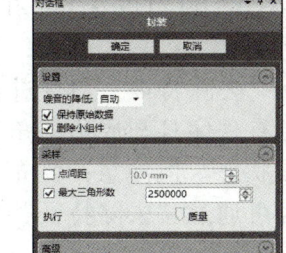
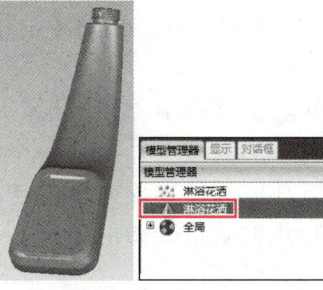

图 3-105　保存点云文件　　　　　　图 3-106　封装数据

至此，"淋浴花洒"模型的点阶段数据处理结束，进入模型的多边形阶段。

3.4.2　淋浴花洒的多边形数据处理

多边形阶段数据处理的目标是填充模型表面缺失的孔洞，并对模型表面进行适当的光顺平滑处理，从而获得质量较好的三角形面片特征，为后续的逆向建模提供良好的模型数据。多边形阶段的主要数据处理过程如图 3-107 所示。

3-12
淋浴花洒扫描
数据预处理——
多边形处理

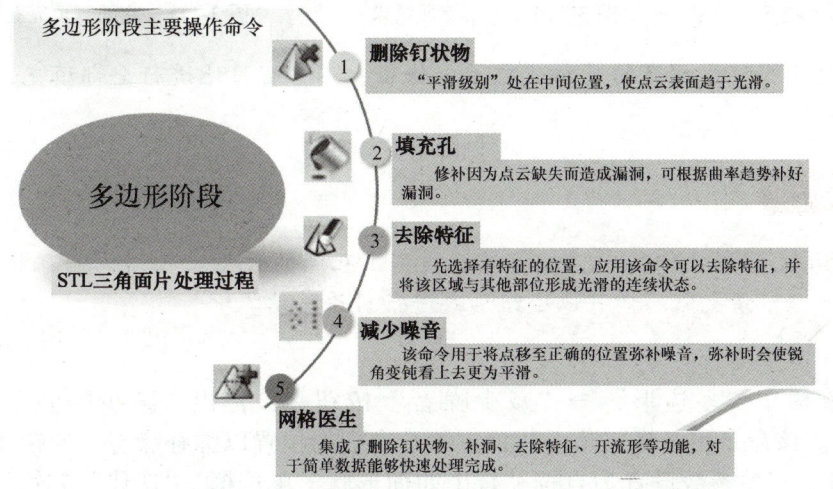

图 3-107　多边形阶段处理流程

Step 11　删除钉状物。

单击菜单栏中"多边形"→"删除钉状物"命令，在"模型管理器"中弹出如图 3-108 所示的"删除钉状物"对话框。设置"平滑级别"为中间位置，单击 应用 按钮，执行该操作，然后单击 确定 按钮。

Step 12　填充孔。

由图 3-108 可以看出：扫描时在淋浴

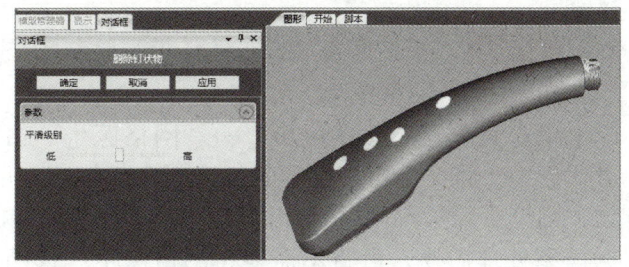

图 3-108　"删除钉状物"对话框及结果

97

花洒表面所贴的标记点被删除后，形成了孔洞，影响模型表面特征的完整，因此需要对孔洞进行填充处理。

单击菜单栏中"多边形"→"填充单个孔"，选择基于"曲率"的"内部孔"填充方式，完成淋浴花洒表面四个孔洞的填充。由图3-109可以看出：孔洞填充后其表面特征凹陷，影响模型表面质量。

可通过单击菜单栏中"多边形"→"去除特征"命令进行改善。该命令用于删除模型中不规则的三角形区域，并插入一个更有秩序且与周边三角形连接更好的多边形网格，从而将该区域与其他部位连成光滑的连续状态。但注意：要先选中特征才能执行该命令。模型其他位置的此类质量较差的特征，也可通过"去除特征"命令进行平滑度改善，结果如图3-110所示。

采用上述方法，通过"填充孔"和"去除特征"命令，完成淋浴花洒底部孔洞的填充和特征平滑处理，如图3-111所示。

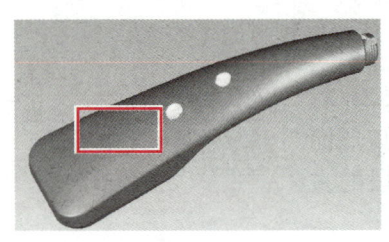 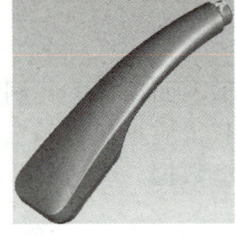  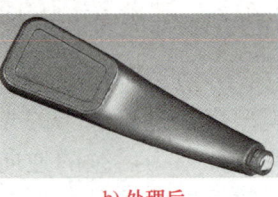

　　　　　　　　　　　　　　　　　　　　　　　　　　　　a) 处理前　　　　　　b) 处理后

图3-109　填充孔结果　　　图3-110　去除特征结果　　　图3-111　底部"填充孔"操作

提示： 对于模型上原有的特征孔要予以保留，不可盲目地进行全部填充，以确保模型原有特征和使用功能。

思考与探索

请思考：填充孔洞操作程中，如何查询模型上孔洞的数量及孔洞位置，以便快速高效地进行孔洞处理？请大家思考并以小组形式进行讨论总结。

Step 13　减少噪音。

单击菜单栏中"多边形"→"减少噪音"按钮▣，弹出"减少噪音"对话框，如图3-112所示。该命令用于将三角面片顶点移至合理的位置以弥补噪音，使锐角变钝，模型特征更为平滑。相关参数设置为点选"自由曲面形状"单选框，"迭代"5次，"偏差限制"在0.05mm以内。单击 应用 按钮，执行该操作，然后单击 确定 按钮。处理结果如图3-112所示。执行"减少噪音"命令时，可根据模型表面的平滑度改善需求，合理进行相关参数的设置。

提示： "减少噪音"应在保证模型特征完整、不失真的前提下进行表面质量改善。

Step 14　网格医生。

单击菜单栏中"多边形"→"网格医生"命令，弹出"网格医生"对话框。在弹出的对话框中，将"分析"组中的复选框全部勾选，可以看到分析结果中有很多的自相交、钉状物、高度折射边等问题，并以红色显示，如图3-113所示。浏览视图窗口中的数据模型，根据模型处理需要，可将不需要"网格医生"诊断的数据特征去除（按住<Ctrl>键+左键选择）。单击 应用 按钮，执行该操作，然后单击 确定 按钮，退出该命令。

淋浴花洒多边形模型的最终处理效果如图 3-114 所示。

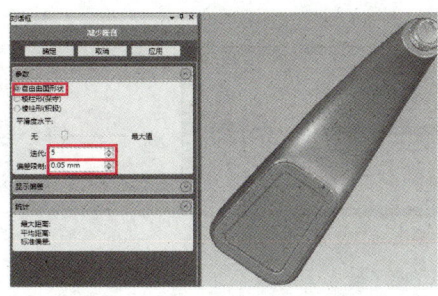
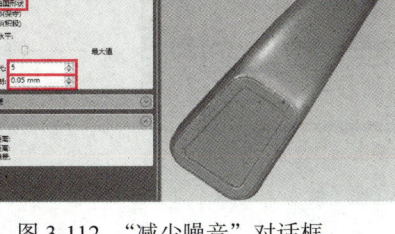
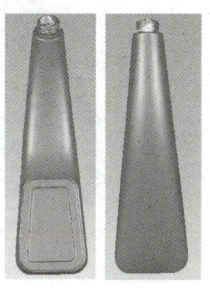

图 3-112 "减少噪音"对话框　　图 3-113 "网格医生"分析结果　　图 3-114 多边形数据处理结果

Step 15 保存文件。

单击软件左上角的"开始"按钮 → "另存为"命令，在弹出的对话框中将模型文件保存为 STL 格式文件，为后续 Geomagic Design X 软件中模型的曲面重构提供数据文件。

至此，淋浴花洒模型的多边形阶段数据处理结束。

本案例中，"淋浴花洒"采集数据的处理主要利用 Geomagic Wrap 软件中点阶段和多边形阶段的相关命令，实现扫描数据的杂点、噪音点删除以及点云数据的三角面片化；在此基础上，将封装后的三角面片数据进行孔洞填充和表面平滑处理，尽可能地保持模型的原始特征数据。

下面将进入花洒模型的曲面重构阶段。

3.4.3　淋浴花洒的数模重构

淋浴花洒的数模重构将通过 Geomagic Design X 软件进行处理。数模重构阶段的处理目标是通过曲面建模功能，更好地对模型特征进行重构，以获得曲面光顺、结构完整、符合模型精度要求和加工工艺的 CAD 模型数据。

数模重构阶段的主要流程如图 3-115 所示。

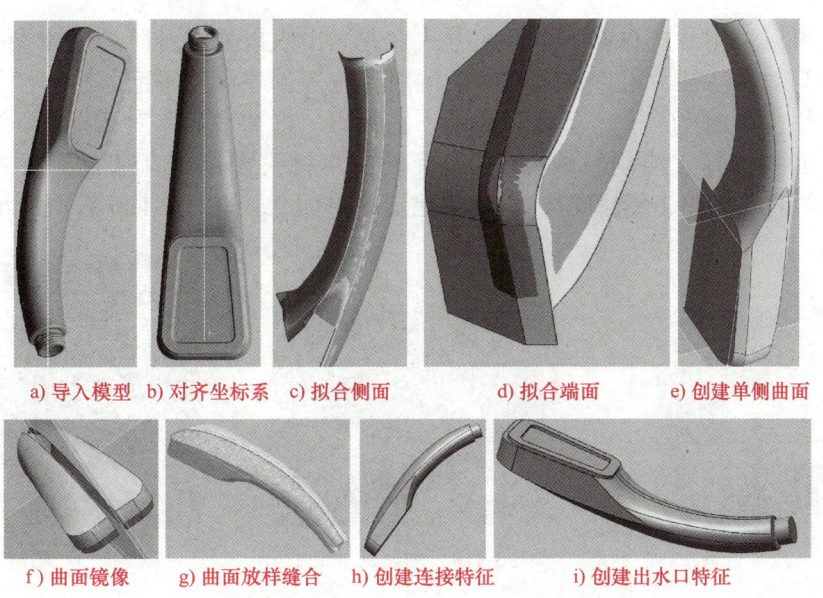

a) 导入模型　b) 对齐坐标系　c) 拟合侧面　d) 拟合端面　e) 创建单侧曲面

f) 曲面镜像　g) 曲面放样缝合　h) 创建连接特征　i) 创建出水口特征

图 3-115　淋浴花洒数模重构阶段的主要流程

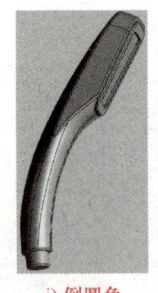
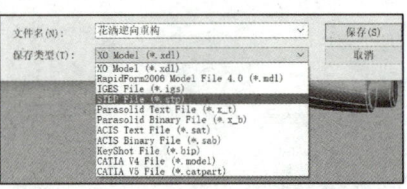

j) 倒圆角　　　　　k) 偏差分析　　　　　　　　l) 输出STP文件

图 3-115　淋浴花洒数模重构阶段的主要流程（续）

Step 16　导入模型文件。

3-13
淋浴花洒数模重构—坐标对齐

导入"淋浴花洒.stl"模型文件。通过工具条上的模型视角选择按钮 ，切换不同的视角方式，观察后发现模型坐标系和系统坐标系不对齐，如图 3-116 所示，将不利于后续的逆向建模工作，因此需要创建几何参照，对模型进行坐标对齐。

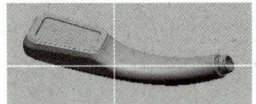
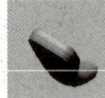

图 3-116　模型各视角显示结果

Step 17　坐标系对齐。

（1）创建参考平面　将工具条上的显示方式设置为"智能选择" ，在"花洒"的出水口平面上选择创建领域的区域，如图 3-117 所示，单击菜单栏中"领域"→"插入"命令，创建领域组 1，如图 3-118 所示。

单击菜单栏中"模型"→"平面"命令，打开"追加平面"对话框。在"要素"列表中"方法"列表框中选择"提取"，选择领域组 1，单击 按钮，创建参照平面 1，如图 3-119 所示。

此处，也可以采用"选择多个点"的方式在花洒出水口处或台阶处创建参照平面。

由于模型为对称特征，可以在"花洒"的对称位置创建参照平面。

单击菜单栏中"模型"→"平面"命令，在弹出"追加平面"对话框的"要素"列表中"方法"列表框中选择"绘制直线"，通过旋转视角将模型摆正，按住鼠标左键，绘制如图 3-120 所示的直线。单击 按钮，系统创建参照平面 2，如图 3-120 右图所示。

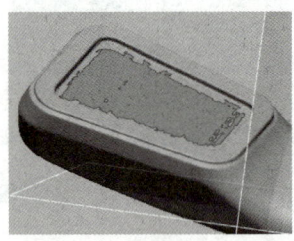
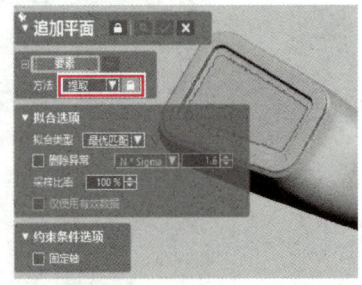

图 3-117　选择区域　　　　图 3-118　创建领域组 1　　　　图 3-119　创建参照平面 1

提示： 为确保对称平面位置的准确性，所绘制的直线要尽量接近模型的对称位置。

由于"平面2"不完全在模型的对称位置,接下来通过"镜像"方式来创建模型的对称平面。

单击菜单栏中"模型"→"平面"命令,在弹出"追加平面"对话框的"要素"列表中的"方法"列表框中选择"镜像",在特征树上选中"淋浴花洒"和"平面2"特征(按住<Ctrl>键多选),单击 ✓ 按钮,创建参照平面3,完成模型对称平面的创建,如图3-121所示。

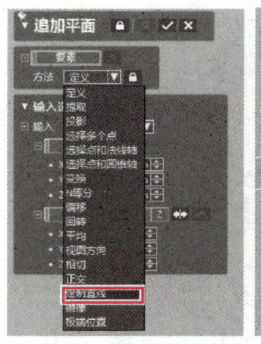  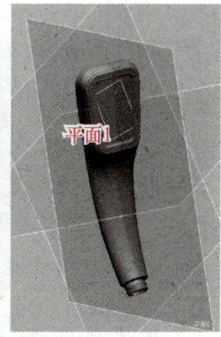

图3-120 创建参照平面2

 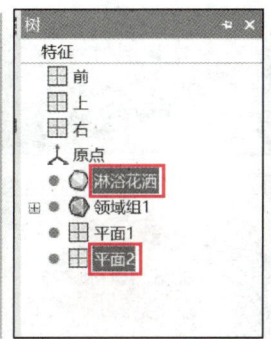 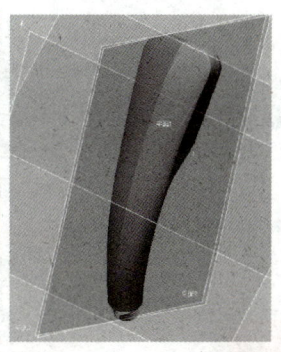

图3-121 创建参照平面3

3-14
淋浴花洒参照基准创建及坐标对齐(拓展)

思考与探索

请思考:"花洒"坐标对齐所需的基准创建,除了上述方法之外,还有没有其他创建方式?请大家实际操作对比上述两种方法,同时完成模型的坐标对齐,并以小组形式进行讨论总结。

(2)手动对齐 单击菜单栏中"对齐"→"手动对齐"命令,弹出"手动对齐"对话框。在对话框中可看到:系统已自动选中移动实体为淋浴花洒。单击"下一阶段"按钮 ➡,在"移动"选项组中选择 ⊙ X-Y-Z 对齐方式,Z轴选择"平面1",Y轴选择"平面3",在右侧的预览窗口可观察模型的对齐效果,如图3-122所示,单击 ✓ 按钮,完成模型的坐标对齐。

提示:操作中若发现参照平面特征不易选取,可通过软件左下方的"显示栏"进行对象的显示和隐藏设置。此处可将"面片"特征 🗀 隐藏,"参照平面"特征 🗀 显示,可快速选取参照平面,如图3-123所示。

模型坐标对齐后,由于之前所创建的参照已偏离模型,对后续建模意义不大,可删除基准平面特征,使特征树的显示更清晰。

在特征树上选中平面1、平面2和平面3特征(可按住<Shift>键,用首尾选择方式进行多选),单击右键,选择"删除"命令,坐标对齐后的模型各视角显示结果,如图3-124所示。

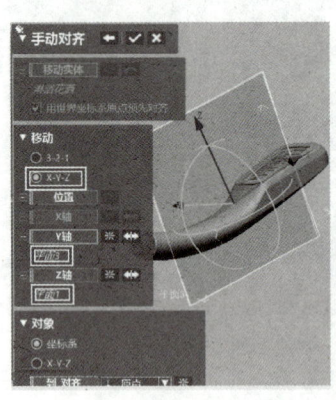 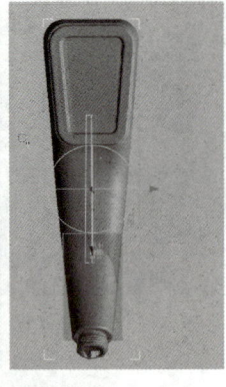 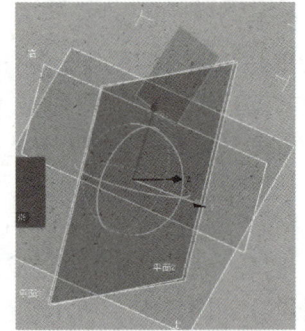

图 3-122　手动对齐　　　　　　　图 3-123　对象的显示与隐藏

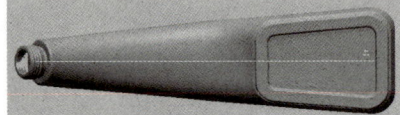 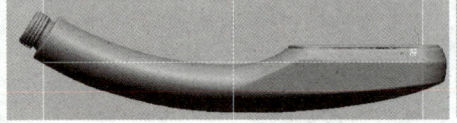 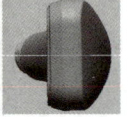

图 3-124　模型坐标系对齐结果

3-15 淋浴花洒坐标对齐（3-2-1 方式）

思考与探索

请思考：若采用上述拓展中所创建的参照基准，采用 3-2-1 方式对淋浴花洒模型进行坐标对齐，该如何操作？请大家实际操作对比两种坐标对齐方法，并以小组形式进行讨论总结。

Step 18　保存坐标对齐文件。

按下 <Ctrl>+S 键，对坐标对齐后的模型文件进行保存，文件名为"坐标对齐"，类型选择".xrl"格式。

Step 19　拟合手柄上端曲面。

由于淋浴花洒模型两侧对称，可通过逆向建模先获取模型的一半特征，再结合镜像、放样、缝合等方法获得完整的模型特征。

3-16 淋浴花洒数模重构—拟合上表面（放样）

淋浴花洒模型主要为曲面和平面特征，特征创建主要通过拟合方式。为使读者更好地理解各种拟合命令，案例讲解中将采用面片拟合、境界拟合及放样向导等多种曲面创建方式，同时应用领域的多种创建方式，如手动创建领域、智能选择领域等。希望读者能更好地掌握各种命令的应用，并能举一反三，活学活用。

（1）创建领域　将工具条上的选择模式设为"画笔选择"模式，在淋浴花洒的上表面绘制领域轮廓。

提示： 领域的边界要超过模型的对称平面，同时领域的区域边界尽可能贴近模型的边界轮廓特征，如图 3-125 所示。

单击菜单栏中"领域"→"插入"命令，创建领域组，如图 3-126 所示。此处，若领域的绘制效果不理想，可通过"编辑"选项卡中的合并和分割命令对领域进行编辑。

图 3-125 "淋浴花洒"上部区域绘制

（2）拟合上端曲面　单击菜单栏中"3D 草图"→"3D 面片草图"命令，单击"样条曲线"命令，绘制图 3-127 所示的样条曲线。为提高曲面的拟合精度，此处草图绘制应尽量与淋浴花洒的侧面轮廓特征吻合，并接近表面曲率较大处。

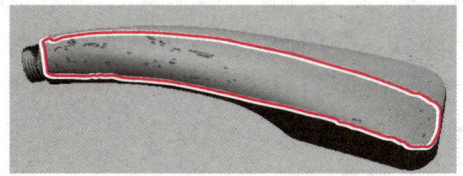 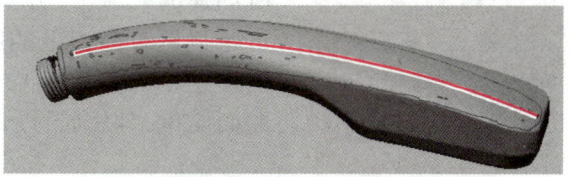

图 3-126　创建上部领域　　　　图 3-127　绘制草图曲线

单击工具栏中"编辑"→"平滑"命令，选中样条曲线，进行平滑处理，以保证后续的曲面拟合精度。单击 ✓ 按钮，单击按钮 或 ，完成 3D 面片草图绘制。

单击菜单栏中"模型"→"放样向导"命令，在弹出的"放样向导"对话框中，"领域/单元面"选择图 3-126 所创建的领域特征，路径方式为"曲线"，选择图 3-127 的 3D 草图曲线，单击 ✓ 按钮，完成曲面放样。

通过偏差分析评估曲面的拟合精度，如图 3-128 所示。曲面整体呈现绿色显示，精度符合要求。

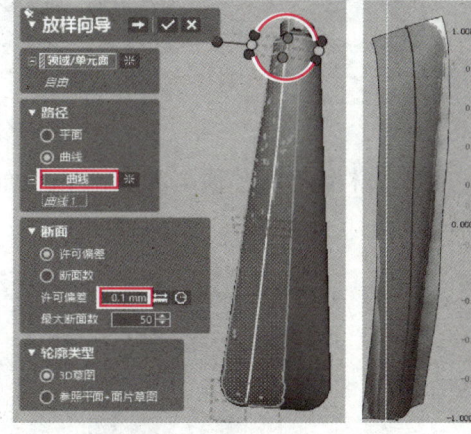

图 3-128　上端曲面放样结果

单击菜单栏中"模型"→"延长曲面"命令，设置合适的延长距离，对所拟合的顶部曲面进行延伸，以满足后续曲面的裁剪需求。

思考与探索

请思考：如何对采用"放样向导"方式生成的曲面质量进行编辑？对于淋浴花洒上表面的曲面构建，能否采用其他曲面构建方式？操作方式及曲面质量有何区别？请大家实际操作对比各种曲面构建方法，并以小组形式进行讨论总结。见二维码 3-17 和 3-18。

Step 20　拟合手柄底部曲面。

采用与创建上端曲面相同的思路，通过创建领域和拟合曲面的方式创建淋浴花洒的底部曲面特征。

（1）创建领域　将工具条上的显示方式设置为"智能选择"，在淋浴花洒的底部曲面上选择创建领域所需的区域，如图 3-129a 所示。此处只需要创建模型的一半特征，在工具条上选择矩形选择模

3-17
淋浴花洒上表面放样编辑及与面片拟合对比

式,以对称平面(上平面)为参照,按住<Ctrl>+左键,取消多余区域的选择,如图 3-129b 所示。修剪后的领域为该图红色线框内的橘黄色区域。

单击菜单栏中"领域"→"插入"命令,创建领域组,为提高曲面拟合精度,领域的创建尽可能覆盖模型区域主要特征。旋转模型到合适的视角,通过画笔方式增加领域区域,单击菜单栏中"领域"→"合并"命令,领域创建结果如图 3-129c 所示。

(2)拟合曲面 单击菜单栏中"模型"→"面片拟合"命令,在弹出的"面片拟合"对话框中,"领域/单元面"选择图 3-129c 所创建的领域,"分辨率"设为"许可偏差"形式,拟合底部曲面。可通过调节曲面上的圆形小图标,对曲面大小及方向进行调整,曲面创建结果如图 3-130 所示。可根据曲面精度分析结果,适当调整曲面质量,以满足设计要求。

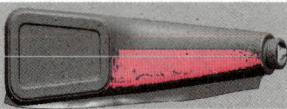
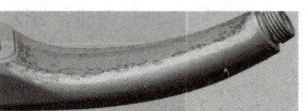

a)智能选择领域　　　　　　b)修剪领域　　　　　　c)合并领域

图 3-129　创建底部领域

完成"淋浴花洒"顶部和底部的曲面拟合后,下面将通过"3D 草图"对两个曲面进行裁剪处理。

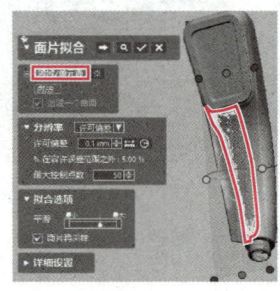
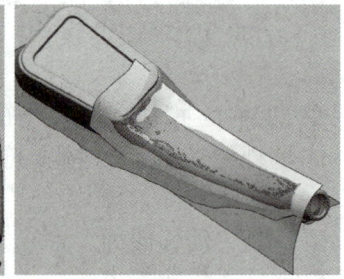

图 3-130　拟合底部曲面

Step 21　绘制裁剪草图。

单击菜单栏中"3D 草图"→"3D 草图"命令,隐藏面片特征,在两个曲面片之间,通过"样条曲线"命令,绘制图 3-131a 所示的样条曲线,并对曲线进行平滑处理,单击"退出"按钮 完成 3D 草图绘制。

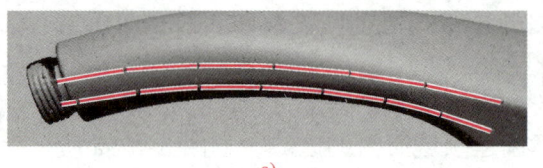

a)　　　　　　　　　　　　b)

图 3-131　绘制裁剪曲线及剪切界面

Step 22 剪切曲面。

单击菜单栏中"模型"→"剪切曲面"命令，弹出"剪切曲面"对话框，如图3-131b所示。"工具要素"选择上述两条样条曲线，"对象体"选择所放样和拟合的曲面，单击"下一阶段"图标，"残留体"选择模型的顶面和底面，如图3-132所示，单击对话框中按钮，完成曲面的剪切编辑，曲面剪切后结果如图3-133所示。

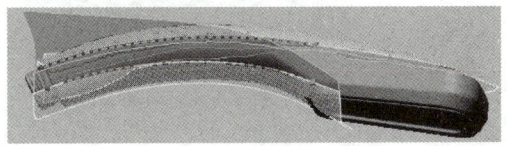

图3-132 选择"残留体"

图3-133 曲面剪切结果

Step 23 曲面放样。

单击菜单栏中"模型"→"放样"命令，弹出"放样"对话框。将模型树上的"3D草图"对象隐藏，如图3-134所示，选择图3-135所示的曲面边线进行放样，并将起始和终止约束设为"与面相切"。单击对话框中按钮，完成淋浴花洒上、下过渡面的曲面放样。

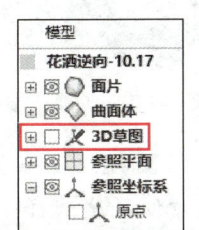

图3-134 隐藏3D草图

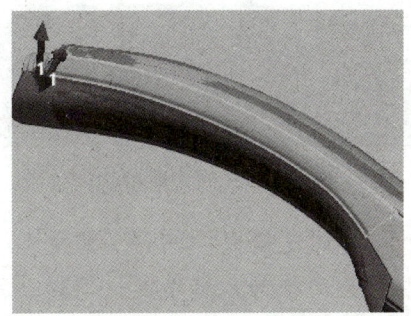

图3-135 放样轮廓选择

单击工具条上的"偏差分析"图标，对曲面放样精度进行分析，如图3-136所示。由图3-136可以看出：放样的曲面精度不是太理想，可将放样对话框中"约束条件"列表框中的"起始与终止约束"选项组中的"所有的顶点使用相同的切线长度"复选框取消选择，同时拖动曲面两端的顶点，调整至合适的曲面精度，使曲面大部分呈现绿色显示，调整结果如图3-137所示。

图3-136、图3-137 放样偏差分析与精度改善

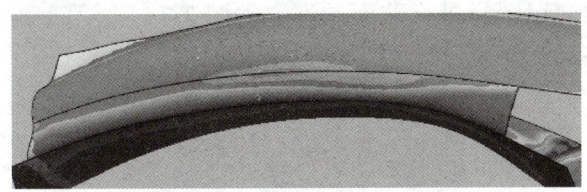

图3-136 放样偏差分析

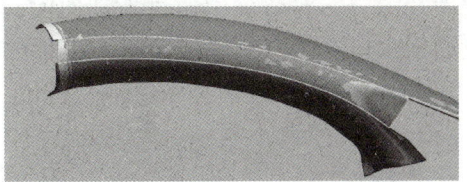

图3-137 放样精度改善

提示： 调整拟合曲面精度时，仅通过对曲面两端顶点调整可能效果不佳。可先通过对图3-131所绘制的3D草图线进行适当的调整以改善草图质量，再通过调整放样曲面两端顶

点，两者结合使用，可更好地改善曲面放样精度。

Step 24 面片缝合。

单击菜单栏中"模型"→"缝合"命令，弹出"缝合"对话框。"曲面体"选择图3-138所示的对象，单击"下一阶段"图标，再单击对话框按钮，完成三个曲面片的缝合。

Step 25 创建领域。

单击菜单栏中"领域"菜单，将工具条上的选择方式切换为画笔模式，在模型"淋浴花洒"的侧面绘制领域区域，并通过"插入"命令创建侧面的两个领域特征，如图3-139所示。

图3-138 曲面片缝合

提示：领域绘制区域要符合模型特征，不要超过模型的相邻圆角特征区。

同样的方法创建淋浴花洒出水口前端的两个领域，如图3-140所示。这两个领域的绘制只需超过模型的对称平面即可。此处也可通过"智能选择"方式绘制领域区域。

图3-139 创建模型侧面领域

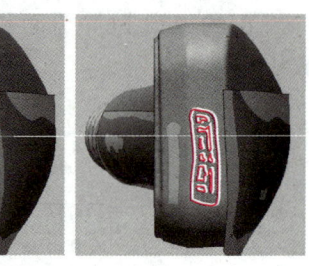

图3-140 创建前端两个领域

提示：创建领域特征前，需要先绘制区域特征，若画笔的图标大小不合理，可在按住<Alt>键的同时拖动鼠标左键，进行画笔图标的大小调整，以方便区域选择。

若连续绘制区域时，需按住<Shift>键；取消多余区域选择时，则可在按住<Ctrl>键的同时进行选择。

3-21 淋浴花洒数模重构—拟合出水口侧面

Step 26 拟合出水口侧面。

隐藏缝合曲面特征，单击菜单栏中"模型"→"面片拟合"命令，依次对上述创建的四个领域特征进行面片拟合。注意拟合后保证上、下端两个相邻的曲面有相交区域，以便于后续的曲面剪切。

若曲面不符合需求，可通过"延长曲面"命令进行调整，也可在"面片拟合"对话框中通过拖动曲面周围的圆形图标进行曲面调整，如图3-141所示。淋浴花洒出水口上端两相邻侧面拟合结果如图3-142所示。

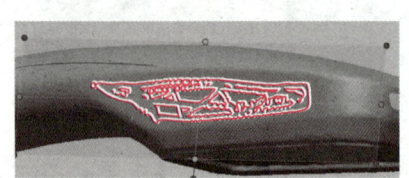

图3-141 调整曲面

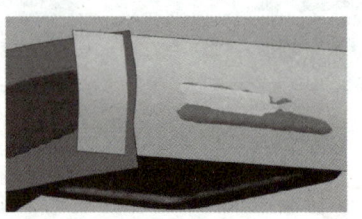

图3-142 上端两相邻曲面拟合

Step 27 剪切曲面、倒圆角。

单击菜单栏中"模型"→"剪切曲面"命令，在弹出的对话框中的"工具要素"选择上端两相邻拟合曲面片，"残留体"选择所需保留的曲面。

单击菜单栏中"模型"→"圆角"命令，对两曲面连接处进行倒圆角。对话框中的"要素"选择两曲面交接边线，"半径"值选择"曲面片估算半径"方式。

单击工具条上的"偏差分析"工具，调整圆角半径尺寸，使圆角特征符合偏差（尽可能绿色显示），结果如图 3-143 所示。

按照上述相同的方法，对"淋浴花洒"出水口下端两相邻曲面进行面片拟合、延长曲面、剪切曲面和倒圆角处理，结果如图 3-144、图 3-145 所示。

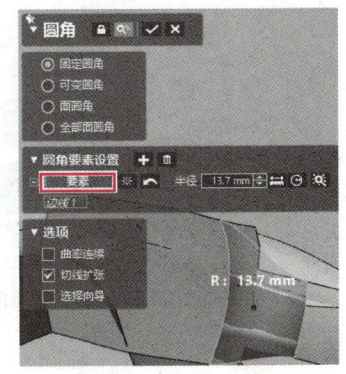

图 3-143 倒圆角 1

注意： 在对图 3-141 所示特征进行曲面拟合时，分辨率选择"控制点数"，使拟合后的曲面更贴近模型特征，其余三个曲面拟合时分辨率选择"许可偏差"。

图 3-143 倒圆角 1

图 3-144 下端两相邻曲面拟合

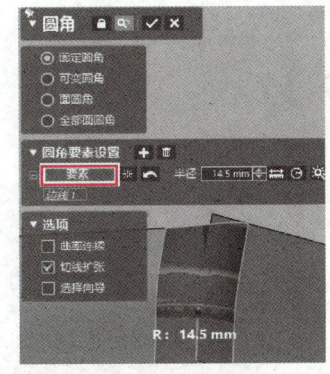

图 3-145 倒圆角 2

提示： "面片拟合"命令中的"许可偏差"和"控制点数"两个选项对面片拟合结果有不同的影响，要明确二者之间的区别。

许可偏差：指在面片与拟合曲面间偏差内设置拟合曲面的分辨率。如果偏差对于拟合曲面来说是最重要的指标时，可使用此选项。

控制点数：指通过设置 U、V 方向上的控制点数，从而控制拟合曲面的分辨率。如果将控制点数设为较大的数值，则偏差值会很小，但平滑度也会降低。

Step 28 剪切曲面。

将图 3-143 和图 3-145 倒圆角处理后的上、下两个面片进行剪切，结果如图 3-146 所示。同时，对图 3-138 中的缝合面片和图 3-146 中剪切后的面片再次进行面片剪切处理，结果如图 3-147 所示。

通过上述逆向建模处理，初步获得淋浴花洒表面和侧面的曲面特征，结果如图 3-148 所示。可以看出：曲面片大部分呈现绿色（偏差值设为 0.1mm），因此，淋浴花洒整体的曲面重构精度较好，满足设计要求。

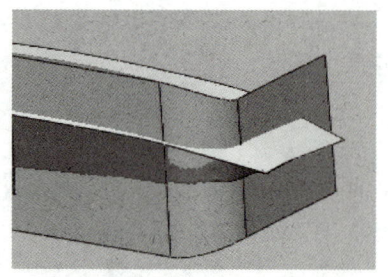
图 3-146　上下圆角间曲面剪切

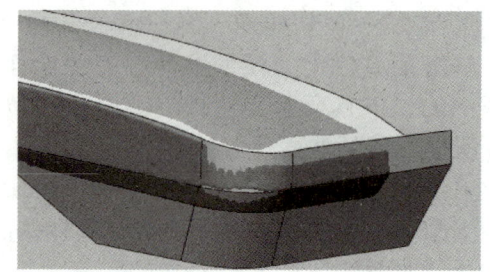
图 3-147　侧面和表面间剪切

Step 29　面片草图。

单击菜单栏中"草图"→"面片草图"命令,系统弹出"面片草图的设置"对话框。选择"花洒"的对称平面即上平面为草绘平面,点选"平面投影"单选框,如图3-149所示。单击对话框 ✓ 按钮,进入草图绘制界面。将显示栏中的"领域"和"曲面体"对象隐藏,单击工具条上的直线命令 ↘直线 ,在面片草图上绘制图3-150a所示的直线,单击工具条上的调整命令 ,调整所绘制的直线长度,使其超过模型的底面特征,便于后续曲面间的剪切操作,如图3-150b所示,单击按钮 E ,完成面片草图的绘制。

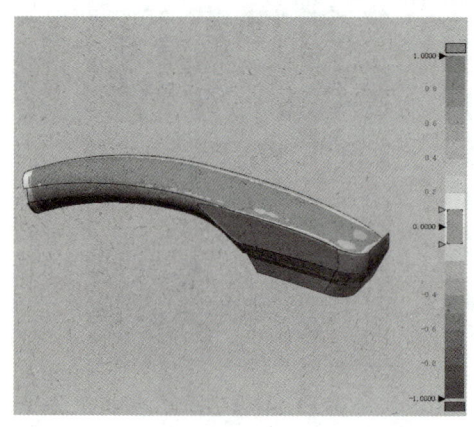
图 3-148　淋浴花洒侧面和表面的曲面精度

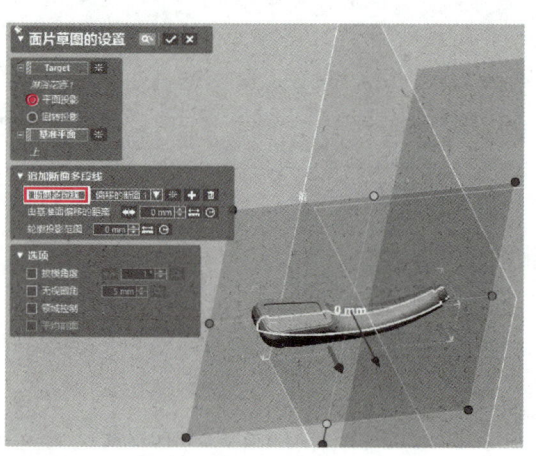
图 3-149　面片草图对话框

图 3-148 淋浴花洒侧面和表面的曲面精度

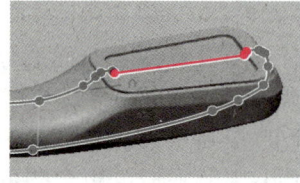
a) 面片草图直线

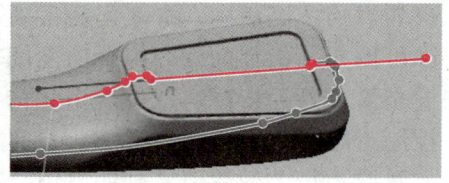
b) 调整直线

图 3-150　绘制草图直线

Step 30　拉伸出水口底面。

单击菜单栏中"模型"→"拉伸"命令,创建如图3-151所示的平面特征。拉伸方向可通过对话框中"方向"选项下的 ⇔ 命令进行调整,同时保证拉伸面足以覆盖前期创建的模型表面特征。

3-22 淋浴花洒数模重构—曲面裁剪及镜像

Step 31 剪切曲面。

单击菜单栏中"模型"→"剪切曲面"命令，对话框中的"工具要素"选择图 3-147 和图 3-151 的两个曲面特征，"残留体"选择淋浴花洒的表面和出水口底面，结果如图 3-152 所示。

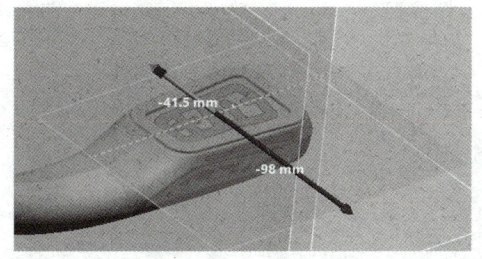

图 3-151 拉伸底面

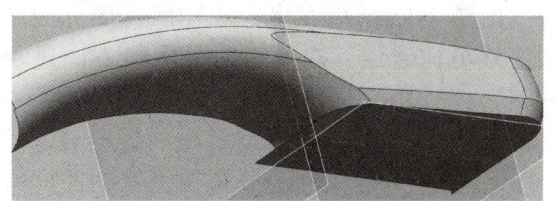

图 3-152 表面与底面剪切

Step 32 镜像曲面。

由于淋浴花洒模型两侧对称，可先获取模型的一半曲面特征。为保证特征镜像后曲面中间连接处平滑过渡，可将对称面偏移一定距离后进行镜像，再通过放样连接曲面以生成模型的表面特征。

单击菜单栏中"模型"→"平面"命令，在"追加平面"对话框中，将要素选项中的"方法"设置为"偏移"方式，要素选择"上平面"（即模型对称参照平面），偏移距离设置为："3" mm，创建参照平面。注意平面的偏移方向，可通过"反转方向" ![icon] 进行调整。结果如图 3-153 所示。

单击菜单栏中"模型"→"剪切曲面"命令，通过偏移后的参照平面对图 3-152 的曲面进行剪切，曲面剪切结果如图 3-154 所示。

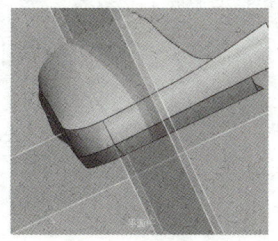

图 3-153 偏移平面

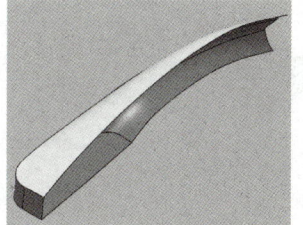

图 3-154 剪切曲面

镜像曲面前，可对曲面的封闭性进行检查，以保证后续实体特征的生成。

单击菜单栏中"模型"→"缝合"命令，对话框中的"曲面体"选择图 3-154 的曲面特征，单击"下一阶段"按钮 ![icon]，可看到曲面轮廓闭合，如图 3-155 所示。此处若出现曲面缝隙或破面问题，可采用"面填补"方式进行曲面编辑，或对前期创建的有关曲面特征进行编辑，以保证后续可生成实体特征。

单击菜单栏中"模型"→"镜像"命令，体要素选择图 3-154 的曲面特征，对称平面选择"上平面"，镜像结果如图 3-156 所示。

Step 33 放样曲面。

单击菜单栏中"模型"→"放样"命令，轮廓选择图 3-157 所示的曲面边界，"约束条件"选择"与面相切"。注意：同一侧轮廓多选时要按住 <Shift> 键，放样结果如图 3-158a 所示。

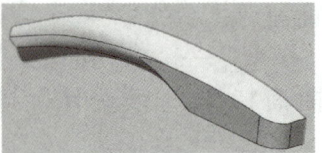
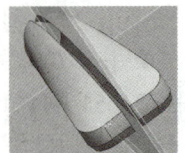

图 3-155　曲面闭合性检查　　　　　图 3-156　曲面镜像

由图 3-158a 可看出：放样后，部分曲面的法线方向错误，需要对曲面法线方向进行调整。

单击菜单栏中"模型"→"反转法线"命令，"曲面体"对象选择需要反转的曲面特征，调整好的曲面结果如图 3-158b 所示。

单击菜单栏中"模型"→"缝合"命令，将所创建的各曲面特征进行缝合，如图 3-159 所示。

Step 34　创建淋浴花洒尾部连接特征。

（1）裁剪尾部连接曲面　单击菜单栏中"草图"→"面片草图"命令，选择"平面投影"方式，基准平面选择"上平面"，绘制如图 3-160 所示的直线。单击菜单栏中"模型"→"拉伸"命令（创建曲面），创建图 3-161 所示的平面特征。

图 3-157　曲面放样

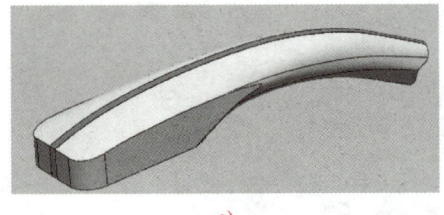
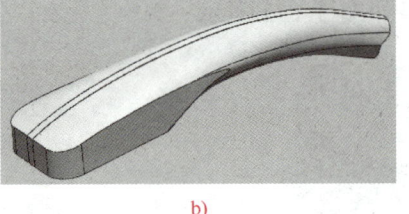
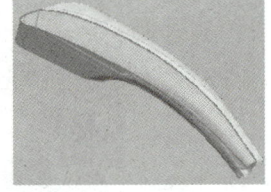

　　　　a)　　　　　　　　　　　　　　b)

图 3-158　调整曲面法线方向　　　　　　　　　图 3-159　曲面缝合

单击菜单栏中"模型"→"剪切曲面"命令，工具要素选择图 3-159 和图 3-161 的曲面/平面特征，取消"对象"选项前的复选框，"残留体"保留淋浴花洒表面和端部特征，此时曲面已成为实体特征，结果如图 3-162 所示。

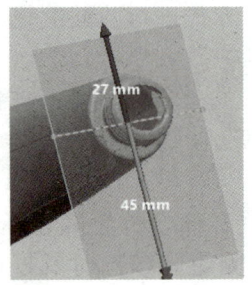
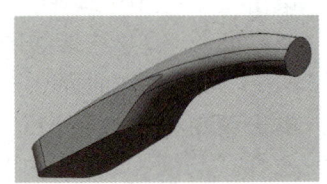

图 3-160　绘制草图　　　　图 3-161　拉伸平面　　　　图 3-162　剪切曲面生成实体

提示： 剪切曲面操作时，若多个曲面要素互相剪切，则取消对话框中"对象"选项前的复选框，使多个曲面互为工具要素和剪切对象。

（2）创建尾部特征　淋浴花洒和软管连接处为螺纹，整体为圆柱拉伸特征。单击菜单栏中"草图"→"面片草图"命令，点选"平面投影"单选框，基准平面选择淋浴花洒手柄尾部的上平面，截取截面草图轮廓，通过"圆"命令绘制草图，如图3-163所示。

单击菜单栏中"模型"→"拉伸"命令，选择图3-163所绘制的草图，通过实体拉伸方式创建花洒尾部的连接特征。

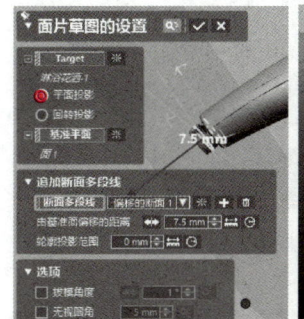
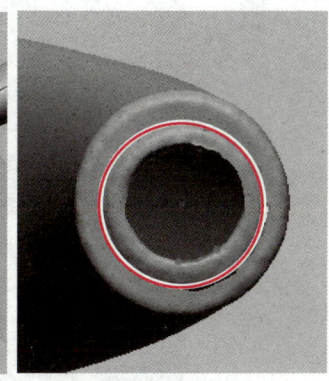

图3-163　绘制草图

提示： 拉伸时可拖动蓝色箭头，拉伸到手柄面片的端面处（会自动吸附），拉伸距离调整为"11mm"，勾选"合并"复选框，如图3-164所示。

此处螺纹特征的创建不多赘述，可参照正向建模软件，进行螺纹特征的创建。

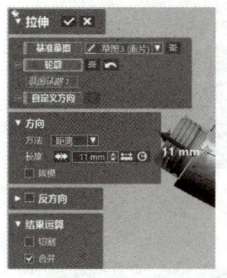
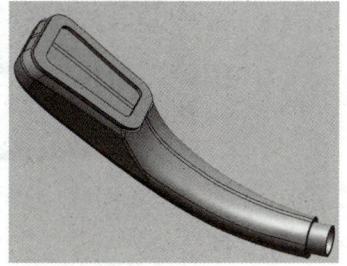

图3-164　创建尾部连接特征

Step 35　创建出水口凸台。

按照相同的方法，通过"面片草图"命令和拉伸实体方式，创建淋浴花洒出水口处的凸台特征，拉伸距离为1.2mm。

绘制草图时要注意：

3-24
淋浴花洒数模重构—创建出水口特征

1）绘制直线草图特征时，可将"直线"对话框下方的"拟合多段线"复选框勾选，绘制完一条直线后，单击对话框右下方的✓按钮，或者在绘图空白区域双击鼠标左键，结束当前的直线绘制。

2）绘制圆弧草图特征时，可将"3点圆弧"对话框下方的"拟合多段线"复选框取消勾选，直接在两直线间创建圆弧，可提高圆弧的拟合精度。

3）在直线和圆角间添加相切约束，通过"智能尺寸"标注圆角半径，并结合原有设计意图，对半径值进行取整。

4）草图绘制完成后，勾选精度分析对话框中的"分离的终点"复选框，进行草图的封闭性检查（所有端点没有绿色显示）。若草图端点呈现绿色，则表明草图未封闭，如图3-165所示。此时可通过"剪切"命令中的"相交剪切"进行编辑，使草图形成封闭环，如图3-166所示。

淋浴花洒出水口处凸台的创建如图3-167所示。逆向建模后的模型实体结果如图3-168所示。

Step 36　倒圆角。

单击菜单栏中"模型"→"圆角"命令，对创建好的淋浴花洒模型进行相应的倒圆角处理，如图3-169所示。

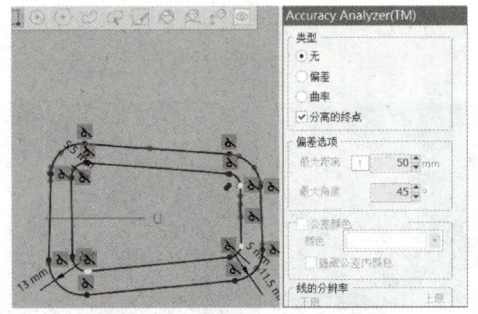 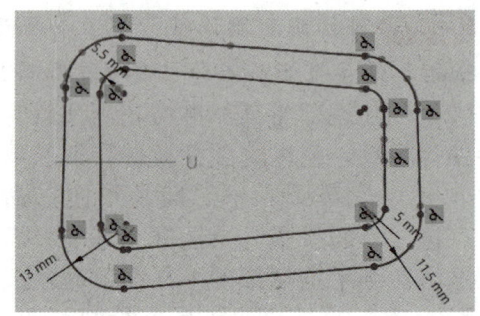

图 3-165 草图封闭性检查（未封闭）　　　图 3-166 创建封闭草图

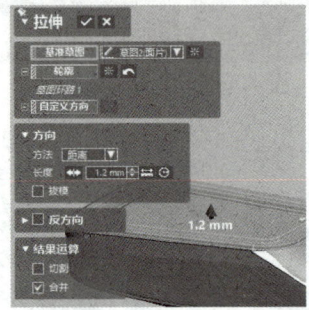 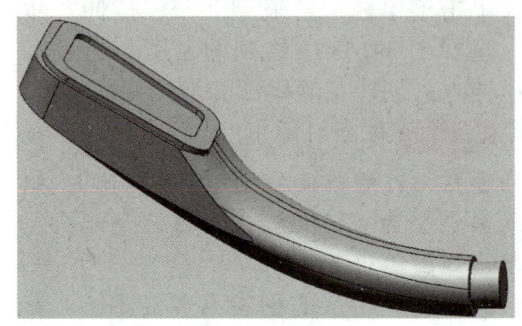

图 3-167 拉伸凸台　　　图 3-168 淋浴花洒模型重构结果

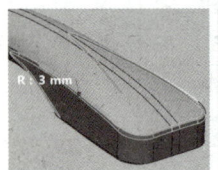 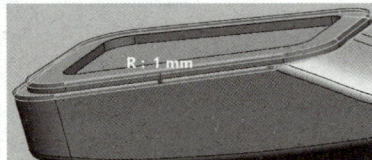 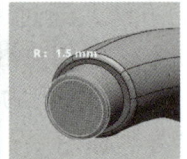

图 3-169 倒圆角

Step 37 实体抽壳。

淋浴花洒为壳体类零件，因此需要对模型进行抽壳处理。

单击菜单栏中"模型"→"壳体"命令，弹出"壳体"对话框。"体"对象选择创建好的淋浴花洒实体模型，所删除的"面"选择淋浴花洒尾部上表面，厚度通过自动估算设为"1.5mm"。模型的抽壳结果如图 3-170 所示。

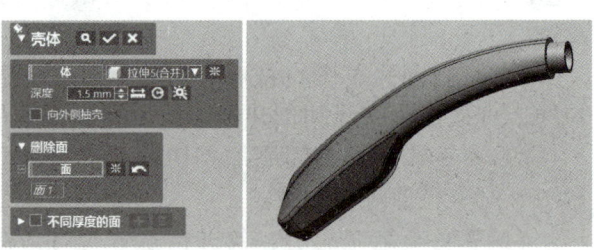

图 3-170 模型抽壳

Step 38 偏差分析。

打开软件右侧的"精度分析"对话框，选中类型中的"体偏差"选项，模型精度分析结果如图 3-171 所示。

将鼠标光标移到模型的任何特征位置即可查看其偏差值，可以看到：淋浴花洒模型的主体部分基本为绿色显示，精度在 ±0.1mm 内，只有个别圆角部位及镜像后的特征精度偏低，这和模型数据的

3-25 淋浴花洒数模重构—偏差分析及文件输出

项目3 数据处理及数模重构

采集精度及软件的建模精度等有关，但基本也控制在 ±0.5mm 范围内。因此，该模型的数模重构精度符合其使用要求。

通过工具条上的"环境写像"功能，进行淋浴花洒曲面重构后的表面质量分析，如图 3-172 所示。可以看到：淋浴花洒的主体呈现黑白均匀相间、线条流畅的斑马条纹，整体分布比较均匀，表明模型重构的表面质量较好。

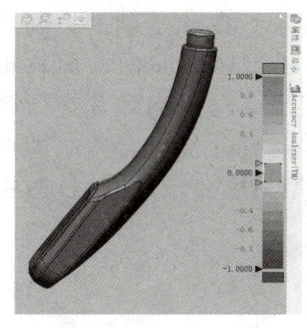
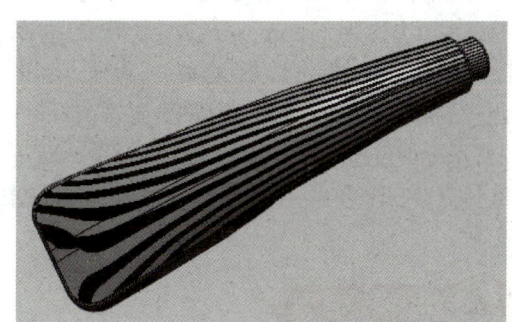

图 3-171 花洒重构精度分析　　　　图 3-172 花洒表面质量分析

至此，完成了"淋浴花洒"扫描数据的逆向数模重构，获得了特征完整、质量和精度符合要求的 CAD 实体模型。

Step 39　文件输出。

模型重构后，若需要通过 3D 打印进行成型，则需要保存为 STL 格式文件。

单击菜单栏中"多边形"→"变换为面片"命令，在弹出的对话框中选择"体"对象为重构后的花洒模型。可看到特征树面板下方的"面片"特征中增加了"面片1"对象，如图 3-173 所示。选中面片特征，单击右键，选择"输出"选项，即可将其保存为二进制的 STL 格式文件。

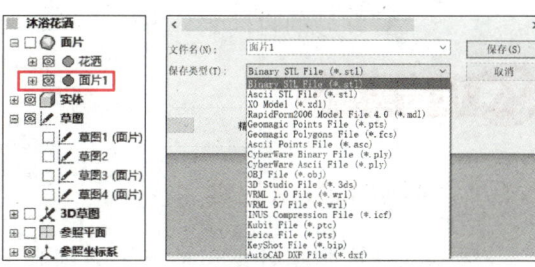

图 3-173 输出 STL 面片文件

数模重构后，也可保存为能被第三方软件识别的 CAD 格式文件。

单击菜单栏中"菜单"→"文件"→"输出"命令（或者单击快捷工具条上的"输出"命令），选择要素为"花洒"模型（可按 <Ctrl>+A），单击按钮，在弹出的"输出"对话框中选择 .stp 格式文件，以便在第三方正向建模软件中实现进一步的结构改进或创新设计。

任务 3.5　汽车散热器风扇的数据处理与数模重构

任务引入

在项目二的任务 2.4 中已经完成了汽车散热器风扇的数据采集。下面将利用 Geomagic Wrap 和 Geomagic Design X 软件，对采集到的点云数据进行处理，以获得符合原模型特征的实体数据文件。模型处理后应满足以下要求：

1）模型数据完整、特征清晰、整体精度在 ±0.1mm 内。

2）风扇上、下端缺失特征可做适当简化，但叶片的表面质量需符合要求。
3）处理后的模型输出为 STL 和 STP 格式。

任务分析

汽车散热器风扇是比较典型的机械零部件，具有明显的几何特征。在逆向造型的过程中，可以利用 Geomagic Wrap 软件进行数据的点云和三角面片处理。在此基础上，利用 Design X 软件的回转功能，首先获得风扇的基座曲面特征，再通过拉伸曲面、面片拟合、曲面剪切等命令，切割出其中一个叶片的实体轮廓特征，然后，对风扇叶片进行阵列，获得完整的叶片特征。最后，对基座进行加厚生成实体，并与叶片进行合并，即可重构出风扇的实体模型。最终获得数据完整、特征清晰、符合模型精度要求的 CAD 数据文件。

难点和重点

难点：1. 曲面创建的有关命令及操作方法。
   2. 各种曲面建模的精度和质量对比及其特点与应用。
重点：1. 数模重构中的参照基准创建方法及模型坐标对齐。
   2. 数模重构中的曲面创建及编辑方法。
   3. 领域的自动划分方法。

任务实施

3.5.1 风扇的数据处理

风扇的扫描数据处理包括点云数据和三角面片数据处理两个阶段，很多命令在前面的任务中已有讲解，在此不做详细介绍。

风扇点云数据的处理流程为：

导入扫描数据→着色点云→删除非连接项和体外孤点→联合点对象→减少噪音点→统一采样→封装。

3-26 散热器风扇扫描数据预处理

风扇多边形数据的处理主要是对模型表面的孔洞进行填充处理和模型数据平滑处理。

采用 Geomagic Wrap 软件对扫描数据的预处理过程及方法，前面案例已有详细介绍，此处仅对风扇扫描数据的主要预处理过程进行简单介绍。

Step 1 导入扫描数据。

导入的风扇扫描数据如图 3-174 所示。可以看出：模型由 30 幅的点云数据组成。

注意：导入的模型为黑色显示，可以参照之前的讲解，通过"删除法线"和"着色点"命令进行操作，即可显示为苹果绿的点云数据。

Step 2 数据预处理。

（1）删除杂点、数据采样　执行删除杂点、删除非连接项和体外孤点操作后，模型处理结果如图 3-175 所示。由图可以看出：点云数量为 17952916 个，数据量较大，达到千万级别，会对后续模型的处理效率产生影响，可执行统一采样操作，将点云数据定义为3000000个。

图3-174 风扇扫描数据

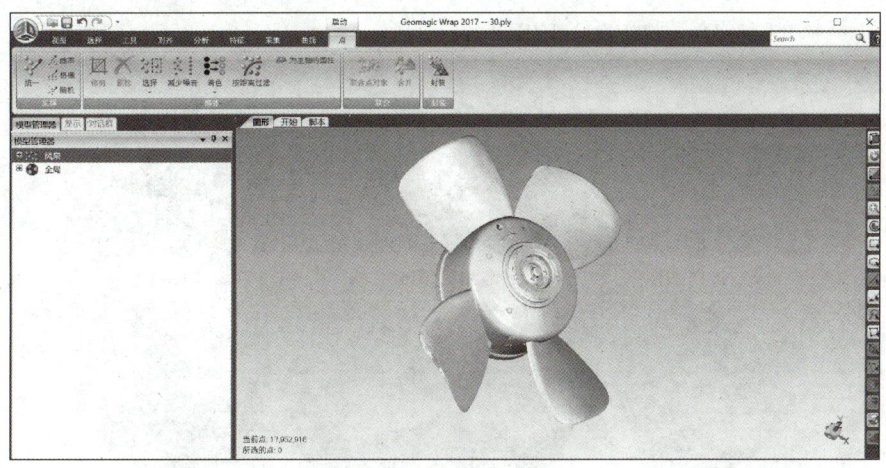

图3-175 减少噪音点后结果

（2）封装数据 执行联合点对象、封装命令后的模型结果如图3-176a所示，可以看到模型表面的数据显示不完整，可将"显示"选项卡中的"静态显示百分比"由10%调整到50%，甚至100%，此时可看到模型表面特征更清晰完整，如图3-176b所示。

Step 3 填充孔。

由图3-176b可看出：模型表面贴标记点处产生孔洞特征，需对孔洞进行填充操作。可采用"基于曲率"的单个孔填充方式进行孔洞填充，以便于后续模型处理时保证数据的完整性。

也可通过其他方式进行标记点的孔洞填充，可参考如下方法：在"多边形"模块下，单击"转化为点"命令，模型转为点云数据，单击"封装"命令，保留缺省选项，系统自动将标记点处的孔洞进行填充，且填充效果和效率更优。填充后的模型如图3-177所示。

由图3-177可以看出：风扇顶部连接电动机处的螺纹特征不易扫描，数据缺失较多；风扇基座连接底盖四周处的槽特征同样数据缺失；另外，叶片轮廓上也存在一些数据缺失的孔洞。由于本案例主要讲解叶片的拟合、阵列及基座的回转建模方法，故叶片上的孔洞可以不处理，只要确保有一个叶片的轮廓特征相对完整即可。同时，在后续的 Geomagic Design X 软件进行逆向重构时，将忽略风扇底部和顶部特征，主要进行叶片和中间基座的数模重构。

a) 静态显示百分比10%　　b) 静态显示百分比100%

图 3-176　模型"静态显示百分比"调整　　　　图 3-177　填充后的模型

至此，基本完成 Geomagic Wrap 软件中风扇的扫描数据预处理。

Step 4　保存文件。

单击"另存为"命令，将处理后的"风扇"数据模型保存为"fan.stl"文件，为后续 Geomagic Design X 软件中模型的曲面重构提供数据文件。

3.5.2　风扇的数模重构

风扇数模重构的主要流程如图 3-178 所示。

图 3-178　风扇数模重构流程

Step 5　导入模型文件。

打开 Geomagic Design X 软件,导入 "fan.stl" 模型文件。

通过切换不同的视角方式,观察后发现模型坐标系没有与系统坐标系对齐,如图 3-179 所示,因此需要创建参考平面,对模型进行坐标对齐。

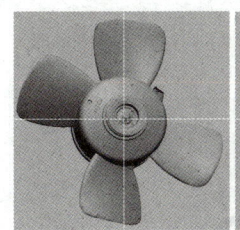

图 3-179　模型的各视角显示结果

Step 6　划分领域。

单击菜单栏中"领域"→"自动分割"命令,在"自动分割"对话框中将"敏感度"值设为"5",领域划分结果如图 3-180 所示。由于后续逆向重构中需要提取基座的圆柱中心轴,为确保参照轴位置的精确度,可对基座圆柱表面的各领域进行合并处理。

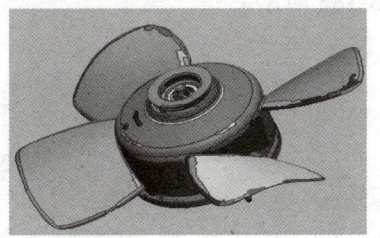

图 3-180　自动划分领域

按住 <Shift> 键,将圆柱体表面各领域选中,在"领域组"模式下,单击"合并"命令。风扇基座的领域合并结果如图 3-181 所示。

图 3-181　合并圆柱表面领域

Step 7　对齐坐标系。

(1) 创建几何参照　单击菜单栏中"模型"→"线"命令,在弹出的"添加线"对话框中,要素方法定义为"检索圆柱轴",选中基座的圆柱领域,创建参照轴"线 1",如图 3-182 所示。

单击菜单栏中"模型"→"平面"命令,在弹出的"追加平面"对话框中,方法选择"提取",选中"风扇"底座的领域特征,创建"参照平面 1"的几何参照,如图 3-183 所示。

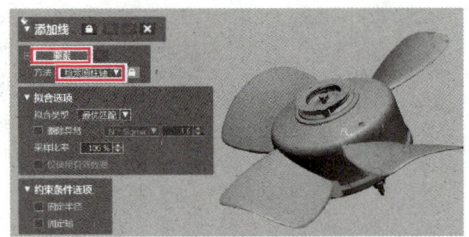
图 3-182 创建基座参照轴

图 3-183 创建参照平面

（2）手动对齐 单击菜单栏中"对齐"→"手动对齐"命令，弹出"手动对齐"对话框，系统自动选中"移动实体"对象为"fan"。单击"下一阶段"按钮 ，在"移动"选项中选择 3-2-1 对齐方式："平面"选择"平面1"，"线"选择"线1"，在右侧的预览窗口中可观察模型的对齐效果，结果如图 3-184 所示。

通过工具条上的视图查看命令，观察"风扇"的坐标对齐结果，如图 3-185 所示。

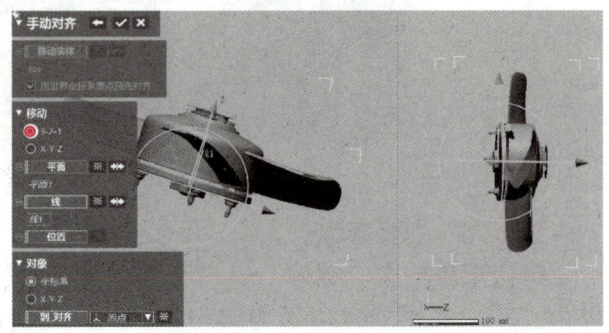
图 3-184 手动对齐

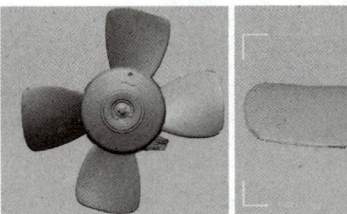

图 3-185 "风扇"坐标对齐结果

思考与探索

请思考："风扇"模型坐标对齐的几何参照能否通过"回转精灵"命令创建？如何操作？请大家查找资料，借助软件的"帮助"文件，学习了解"回转精灵"命令的使用方法，并以小组形式进行讨论总结。见二维码 3-28。

3-28 风扇数模重构—坐标对齐（回转精灵）

3-29 风扇数模重构—创建基座及叶片

Step 8 保存坐标对齐文件。

按下 <Ctrl>+S 键，将坐标对齐后的模型文件进行保存，文件名为"坐标对齐"，类型选择 .xrl 格式。

Step 9 创建基座。

（1）绘制截面草图 单击菜单栏中"草图"→"面片草图"命令，系统自动选择"fan"为目标对象，点选"回转投影"单选框，"中心轴"选择"线1"，"基准平面"选择"上"平面，拖动模型上的旋转轴，截取合适的截面轮廓，单击 按钮，进入草图环境，如图 3-186 所示。

进入草图环境后，可通过工具条上的旋转命令调整模型视角，以方便模型的观察及草图的绘制。由于风扇基座的顶部及底盖连接处数据缺失，故此处只创建基座的中间部分特征。

通过"直线"和"3点圆弧"命令，绘制图3-187所示的草图截面，并设置合理的约束关系。此处，可通过"偏差分析"对话框中的"分离的终点"选项，检查草图轮廓的连续性（两端点为开放）。

（2）旋转创建基座面片　单击菜单栏中"模型"→"回转"命令，将上述创建的开放截面草图，通过回转方式生成基座壳体的面片特征，如图3-188所示。

图3-186　面片草图

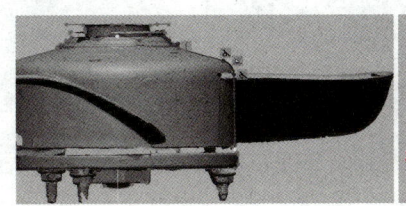 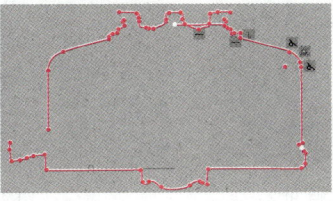 

图3-187　绘制截面草图　　　　图3-188　创建"风扇"基座曲面

思考与探索

请思考：能否采用"回转精灵"命令进行"风扇"基座的实体特征创建？对比两种方法所创建的基座偏差情况，分析其原因，并以小组形式进行讨论总结。见二维码3-30。

Step 10　创建叶片。

（1）拉伸叶片上扇面　单击菜单栏中"草图"→"面片草图"命令，在弹出的"面片草图的设置"对话框中点选"平面投影"单选框，"基准平面"选择"平面1"，拖动模型上的短箭头，设置合适的轮廓投影范围，以获取叶片的截面特征，如图3-189所示。

在草图环境中，选择叶片扫描数据中质量较好、特征较规则的一个叶片，通过"3点圆弧"命令，绘制如图3-190所示的草图轮廓。设置草图特征间的相切关系，通过"剪切"命令中的"相交剪切"选项，进行草图特征间的相交约束。绘制完成后注意检查草图的封闭性，以保证后续叶片实体的拉伸。

单击菜单栏中"模型"→"拉伸"命令，在弹出的"拉伸"对话框中，"轮廓"选择所绘制的叶片草图，"方法"选择"到领域"，选择叶片的上表面领域，如图3-191所示，叶片创建结果如图3-192所示。

（2）拟合叶片下扇面　单击菜单栏中"模型"→"面片拟合"命令，在弹出的"面片拟合"对话框中，选择叶片下表面领域，"分辨率"选择"许可偏差"，拖动面片四周的小圆点，合理调整面片特征，如图3-193所示。

3-30
风扇数模重构—基座及叶片创建（拓展）

3-31
风扇数模重构—叶片创建及偏差分析

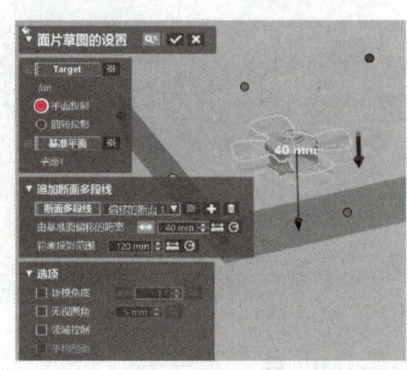
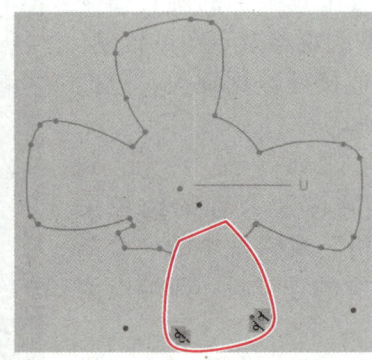
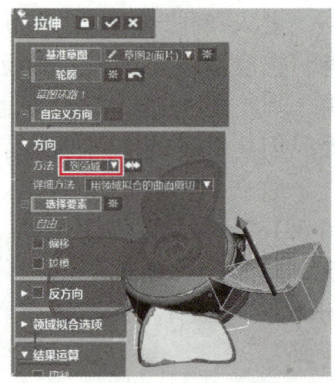

图 3-189 截取叶片面片特征　　图 3-190 绘制叶片草图　　图 3-191 创建叶片上扇面

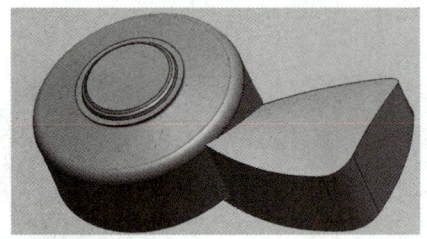
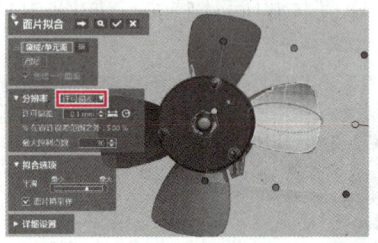
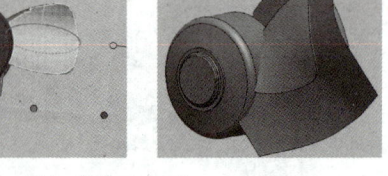

图 3-192 拉伸叶片上扇面　　　　图 3-193 拟合叶片下扇面

（3）创建叶片特征　单击菜单栏中"模型"→"切割"命令，在"切割"对话框中，"工具要素"选择图 3-193 的拟合面片，"对象体"选择图 3-192 的拉伸特征，"残留体"选择叶片上部特征，叶片切割结果如图 3-194 所示。

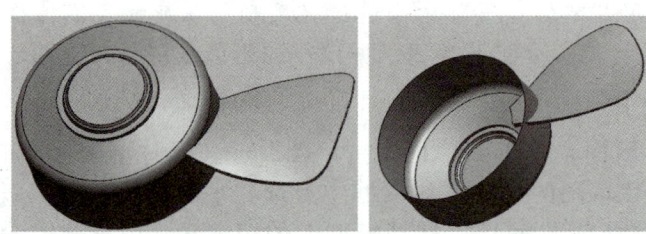

图 3-194 切割叶片

由图 3-194 右图可以看出，叶片有部分特征超过基座，需要再次进行切割处理。

单击菜单栏中"模型"→"切割"命令，在"切割"对话框中，"工具要素"选择基座回转曲面，"对象体"选择图 3-194 的叶片，"残留体"选择基座外部的叶片特征，切割后的叶片最终结果及偏差分析如图 3-195 所示。叶片的整体精度控制在 ±0.1mm 范围内，满足精度要求。

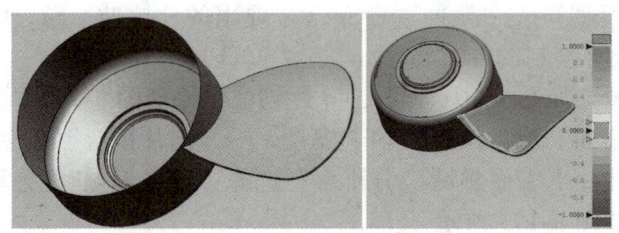

图 3-195 叶片最终结果

项目3 数据处理及数模重构

提示：由于散热器风扇叶片的各处厚度未必均匀一致，因此，面片赋厚方式无法保证叶片精度，故采用拉伸到领域（叶片上表面）的方式来拟合叶片上表面，然后切割的方式创建叶片实体特征。

Step 11　创建基座实体。

由图3-195可以看出，叶片为实体特征，基座仍为曲面体特征。单击菜单栏中"模型→赋厚曲面"命令，弹出"赋厚曲面"对话框。"体"对象选择基座曲面，"厚度"设为"1mm"，"方向"点选"方向1"复选框，即将回转曲面向内偏移1mm，生成基座实体特征，如图3-196所示。

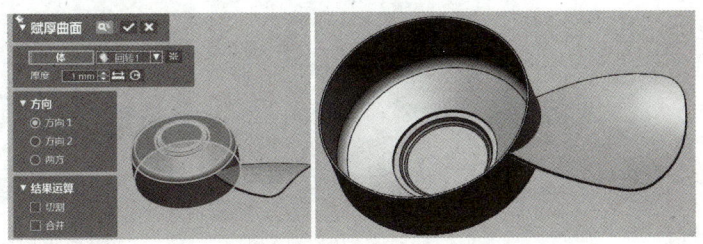

图3-196　生成基座实体

Step 12　阵列叶片。

单击菜单栏中"模型→圆形阵列"命令按钮，在"圆形阵列"对话框中，"体"选择叶片，"回转轴"选择风扇对称轴"线1"，"要素数"为"2"，"交叉角"为"75°"，叶片阵列结果如图3-197右图所示。

再次激活圆形阵列命令，"体"选择图3-197中的两个叶片，"回转轴"选择风扇对称轴"线1"，"要素数"为"2"，"交叉角"为"180°"，叶片最终阵列结果如图3-198a所示。

Step 13　合并实体。

单击菜单栏中"模型→布尔运算"命令，在弹出的"布尔运算"对话框中，"操作方法"选择"合并"，"工具要素"选择四个叶片和基座实体，汽车散热器风扇逆向重构的最终结果如图3-198b所示。

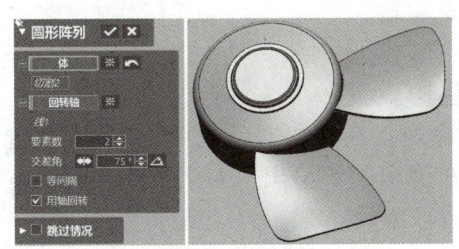

图3-197　叶片阵列　　　　　　　　　　图3-198　风扇数模重构结果

Step 14　偏差分析。

打开软件右侧的"精度分析"对话框，选中类型中的"体偏差"选项，模型精度分析结果如图3-199a所示。将鼠标移到模型的任何特征位置即可查看其偏差值，可以看到："风扇"模型主体部分基本为绿色显示，精度在±0.1mm内，只有基座顶部和叶片边缘部位精度偏低，主要是由于扫描数据缺失原因，但基本也控制在±0.5mm范围内。因此，该模型的数模重构精度基本符合其使用要求。

> 🔄 **思考与探索**

请思考：若采用"回转精灵"命令进行风扇基座的实体特征创建，并由"回转精灵"命令所生成的轴线进行叶片的阵列，与前述方法生成的模型精度有无区别？对比两种方法"体偏差"分析结果，并以小组形式进行讨论总结。

图 3-199b 所示为通过"回转精灵"生成叶片基座，及由"回转精灵"所创建的回转轴进行叶片阵列的结果。

3-32 风扇数模重构拓展——偏差分析

图 3-199 风扇偏差分析

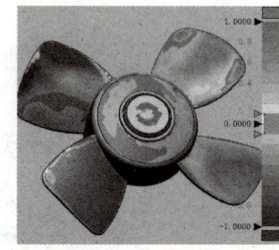
a) 初次重构偏差分析

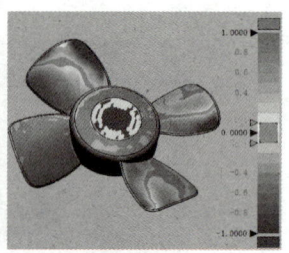
b) 改善后的偏差分析

图 3-199 风扇偏差分析

> 🔄 **思考与探索**

请思考：由图 3-199a 可看出，四个风扇叶片中，通过面片拟合和拉伸所创建的叶片（左下方叶片）特征，其重构精度较高，但阵列后的其他三个叶片的精度相对偏低。请大家查找资料，并以小组形式进行讨论，分析可能的原因，尝试找到改善的方法并加以实施验证。

由图 3-199b 可以看出，改善后的风扇模型，其逆向重构精度得到明显提升，能更好地满足模型的使用需求。

通过本案例的学习，希望大家能深刻体会到：无论在学习还是工作中，勤于反思、敢于探索的意识，是提升责任担当，树立工匠精神的重要基础。

Step 15 文件输出。

至此，完成了"汽车散热器风扇"的逆向数模重构。

单击菜单栏中"菜单"→"文件"→"输出"命令，在弹出对话框中，"要素"选择风扇实体模型（或按 <Ctrl>+A 全选），单击 ✓ 按钮，在弹出的"输出"对话框中选择 .stp 格式文件，以便于在第三方正向建模软件中做进一步的特征编辑。

若模型需要 3D 打印，则可存为二进制的 STL 格式，具体可参考任务 3.4 中淋浴花洒重构模型的保存方法。

任务 3.6　汽车后视镜外罩的数据处理与数模重构

> 🔄 **任务引入**

在项目二的任务 2.5 中已经完成了汽车后视镜外罩点云的数据采集。下面将利用 Geomagic Wrap 和 Geomagic Design X 软件，对其三维扫描数据进行处理，以获得符合原模型特征的实体数据文件。模型处理后应满足以下要求：

1）模型数据完整、特征清晰、整体精度在 ±0.1mm 内。
2）模型表面光顺性满足要求，符合无阶表面。
3）处理后的模型输出为 STL 和 STP 格式。

任务分析

汽车后视镜位于汽车驾驶室两侧，是汽车最重要的外饰件之一，用于实现整车视野，方便驾驶员在驾驶过程中观测路面状况。汽车后视镜一般由镜片、外罩、驱动电动机、控制电路及控制开关等组成，通过电动机驱动，后视镜绕转轴上下、左右翻转和摆动，可进行后视镜的视角调整。

图 3-200 所示为扫描的后视镜外罩壳体模型，主要由车灯外壳体、安装罩、装饰条、信号灯和枢轴组成。为简化模型处理，本任务主要对后视境外罩壳体特征进行曲面建模和质量分析，进一步掌握曲面建模、模型重构质量和精度分析及控制方法。

后视镜外罩壳体外观要求严格，表面光顺，成型的模具通常需要进行镜面抛光处理。

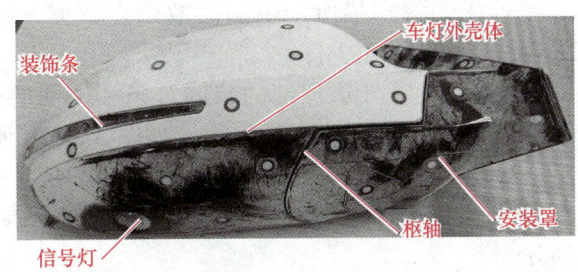

图 3-200 后视镜外罩壳体结构

在逆向设计过程中，可以利用 Geomagic Wrap 软件，进行数据的预处理，如删除杂点，填充孔、表面平滑等。在此基础上，利用 Geomagic Design X 软件实现模型曲面造型及特征重构，构建出汽车后视镜外罩壳体的实体模型，最终获得数据完整、特征清晰、表面光顺，符合模型精度及表面质量要求的 CAD 数据文件。

难点和重点

难点：1. 曲面裁剪的边界质量控制。
2. 面片拟合及曲面放样的精度控制。
3. 模型表面光顺性分析及控制。

重点：1. 数模重构中的参照基准创建方法。
2. 手动划分领域及领域编辑方法。
3. 数模重构中的曲面创建及编辑方法。

任务实施

3.6.1 后视镜外罩的数据处理

后视镜外罩的数据为三角面片特征，数据处理主要是对模型表面的孔洞、杂点、边界特征和平滑度等进行处理，很多命令在前面的任务中已有讲解，具体命令使用不再详细介绍，只简单将扫描数据处理流程及要点进行总结。

3-33 后视镜外罩扫描数据预处理

Step 1 导入扫描数据。

导入后视镜外罩扫描数据文件 Rearview Mirror.stl, 如图 3-201 所示。

可以看出: 扫描数据为单幅数据, 包含 150305 个三角面片, 扫描数据存在杂点, 模型表面有孔洞, 平滑度较差, 且模型底部边界不规则, 存在特征缺失, 对后续的模型重构精度存在一定影响。

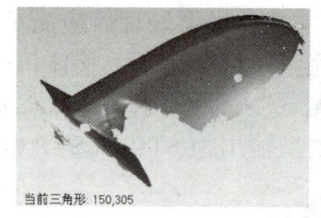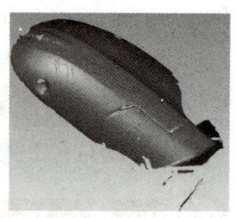

图 3-201 后视镜外罩扫描数据

Step 2 数据预处理。

后视镜外罩扫描数据预处理主要流程及结果如图 3-202 所示。

首先删除扫描所产生的无效杂点数据, 结果如图 3-202a 所示, 同时, 对扫描数据的预处理做如下几个说明:

1) 后视镜外罩顶部的装饰灯条和侧面的信号灯为后续组装完成, 在数据处理过程中不涉及此部分特征, 故将其删除, 如图 3-202b 所示。

2) 由于后视镜外罩底面数据扫描不完整, 为保证后续的模型重构精度, 通过拟合平面和平面裁剪方式进行底部边界处理, 使边界特征尽量完整、平整, 如图 3-202c、d 所示。

根据以上分析, 在多边形模块下, 通过删除杂点、填充孔、降噪、边界裁剪、网格医生等操作后, 模型处理结果如图 3-202d 所示。

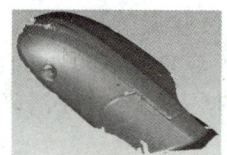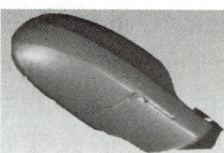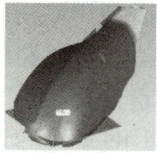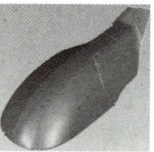

a) 删除杂点　　b) 孔填充/表面平滑　　c) 创建拟合平面　　d) 边界裁剪

图 3-202 后视镜外罩扫描数据预处理主要流程及结果

Step 3 保存文件。

将预处理完成的模型文件保存为"后视镜.stl"格式。下面将进入模型的曲面重构阶段。

3.6.2 后视镜外罩的数模重构

后视镜外罩数模重构的主要流程如图 3-203 所示。主要涉及草图、3D 草图、曲面创建及编辑等命令, 接下来将进行具体的操作介绍。

3-34 后视镜外罩数模重构——创建侧面1和侧面2

Step 4 导入模型文件。

打开 DX 软件, 导入"后视镜.stl"模型文件, 如图 3-204 所示。可以看到: 模型坐标基本满足需要, 此处先不进行坐标对齐处理, 后续将根据建模需求创建相关的基准要素。

Step 5 创建领域。

"后视镜"模型表面包含左、右和顶面三个几何曲面, 分别由侧面1和侧面2、侧面3及顶面特征构成, 如图 3-205 所示, 模型重构中将对这四个曲面特征分别进行创建及编辑。

为方便曲面构建，首先对模型进行所需的领域划分。

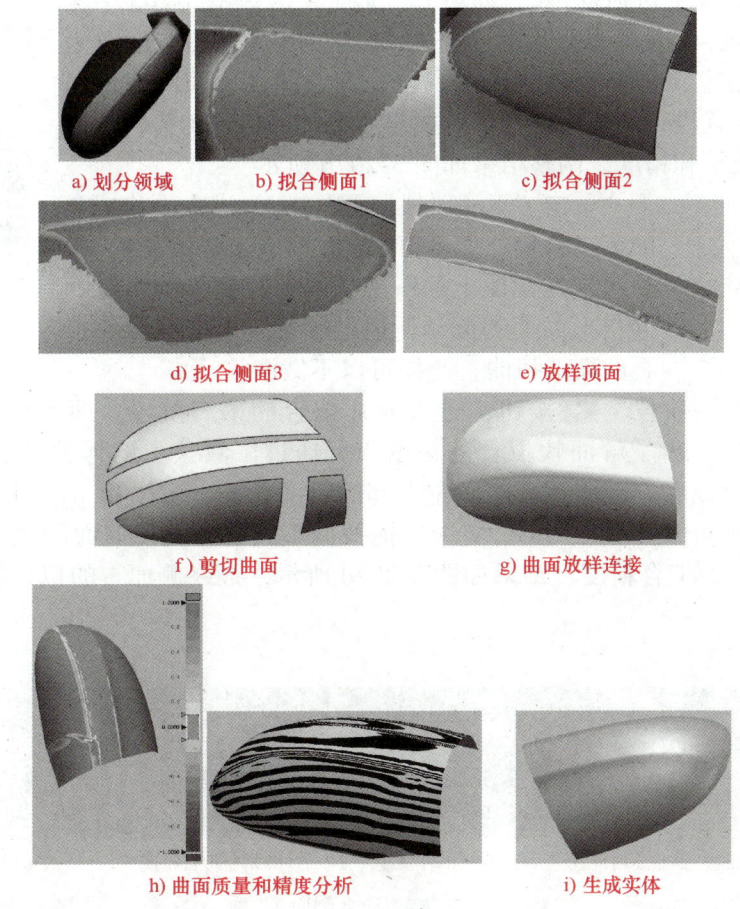

图 3-203 后视镜外罩数模重构流程

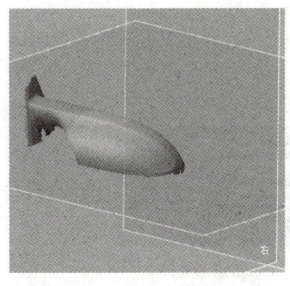

图 3-204 导入"后视镜"STL 文件

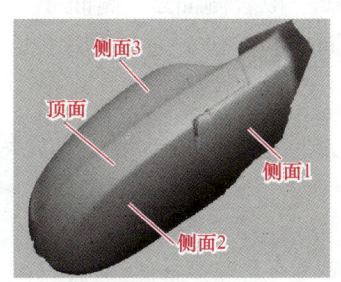

图 3-205 模型表面特征划分

激活"领域"菜单，将工具条上的选择模式设为"智能选择"模式，分别在"后视镜"模型的侧面1、侧面2、侧面3选择领域区域。此处注意："智能选择"模式可以快速确定所需区域，但鼠标选择位置可能会对选择结果产生影响，若选择区域超出范围，可按住<Ctrl>键，结合"画笔选择"模式取消多余区域（按住<Ctrl>键）；若选择区域不完整，则按住<Shift>键，通过画笔选择模式增加所需的区域，领域划分结果如图 3-206 所示。

Step 6 拟合侧面1。

侧面1将采用面片拟合的方式进行创建。单击菜单栏中"模型"→"面片拟合"命令，在弹出的"面片拟合"对话框中，"领域/单元面"选择图3-205中侧面1所对应的领域，"分辨率"设为"许可偏差"形式，偏差值设为"0.1mm"，系统创建的曲面如图3-207a所示。调节曲面中间的蓝色圆形图标，对曲面位置进行调整，使其尽可能符合面片的特征走势，从而改善面片的拟合质量和精度，调整结果如图3-207b所示。

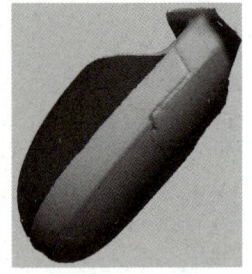

图3-206 划分领域

单击"下一阶段" ➡ 按钮，进入面片拟合的第二阶段：即等值线（ISO线）的流量控制，通过拖动曲面上的圆形操纵器，使等值线跟随网格上曲面的流动，但过度编辑可能会导致拟合曲面的扭曲，此处可以不做调整。

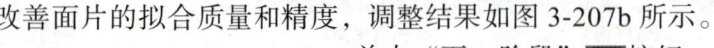

图3-206 划分领域

再次单击"下一阶段" ➡ 按钮，进入面片拟合的第三阶段：即等值线（ISO线）的密度控制。为了进一步了解面片拟合的精度，可通过工具条上的体偏差 ▫ 进行分析，如图3-207c所示。可以看到：所拟合曲面左上部的精度偏低，按住<Ctrl>键，通过左键选择精度需要调整的曲面位置附近的U、V线，拖拽调整其分布，使曲面颜色尽可能多地呈现绿色，从而改善曲面拟合精度，结果如图3-207d所示，最终侧面1的拟合精度如图3-207e所示。

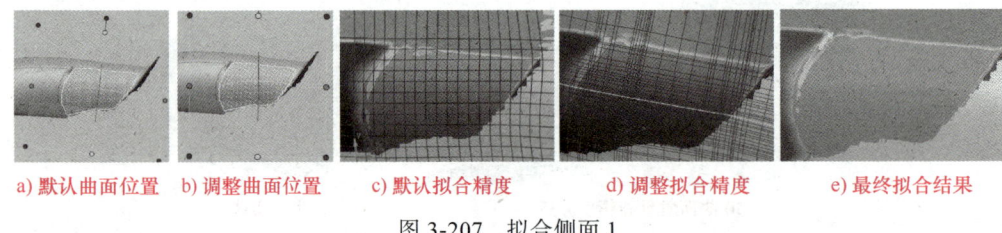

a) 默认曲面位置　　b) 调整曲面位置　　c) 默认拟合精度　　d) 调整拟合精度　　e) 最终拟合结果

图3-207　拟合侧面1

Step 7　拟合侧面2、侧面3。

采用同样的方法，通过面片拟合方式创建侧面2和侧面3，结果如图3-208a所示。

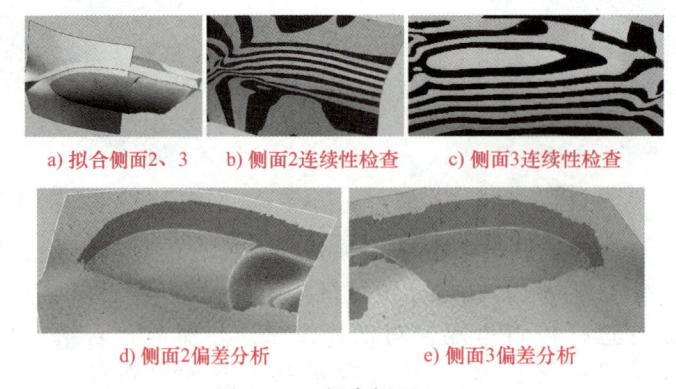

a) 拟合侧面2、3　　b) 侧面2连续性检查　　c) 侧面3连续性检查

d) 侧面2偏差分析　　e) 侧面3偏差分析

图3-208　拟合侧面2、3

由于后视镜属于汽车反光元件，对其外罩模型表面的流线性要求也较高。因此，面片拟

合时不仅要通过偏差分析控制拟合精度，还要检查曲面的光顺性，保证曲面的拟合质量。可通过工具条上的环境写像 功能，借助黑白相间的斑马纹评估曲面间的连续性。

侧面2、3的拟合精度和表面质量分析检查如图3-208b～e所示，可以看出所创建曲面的整体质量和精度均较好。

Step 8　剪切侧面1、侧面2。

为保证后续对后视镜外罩顶面和两侧面连接处面片的放样质量，此处采用绘制草图的方式对侧面1、2进行裁剪。

（1）创建草图平面　单击菜单栏中"模型"→"平面"命令，在弹出的"追加平面"对话框中，方法选择"视图方向"，将模型调整至图3-209a所示位置，选择模型上的一个点，即可在当前视图方向上创建平面1几何参照。

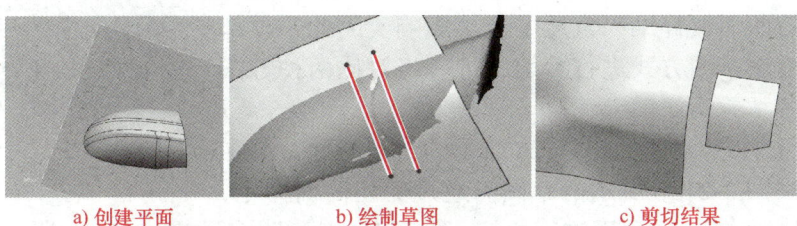

a) 创建平面　　　　b) 绘制草图　　　　c) 剪切结果

图3-209　剪切侧面1和侧面2

（2）绘制草图　单击菜单栏中"草图"→"草图"命令，选择图3-209a所创建的平面1为基准平面，单击"直线"命令，绘制3-209b所示的草图直线。可适当调整直线位置，以确保后续曲面1、2之间连接处的剪切需求。单击 按钮完成草图绘制。

3-35
后视镜外罩
数模重构——
放样顶面

（3）剪切曲面　单击菜单栏"模型"→"剪切曲面"命令，在弹出的对话框中，"工具要素"选择图3-209b所创建的草图直线，"对象体"选择侧面1和侧面2，单击下一步 按钮，"残留体"选择所需保留部分，结果如图3-209c所示。

Step 9　放样顶面。

单击菜单栏中"3D草图"→"3D草图"命令，通过"样条曲线"命令绘制图3-210a所示的3D草图。

注意：为保证曲面的放样质量，应注意草图的绘制位置，草图尽量接近曲面的曲率最大处；同时，可通过"平滑"命令对草图曲线进行平滑处理。

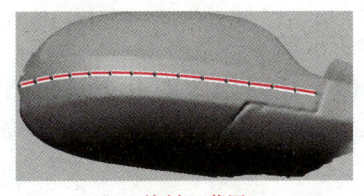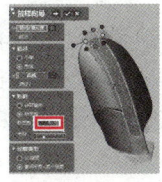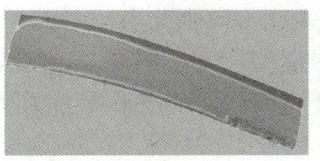

a) 绘制3D草图　　b) 放样对话框　　c) 放样偏差　　d) 延长曲面

图3-210　放样顶面

单击菜单栏中"模型"→"放样向导"命令，打开"放样向导"对话框。"领域/单元面"选择后视镜顶面所创建的领域,路径曲线选择 3D 草图曲线,"断面数"设为"50",如图 3-210b 所示。单击下一步➡按钮,"样条点数量"设为"20",单击✓按钮,完成曲面放样,结果如图 3-210c 所示,可看到曲面的整体放样质量和精度较好。

对放样曲面进行延长,便于后续曲面的剪切操作,如图 3-210d 所示。

Step 10 剪切曲面 1、2、3。

以放样曲面为工具要素,对侧面 1、侧面 2 和侧面 3 进行剪切操作,结果如图 3-211 所示。

Step 11 剪切顶面。

由图 3-211 可以看出:剪切后曲面的边界不是很平整,可能会对后续的曲面放样结果及质量产生影响。因此,顶部的曲面将通过绘制草图方式进行剪切,进一步对比两种方法的剪切效果。

通过"视图方式"创建图 3-212a 所示的参照平面,并在该基准面上绘制图 3-212b 所示的草图。通过剪切曲面命令,以草图为"工具要素",对顶面进行剪切,保留其中间部分,如图 3-212c 所示。

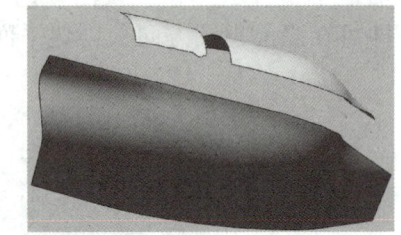

图 3-211 侧面 1、2、3 剪切结果

a) 创建参照面

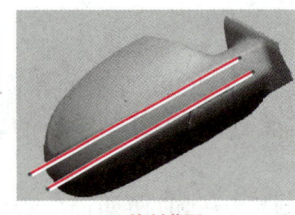
b) 绘制草图

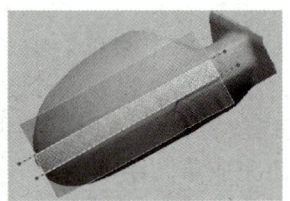
c) 剪切曲面

图 3-212 剪切顶面

"后视镜"模型顶面剪切结果如图 3-213 所示。与图 3-211 中通过曲面截切的边界质量相比,可看到:利用直线剪切的曲面边界质量明显改善,更利于后续曲面的放样拟合质量。

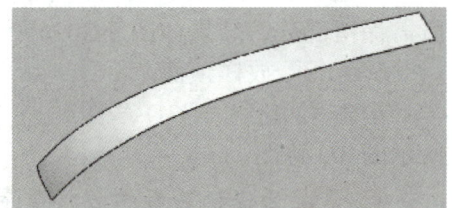

图 3-213 顶面剪切结果

Step 12 剪切后视镜外罩尾部。

本案例后视镜外罩的逆向数模重构中,主要完成模型前端壳体的曲面建模,尾部的安装罩不进行处理,故通过平面工具对尾部特征进行剪切。

首先选择合适的视图方向创建参照平面,并绘制图 3-214a 所示的草图。

单击菜单栏中"模型"→"拉伸"命令,对草图进行拉伸,创建图 3-214b 所示的平面。激活"曲面剪切"命令,以该平面为工具要素,对 3-214a 中的曲面进行剪切,结果如图 3-214c 所示。

Step 13 剪切后视镜外罩底部。

单击菜单栏中"3D 草图"→"3D 草图命令",通过"样条曲线"命令绘制如图 3-215a 所示的 3D 草图。

项目3 数据处理及数模重构

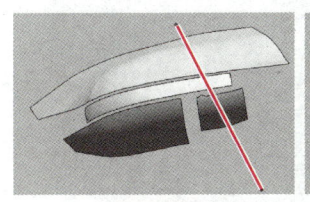  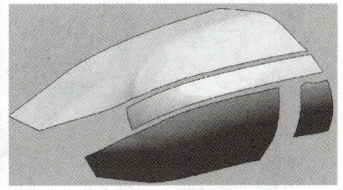

a) 绘制草图　　　　　　　b) 拉伸平面　　　　　　c) 尾部修剪结果

图 3-214　修剪后视镜尾部

注意： 为保证后续曲面的放样质量，应注意样条曲线点的位置控制及平滑处理，并在左、右两段曲线连接处进行相切处理。

单击菜单栏中"模型"→"剪切曲面"命令，在弹出的对话框中，"工具要素"选择图 3-215a 所创建的 3D 草图，"对象体"选择所有曲面，单击下一步  按钮，"残留体"选择所需保留部分，结果如图 3-215b 所示。

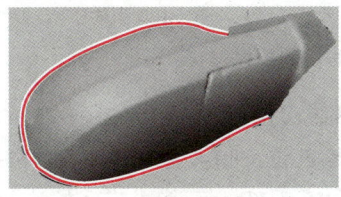 

a) 绘制3D草图　　　　　　　b) 修剪底部

图 3-215　修剪底部

Step 14　改善侧面1、2、3边界质量。

由图 3-215b 可以看出：侧面1、2、3与顶面连接处的边界不规则，会对后续的放样结果及质量产生影响。为进一步提高模型重构质量，可通过平面剪切方式加以改善。采用上述相同的方法，通过"视图方式"创建参照平面、绘制草图、拉伸平面并修剪曲面，进一步改善侧面1、2、3的边界质量。参照平面创建、草图绘制、拉伸平面及剪切结果如图 3-216 所示。

3-37 后视镜外罩数模重构—曲面间放样连接、重构质量分析

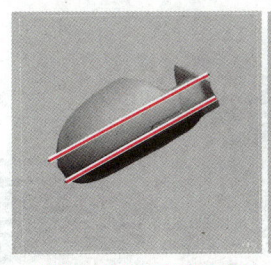 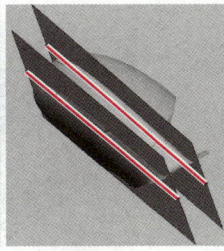 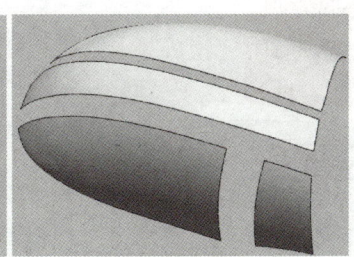

a) 创建参照平面及草图绘制　　　b) 拉伸平面　　　　c) 剪切曲面

图 3-216　顶面剪切结果

Step 15　曲面间放样连接。

单击菜单栏中"模型"→"放样"命令，对各曲面间进行放样连接，如图 3-217 所示。注意选择约束条件为相切。

129

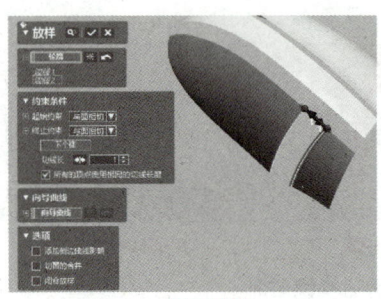
a) 侧面放样1

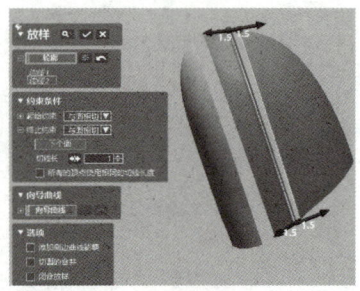
b) 侧面放样2

c) 反转法线

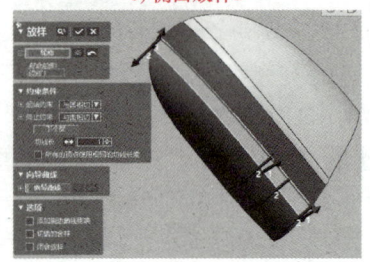
d) 侧面放样3

图 3-217　曲面间放样连接

提示： 若放样质量无法满足要求，可取消勾选"放样"对话框中的"所有的顶点使用相同的切线长度"复选框，拖拽蓝色箭头，调整其数值，但要确保各边放样时箭头方向一致，同时注意轮廓边线的选择顺序。若放样后曲面的方向不正确，可通过"反转法线方向"进行调整。

Step 16　曲面缝合与精度分析。

单击菜单栏中"模型"→"缝合"命令，对各曲面进行缝合，使其成为完整的曲面特征。缝合后注意进行曲面的封闭性检查，若曲面边界轮廓为首尾相连的红色轮廓，则表示曲面无破面，为闭合曲面，如图 3-218 所示。

曲面数模重构后，需对重构精度和质量进行分析。可借助工具条上的"体偏差"和"环境写像"功能，通过偏差色谱带和斑马条纹分布进行观察分析，如图 3-219 所示。可以看出：模型的整体偏差值控制在 ±0.1mm 范围内，只有侧面1、2 的装配连接处及顶面连接处偏差稍大，但也在 ±0.5mm 内。由于装配连接处特征不做重构处理，故模型的整体精度符合"后视镜"的建模需求；斑马条纹整体分布比较均匀，表明曲面重构质量较好。

图 3-219　曲面偏差和质量分析

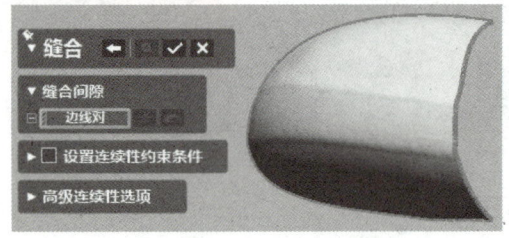

图 3-218　曲面间放样连接

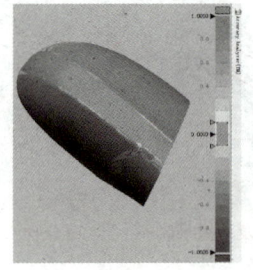
a) 曲面偏差分析

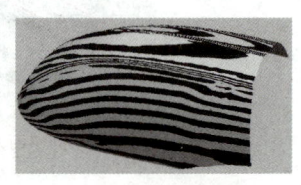
b) 曲面光顺性检查

图 3-219　曲面偏差和质量分析

Step 17　曲面赋厚。

单击菜单栏中"模型"→"赋厚曲面"命令，选择曲面体，"厚度"设为"1mm"，实体生成结果如图 3-220b 所示。

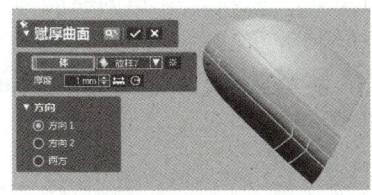
a) 赋厚曲面

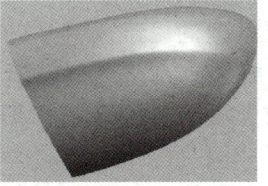
b) 实体结果

图 3-220　生成实体

至此,完成了后视镜外罩壳体扫描数据的数模重构与精度分析,将文件分别保存为 STP 格式和 STL 格式。

本案例的后视镜外罩壳体数模重构中,主要采用各种曲面创建与曲面编辑方法,如面片拟合、放样向导、拉伸平面、放样以及草图剪切、曲面剪切等,实际应用中可结合具体情况灵活运用。

现将常用的七种曲面创建方法及其构面条件和特点及应用列于表 3-15 中。

表 3-15　曲面的创建方法及其构面条件和特点及应用

曲面创建方法	构面条件	特点及应用
基础曲面	创建领域	可快速构建规则曲面,但存在尺寸误差和位置误差
拉伸、旋转、扫描等	绘制 2D 草图	采用正向设计思路,所创建的规则曲面在精度和质量上能得到保障
面片拟合	创建领域	曲面拟合的表面质量高、曲面连续性较好,但对于曲率变化较大的区域,拟合的表面质量较差。适合大部分为非几何规则,且曲率变化不大的曲面构建,但对领域的划分要求较高
境界拟合	创建 3D 草图	曲面的创建效率较高,但曲面的质量和连续较差。适合于面片特征变化明显、其他构面方法不易实现和对表面质量要求不高的场合
放样向导	创建领域(也可结合 3D 草图)	通过领域(也可结合 3D 草图曲线)快速构建曲面,适合变管径类的曲面创建,但曲面质量不太高
放样	创建 3D 样条曲线或借助轮廓线	创建的曲面质量较高,可进行 G1 或 G2 约束
面填补	创建 3D 样条曲线或借助轮廓线	创建的曲面质量较高,可进行 G1 或 G2 约束。但对填充的轮廓线质量要求较高

任务拓展　花洒支架的创新设计

任务引入

随着我国经济的快速发展,社会对大众的综合素质、创造能力、创新能力的要求也在不断提高。党的二十大报告中指出:教育、科技、人才是全面建设社会主义现代化国家的基础性、战略性支撑;要完善科技创新体系,培育创新文化,弘扬科学家精神,涵养优良学风,营造创新氛围;深入实施人才强国战略,培养造就大批德才兼备的高素质人才,是国家和民族的长远发展大计。高等职业教育作为培养高素质技术技能人才的主要阵地,坚持把创新教育融入教学,对学生的个体发展、可持续发展、职业发展都有着重要的意义,为学生走入社会、融入社会、适应社会发展需求打下坚实基础。

创新教育以培养学生的创新精神、创新意识、创新思维和创新能力为目的，其核心是培养创造性人才，养成敏捷的思维、善学的态度和务实的精神。

在任务 3.4 中完成了淋浴花洒扫描模型的模型重构，根据淋浴花洒的实际使用场合和使用需求，需要设计放置淋浴花洒固定的支架。

花洒支架的设计应满足以下要求：
1）支架和花洒应满足一定的配合关系，保证花洒方便、可靠的放置需求。
2）借助发散思维和创新设计理念，使支架具备浴室多功能用途的设计需求。
3）支架设计尽量造型流畅、美观，兼具艺术性、创新性和实用性。
4）处理后的模型输出为 STL 和 STP 格式。

任务分析

花洒是淋浴室常用的卫浴五金类产品，由于该任务中的花洒为手持式，使用中应保证其有可靠的放置位置，一般多采用花洒支架进行固定。

浴室中难免会有毛巾、沐浴球、浴擦等小物件，因此，为便于这些物品的收纳摆放，在花洒支架的设计中应充分体现创新意识和创新思维的应用，使支架具有多功能的实用性和人性化。同时，支架的设计应遵循结构优化、外形美观、加工方便、节约成本的原则，确保产品的功能性、可靠性和可制造性。

支架的建模可借助 UG NX、CATIA 等正向设计软件，完成花洒支架的创新设计，最终获得满足配合关系、使用功能和使用寿命要求的支架 CAD 模型。

难点和重点

难点：1. 创新思维和创新设计理念。
　　　2. 产品结构设计中的美学艺术。
重点：1. 支架结构的优化创新设计。
　　　2. 花洒与支架间配合关系和配合尺寸的实现。

任务实施

社会经济发展和科技进步对工程领域的设计、制造和评价等都提出了敏捷、优质、低成本的要求，以适应激烈的市场竞争、用户的多种需求，同时具有优良的环境友好性。因此，在新产品开发过程中围绕质量、成本和时间这些因素，出现了诸多新的设计方法，而正逆向混合设计思想，由于能很好地满足这种设计需求而受到越来越广泛的应用。

据不完全统计，目前世界上逆向技术占了产品设计领域 60% 的份额，正向设计技术则占据 40% 左右，而采用正逆向混合设计手段则是未来产品开发的一大趋势。有研究表明：在产品开发中采用正逆向混合设计手段，可使产品研制周期缩短 40% 以上。由此可以看出：正逆向混合设计思想将在未来工程技术开发中占据重要地位。

本任务在前期逆向设计完成的花洒 CAD 模型基础上，借助创新思维和正向设计理念，完成能固定和放置花洒的支架设计，从而体现正逆向混合设计思想在产品开发中的应用。

任务实施中采用常用的 UG NX 软件进行花洒支架的功能实现、结构优化和 CAD 建模。

项目3 数据处理及数模重构

一、花洒支架创新设计构思

手持式花洒是现代家庭中使用最多的一款花洒，可以将花洒拿在手中随意冲洗，而手持式花洒支架一般仅仅起到固定花洒的作用，俗称为底座，这类花洒支架普及率较高，更换起来也更简单。

为拓展支架的应用，本任务将进行创新结构支架的设计。创新设计构思要点总结如下：

（1）保证支架和花洒的配合关系　可通过 UG NX 软件中的测量功能，获得花洒手柄部位的有关尺寸，以此作为支架配合尺寸的设计依据。同时，为保证花洒的可靠放置和固定，支架和花洒的接触面积应尽可能大。

（2）体现绿色环保的设计理念　支架尽量采用一体化结构，方便加工、安装简单，以减少加工成本及装配工序。

（3）实现支架的多功能用途　根据淋浴室常用物品的类型，如浴擦、沐浴球等，其大多比较轻巧，尺寸及重量不大。因此，可在支架上设计挂钩之类的特征，以便收纳这些物品，一个挂钩上也可放置多个物品，故挂钩的尺寸、结构和承重应保证这一使用要求。

（4）体现支架的美观性和环境友好性　由于淋浴间尺寸一般较小，为保证使用过程中的安全性，同时兼顾视觉艺术，支架突出部分应避免尖锐特征，造型流畅、外观时尚。

二、花洒支架模型创建

在产品设计和开发过程中，运用三维 CAD 软件辅助设计已成为重要的手段和技术，对于降低产品开发成本、缩短产品开发周期、减轻设计者工作强度等都有重要的意义。

三维机械设计软件品种繁多，各有侧重，目前主流的设计软件主要有 UG NX、CATIA、SoildWorks 等。UG NX 是 Siemens PLM Software 公司出品的一个产品工程解决方案，是全球性领先的工业 CAD 软件之一，以其强大的三维设计和建模能力、兼容性强、自由度高、功能齐全、易学易用等优点，在市场上获得了广泛的认可和支持，成为工业 CAD 领域的佼佼者，被广泛应用于汽车、航空、制造等领域。

UG NX 软件不仅可以轻松实现各种复杂实体及造型的建构，还可进行零件和装配体的设计分析、可行性评估、工艺设计、运动仿真、模具设计、数控程序生成等功能，为用户的产品设计及加工过程提供了数字化造型和验证手段。

Step 1　测量花洒装配部位尺寸。

手持式淋浴花洒将通过支架进行放置和固定，支架上实现此功能的特征应与花洒手柄的结构及尺寸满足一定的配合关系。

因此，设计支架结构前，需先测量花洒与支架的装配关联尺寸。为实现花洒在支架中方便可靠的固定，应保证手柄部分有二分之一左右的长度与支架接触，且支架装配槽的尺寸也应与手柄接触部分的截面尺寸符合装配要求。

花洒支架结构设计结果如图 3-221 所示。

（1）启动 UG 软件　打开 UG NX 10.0 软件，进入零件建模模块，创建"花洒支架"模型文件，导入"花洒.stp"文件。

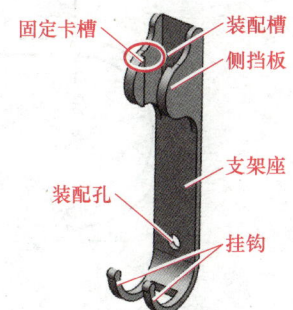

图 3-221　花洒支架结构

（2）测量花洒尺寸　单击菜单栏中"分析"→"测量距离"命令，弹出"测量距离"对话框，"类型"选择"距离"，此处需要测量花洒手柄装配部位的截面宽度、厚度和长度尺寸。"起点"和"终点"对象分别选择花洒手柄和出水口的两侧面，"距离"选项设为"最小值"，得到花洒手柄安装部位的截面宽度尺寸范围，大致在 24～48mm 之间，如图 3-222a 所示。

133

同样方法测得花洒手柄部位的截面厚度尺寸，如图 3-222b 所示，厚度最小值大致为 25mm 左右。

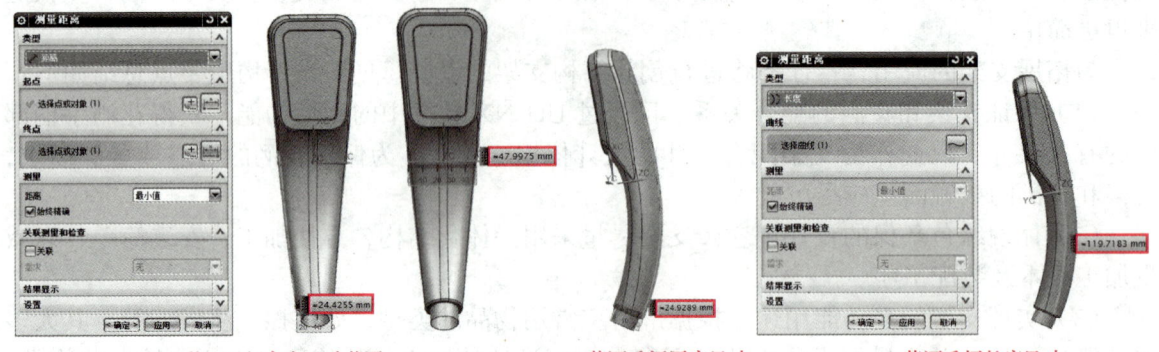

a) 花洒手柄宽度尺寸范围　　　　b) 花洒手柄厚度尺寸　　　　c) 花洒手柄长度尺寸

图 3-222　测量花洒装配关联尺寸

注意： 此处测量的距离为对象之间的最小距离值。

单击菜单栏中"分析"→"测量距离"命令，弹出"测量距离"对话框，类型选择"长度"，测量花洒手柄部位的长度尺寸，如图 3-222c 所示，长度大约为 120mm。

上述所测得的花洒手柄部位的特征尺寸，将作为后续支架设计的参考尺寸，保证支架与花洒的装配关系。

Step 2　创建支架座。

支架座的结构设计要保证花洒支架的安装便捷、可靠，支架座通常采用标准螺钉固定在墙面上。

单击工具栏"拉伸"命令，选择 XY 平面作为草图平面，绘制图 3-223a 所示的草图轮廓，添加相关约束，根据设计需要编辑有关尺寸。草图绘制完成后，采用"对称"拉伸方式，拉伸距离设为 26.5mm，创建支架座特征，如图 3-223b 所示。

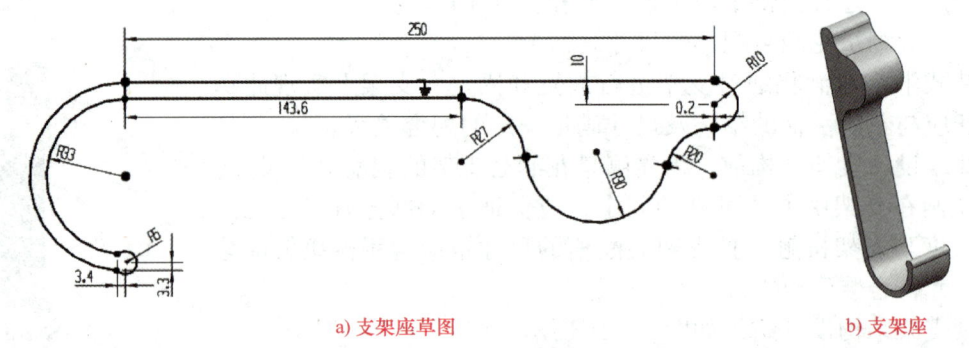

a) 支架座草图　　　　　　　　　　　　　b) 支架座

图 3-223　支架座结构

提示： 图 3-223 中的拉伸距离 26.5mm，由于采用"对称"拉伸，故支架座的宽度尺寸为 53mm。该尺寸是综合考虑了花洒手柄装配部位的截面宽度尺寸和两侧挡板的厚度尺寸后所设计的装配关联尺寸。

项目3　数据处理及数模重构

> **思考与探索**
>
> 请思考：图3-223a中还有哪些尺寸是实现花洒的顺利放入、平稳可靠固定所设计的装配尺寸？与图3-222中所测量的花洒哪些截面尺寸相关联？请大家以小组形式进行讨论并总结。

Step 3　创建支架挂钩。

（1）绘制草图　根据多功能支架的创新设计理念，支架在满足花洒放置固定功能的同时，还可以收纳淋浴间的小物件，如毛巾、沐浴球等。因此，应在花洒支架应在能够满足功能、安装、安全、实用、美观等前提下，进行支架挂钩结构的创新设计。此处支架挂钩的设计主要考虑其承重范围和安全性，因此挂钩表面避免出现尖锐特征，挂钩的截面尺寸保证一定的抗拉和抗弯强度。

单击工具栏"在任务环境中绘制草图"命令 ，选择YZ平面作为草图平面，绘制图3-224所示的草图轮廓（三个矩形草图），添加相关约束，并根据设计需要编辑草图尺寸。

> **提示：** 由于支架挂钩、花洒与支架的装配特征均需绘制草图，因此，此处直接在草图环境中将所需的草图一并绘制，既方便草图间的尺寸参照，也可简化建模过程。

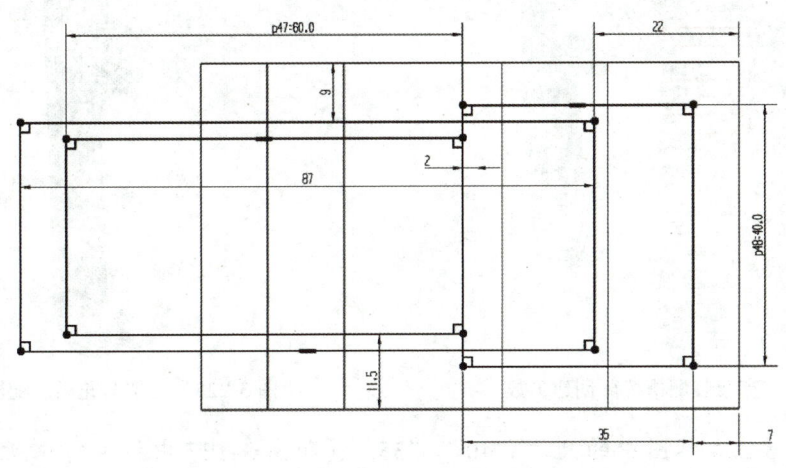

图3-224　挂钩及支架与花洒配合特征草图

（2）创建支架挂钩　单击工具栏"拉伸"命令 ，在弹出的"拉伸"对话框中，选择图3-224中的左侧封闭草图（即中间的矩形轮廓），设置合适的拉伸距离，"布尔"运算方式为"求差"，切除支架座底部的多余材料，生成支架的挂钩特征，拉伸参数设置如图3-225所示，生成的支架挂钩特征如图3-226所示。

Step 4　创建固定花洒的装配槽。

手持式淋浴花洒将通过支架进行放置和固定，因此，支架上实现此功能的特征应与花洒手柄的结构尺寸满足一定的装配关系。

单击工具栏"拉伸" 命令，选择图3-224中的右侧封闭草图，通过"双向拉伸""求差"方式切除支架固定部位的多余材料，生成支架与花洒的装配槽特征。"拉伸"对话框参数设置如图3-227所示，支架与花洒的装配槽特征如图3-228所示。

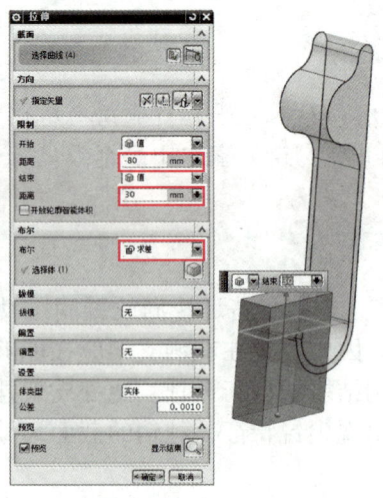 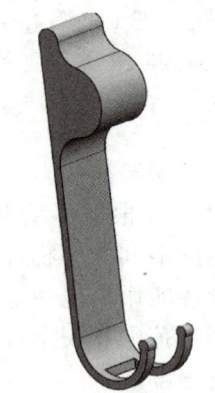

图 3-225　支架挂钩创建参数设置　　　　图 3-226　支架挂钩结构

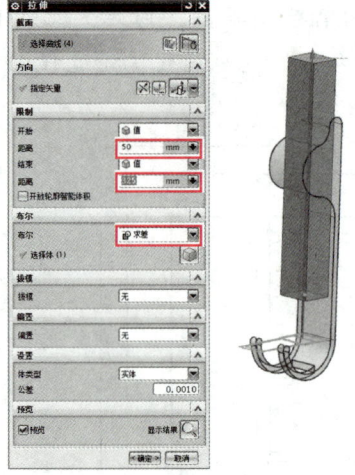 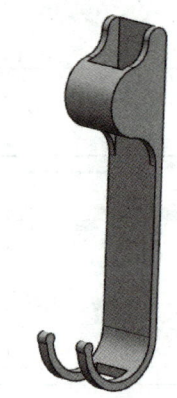

图 3-227　支架装配槽特征创建参数　　　图 3-228　支架与花洒装配槽特征

提示： 图 3-224 草图中的尺寸 "40" "35" （即图 3-227 中拉伸特征所选的草图轮廓尺寸），是根据图 3-222 中所测量的花洒手柄处截面宽度尺寸和截面厚度尺寸而设计的，以保证花洒的顺利放入。

Step 5　创建固定花洒的卡槽。

为防止花洒从支架的侧面滑落，可在支架的装配槽处创建卡槽特征，以保证花洒的平稳可靠固定。

单击工具栏 "拉伸" 命令，选择图 3-224 中的内侧封闭草图，通过 "双向拉伸" "求差" 方式，在支架的装配槽处切割出卡槽特征。"拉伸" 对话框参数设置如图 3-229 所示，支架与花洒的装配卡槽特征如图 3-230 所示。

Step 6　创建支架安装孔。

单击工具栏 "拉伸" 命令，选择 XZ 平面作为草图平面，绘制图 3-231a 所示的草图轮廓，添加相关约束，编辑草图尺寸。草图绘制完成后，通过 "双向拉伸" "求差" 方式切除多余材料，生成支架的安装孔特征，如图 3-231b 所示。

项目 3　数据处理及数模重构

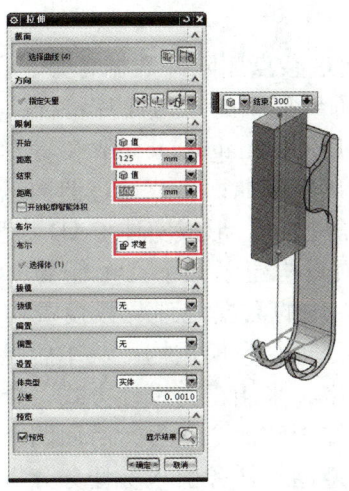
图 3-229　花洒卡槽特征创建参数

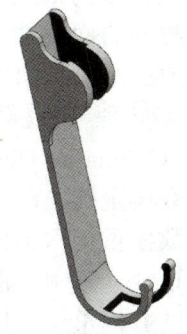
图 3-230　支架与花洒装配卡槽

至此，完成了花洒固定支架的结构设计，下面将进行支架的功能验证。

三、花洒支架功能验证

为进一步验证花洒支架的使用功能，本案例先在 UG 软件中进行了装配，然后采用 SLM 金属打印工艺进行零件的快速成型，材料为铝合金。

图 3-232 展示了模型设计的装配图及快速成型后实物的装配照片。可以看出：支架与花洒手柄部位满足配合关系，花洒放置方便，固定可靠，稳定性较好，能很好地满足产品的使用要求。

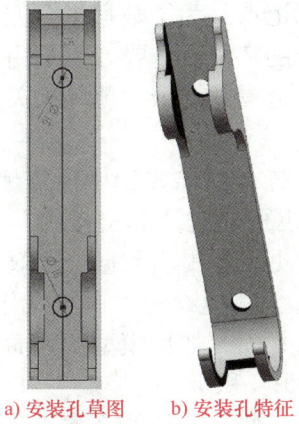
a) 安装孔草图　　b) 安装孔特征
图 3-231　花洒支架结构

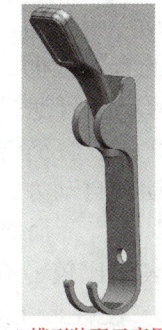 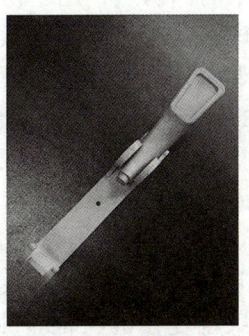
a) 模型装配示意图　　b) 打印后的实物装配照片
图 3-232　支架与花洒装配结果

至此，完成了花洒支架的结构创新设计和功能分析验证。

通过实施淋浴花洒的逆向数模重构和花洒支架的正向设计两个任务的学习，读者可掌握正、逆向设计技术的基本流程，体会该技术在实际工程中应用的益处。希望大家能掌握该技术，将创新设想转化为设计图样和产品实物，为理想插上翅膀，为"创新中国"贡献力量。

项目总结

逆向设计是获取三维 CAD 模型的一种有效方法。逆向设计通过对采集数据进行数据处理，和数模重构，获得实物的 CAD 模型。

数据处理一般采用 Geomagic Wrap 等逆向软件，通过杂点删除、数据合并、孔洞填充、表面平滑和数据简化等处理，以获取特征清晰、表面质量理想的三角面片特征，并保存为 STL 格式文件。数模重构则是在数据处理的基础上，利用 Geomagic Design X 等专用逆向设计软件，根据实物的曲面属性，通过构建曲面片，重构出精确曲面，或通过曲面拟合重构出参数曲面；最后通过对重构曲面进行延伸、裁剪、缝合等操作，形成实体 CAD 模型。

为实现"数据处理与数模重构"的项目目标，本项目构建了如下几个任务：Geomagic Wrap 软件认知、Geomagic Design X 软件认知、石膏头像的数据处理与数模重构、淋浴花洒的数据处理与数模重构、汽车风扇散热器的扫描数据处理与数模重构、汽车后视镜外罩的扫描数据处理与数模重构六个任务；同时，在任务拓展中，采用正向设计方式，介绍了花洒支架的结构创新设计。其中，前两个任务是软件的基础知识和命令学习，后面四个任务及任务拓展则是具体的数模重构应用案例，每个任务的组织遵循"任务引入—任务分析—任务实施"的提出问题、分析问题及解决问题的递进式结构。

通过本项目几个任务的学习，读者对应用 Geomagic Wrap 软件进行扫描数据预处理（一般包括点阶段和多边形阶段）、借助 Geomagic Design X 软件进行数模重构的流程、各操作命令的功能有了深刻的理解，对各操作命令的实际应用有了更进一步的掌握。下面对各阶段的数据处理技巧加以总结。

1. 点阶段数据处理

1）点阶段数据处理的质量直接影响多边形阶段的处理效果，所以在点阶段要仔细、耐心操作，如果发现问题，最好多摸索、多尝试、多总结。

2）点阶段数据处理时，一般首先进行标记点、杂点、噪音点等无关数据的删除操作。杂点是错误、无效、孤立的点云，明显偏离模型表面。标记点是为了数据拼合方便而在模型上黏贴的标识点，用于协助坐标转换，是多视角数据拼合的特征点。噪音点是由于零件表面预处理不当或扫描仪轻微抖动等引起的，是误差超出允许范围的点云。删除无关数据时，要仔细观察，避免误删除模型的有效数据。

3）标记点和杂点数据的删除可通过手动方式删除，操作时需先选中所需删除的数据。可直接选择点云区域并删除，或"反转选区"并删除；也可通过"非连接项"和"体外孤点"命令自动删除；或者手动和自动方式结合使用，以便更好地提高数据处理效率。

4）噪音点可通过"减少噪音"命令进行删除。执行"减少噪音"命令操作时，"自由曲面形状"选项适用于模型表面比较平滑和曲率比较小的平面，如果模型的表面有棱边或者曲率急剧变化的特征，则用"棱柱形（保守）"或"棱柱形（积极）"选项。"平滑级别"的值越大，模型表面越平滑，但如果平滑级别过高，模型的一些小特征就会被忽略。一般采用"局部"取点放大后，滑动"平滑级别"滑块，通过浏览效果来确定其值。

5）"统一采样"是在保持模型精确度的基础上减少点云的数据量，从而加快数据的运算速度，提高运算效率。执行"统一采样"命令操作时，曲率优先级别要调整到适当的位置，不可直接调到最大值，以免造成采样过程中点云表面特征的丢失。如果数据量过大或者在后来的封装阶段得不到理想的多边形，可在导入点云时就进行一次"等间距采样"，一般"间距"值设为 1mm。

6）对于多视角的扫描数据，首先将各视角的点云统一到同一坐标系下，对数据进行拼合；然后进行各视角数据合并，使其变成一块完整的点云；最后生成多边形的三角面片数据。可通过"手动注册"命令进行数据拼合，采用"合并"或"联合点对象"命令生成一副完整的点云数据，"合并"后会自动创建多边形模型，若采用"联合点对象"命令，则需要结合"封装"命令生成多边形数据。另外，合并时系统会自动删除叠合区的冗余数据。

7）"全局注册"命令可对统一到同一坐标系下的各视角点云进行更全面、整体的位置对齐，使模型按照相交区域将不同的对象以更完好的方式进行注册。

8）当使用"1点注册"命令进行手动拼合时，"固定窗口"和"浮动窗口"中模型的方位调整很重要，否则无法得到理想的注册结果。合理、精确地选择特征点，是获得好的对齐效果的关键。如果选择的点不理想，可通过<Ctrl>+Z组合键来撤销上一次选择。在注册计算的过程中，按下<Esc>键将会停止当前的命令运行。

2. 多边形阶段数据处理

1）多边形阶段的一个主要任务是完成模型表面的孔洞或孔隙填充。使用"填充孔"命令时，对于比较规则的完整孔，可通过设置孔的最大周长值，采用"全部填充"的方法一次完成，以提高处理效率；对于不规则的孔洞，可采用"填充单个孔"的方法，通过"内部孔""边界孔""搭桥"方式分别进行处理。一般在填充时，需要采用"曲率"方式，以保证填充后模型局部特征的恢复。对于模型上原有的特征孔要注意保留其特征，不可盲目地进行全部填充。

2）简化多边形时，勾选"曲率优先"复选框，能够保证简化之后的模型特征与原模型保持一致，同时简化程度不要太大，一般百分比控制在60%～80%左右，防止模型失真变形。

3）模型表面平滑是多边形阶段的另一个主要任务。执行"砂纸"和"去除特征"命令操作时，一定要适当选取需要去除特征的三角形区域；选取区域不可过大，因为可能存在非常不理想的三角形，导致操作无法正常进行，因此建议采用多次选取、多次去除的方法。"去除特征"命令主要针对模型上凸出的部分，在删除选中区域特征的同时，执行基于曲率的孔填充。与"砂纸"命令不同，"去除特征"命令主要是去除模型上很小一部分凸出的特征，为保证填充质量，执行"去除特征"命令时，最好不要跨越多个曲率区域，应选择同一曲率或曲率变化不大的特征区。

4）模型表面的整体平滑一般通过"松弛"和"减少噪音"命令实现。对多边形松弛的强度要适当。如果太小则起不到很好的平滑模型表面的效果，太大则会使模型变形严重。

3. 数模重构

1）划分领域时，既可采用"自动分割"方式生成领域，也可通过"插入"命令手动创建所需领域。领域划分数目并不是越多越好。自动分割领域时，根据模型的复杂程度合理设置敏感度和粗糙度值，尽量将模型分割成平面领域、圆柱领域等规则几何特征。

2）手动划分领域有更大的自主性，当自动划分领域结果不符合建模需求时，可通过手动方式插入领域。手动划分领域时，采用合理的选择模式（如画笔模式、涂刷模式、智能选择模式等）来绘制领域区域，区域划分尽可能细致，以反映面片的几何特征；同时，为避免扫描中出现的误差，尽量采用网格方式划分领域。

3-38
鼠标外壳
坐标对齐
（X-Y-Z）

3）模型坐标对齐可采用"对齐向导"或"手动对齐"方式。采用对齐向导时，模型上必须存在领域组，不需要手动选择和定义坐标几何要素，即可将对象面片与世界坐标系对齐。

3-39
参照平面创建

一般来讲，自动对齐时，坐标系1是系统创建的最合理的坐标系。"手动对齐"有"3-2-1"和"X-Y-Z"两种方式，分别称为面-线-点法和坐标轴法，这两种手动对齐方式一般需要根据模型特征创建所需的几何参照，具体应用中根据模型特征灵活使用。

4）基于表面的模型重构技术中，核心是通过各种方法创建模型的特征表面。对于不规则曲面，面片拟合、境界拟合和放样向导是比较有效的曲面重构方法。其中，面片拟合的表面质量高、曲面连续性较好，但对领域的划分要求较高；境界拟合的创建效率较高，但曲面的质量和连续较差，且与四边形网格的划分质量密切相关。

5）模型重构后要对其表面质量和尺寸精度进行分析，可通过"环境写像"和"偏差分析"进行评估。一般在模型重构过程中，要养成及时进行特征精度和质量检查的习惯，便于对模型的重构问题及时修正，可大大提高建模效率。

通过本项目的任务实施，应掌握 Geomagic Wrap 和 Geomagic Design X 软件中扫描数据处理和模型重构的方法，尤其是能合理分析产品原有设计意图，并结合模型重构需求，灵活应用 DX 软件中的领域划分、坐标对齐、草图/3D草图及逆向建模功能，使模型重构结果满足精度需求和质量要求，逐步养成积极探索的创新意识和精益求精的工匠精神。

项目训练与考核

1. 项目训练

根据项目二中《项目训练与考核》所采集到的实物数据，完成其数据处理和数模重构。小组展示任务完成结果，并进行综合评价。

2. 项目考核卡

项目考核卡见表3-16。

表3-16 数据处理与数模重构项目考核卡

考核项目	考核内容	参考分值	考核结果	考核人
素质目标考核	遵守规则	5		
	责任意识	5		
	团结合作	10		
	创新意识	5		
知识目标考核	逆向设计的流程	10		
	模型特征分析与处理思路	10		
	逆向设计软件命令的掌握	10		
能力目标考核	思维清晰、表达流畅	10		
	软件使用的熟练度与灵活度	10		
	回答问题的准确度	10		
	对模型处理结果的合理分析与评价	15		
合计		100		

思考题

3-1 逆向设计中,扫描数据处理和数模重构的主要流程是什么?

3-2 Geomagic Wrap 软件中数据处理的目标和要求是什么?

3-3 将点云数据转换为三角面片数据时,封装和合并命令有何区别?

3-4 用 Geomagic Wrap 软件数据处理过程中,模型表面平滑的方法有哪些?各有什么特点?

3-5 请思考 Geomagic Wrap 软件的点处理阶段中,"手动注册"和"全局注册"命令有什么区别。

3-6 用 Geomagic Wrap 软件进行三角面片数据处理过程中,填充孔操作一般有哪些方法?每一种方法适合的条件和特点是什么?

3-7 Geomagic Wrap 软件中,"投影边界到平面"和"平面裁剪"命令有何区别?对数据处理有什么作用?

3-8 Geomagic Design X 软件模型重构中,对模型进行坐标对齐的作用是什么?常用的坐标对齐方法有哪些?

3-9 Geomagic Design X 软件中,曲面重构的方法有哪些?在模型重构精度和质量上有何区别?

3-10 Geomagic Design X 软件中,"3D 草图"和"3D 面片草图"命令有何区别?

3-11 用 Geomagic Design X 软件进行数模重构过程中,常用的创建参照平面方法有哪些?各适用于什么情况?

3-12 Geomagic Design X 软件中,"剪切曲面""切割"和"布尔运算"命令有何区别?

3-13 数模重构中,领域划分有何作用?如何进行领域的快速划分?

3-14 如何通过"偏差分析"和"环境写像"功能进行模型重构的精度及质量评估?

课外任务

3-15 根据人像(图 3-233)的扫描数据文件(扫描右侧二维码获取),在 Geomagic Wrap 和 Geomagic Design X 软件中分别完成扫描数据处理和模型重构,并在满足模型放置平稳和外形流畅的前提下,通过正向设计方法,对人像的底座进行结构创新设计。

图 3-233 人像扫描模型

3-16 根据摩托车挡泥板(图 3-234)的点云扫描数据(扫描右侧二维码获得),在 Geomagic Wrap 软件中通过"手动注册"进行多视角数据合并,并完成其数据处理。同时,利用 Geomagic Design

X软件进行数模重构，并保存为STP格式文件。

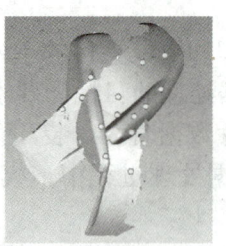

图3-234 摩托车挡泥板的点云扫描模型

3-17 根据洗衣液瓶（图3-235）的扫描数据（扫描左侧二维码获得），尝试利用拟合曲面补丁、面片拟合、境界拟合等多种曲面创建方法，完成其数据处理和数模重构。

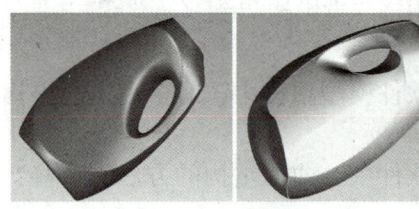

图3-235 洗衣液瓶扫描模型

3-18 根据凸台（图3-236）的点云扫描数据（扫描左侧二维码获得），在Geomagic Wrap和Geomagic Design X软件中分别完成模型的扫描数据处理和模型重构。并对比分析Geomagic Wrap软件中的精确曲面（探测轮廓线）构建曲面片和Geomagic Design X软件中的曲面建模对模型重构精度的影响。

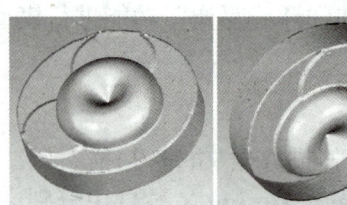

图3-236 凸台扫描模型

下篇

快速成型技术

项目 4

快速成型技术概述

项目简介

快速成型（Rapid Prototyping，RP）技术（常称增材制造、3D打印）是近几十年来制造技术的一次重大突破，因其层层叠加的增材制造方式，具有易于实现设计轻量化、一体化、异形化，制造数字化、自动化、快速化等突出优点，能满足市场响应快、研制周期短、个性化定制成本低等需求，应用越来越广泛。快速成型技术自出现以来，受到较为广泛的重视，被誉为"第三次工业革命"的关键技术，是中国制造转型升级换道超车的重要技术突破口。目前，快速成型已与机械加工类的减材制造以及锻、铸造类的等材制造并存，成为产品加工的一种制造方式。因此，本项目将和大家一起来了解快速成型技术。通过本项目的引导和任务实施，将达成下列目标：

素质目标	知识目标	能力目标
（1）愿意学习，能进行条理分析和归纳总结，独立思考，解决问题 （2）能客观评价事物，评价自己和他人，接受他人的批评和改进意见 （3）能够了解、遵守行业法规和标准，真实反馈自己的工作情况 （4）能从新技术的发展应用中，激发出科技报国的家国情怀和使命担当 （5）具备应用新技术，进行产品创新设计的思维	（1）了解快速成型的概念以及内涵外延 （2）熟悉快速成型的工作流程 （3）了解快速成型的发展应用 （4）熟悉快速成型的典型工艺和特点 （5）熟悉快速成型的职业素养和岗位能力	（1）能够理解和接受快速成型的概念 （2）了解快速成型技术的应用目的和意义 （3）知道应用不同快速成型工艺的技术特点 （4）理解快速成型对产品创新所起的作用 （5）会选择快速成型工艺进行产品快速制造

任务 4.1　了解快速成型技术原理

任务引入

从20世纪90年代开始，市场环境发生了巨大变化，一方面表现为消费者的需求日益主体化、个性化和多样化，另一方面则是产品制造商们面对全球激烈的竞争市场，不但要迅速设计出符合人们消费需求的产品，而且还必须快速生产制造出来，抢占市场。快速响应市场需求、低成本创新开发产品，已成为制造业发展的成功之路。快速成型正是在这样的大背景下产生的。快速成型技术引领新一轮工业革命已成为不争的事实。各国对该技术的发展和应用都非常重视，都从政策层面和产业布局上给予了大力的支持。我国作为制造业大国，转型升级压力凸显，各种成本的增加倒逼我们去寻找打造"制造强国"、设计创新的有效途径与工具。快速成型技术适时出现，得到了政府的高度重视，制定出一系列的政策措施，积极引导增材制造产业的发展。目前我国已初步实现了增材制造行动计划的五大目标，增材制造产业发展保持在年均增速 30% 以上，技术水平明显提高，行业应用更加广泛深入，行业的生态体系基本完善，基本完成了全球布局。这些成果的巩固和技术的发展，需要大量快速成型方面的人才，因而需要了解快速成型技术。

任务分析

快速成型是基于材料堆积的一种新型制造技术，被认为是近 30 年来制造领域的一个重大成果。本任务将简述快速成型技术的概念、原理、工作流程，以及该技术的特点，使学习者对快速成型技术有初步的认识。

难点和重点

难点：如何理解快速成型技术层层叠加的成型方式和特点？
重点：1. 掌握快速成型技术的工作流程。
2. 了解典型快速成型技术的成型特点。

任务实施

4.1.1 物体成型的方式

在了解快速成型原理之前，先了解一下物体成型的方式。根据现代成型学的观点，物体成型的方式可分以下几类：

（1）去除成型（Dislodge Forming） 运用分离的方法，把一部分材料有序地从基体上分离出去而成型的方法。传统的车、铣、刨、磨、钻、电火花加工、激光切割等都属于去除成型。去除成型是一种"减材"制造，是目前最主要的成型方式。

（2）受迫成型（Forced Forming） 利用材料的可成型性在特定的外界约束（边界约束或外力约束）下成型。在该成型过程中，材料的重量不发生变化，因此被称为"等材"制造。传统的锻压、铸造、粉末冶金等都属于受迫成型，现代的冲压成型、注射成型等也属于这种成型方式。

（3）添加成型（Adding Forming） 又称堆积成型，是利用各种机械的、物理的、化学的等手段，通过有序地添加材料堆积成型的方法。在该过程中物体的重量通过逐渐添加材料而增加，直至最后成型，因此被称为"增材"制造。

（4）生长成型（Growth Forming） 利用材料的活性进行成型的方法。自然界中的生物（植物、动物，包括人）个体发育均属于生长成型。这是最高层次的成型方法，也是人类一直追求的一种制造方法。

快速成型属于添加成型，在成型工艺上突破了传统的"减材"和"等材"成型方法受到刀具、夹具、模具等条件限制，通过将三维模型转化为二维层片数据，加工时在平台上依次堆积每一层，通过层层叠加在一起，成型出三维产品。这种成型方式将快速成型设备与计算机数据模型结合，不需要任何附加的传统模具或机械加工，就能够制造出各种形状复杂的原型或零件，生产周期短，生产成本低，是一项非常有前景的先进制造技术。

4.1.2　快速成型技术的定义

　　国家标准 GB/T 35351—2017 中，将快速成型定义为：以三维模型数据为基础，通过材料堆积的方式制造零件或实物的工艺。快速成型（Rapid Prototyping，RP）又被称为"增材制造"（Additive Manufacturing，AM）、"材料累加制造"（Material Increase Manufacturing，MIM）、"分层制造"（Layered Manufacturing，LM）、"实体自由制造"（Solid Free-Form Fabrication，FFF）、"3D 打印"（3D Printing）等，名称各异的叫法分别从不同侧面表达了该制造技术的特点。

　　快速成型又为快速成形，别小看这一"型"→"形"字的变化，它从一个侧面反映了该技术的发展。主要原因在于发展初期，利用该技术所制作出来的大多数产品只能作为原型进行展示或观摩。但随着该技术的发展，快速成型所制作出来的产品精度有了极大的提高。有些快速成型工艺所制作的产品可以直接应用于生产，成为一种直接制造产品的加工方式。因而现在大多数将其写为快速成形。

4.1.3　快速成型技术的原理与流程

　　与传统制造方法不同，快速成型从零件的 CAD 三维几何模型出发，通过切片软件和成型设备，用特殊的工艺方法（熔融、烧结、粘结等）将材料层层堆积而形成实体零件。因此，快速成型是基于数据离散-物理堆积的思想，将一个三维模型通过切片处理离散成一系列二维层片，在成型设备中逐点、逐面进行材料的堆积成型，加工制造出实物的。快速成型时能够不使用任何工具直接从三维模型快速地制作产品物理原型（样件），这无疑给了设计者充分的设计自由，释放了设计者受限于工艺的约束，使设计者在设计过程中很少甚至不考虑制造工艺技术，设计出任意复杂结构、创新结构、免组装结构，利用三维设计数据在一台设备上可快速而精确地制造出任意复杂形状的零件，解决许多过去难以制造的复杂结构零件的成型，实现了"自由设计，快速制造"——所想即所得。快速成型的这一技术特点，决定了快速成型在产品创新、个性化定制中具有显著的作用。

　　不同的快速成型工艺，虽所使用的材料或加热装置等不同，但实质都是叠层制造，即材料在水平面上移动形成截面形状，一层堆完，再在高度上移动一层，最终形成三维制件。因此，快速成型技术的一般流程可概括为三维模型构建、前处理、快速成型和后处理，如图 4-1 所示。

1. 三维模型构建

构建三维模型有正向设计和逆向设计两种方式。

2. 前处理

前处理包括模型的近似处理、支撑构建和分层切片处理。

（1）模型的近似处理　具体包括了 CAD 模型的 STL 近似处理、STL 模型的检验和修复、STL 模型编辑。

1）CAD模型的STL近似处理。STL文件格式是快速成型最常用的数据交换文件，被誉为"准工业"标准文件。目前快速成型软件一般都接受STL格式的数据文件，因此要对构建的三维CAD模型进行近似处理，用一系列的小三角形平面去逼近原来的CAD模型，将其转化为STL文件格式。目前几乎所有的CAD软件都能够输出这种文件格式。

2）STL模型的检验和修复。无论是由CAD模型转化的STL模型，还是数据采集获取的STL模型，都可能

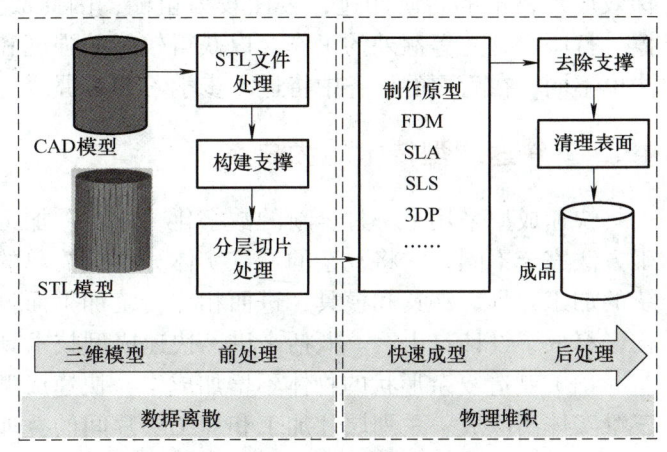

图4-1 快速成型技术的一般流程

存在法矢量错误、间隙、相邻表面错误和顶点错误、重叠面和孤立面等错误和缺陷。因此，需要采用软件对STL模型进行检验，对所出现的错误和缺陷进行修复，以确保切片处理时能得到正确的截面轮廓。

3）STL模型的编辑。在快速成型切片处理软件中，可对导入的模型进行缩放、平移及旋转等操作，以确定成型件的大小、成型位置和成型方向。如果导入模型的大小超出成型范围，则需要对模型进行等比或不等比的缩小；也可根据成型时间的要求对模型进行缩放。导入时的模型底面中心与成型平台的中心重合，利用平移可重新确定摆放位置。导入的模型可绕XYZ三个方向旋转，旋转的方位将决定模型的成型方向。成型方向的选择十分重要的，不但影响着成型时间和效率，更影响成型过程中支撑的形成以及成型件的表面质量。

（2）支撑构建　由于快速成型层层叠加的特点，鉴于目前多数工艺采用向上堆积的成型方式，下一层将作为上一层成型的基础，因此有些悬空部位需要额外的添加一些结构，以辅助上一层的成型。这些额外添加的结构以辅助打印的部分，就称之为支撑。对于倒悬空的工件，需要添加支撑支持悬空部件。一般支撑部分的结构比较稀松，以方便去除。

（3）分层切片处理　分层切片处理是指沿着成型方向（一般是Z向，垂直于工作平台）用一系列垂直于成型方向的等距平面（一般指XY平面）切割模型，以便提取截面的轮廓信息。等距平面的间隔即层厚，一般取为0.05~0.5mm。间隔越小，成型精度越高，但成型时间也越长，效率就越低；反之则精度低，效率高。快速成型软件将得到的轮廓信息，进一步规划路径，处理成快速成型打印文件，如"GCODE"文件，保存于SD卡或直接发送给快速成型设备。

3. 快速成型

在计算机控制下，成型设备相应的成型头（激光头或喷头）依据切片处理后文件的打印指令进行扫描运动，在工作台上一层一层地堆积材料，每一层包括填充、轮廓和支撑，直至完成，最终得到成型的原型件。不同的快速成型工艺采用的材料、喷头或激光不同，但其层层叠加成型的实质是一样的。

4. 后处理

成型后辅助成型的支撑必须去除。根据所使用的成型材料和不同的成型工艺，去除支撑的方法会有所不同。另外，也是由于快速成型层层叠加的特点，成型件的外观都有所谓"阶

梯效应"留下的台阶印迹，表面较为粗糙，因此成型件从设备中移出后，需要进行去除支撑、打磨、抛光等额外的工作，以获得较好的强度和表面质量。不同的成型工艺后处理的方法也不同，在后面的任务中将进一步学习和掌握。

4.1.4 快速成型技术的优缺点

快速成型采用了一种全新的数字化"增材"加工方法，与传统的"减材"和"等材"加工方法完全不同，它将复杂的三维实体分解成简单的平面二维加工的堆积，因此它不需要传统的加工刀具、夹具和模具，进而相比传统加工而言，能够加工传统方法无法加工的奇异结构，释放了设计自由度。概括来讲，快速成型技术具有以下优势：

（1）制造复杂形状的物体不增加成本　快速成型技术由于采用分层制造工艺，将复杂的三维实体离散成一系列层片加工和加工层片间的叠加，因此，从理论上讲，可以加工制造任何复杂的中空结构且不存在三维加工刀具干涉的问题，降低了产品制造工艺及工装的复杂程度。任何复杂物体在快速成型设备上都可以制造出来，无须添加工夹具和新设备。换句话说就是产品的单价与其复杂程度无关，如图4-2a所示。

（2）一体化制造，不需装配　快速成型使部件一体化成型成为可能，例如可以同时打印一扇门及上面的配套铰链，不需要组装。这样的制作可以省略组装环节，从而缩短了产品供应链，节省了劳动力和运输成本。同时供应链越短，污染也越少。

（3）按需制造成为可能　快速成型技术在成型过程中不需要模具、刀具和特殊工装，对工艺、机床和人力的要求降低。对于不同的零件，只要建立CAD模型，它直接从计算机图形数据就可以快速成型出具有一定精度和强度并满足一定功能的原型和零件。该技术可以将传统批量生产所需的几周到几个月的生产周期缩短到几天。这样企业不再需

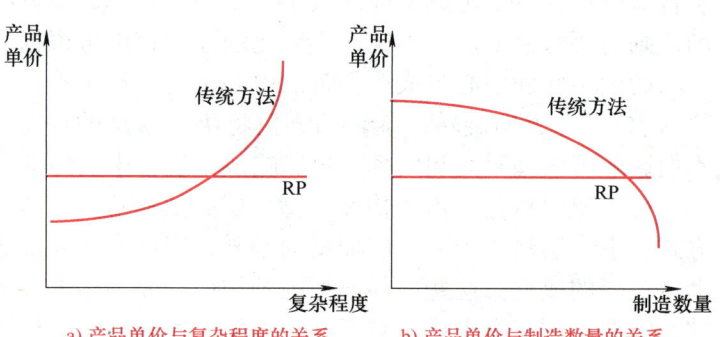

a) 产品单价与复杂程度的关系　　b) 产品单价与制造数量的关系

图4-2　快速成型与传统制造方法的产品单价比较

要持有大量备件，在需要时就可以方便及时地制造出该零件，使按需制造成为可能。同时，这个特点也使得低成本、大规模的个性化定制成为可能，如图4-2b所示。

（4）材料利用率提高　与传统的金属制造技术相比，快速原型技术制造产品时产生较少的废料，材料的利用率较高。且随着打印材料的进步，"净成型"或"近净成型"制造成为可能，也使得快速成型成为更环保的加工方式。

（5）释放了设计自由度　与传统方法相比，快速成型给设计师带来的最大优势之一就是设计自由。采用快速成型技术，设计师将不再受到工艺的限制，任何复杂的空间几何形状物体都可以按其想法精确地制造出来，真正实现了"所想即所得"。

（6）真正实现拓扑优化　拓扑优化已经存在很长时间，但由于拓扑优化得到的复杂设计无法通过传统制造方法来实现，因此，拓扑优化很久都没有得到广泛的应用。快速成型技术可以制备拓扑优化得到的复杂结构，使轻量化得以实现。这对航空航天领域的意义重大，因为在该领域，任何零件重量的减轻都可以节省大量燃料。

（7）便携制造、清洁环保　与传统制造设备相比，快速成型设备的制造能力更强，可以生产与打印平台一样大的物品，甚至比自身还要大的物品。该设备调试好后，还可以自由移动。较小的物理空间和较高的单位空间生产能力，以及所使用材料清洁绿色，使得快速成型设备适合家用或办公使用。

快速成型技术所具有的上述优势，使得该技术问世以来，在很多行业中得到了广泛应用，对促进企业产品创新、缩短产品开发周期、提高产品竞争力有积极的推动作用。当然，该技术也具有如下的一些缺点：

（1）存在台阶效应，加工精度不高　快速成型件是通过层层堆积形成的，每一层都有厚度，因此，分层制造后存在"台阶效应"。每一层的厚度虽然很薄，但在一定微观尺度下，仍形成具有一定厚度的一级级"台阶"。因此，若加工对象为曲面，就会造成精度上的偏差。这种"原理性误差"决定了该技术的加工精度难以企及传统的减材制造方法。

（2）所能使用的材料有限　目前快速成型技术所能使用的材料非常有限，仅有石膏、无机粉料、光敏树脂、塑料、低温合金金属等。这也使得快速成型技术的应用受到了一定程度的限制。因此，开发新材料及新工艺将是快速成型技术未来发展的方向之一。

任务4.2　熟知快速成型技术典型工艺

任务引入

快速成型的工作原理是将计算机内的三维数据模型进行分层切片得到各层截面的轮廓数据，计算机据此控制激光器或喷嘴，堆积出每层截面形状；再通过成形平台或喷头装置的运动，构成三维结构从而制造出实物。经过多年的发展，基于该工作原理，已发展出多种快速成型工艺。下面一起来了解不同快速成型工艺的成型原理、特点和应用。

任务分析

要了解不同快速成型工艺技术及特点应用，先要了解各种工艺的工作原理，其所用材料、应用范围，以及其优缺点。

难点和重点

难点：如何区分各种快速成型工艺的技术特点？
重点：了解几种典型快速成型技术的工艺原理。

任务实施

4.2.1　快速成型技术的分类

快速成型技术有多种成型工艺，有些快速成型工艺已经商业化，有些还未商业化，而有些工艺只是刚刚提出。根据 Medellin-Castillo 等人基于成型工艺提出的一种快速成型技术分类方法（图4-3），快速成型技术的工艺可以分为：固化成型工艺、片材成型工艺、熔融成型工艺、烧结成型工艺、粘结成型工艺、拼接成型工艺和生物组织制造工艺。另外，根据成型材料的类型,又可以分为:液态材料成型工艺、粉末材料成型工艺和固体片材成型工艺。

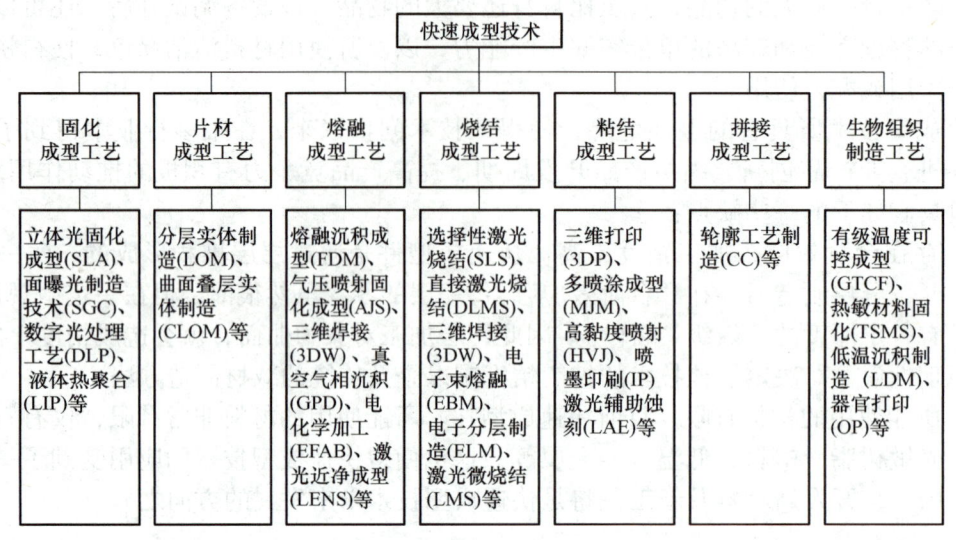

图 4-3　快速成型工艺分类

在这里将详细介绍几种典型的成型工艺:固化成型中的立体光固化成型 SLA、数字光处理 DLP、掩膜光固化 LCD,片材成型的分层实体制造 LOM,烧结成型的选择性激光烧结 SLS,熔融成型的熔融沉积成型 FDM,粘结成型的三维打印 3DP 和喷墨印刷 IP。考虑金属类增材制造成型件的直接应用越来越广泛,将单独作为一个任务列出。

4.2.2　固化成型工艺

固化成型中以立体光固化 SLA、数字光处理 DLP、掩膜光固化 LCD 最为典型,下面一一阐述。

1. 立体光固化成型(SLA)

立体光固化成型(Stereo Lithography Apparatus,SLA),常被称为立体光刻成型、立体印刷成型。1984 年,Chuck Hull(查克·赫尔,被誉为"3D 打印技术之父")撰写的该工艺获美国专利,并于 1986 年制造出世界上第一台快速成型商用设备。SLA 是最早出现的一种快速成型技术,也是目前最为成熟和广泛应用的快速成型工艺之一。

(1)立体光固化成型的基本原理　SLA 工艺的成型过程如图 4-4 所示。液槽中盛满液态光敏树脂(有环氧树脂和丙烯酸树脂等),在控制系统的控制下,一定波长和强度的紫外激光按零件的各分层截面信息,在光敏树脂表面进行逐点扫描。被扫描区域的树脂薄层产生光聚合反应而固化,形成零件的一个薄层。一层固化完毕后,升降台下移一个层厚的距离,以使在原先固化好的树脂表面再敷上一层新的液态树脂,然后刮板将黏度较大的树脂液面刮平,进行下一层的扫描加工。新固化的一层牢固地粘结在前一层上,如此重复,直至整个零件制造完毕,得到一个三维实体原型。当实体原型完成后,取出实体,排净多余的树脂。待完全固化后,即可获得成型件。

(2)立体光固化成型工艺的特点　光固化成型(SLA)技术适合于制作中小型工件,所制作的原型可以达到机磨加工的表面效果,可用来直接制造树脂或类似工程塑料的产品,如图4-5所示。SLA具有以下优点：

1）尺寸精度高。SLA的加工精度可以达到±0.1mm。

2）表面质量较好。虽然在每层固化时侧面及曲面可能出现台阶，但上表面仍可得到玻璃状的效果。

3）可以制作结构十分复杂、尺寸比较精细的模型。

4）可以直接制作面向熔模精密铸造的具有中空结构的消失模。

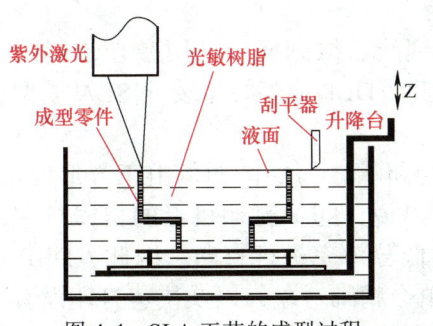

图4-4 SLA工艺的成型过程

图4-5 SLA制作的原型

当然，该方法还存在许多缺点，主要有：

1）尺寸稳定性差。成型过程中伴随着物理和化学变化，导致软薄部分的翘曲变形，因而极大地影响成型件的整体尺寸精度。

2）需要设计工件的支撑结构，否则会引起成型件变形。支撑结构需在未完全固化时手工去除，容易破坏成型件。

3）设备运转及维护成本较高。由于液态树脂材料和激光器的价格较高，并且为了使光学元件处于理想的工作状态，需要进行定期的调整，费用较高。

4）可使用的材料种类较少。目前可用的材料主要为感光性液态树脂材料，并且在大多数情况下，不能进行抗力和热量的测试。

5）液态树脂具有气味和毒性，并且需要避光保存，以防止提前发生聚合反应，选择时有局限性。

6）需要二次固化。在很多情况下，经快速成型系统光固化后的原型树脂并未完全被激光固化，所以通常需要二次固化。

7）液态树脂固化后的性能不如常用的工业塑料，一般较脆易断裂，不便进行机加工。

2. 数字光处理技术（DLP）

（1）数字光处理技术基本原理 数字光处理（Digital Light Proceing，DLP）主要是通过投影仪投射可见光，来逐层固化光敏聚合物液体，从而得到快速成型件。在图4-6所示的DLP设备中包含一个可以容纳树脂的液槽，用于盛放可被特定波长的紫外光照射后固化的树脂，DLP成像系统置于液槽底部，通过能量及图形控制，每次可固化一定厚度及形状的薄层树脂。液槽上方有一个升降机构，每次截面曝光后提升一定高度，使得当前完成的固态树脂与液槽底面分离并粘结在提拉板或上一次成型的树脂层上。这样，通过逐层曝光并提升生成三维实体。

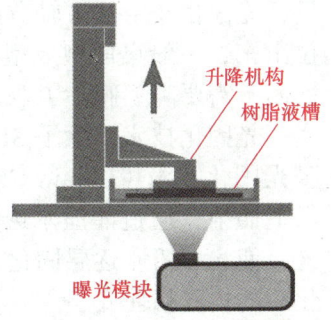

图4-6 DLP成型原理

数字光处理DLP技术采用倒立的成型方式，改变了常用的层层向上叠加的成型模式，使成型件的高度不受液槽中光敏树脂材料液面的限制，拓宽了可成型件的高度。同时，也减少了光敏树脂的使用量。

（2）DLP 与 SLA 的区别　DLP 与 SLA 技术非常相近，属于"液态树脂光固化成型"技术，是近期发展起来的一门新工艺。但两者除了上述的成型方向不同外，还存在如下的区别：

1）光源不同。DLP 使用高分辨率数字光处理器（投影仪来照射打印平台上每一层的单一图像），而 SLA 采用激光点聚焦到液态光聚合物上。

2）成像技术不同。SLA 在成型时一般都是点到线、线到面，采用激光绘制图层，而 DLP 则是采用投影绘制图层，一面一面地成型。因此，DLP 成型技术要比 SLA 成型技术快很多。

3）适用场合不同。因为 DLP 的投影图像是数字屏幕，每层的图像由正方形像素组成，导致每一层由称为像素的小矩形方块所形成。也就是说，DLP 打印机上的精密打印，只能使用整个打印区域的一小部分，大型模型只能通过低分辨率进行打印。因此，DLP 不适合打印满版的高分辨率部件，仅适合一次打印小型的单个精细对象，以及快速打印没有太多细节的大型对象。而 SLA 则能够在这个成型区域中保持一致的高分辨率，打印出大型的精细成型件。因此，DLP 更多的作为桌面级打印机，打印速度快，且没有传统成型系统喷头堵塞的问题。而 SLA 可用于工业级成型设备，可成型大型的精细件。

图 4-7 所示为 DLP 成型件的案例。

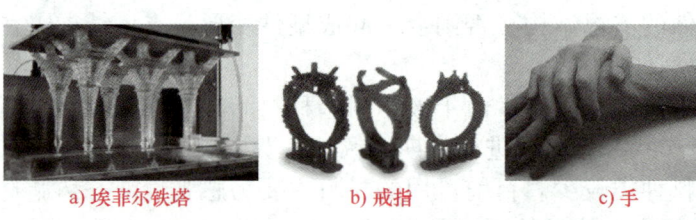

a）埃菲尔铁塔　　　　b）戒指　　　　c）手

图 4-7　DLP 成型案例

3. 掩膜光固化技术（LCD）

光固化主流技术，第一代为 SLA，是利用紫外激光（波长为 355nm 或 405nm）为光源，用振镜系统来控制激光光斑扫描，使扫过之处的液体树脂选择性被固化。第二代是 DLP，利用紫外数字投影技术，通过数字微镜技术，选择性地将面光源（波长为 405nm）的紫外光投射到液态树脂上使之固化，其中包括大名鼎鼎的速度快 100 倍的 CLIP 连续打印技术。可见，光固化技术的 Z 轴方向分为两种方案：一种是光源在下，通过窗口和离型膜，成型往上拉出来，一般桌面型成型机常采取该方案；另一种是光源在上，成型部分下沉到液面以下，液面不需要离型膜，工业大型成型机采用的都是该方案。

光固化技术，除了 SLA 激光扫描和 DLP 数字投影外，目前形成了一种新的技术——掩膜光固化技术（Liquid Crystal Display，LCD）。即采用波长为 405nm 紫外光为光源，由下向上照射，通过菲涅尔透镜将发散光变为平行光，垂直射穿 LCD 液晶屏，让成型的地方透光，使光敏树脂逐层固化，其技术原理如图 4-8 所示。在该成型中，离型膜的作用是避免固化后的树脂粘住底层。

LCD 掩膜光固化技术，最简单的理解就是将 DLP 技术的光源用 LCD 技术的光源来代替。其技术关键涉及三点：一是 LCD 液晶屏，因为在成型过程中，要求画面能精准到每一个像素；二是离型膜，不仅要求其透光性高（紫外光通过率达92%），而且要求耐用（可离型一万次以上）；三是提供光敏树脂固化所需要的紫外线LED灯。

掩膜光固化技术（LCD）的研制是从2013年开始的，第一台商业用LCD 3D打印机ibox nano出现在2014年，是通过一个较为成功的kickstarter众筹项目研制的。该打印机是迄今为止最小最轻的3D打印机，如图4-9所示。

经过近几年的发展，依据采取不同屏幕作为透光掩膜，已有多款LCD 3D打印机研制面世。这类打印机都具有如下的共同优点：

1）精度高。LCD掩膜光固化技术，很容易达到平面精度100μm，明显优于第一代SLA技术，和目前桌面级DLP技术有可比性。

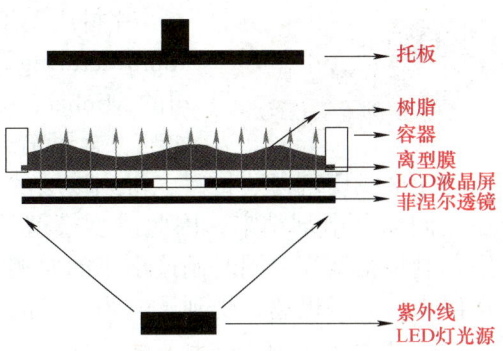

图4-8　LCD掩膜光固化技术原理示意图

2）价格便宜。对比前代技术的SLA和DLP，LCD性价比极其突出。

3）结构简单。因为没有激光振镜或投影模块，结构很简单，容易组装和维修。

4）树脂通用。由于采用波长为405nm的紫外光，所有DLP类的树脂或者大部分光固化树脂理论上都可以兼容。

5）成型速度快。由于是面成型光源，成型速度快，在同时打印多个零件时不牺牲速度。

但该类打印机还存在如下的缺点：

1）LCD液晶屏可选范围少。所选的LCD液晶屏需要对波长为405nm光具有很好的透光性。

2）LCD液晶屏易老化。在打印过程中，LCD液晶屏要经得住几十瓦405LED灯珠的数小时高强度烘烤，要经受散热和耐热性能的考验，因此，LCD液晶屏很容易老化，是易耗件。

3）打印尺寸偏小。

目前，该技术在珠宝首饰、牙科模型、动漫手办、建筑模型等方面获得了较好的应用，如图4-10所示。

图4-9　ibox nano 3D打印机

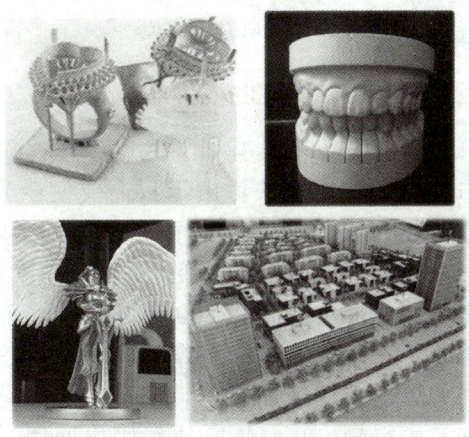

图4-10　LCD成型案例

4.2.3 片材成型工艺

4-3
LOM 成型原理及工艺特点

片材成型工艺中最为典型的是分层实体制造（Laminated Object Manufacturing，LOM）或叠层实体制造。LOM 是由美国 Helisys 公司的 Michael Feygin 于 1986 年研制成功的。LOM 法采用薄片材料，如纸、金属箔、塑料薄膜等，由计算机控制激光束，按模型每层的内外轮廓线切割薄片材料，得到该层的平面形状，并逐层堆放成零件原型。在堆放时，层与层之间以黏结剂粘牢，因此成型模型无内应力、无变形，成型速度快、不需支撑、成本低廉，制件精度高。同时制造出来的原型具有外在的美感和一些特殊的品质，因此该工艺自问世以来，发展迅速，受到了较为广泛的关注。

1. 分层实体制造的基本原理

LOM 成型原理如图 4-11 所示。片材表面事先涂覆上一层热熔胶，加工时，热压辊热压片材，使之与下面已成型的工件粘接，用 CO_2 激光器在刚粘接的新层上切割出零件截面轮廓和工件外框，并在无轮廓区切割成上下对齐的小方网格以便在成型后能剔除废料。网格越小，越容易剔除废料，但花费的时间越长。激光切割完成后，工作台带动已成形的工件下降，与带状片材（料带）分离；供料机构转动收料轴和供料轴，料带移动，使新层移到加工区域；工作台下降到加工平面；热压辊热压，工件的层数增加一层，高度增加一个料厚；再在新层上切割截面轮廓。如此反复直至零件的所有截面粘接、切割完毕，得到分层制造的实体零件。图 4-12 所示为成型件处理前后的图片。

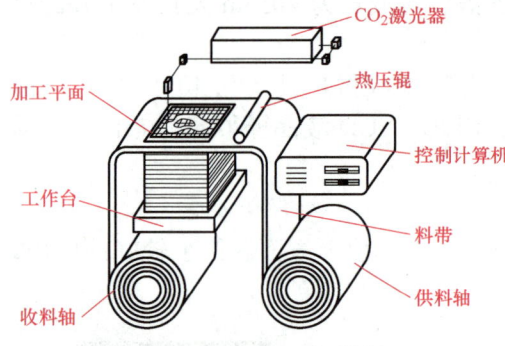

图 4-11　LOM 成型原理

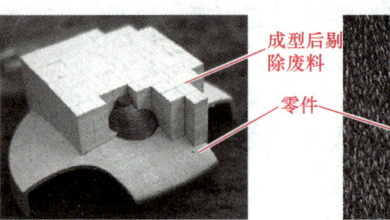

图 4-12　LOM 原型件

2. 分层实体制造工艺的特点

LOM 成型工艺具有如下优点：

1）成型速度较快。由于只需要使激光束沿着物体的轮廓进行切割，不需要扫描整个断面，所以成型速度很快，因而常用于加工内部结构简单的大型零件。

2）原型精度高，翘曲变形较小。

3）制件能承受高达 200℃的温度，有较高的硬度和较好的力学性能。

4）不需设计和制作支撑结构。

5）可进行切削加工。

6）废料易剥离，不需要后固化处理。

7）可制作尺寸大的制件。

8）原材料价格便宜，原型制作成本低。

但是，LOM 成型技术也有不足之处：

1）不能直接制作塑料工件。

2）工件（特别是薄壁件）的抗拉强度和弹性不够好。

3）工件易吸湿膨胀，因此，成型后应尽快进行表面防潮处理（树脂、防潮漆涂覆等）。

4）工件表面有台阶纹理，难以构建形状精细、多曲面的零件，仅限于结构简单的零件，因此，成型后需进行表面打磨。

根据以上介绍可知，LOM 工艺适合制作结构简单的大中型原型件，翘曲变形较小，成型时间较短，成型件有良好的力学性能，适合于产品设计的概念建模和功能性测试零件。且由于制成的零件具有木质属性，特别适合于直接制作砂型铸造模，具有广阔的应用前景。

4.2.4　烧结成型工艺

4-4 SLS 成型原理及工艺特点

烧结成型工艺是利用激光、电子束等作为热源，在高温情况下，将打印材料中低熔点部分熔化，形成固态层，其中最为典型的是选择性激光烧结（Selected Laser Sintering，SLS），又称为选区激光烧结、粉末材料选择性激光烧结等，由美国德克萨斯大学奥斯汀分校的 C.R. Dechard 于 1989 年研制成功。与其他 RP 方法相比，SLS 最突出的优点在于它所使用的成型材料十分广泛。目前，可成功进行 SLS 成型加工的材料有石蜡、高分子、金属、陶瓷粉末和它们的复合粉末材料。SLS 的原理与 SLA 十分相似，主要区别在于所使用的材料及形状。SLA 所用的材料是液态的紫外光敏可凝固树脂，而 SLS 则使用粉状的材料。采用该技术不仅可以制造出精确的模型和原型，还可以成型金属零件作为直接功能件使用。由于 SLS 成型材料品种多、用料节省、成型件性能分布广泛，且 SLS 成型不需要设计和制造复杂的支撑系统，所以 SLS 的应用越来越广泛，尤其是用于金属件的直接制造。

图 4-13 所示为用 SLS 技术制作的 250 型双缸摩托车气缸头原型。

1. 选择性激光烧结的基本原理

SLS 工艺是利用粉末材料（金属粉末或非金属粉末）在激光照射下烧结的原理，在计算机控制下层层堆积成型。如图 4-14 所示，SLS 成型装置由粉末缸和成型缸组成，工作时供粉活塞（送粉活塞）上升，由铺粉辊将粉末在成型活塞上均匀铺上一层，计算机根据原型的切片模型控制激光束的二维扫描轨迹，有选择地烧结固体粉末材料以形成零件的一个层面。完成一层后，工作活塞下降一个层厚，铺粉系统铺上新粉，激光束再扫描烧结新层。如此循环往复，层层叠加，直到三维零件成型。最后，将未烧结的粉末回收到粉末缸中，并取出成型件。对于金属粉末激光烧结，在烧结之前，整个工作台被加热至一定温度，可减少成型中的热变形，利于层与层之间的结合。粉末受热产生收缩、气化和变形，激光加工参数对制件的性能以及精度会产生很大的影响。激光烧结成型的质量主要包括成型强度与成型精度。在 SLS 工艺中，成型强度由制件烧结密度来决定，制件烧结密度也直接影响着制件后处理质量的好坏。

2. 选择性激光烧结工艺的特点

粉末材料选择性激光烧结工艺适用于产品设计的可视化和制作功能测试零件，具有如下的优点：

1）可以采用多种材料。从理论上说，任何加热后能够形成原子间粘结的粉末材料都可以作为 SLS 的成型材料（包括类工程塑料、蜡、金属、陶瓷等）。当采用各种不同成分的金属粉末作为成型材料，所制作的成型件可进行烧结、渗铜等后处理，因而其制成的产品可具有与金属零件相近的力学性能。

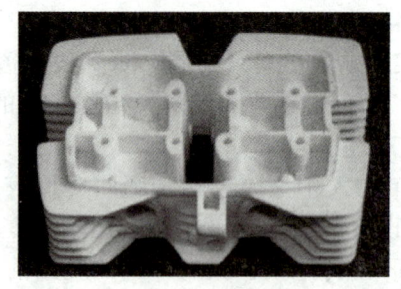

图 4-13　用 SLS 技术制作的 250 型双缸摩托车气缸头原型

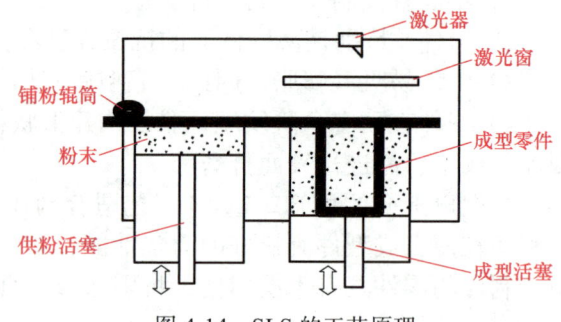

图 4-14　SLS 的工艺原理

2）制作过程与零件复杂程度无关，制件的强度高。
3）材料利用率高，未烧结的粉末可重复使用，材料无浪费。
4）不需支撑结构。
5）与其他工艺相比，能生产较硬的模具。

由于激光烧结速度很快，粉末熔融后来不及充分相互扩散和融合，会大大影响成型件的强度，需采用适当的后处理工艺来提高成型件的强度。因此 SLS 快速成型技术也具有如下的缺点：

1）成型件结构疏松、多孔，且有内应力，易变形。
2）生成陶瓷、金属制件的后处理较难，且麻烦。
3）成型表面粗糙多孔，并受粉末颗粒大小及激光光斑的限制。
4）成型过程产生有毒气体和粉尘，污染环境。

4.2.5　熔融成型工艺

4-5 FDM 成型原理及工艺特点

熔融成型工艺中的熔融沉积制造（Fused Deposition Modeling, FDM）应用最为广泛。FDM 也称熔融挤出成型，是继光固化快速成型和分层实体制造工艺后的另一种应用比较广泛的快速成型工艺。FDM 所使用的材料一般是热塑性丝状材料，如蜡、ABS、PC、尼龙等。成型时不依靠激光作为成型能源，而是利用加热器件将各种丝材加热到熔点，进行熔化堆积成型。因此，FDM 成型设备结构简单，设备成本低，安全性较好；FDM 所使用的材料无毒且易于回收，制作的模型强度适中，因此被广泛应用于桌面式快速成型设备。该技术的出现，对快速成型技术的推广和大众化起到了很好的推动作用。图 4-15a 所示为 FDM 工艺制作的挖掘机模型，图 4-15b 所示为 FDM 工艺制作的手动工具模型。

1. 熔融沉积制造的基本原理

熔融沉积制造的基本原理如图 4-16 所示。成型时，材料在喷头内被加热熔化，加热喷头在计算机的控制下，根据切片分层的层面信息，作 X-Y 平面运动，热塑性丝状材料由供丝机构送至热熔喷头，并在喷头内加热，熔化成半液态，然后被挤压出，有选择性地涂覆在工作台上，快速冷却后形成一层薄片轮廓。一层截面成型完成后工作台下降一定高度，再进行下一层的熔覆。如此循环，一层层截面轮廓被喷头"画出"，最终形成三维产品零件。当形状发生较大变化（如悬空部位），涂覆的前层轮廓就不能给当前层提供充分的定位和支撑作用，这就需要设计一些辅助结构（被称为支撑），以保证成型过程的顺利实现。

图4-16所示的FDM工艺设备，采用的是单喷头，即制作原型和支撑使用的是同一个喷头。这样堆积支撑不仅占用了一定的成型时间，而且支撑具有和原型相同的材料硬度和强度，增加了后处理的难度和加工成本。为了节省材料成本，提高成型效率，便于后处理，新型FDM设备采用了双喷头结构，如图4-17所示。一个喷头专用于沉积模型材料，另一个喷头用于沉积支撑材料。一般来说，模型材料丝精细而且成本较高，沉积的效率较低。而支撑材料丝较粗且成本较低，一般采用水溶性的材料，沉积的效率较高。双喷头的优点是除了沉积过程中具有较高的沉积效率和降低模型制作成本以外，还可以灵活地选择具有特殊性能的支撑材料，以便后处理过程中支撑材料的去除，如采用水溶性材料、低于模型材料熔点的热熔材料。

a）挖掘机

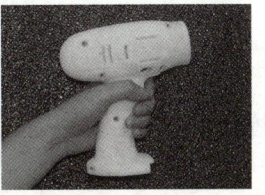
b）手动工具

图4-15 FDM制作的原型　　　　　　　图4-16 单喷头FDM的工艺原理

随着技术的发展，除了单喷头、双喷头的FDM工艺设备外，市场上也出现了多喷头FDM工艺设备。图4-18所示为一种5喷头的FDM打印机。多喷头悬挂于一根水平轴上，使用时依据程序选择装用不同材料的喷头。这种调用喷头的方式，类似CNC刀具库中刀具的调用，极大地方便了可溶性支撑物的打印，以及不同颜色的材料或截然不同的材料的打印。

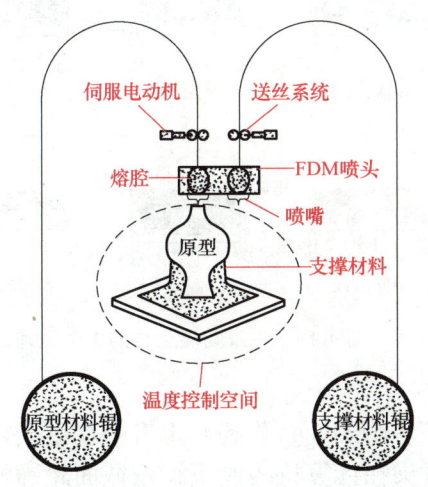

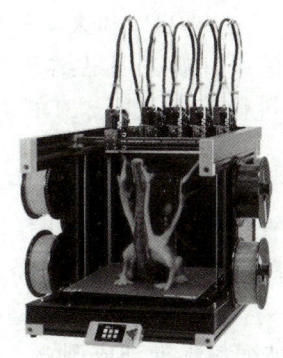

图4-17 双喷头FDM的工艺原理　　　　　图4-18 5喷头FDM打印机

2. 熔融沉积制造工艺的特点

熔融沉积快速成型工艺之所以被广泛应用，是因为它有其他成型方法不具有的许多优点。具体如下：

1）成本低，使用广泛。熔融挤出成型技术用热熔器代替了激光器，设备费用低；另外，原材料的利用率高，使成型成本大大降低。

2）采用多喷头的水溶性支撑，使得去除支撑结构简单易行，可快速构建复杂的内腔、中空零件以及一次成型的装配结构件。

3）成型件的翘曲变形小，成型精度较高，因此适合制作结构简单的大中型原型件，且成型件有良好的力学性能，因此适合于制作概念模型和功能性测试零件。

4）原材料以材料卷的形式提供，易于搬运和快速更换。

5）原材料可选择范围广，如可选用不同颜色的 ABS、PC、PLA 以及医用 PEEK 等。使用材料无毒，易于回收，且成型过程中材料无化学变化，符合绿色制造的理念。

6）可用于制作模具。如用蜡成型的原型零件，可直接用于熔模铸，具有广阔的应用前景。

当然，FDM 成型工艺与其他快速成型工艺相比，也存在着许多缺点，主要有：

1）成型件的表面有较明显的条纹。

2）沿成型轴垂直方向的强度比较弱。

3）需要设计与制作支撑结构。

4）需要对整个截面进行扫描涂覆，成型时间较长。

4.2.6 粘结成型工艺

粘结成型工艺是以某种喷头作为主要的成型源，其运动方式与喷墨打印机的打印头类似，但喷头吐出的材料不是墨水，而是黏结剂或液态的光敏材料等。依据其使用材料的类型及固化方式，粘结成型工艺以粉末材料的三维打印、喷墨印刷最为典型。

1. 三维打印（3DP）

（1）三维打印的基本原理 三维打印又称三维喷涂粘结快速成型工艺（Three Dimensional Printing and Gluing，3DP），是由美国麻省理工学院开发成功的。该工艺与 SLS 工艺类似，采用粉末材料成型，如陶瓷粉末、金属粉末、塑料粉末等。所不同的是材料粉末不是通过烧结连接起来的，而是通过喷头用黏结剂将零件的截面印刷"在材料粉末"上面。3DP 的工艺原理如图 4-19 所示，首先铺粉机构在工作平台上铺上所用材料的粉末，喷头在计算机的控制下，按照截面轮廓的信息，在铺好的一层层粉末材料上，有选择性地喷射黏结剂，使部分粉末粘结，形成截面轮廓。一层成型完成后，成型缸下降一个距离（等于层高），供粉缸上升一高度，推出若干粉末，并被铺粉辊推到成型缸，铺平并被压实，喷头在计算机控制下，按截面轮廓的信息喷射黏结剂建造层面。铺粉辊铺粉时多余的粉末被集粉装置收集。如此周而复始地送粉、铺粉和喷射黏结剂，最终完成一个三维粉体的粘结。

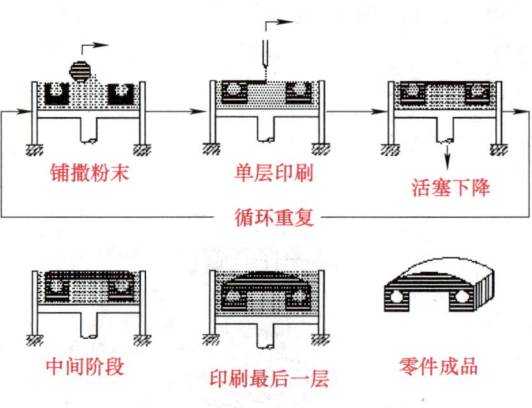

图 4-19 三维喷涂粘结的工艺原理

（2）3DP 工艺的特点

1）设备成本低，不需复杂昂贵的激光系统。

2)成型速度快,成型喷头一般具有多个喷嘴,喷射黏结剂的速度比 SLS 或 SLA 单点逐线扫描速度快得多。

3)成型材料价格低,适合做桌面型的快速成型设备。

4)在黏结剂中添加颜料,可以制作彩色原型,这是该工艺最具竞争力的特点之一。图 4-20a 所示为无色胶水打印的实体,图 4-20b 所示为彩色胶水多喷头打印的实体。

5)成型过程不需要支撑,没有被喷射黏结剂的地方为干粉,在成型过程中起支撑作用,且成型结束后,多余粉末的去除比较方便,特别适于制作内腔复杂的原型。

但成型件的强度较低,只能做概念性模型,而不能做功能性试验。

a) 无色胶水　　　　b) 彩色胶水

图 4-20　三维喷涂粘结制作的原型

2. 喷墨印刷成型

喷墨印刷(Ink Printing,IP)又称喷墨式三维打印。设备的喷头部分由一系列阵列式喷头构成,与喷墨式打印机的打印头相像,只不过喷射出来的不是粘结材料,而是成型材料,如可以熔化的热塑性材料、蜡等。与喷涂粘结工艺显著不同之处是其累积的叠层不是通过铺粉后喷射黏结剂固化形成的,而是通过喷射液态材料在 UV 紫外光照射下,瞬间凝固而形成一薄层。该工艺是 Object Geomatries 公司于 2007 年发布的,依据其基本的喷墨打印原理、不同的喷射技术及有关专利,制造商们开发了各自的三维快速成型打印机。

多喷嘴喷射成型(PolyJet 3D)是喷墨式三维打印设备的主要成型方式,喷嘴呈线性分布,成型原理(图 4-21)为:阵列式喷头做 X-Y 平面运动,工作台做垂直运动。当光敏聚合材料通过阵列式喷头被喷射到工作台上后,UV 紫外光灯将沿着喷头工作的方向发射出 UV 紫外光对光敏聚合材料进行固化。与前面的逐点、逐线固化完全不同,这种固化方式不仅一次可固化成型一个阵列式喷头所覆盖的层面区域,而且固化几乎同步,大大减少了快速成型传统工艺中后处理所需的大量工作,提高了成型效率。这样通过多次反复,直至成型件的完成。熔滴直径的大小决定了其成型的精度或打印分辨率,喷嘴数量的多少决定了成型效率的高低。

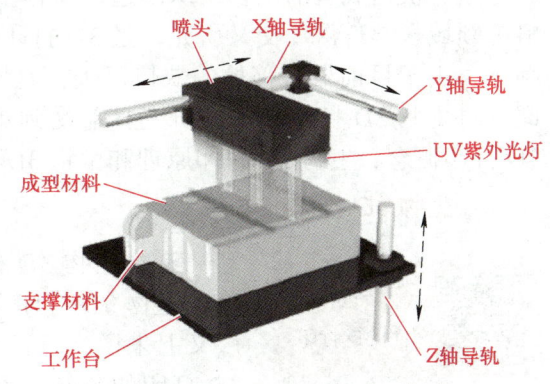

图 4-21　喷墨式三维打印的工艺原理

PolyJet 3D 打印技术具有快速原型制造方面的诸多优势。主要优点为:

1)质量高。最小层高可达 16μm。较高的分辨率可以确保获得流畅、精确而且非常完美的部件与模型。

2）精确度高。精密喷射与构建材料性能可保证细节精细,更易获得薄壁件。

3）清洁。适合于办公室环境,采用非接触树脂载入/卸载,容易清除支持材料,容易更换喷射头。

4）快捷。多个喷嘴在全宽度上的高速光栅构建,可实现快速的流程,并且不需事后凝固。

5）多用途。材料品种多样,包括数百种色彩鲜亮的刚性不透明和橡胶类材料、透明与带色彩的半透明材料、类聚丙烯材料以及用于在牙科和医学行业的专用光敏树脂,如图4-22所示,可适用于不同几何形状、力学性能及颜色的部件。

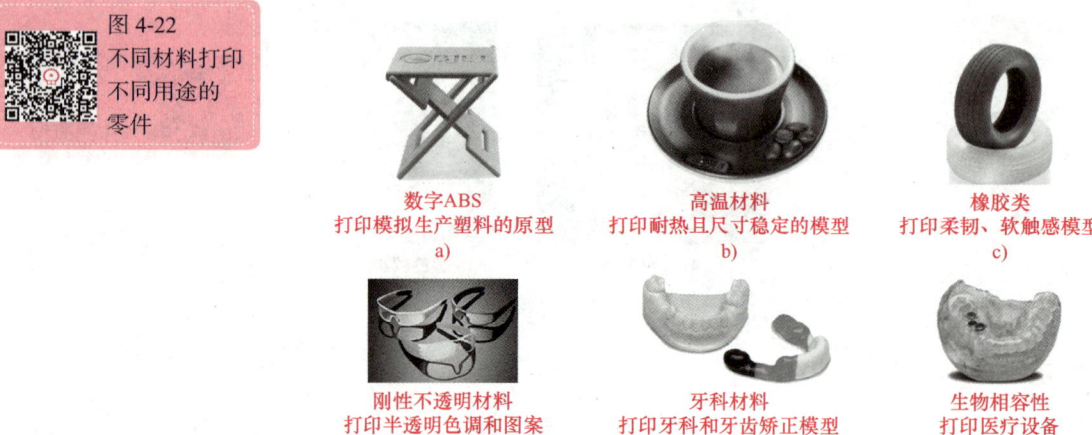

图 4-22　不同材料打印不同用途的零件

4.2.7　生物组织制造工艺

基于快速成型的生物组织制造,简称生物3D打印,属于典型的医学、生物、机械、材料等领域多学科深度交叉研究,是3D打印技术与生物医疗相结合所发展出的一个新兴研究领域。由于目前器官移植的缺口巨大,且医学机理机制研究需要更为精准的体外模型,因此,对生物3D打印技术的研究日益受到重视,新的研究成果不断出现。这里将概述生物3D打印概念、生物3D打印原理和生物3D打印工艺。

1. 生物3D打印概念

随着生物3D打印的发展,其概念也在不断地延伸拓展。目前,生物3D打印可以分为广义3D打印和狭义3D打印两个概念。广义上来说,直接为生物医疗领域服务的3D打印都可以视为生物3D打印的范畴,可分为四个层次。第一层次为制造无生物相容性要求的结构,如手术导板；第二层次为制造有生物相容性要求的不可降解的制品,如钛合金关节、缺损修复的硅胶假体等；第三层次为制造有生物相容性要求的可降解的制品,如活性陶瓷骨、可降解的血管支架等；第四层次就是狭义生物3D打印,即操纵细胞构建仿生三维组织,如打印药物筛选及病变机理研究用的细胞模型、肝单元、皮肤、血管等。在维基百科上,生物3D打印词条采用了狭义的概念。本章也基于狭义的定义来讲述生物3D打印。

2. 生物 3D 打印原理

生物 3D 打印是将生物材料（水凝胶等）和生物单元（细胞、DNA、蛋白质等）按仿生形态学、生物体功能、细胞生长微环境等要求，用 3D 打印的手段制造出具有个性化的生物功能结构体的制造方法，如图 4-23 所示。

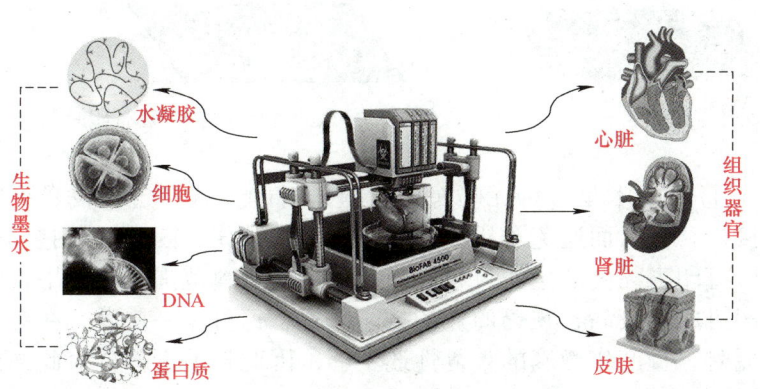

图 4-23　生物 3D 打印原理

与传统制造方法相比，生物 3D 打印有三个显著特点：材料变为载细胞的水凝胶材料（称为生物墨水），成型变为水凝胶所特有的交联成型，加工后处理变为细胞的功能化诱导。因此，从制造角度来看，生物 3D 打印面临两个难题：一是控形，即需要寻找合适的水凝胶材料并开发稳定的打印工艺，以确保载细胞的水凝胶利用交联特性精确成型；二是控性，即需要提供给打印结构体特定的生长环境并进行功能化诱导，使得独立的细胞个体合成有功能的组织。现在的研究大都围绕解决这两个难题，从材料、工艺、装备、应用四个方面努力实现生物 3D 打印技术的突破。

3. 生物 3D 打印工艺

根据成型原理和打印材料的不同，生物 3D 打印可细分为：喷墨式、激光直写式、挤出式和光固化式打印等。

（1）喷墨式生物 3D 打印　喷墨式生物 3D 打印与传统的 2D 喷墨打印系统类似，其利用压电或热力驱动喷头，将生物墨水分配成一系列的微滴，如图 4-24 所示，经过层层打印，成型含有细胞的三维结构。在该过程中，微滴是成型的基本单元，如何保证微滴相互粘结融合非常重要。

由于可以将商用的喷墨打印机改造成三维的喷墨式生物 3D 打印机，因此，喷墨式生物 3D 打印被认为是最早，也是成本最低的生物 3D 打印技术。但由于喷头的驱动压力较小，因此无法打印高黏度和高浓度的生物墨水；另外，在喷墨打印过程中，可能会对细胞产生机械或者热损伤。这些缺点限制了喷墨式生物 3D 打印技术的广泛应用。

（2）激光直写式生物 3D 打印　激光直写最早被用在加工制造电子元器件的金属模板，到 2000 年才被用在打印活细胞上。自此，激光直写式生物 3D 打印技术得到了发展。

采用该技术时，首先将一层激光吸收材料涂覆在玻璃基底上，再将生物墨水均匀地铺展在激光吸收层表面。然后激光穿透玻璃基底使吸收层材料产生气泡，通过气泡的膨胀驱动材料和细胞脱离玻璃基底而沉积到成型平台上。通过三维运动平台驱动玻璃基底或者成型平台运动，三维结构就可以制造成型，如图 4-25 所示。

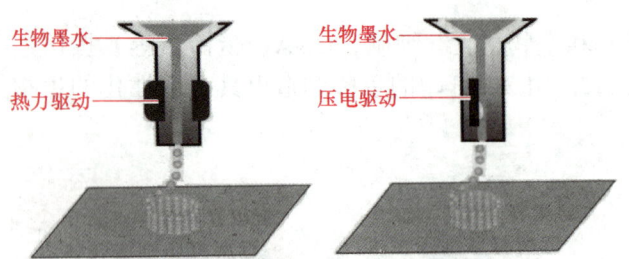
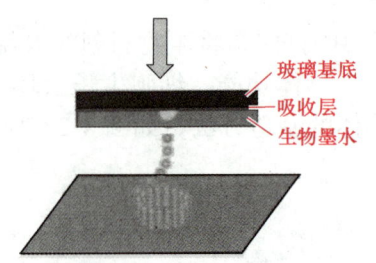

图 4-24 喷墨式生物 3D 打印原理　　　　图 4-25 激光直写式生物 3D 打印原理

从某种意义上来说,激光直写技术是一种无喷头的喷墨式打印方式。这种技术可以避免生物墨水与处理装置的直接接触,从而避免了机械装置对细胞的损伤,因此,细胞具有很高的活性。另外,该工艺可以打印高黏度的生物材料,而且适用的材料范围也比喷墨打印广泛。但由于基于该原理的打印机成本较高,缺乏商业的打印装置;每打印一层后,在激光吸收材料上涂覆生物墨水比较耗时,且产生微滴的重复性还不够,因此目前大部分对此的研究还停留在工艺讨论上,限制了其应用。

（3）挤出式生物 3D 打印　挤出式生物 3D 打印是从喷墨式打印技术演变过来的,是目前应用最广泛的生物打印。该技术利用气压或者机械驱动喷头将生物墨水可控挤出,如图 4-26 所示,堆积在成型平台上形成二维结构。随着喷头或者成型平台的上下运动,二维结构层层堆积形成三维结构。

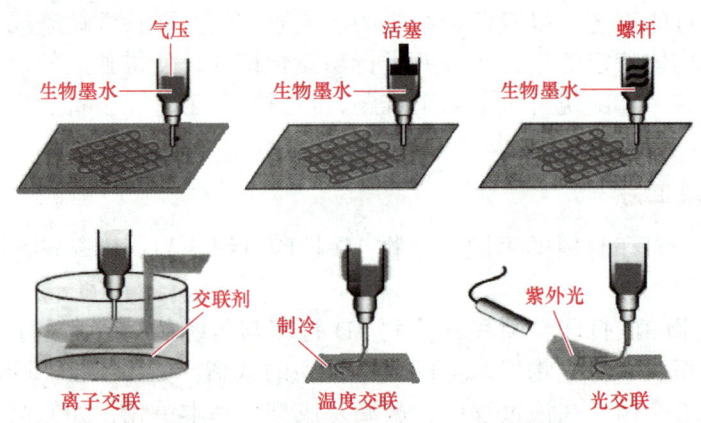

图 4-26 挤出式生物 3D 打印原理

挤出式生物 3D 打印通过连续挤出不间断的纤维,可以打印黏度较高的生物材料,或者是不同黏度的生物材料和不同浓度的细胞,因此可打印材料的适用范围较广,也可制造出结构强度较好的组织结构。

（4）光固化式生物 3D 打印　固化打印技术最初被用在细胞支架的制造。支架制好后,再在表面种上细胞,因此,支架和细胞材料不是一起成型的。后来,光固化打印技术才被用于生物 3D 打印。目前,光固化式生物 3D 打印所用光源有紫外光、数字光以及可见光,所开发的装置有上下移动式和转轴式的。图 4-27 列出了几种光固化打印方法,其中图 4-27a、b 分别表示自下而上的 SLA 式生物 3D 打印和自下而上的 DLP 式生物 3D 打印,图 4-27c、d 分别表示旋转 DLP 式生物 3D 打印和转轴式可见光介导体积生物 3D 打印。

4. 生物 3D 打印的应用

由于生物 3D 打印不仅可以制造特定形状的结构，而且可以提供细胞三维培养环境，因此，生物 3D 打印在组织/器官的制造中有着广泛的应用。目前主要应用于软骨、皮肤、血管、肿瘤模型及其他复杂器官的打印。

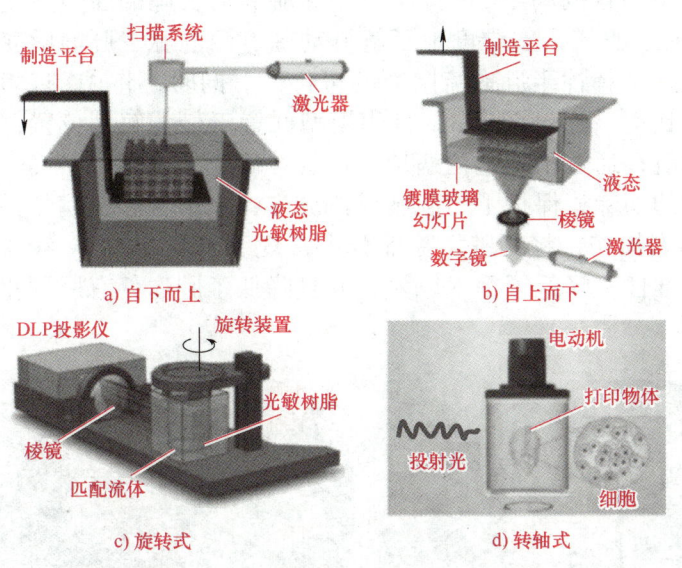

图 4-27 不同类型的光固化生物 3D 打印

（1）软骨打印　软骨组织的细胞组成比较简单，并且没有复杂的毛细血管，所以使用生物打印制造软骨组织的研究比较多。图 4-28 所示为软骨组织的生物打印。

（2）皮肤打印　皮肤是人体最大的器官，起到维持体内平衡和保护作用，其垂直的分层结构为体内水分的出入和外源物的进入提供了保障。这种典型的分层结构特别适合用生物 3D 打印来制造，图 4-29 所示为美国一位患者用 3D 打印的皮肤做了脸部皮肤移植手术。3D 打印皮肤给需要皮肤移植的患者带来了福音，尤其是一些大面积烫伤的患者。

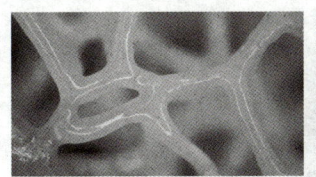
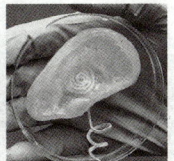

a) 仿生脊椎软骨　　　b) 仿生耳朵

图 4-28 软骨组织的生物打印

图 4-29 可用于移植手术的 3D 打印皮肤

（3）血管打印　利用生物 3D 打印方法制造血管结构或血管流道网络一直是组织工程领域的研究热点。目前利用生物 3D 打印有两个不同的制造目标：一是仿结构，直接打印模拟血管结构特征的凝胶管；另一种是仿功能，间接构造模拟营养输送功能的流道网络。图 4-30 所示为成功植入猴子身体内的 3D 打印血管。

（4）肿瘤模型打印　研究细胞间的相互作用以及细胞与细胞微环境的关系是研究肿瘤成因的一种方法。传统的二维肿瘤模型难以真实反映复杂的肿瘤结构，这就限制了基于体外肿瘤模型在药物筛选和致病机理中

图 4-30 血管的生物打印

的研究。随着生物3D打印的出现，很多肿瘤模型在体外被构建并用于药物筛选研究，包括肝癌模型、胶质瘤模型、宫颈瘤模型和卵巢瘤模型等。

图4-31a所示为广东省中医院结直肠外科刁德昌主任团队通过3D生物打印技术，成功完成国内首例3D打印模型导航腹膜后巨大脂肪肉瘤切除术。图4-31b所示的3D打印模型肝脏肿瘤，是国内首例利用3D打印模型导航成功实施的腔镜下复杂切除术。通过肝脏3D打印模型直观、真实、多维度地了解肝动脉、门静脉、肝静脉变异，评估肿瘤与周围血管的空间关系及选择性半肝血流阻断的可行性。同时，将3D打印模型带入手术室与术中实时手术进行比对，通过调整3D打印模型并置于最佳解剖位置，为手术关键步骤提供了直观的实时导航；通过精确定位病灶、血管并确定手术切除平面，实时引导重要脉管的分离和肿瘤病灶的切除，保护了门静脉Ⅳ段分支，完整切除了病灶并保证切缘阴性和避免重要解剖结构的副损伤，将肝脏切除部分由常规手术的70%～80%减少到42.8%，从而提高了手术的精准性，降低了手术风险，并且降低了肿瘤伴有肝硬化患者术后肝脏衰竭的发生率。

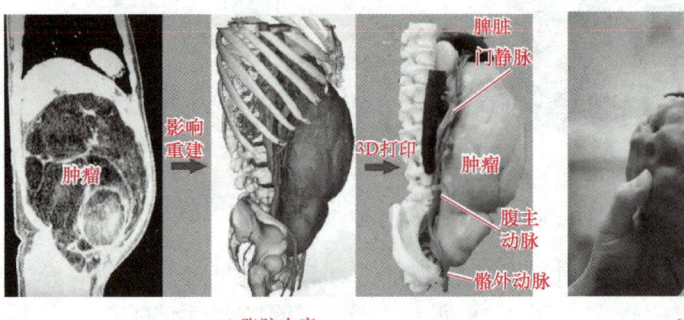

a) 脂肪肉瘤　　　　　　　　　　　　　b) 肝脏肿瘤

图4-31　肿瘤模型的生物打印

（5）复杂组织器官打印　人体内大部分组织器官都是由不同功能的细胞、不同尺度的结构组成的。应用生物3D打印技术制成这些结构一直是研究的热点。图4-32所示为采用不同的生物3D打印方法制造的复杂组织器官。

图4-32 不同打印工艺打印的复杂组织器官

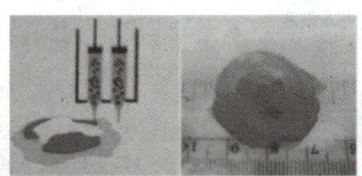

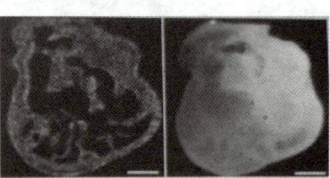

a) 双喷头挤出式打印的主动脉瓣导管结构　　　　b) FDM打印的类心脏结构

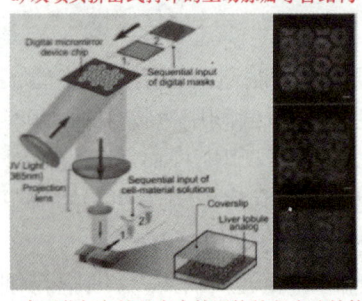

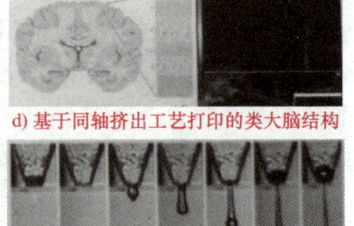

c) 光固化打印的具有血管网络的肝小叶结构　　　d) 基于同轴挤出工艺打印的类大脑结构

e) 喷墨打印的神经元结构

图4-32　不同打印工艺打印的复杂组织器官

4.2.8 典型工艺的比较和选择

每种工艺的成型过程虽然都基于层层叠加的原理,但由于成型过程种所采用的材料、热源、设备等不同,每种工艺在成型速度、成型精度、制作成本等方面就具有很大的区别。表 4-1 列出了典型快速成型工艺的比较。

表 4-1 典型快速成型工艺的比较

	光固化成型			LOM	FDM	三维喷涂粘结成型		SLS
	SLA	DLP	LCD			3DP	PolyJet	
成型速度	快	较快	较快	快	慢	快	较快	慢
成型精度	较高	高	高	较高	较低	较低	较高	低
行程范围	中小	小	小	中大	小	中大	中小	中小
材料价格	贵	贵	贵	便宜	较便宜	低	贵	较贵
制造成本	较高	较低	较低	低	低	低	较高	高
支撑结构	是	是	是	否	是	否	是	否
适用材料	光敏树脂、金属等材料	光敏树脂等材料	光敏树脂等材料	纸张、塑料薄膜等材料	熔点较低的热塑性材料	石膏粉、陶瓷粉、金属粉等	光敏树脂等材料	金属、陶瓷等粉末材料

选择快速成型工艺时,需要考虑的因素很多。如从安全性来说,由于 SLA 的紫外光激光器是利用光敏树脂对紫外光敏感凝固的特性进行成型,因而不会产生高热,FDM 的热压喷头温度远低于成型材料的燃点,3DP 在常温时由喷头喷出黏结剂或成型材料,所以 SLA、FDM、3DP 在安全性方面较好,而 LOM 和 SLS 使用高功率激光,具有一定的危险性。从使用环境来说,LOM 和 SLS 使用时产生烟尘,而 3DP、SLA 和 SLS 使用粉末材料,易形成粉末污染。因此,从严格意义上说,SLA、LOM 和 SLS 均不适合在办公室内使用,而 FDM 设备比较低廉,材料成本低且绿色无污染,可在办公室内使用,较为适合于教学和科研。

从快速成型所使用的材料方面考虑,每种材料都有其适用的成型工艺和应用领域,见表 4-2。从技术的应用层面来看,金属增材制造多属于工业级,其壁垒远高于高分子快速成型,而陶瓷、生物快速成型仍处于研发阶段。

表 4-2 不同快速成型工艺的应用领域

所使用的成型材料	快速成型工艺	应用领域
金属材料	SLA、SLS、DMLS、EBM	军事、航空航天、汽车、医疗
高分子材料	FDM、SLA、DLP、LCD	工业设计、模具、医疗、珠宝
陶瓷材料	3DP、SLA、SLS	航空航天、军工
生物材料	3DP、IP(生物墨水打印)	组织工程

在进行快速成型工艺的选择时,一般基于如下几方面进行考虑:

(1) 应用方向 3D 打印应用行业较多,不同技术满足的行业应用也不同,例如汽配行业和医疗行业所侧重的应用点就完全不同,所以选择打印的技术也是不同的。

（2）材料　3D打印不同的技术使用的打印材料也不同，成型技术的研发也是基于不同材料特性，同时也需要考虑所打印零件的最终产品材料，尽可能贴近终端产品的材料特性，满足一些测试的应用需求，例如汽配行业的零件一般都是工程塑料类，那在对设备技术选择的时候就重点可以选择 FDM 技术，打印材料为 ABS、PC、尼龙等塑料。

（3）操作性和使用环境　众多成型技术的操作性也是大不相同，从打印前到最终得到成品，步骤是多样性的，要针对应用特点和操作条件来选择。

任务 4.3　了解金属增材制造技术

任务引入

近年来，随着增材制造技术的普及和广泛的应用，金属增材制造技术开始在制造领域大放异彩，并迅速发展成为增材制造领域最有前途的先进制造技术之一。当前，通过金属增材制造技术成型的金属材料零部件正逐渐被应用于航空航天、医疗器械、汽车制造等领域，起到了传统加工无法替代的作用。那金属增材制造技术有什么特点和优势呢？本任务就讲解几种金属增材制造的工作原理和特点，让学习者学会针对金属成型件的技术要求进行金属增材制造工艺的选择。

任务分析

前面已经对增材制造技术的制造特点和具体的工艺种类进行了深入学习，知道增材制造层层叠加成型是依靠层与层间材料的连接（黏结剂、光固化、高温熔化烧结等）。金属一般的熔点较高，如果利用高温熔化烧结成型，则需要高能量的热源。因此，可以基于不同的热源，来了解金属增材制造的成型原理和工艺种类。

难点和重点

难点：为什么目前的金属增材制造技术主要适用于低温合金的加工？
重点：了解不同金属增材制造技术的工艺原理。

任务实施

如果说开源和熔融沉积成型 FDM 对增材制造的大众化起到了巨大的推动作用，那金属增材制造则为该技术的实用化起到了很好的促进作用。虽然现有的几种金属增材制造技术的成型原理可归纳到任务 4.2 图 4-3 中的烧结成型工艺或熔融成型工艺，但由于近年来，随着快速成型技术及其应用的普及，利用金属增材制造技术可近净成型或直接制造钛合金、镍合金、铝合金、镁合金、钢和其他类合金材料的零部件，金属增材制造在航空航天、医疗器械、汽车、模具等制造领域获得广泛应用，已迅速发展为快速成型领域最有前途的先进制造技术之一，成为增材制造技术最重要的一个分支。因此，将金属增材制造这个前沿技术，单列为一个任务，予以重点介绍。

同时，本任务的内容也可满足《增材制造模型设计职业技能等级》的中、高级职业等级证书需求者的学习需求。

4.3.1 金属增材制造技术的分类

金属增材制造是最前沿和最有潜力的增材制造技术，是先进制造技术的重要发展方向之一。金属增材制造技术是以高能束流（激光束/电子束/电弧等）作为热源，通过熔化粉材或丝材实现金属构件逐层堆积成型。根据所采用能量源和成型材料的不同，典型的金属增材制造主要包括激光选区熔化（Selective Laser Melting，SLM）、电子束选区熔化（Electron Beam Selective Melting，EBSM）、激光立体成型（Laser Solid Forming，LSF，又称为激光近净成型，Laser Engineered Net Shaping，LENS）、电子束熔丝沉积（Electron Beam Freeform Fabrication，EBFF）和电弧增材制造（Wire and Arc Additive Manufacturing，WAAM），如图4-33所示。

在图4-33中，粉末床选区熔化成型采用激光、电子束作为热源，将金属粉末材料烧结成型，原理同烧结成型工艺。而采用同步材料送进成型的电子束熔丝沉积和电弧增材制造，是将熔丝材料（丝材或线材）高温熔化成型，原理同熔融成型工艺。

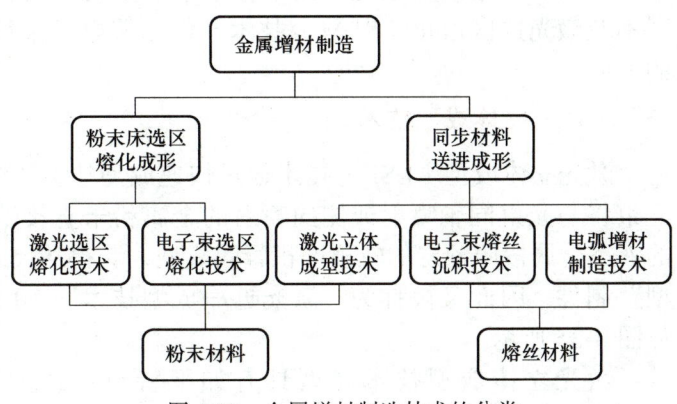

图4-33 金属增材制造技术的分类

4.3.2 金属增材制造技术的工作原理

1. 激光选区熔化技术

激光选区熔化（SLM）技术是由粉床选区激光烧结技术（SLS）发展而来，该技术以金属粉末为加工原料，采用高能密度激光束将铺洒在金属基板上的粉末逐层熔覆堆积，从而形成金属零件的制造技术，其工作原理如图4-34所示。

SLM是目前金属增材制造中发展最成熟、应用最广泛的技术。在SLM工艺中，所采用的激光具有如下特性：功率较低，一般50～100W；但激光能量密度较高，可达8～10^6W/cm^2；光斑直径小，范围为30～200μm；粉末沉积效率低，一般为5～20cm^3/h；制造精度较高，层高可设为20μm，最小壁厚可以达到100μm。采用SLM工艺成型的构件性能可达到同成分锻件水平，精度远高于精铸工艺，零部件致密度近100%。

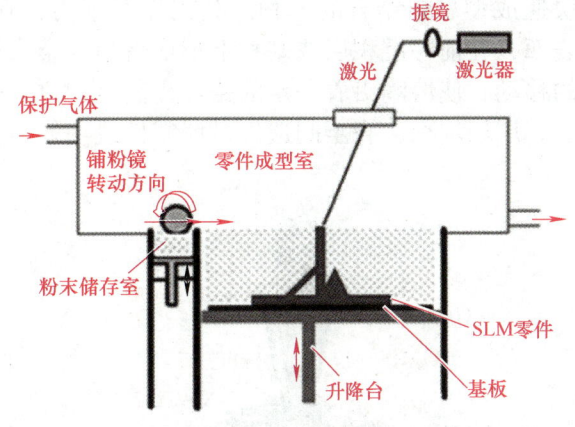

图4-34 激光选区熔化工作原理

目前受到SLM设备成型尺寸的限制，SLM主要用于制造中小型复杂精密构件，但随着多振镜和增/减材一体化技术的发展，SLM的应用领域和成型件尺寸都将得到进一步的发展，短期内被其他技术取代的可能性不大。

2. 电子束选区熔化技术

电子束选区熔化（EBSM）技术的原理与 SLM 类似，只不过 EBSM 是在真空环境中，以电子束作为输出热源。相比激光，电子束更容易获得，可以相应地降低部分加工成本，同时真空的工作环境也可以有效保证钛合金和铝合金在内的很多活泼金属在加热过程中不易被氧化。

电子束选区熔化（EBSM）技术的优点有：能量密度高，热影响区小，变形小，生产率高等，缺点是必须在真空环境中进行，需要一整套专用设备和真空系统，价格较贵，生产应用具有一定的局限性。由于电子束能量密度高，扫描速度快，束斑直径大，虽成型精度不及激光选区熔化（SLM）技术，但随着电子束技术的发展，EBSM 技术将会得到快速的发展。

3. 激光立体成型技术

激光立体成型（LSF）技术通过快速成型技术和激光熔覆技术有机结合，利用高能量激光束将与光束同轴喷射或侧向喷射的金属粉末直接熔化为液态，通过运动控制，将熔化后的液态金属按照预定的轨迹堆积凝固成型，获得从尺寸和形状上非常接近于最终零件的"近型"制件，因此又被称为"激光近净成型技术"（Laser Engineered Net Shaping，LENS），如图 4-35 所示。

激光立体成型技术成型具有如下特点：较大的激光功率（>1000W）和光斑直径（0.3～3mm），粉末沉积效率高（1～3kg/h），近似净型（一般有 0.2～0.5mm 的过量构建）。LSF 成型技术的特点适合应用于大型构件毛坯件的加工成型，随着增/减材一体化技术的发展，其应用将会进一步得到拓展。

SLM 和 LSF 这两种激光成型工艺最重要的特点是热量集中、加热快、冷却快、热影响区小，但会影响金属相形成的均匀度。

4. 电子束熔丝沉积技术

电子束熔丝沉积（EBFF）技术，又称电子束熔丝自由成型技术，是电子束焊接技术和快速成型思想结合的产物。其工作原理为：在真空环境中，高能量密度的电子束轰击金属表面，在前一沉积层或基材上形成熔池，金属丝材受电子束加热融化形成熔滴。随着工作台的移动，使熔滴沿着一定的路径逐滴沉积进入熔池，熔滴之间紧密相连，从而形成新的沉积层，层层堆积，直至制造出金属零件或毛坯，如图 4-36 所示。

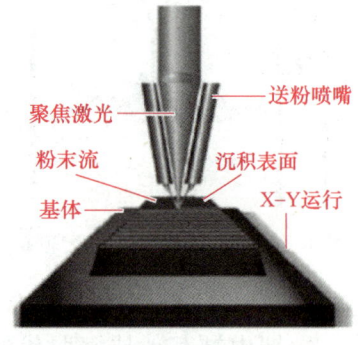

图 4-35 激光立体成型工作原理

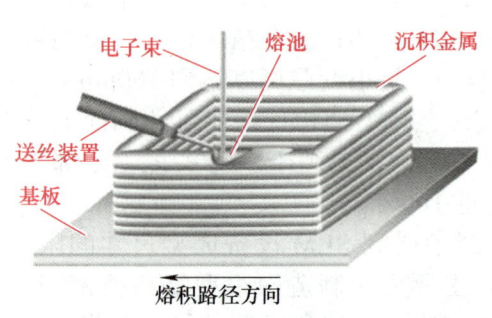

图 4-36 电子束熔丝沉积工作原理

5. 电弧增材制造技术

电弧增材制造（WAAM）技术，又称为电熔增材制造（Electrical Additive Manufacturing，EAM），是以已有不同类型的焊机（如熔化极惰性气体保护焊接焊机、钨极惰性气体保护焊接焊机）所产生的电弧为热源，采用电弧同步技术，通过金属丝材的添加，在程序的控制下，按设定成型路径在基板上堆积层片，层层堆敷直至金属零件近净成型，如图4-37所示。

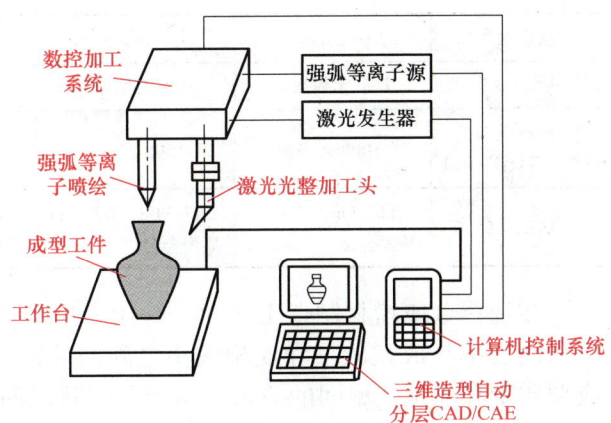

图4-37 电弧增材制造工作原理

电弧增材制造WAAM的沉积层厚度为毫米量级，具有成型效率高、制造成本低等优点，目前该技术主要用于制造大型零件毛坯。随着技术的发展，通过增/减材一体化技术的复合，WAAM将为大型复杂构件的低成本制造提供一种替代方案。

4.3.3 金属增材制造技术的特点

与传统的金属零件加工技术相比，金属增材制造技术有着无法比拟的优点，具体如下：
1）零件室温综合力学性能优异。
2）复杂零件制造工艺流程较传统工艺大大缩短。
3）无模具快速自由成型，制造周期短，小批量零件生产成本低。
4）零件近净成型，机械加工余量小，材料利用率高。
5）可实现多种材料任意复合制造，能加工出具有多种复合性能的零部件。
6）激光束能量密度高，可实现传统难加工材料，如TC4、Inconel718、35CrMnSi等材料的成型。

由于几种金属增材制造所采用的热源和材料不同，因此，各自具有不同的技术特点。表4-3列出了金属增材制造技术几种典型工艺的特点。

表4-3 金属增材制造技术几种典型工艺的特点

工艺类型	SLM	EMSB	LSF	EBFF	WAAM
热源形式	激光（单模）	电子束	激光（多束）	电子束	电弧
束斑直径	30～200μm	200～500μm	0.5～3mm	1～3mm	1～3mm
输出功率	50-100W	>2kW	>1000W	>1000W	>1000W
材料形式	粉末	粉末	粉末	丝材	丝材
工作环境	惰性气体	真空（10^{-4}Pa）	惰性气体	真空（10^{-4}Pa）	惰性气体（Ar或N_2）
零件尺寸	中小型	中小型	大中型	大型	超大型
成型精度	±0.1mm	±0.4mm	±0.5mm	±1mm	±2mm
表面粗糙度	Ra6～10μm	Ra20～50μm	Ra20～50μm	Ra20～50μm	>Ra50μm

（续）

制造效率	5～20cm³/h	10～60cm³/h	10～80cm³/h	10～80cm³/h	50～200cm³/h
后续加工	几乎无须加工	几乎无须加工	少量加工	少量加工	后续较多加工
材料成本（以不锈钢为例）	1000元/kg	1500元/kg	800元/kg	600元/kg	300元/kg
加工材料	Ti、Fe、Ni、Al基等合金	Ti、Fe、Ni、Al基等合金	Ti、Fe、Ni、Al基等合金	Ti、Fe、Ni、Al基等合金	锡铅合金、铝合金、不锈钢等

在选择金属增材制造工艺时，除了考虑不同工艺的特点外，还要考虑金属增材制造时，所采用功率与成型质量和成型效率之间的关系。图4-38所示为金属增材制造的功率选择与成型质量和成型效率间的关系，由图可以看出两者之间存在着矛盾。因此，在选择金属增材制造工艺时，要针对不同的应用领域，综合评估权衡成型质量、效率和成本之间的关系，选择性价比最佳的快速成型工艺。

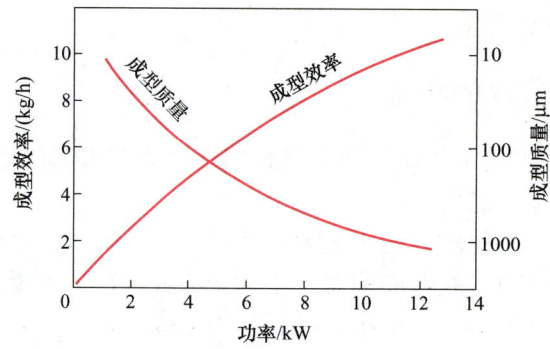

图4-38　功率与成型质量和成型效率间的关系

任务4.4　了解快速成型技术的应用与发展

任务引入

快速成型技术的出现虽只有短短的30多年时间，但已在很多领域获得了应用，可谓是"可上九天揽月，可下五洋捉鳖"。在快速成型技术的发展过程中，我国的快速成型行业经历了追跑、起跑和领跑的过程。下面就介绍快速成型技术在各行业中的应用，以及快速成型技术的发展，使学习者更好地了解快速成型技术，激发出使用快速成型技术的愿望。

任务分析

快速成型技术是层层堆积的增材制造方式，其最初的应用主要存在于一些原型的可视化及设计评价、结构验证与装配干涉验证方面。随着该技术的发展，可成型材料种类的不断增多，成型精度的不断提高，其应用也在不断拓展。功能件和一体化结构件的直接制造、破损件的修复等，不胜枚举。

难点和重点

难点：为什么快速成型技术的应用领域如此广泛？
重点：1. 了解快速成型技术的应用领域。
      2. 知晓快速成型技术的发展现状和发展趋势。

任务实施

4.4.1 快速成型技术的典型应用

在现代产品设计中，计算机辅助设计使得产品设计更加快捷、直观，设计手段也日趋先进，但由于软件和硬件的局限，设计人员仍无法直观地评价所设计产品的效果和结构的合理性，以及生产工艺的可行性。每一个设计环节都可能存在着一些人为的设计缺陷，如果不及早发现就会影响后续工作。快速成型技术可应用在"概念设计（或改型设计）→造型设计→结构设计→基本功能评估→模拟样件试制"等产品开发的各阶段，快速地将CAD数字模型实物化，进行设计评价、干涉检验，甚至某些功能的测试，从而将设计缺陷消灭在初期设计阶段，减少损失。因此，快速成型技术的出现，构建了产品开发研究的新模式。采用快速成型技术，设计人员能以更加直观的方式对设计进行再推敲，用最经济、最高效的方式验证和修改设计，自行制作原型，避免了设计方案外泄，提高了产品开发成功率，缩短了开发周期，使设计、制造工作进入了一个全新的境界。

随着快速成型技术的发展，其应用已从原来的概念模型可视化、结构设计验证，拓展到功能性零件、一体化结构的直接制造，以及破损零件现场修补，古文物的修复、医疗手术规划等，应用领域几乎涵盖了航空航天、汽车制造、模具制造、医疗医学、人体工程、文物保护、动漫文创、食品卫生等众多行业。下面重点介绍快速成型技术在几个典型领域的应用。

1. 航空航天

构形复杂、性能要求高、多品种小批量、制造精度严格是航空航天零件制造的典型特征，而快速成型技术是一项"革命性"的设计制造一体化技术，可突破传统思路，设计加工轻量化、整体化结构零件，因此航空航天零件的特性与快速成型的技术特点高度契合，使航空航天成为较早使用快速成型技术的领域之一。目前快速成型技术已经在航空航天装备研制与生产领域实现工程化，获得了较为广泛的应用，且覆盖面越来越宽，从机体结构（框类、梁类、接头、格栅）到功能系统（支座、异形支管、机匣），再到发动机零件（喷嘴、叶片、燃烧室），涵盖了数十种结构门类的上百种零件，尺寸规格也从毫米级到米级不等，如图4-39所示。

早在20世纪90年代后期，美国就已经采用SLM快速成型技术制造了J-2X火箭发动机的排气孔盖。使用该技术制造的零件成本是利用常规方法制造成本的35%，使火箭的制造更具经济性。近年来波音公司已经利用快速成型技术制造了大约300种不同的飞机零部件，与此同时，空客公司也不甘落后，在A380飞机中使用了快速成型制造的客舱行李架，在"台风"战斗机中采用了快速成型生产的空调系统。空客公司提出并制定了"透明飞机"的概念，计划在2050年左右采用快速成型技术生产制造出整架飞机。

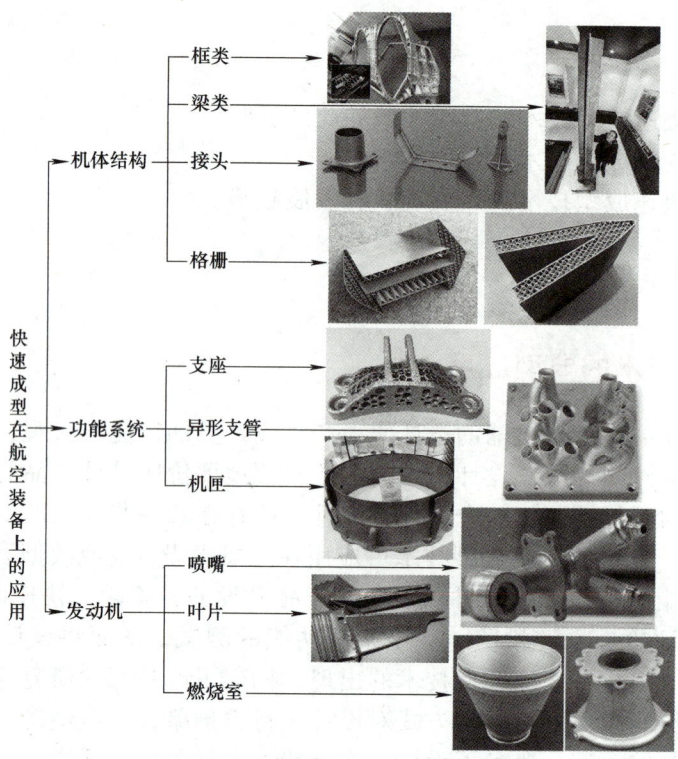

图 4-39　快速成型在航空装备上的应用

目前我国的快速成型技术在航空航天大型结构件制作方面处于世界领先水平，已获得很好的应用效果。如王华明院士领导的科研团队，自 2005 年以来，采用激光熔化沉积增材制造技术所研制的金属构件，已在歼 –15、运 –20、歼 –11B、歼 –31、C919 等 7 种飞机，以及东风 XX 等 3 种导弹、遥感 24 等 2 种卫星、FWS13 等 3 种航空发动机和 I 型燃气轮机等重点设备研制生产中进行了工程应用并发挥关键作用。图 4-40 所示为我国自主研制的金属增材制造钛合金航空用部件。

a) 钛合金整体叶盘　　b) 发动机舱构件　　c) 某新型战斗机的钛合金部件

图 4-40　我国自主研制的金属增材制造航空用部件

有关王华明院士如何带领团队攻克难关，用金属增材制造技术成功研制了 C919 机头钛合金主风挡整体窗框，破解西方公司"工期长，价格昂贵"的问题，为我国大飞机如期研制成功做出贡献的，请同学们在网上查找资料来了解该方面的信息并回答该问题。

近几年，中国航天取得了举世瞩目的成绩。新一代运载火箭长征五号 B、长征八号首飞成功，天问一号奔赴火星，新一代载人飞船实验船成功验证，探月工程"绕、落、回"三步走圆满收官，北斗卫星系统全面组网等，中国航天创造了一个又一个奇迹。增材制造技术在航天领域的表现尤为亮眼，如图 4-41 所示。

a) 中国首台商用火箭　　b) 长征五号运载火箭大尺寸　　c) 中国新一代载人飞船试验船返回舱及采用激光
液体姿控发动机　　　　级间解锁装置保护板　　　　　　沉积增材制造的返回舱防热大底框架实物

图 4-41　中国航天领域增材制造的应用案例

图 4-42 所示为金属增材制造技术在国外航天领域的应用案例。SpaceX 宇航服套装中的头盔是使用增材制造技术定制制造的，头盔内部集成了一系列功能，包括内置风冷、用于收缩和锁定遮阳板的装制，以及麦克风等。NASA 采用的含内冷却通道的火箭喷嘴，大大提高了点火率，改善了冷却效果。GSK 公司采用增材制造技术制作的光学冰探测器，制造周期从一年减少到 4 个月，制造成本减少了 70%。

 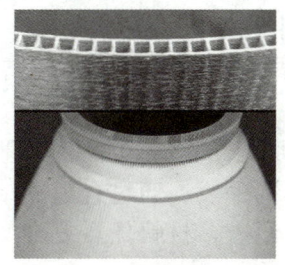 

a) SpaceX 宇航员佩戴的头盔　　b) NASA 内冷却通道的火箭喷嘴　　c) GSK 航天用光学冰探测器

图 4-42　国外航天领域增材制造的应用案例

除了中美利用增材制造技术推进航空航天的发展外，其他一些发达国家，如德国和日本，也在积极推动金属增材制造在航空航天领域的应用。之所以如此，是因为金属增材制造的应用可给航空航天领域带来很好的效益。主要体现在：

1）加速新型航空航天器的研发。金属增材制造技术摆脱了模具制造这一显著延长研发时间的关键技术环节，兼顾高精度、高性能、高柔性，可以快速制造结构十分复杂的金属零件，为先进航空航天器的快速研发提供了有力的技术手段，可显著缩短研发周期。

例如，图 4-43a 中的镍基高温合金航空发动机叶轮，除了材料难加工之外，长短叶片交替、流道窄而深、开敞性差、叶片薄、曲面扭曲大、叶片长厚比大，结构较为复杂。采用常规的工艺流程为：锻件→粗铣加工→精铣加工，在加工过程中不仅需要准备种类较多的数控刀具，而且要在 4～5 轴的数控加工机床上来完成，试制周期一般要 3～4 个月。若采用金属增材制造工艺，可近净成型，试制周期压缩至一周。

 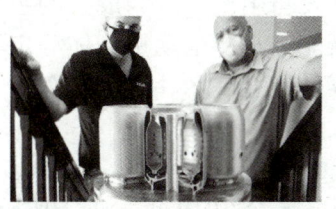 

a) 镍基高温合金航空发动机叶轮　　b) 微型发动机　　　　　c) 多材料功能件

图 4-43　金属增材制造的应用案例

2）显著减轻结构重量。减轻结构重量是航空航天器最重要的技术需求，传统制造技术已经被发挥到接近极限，难以再有更大的作为。而高性能的金属增材制造技术则可以在获得同样性能，甚至更高性能的前提下，通过最优化的结构设计，如一体化、轻量化设计等，来显著减轻金属结构件的重量。

图4-39中的喷嘴，是GE公司利用金属增材制造的新型燃油喷嘴。该部件的传统制造方法是由20多个部件经过铸造、机加工后组装制成的，成本较高。采用增材制造则可将20多个部件整合为1个制造出来，不仅重量减轻了45%，而且使用寿命提高4倍，燃油效率也得到显著提高。该一体化结构的新型燃油喷嘴一经面市，就占领了60%的市场份额，使GE公司获得了巨大的利润。

3）显著节约昂贵的战略金属材料。航空航天器由于对材料有高性能的要求，需要大量使用钛合金和镍基超合金等昂贵的高性能、难加工的金属材料。但很多零件的材料利用率非常低，一般低于10%，有时甚至仅为2%～5%。大量昂贵的金属材料变成了难以再利用的废屑，同时伴随着极大的机械加工量。作为一种高性能近净成型技术，金属增材制造技术可以把高性能金属零件制造的材料利用率提高到60%～95%，甚至更高，同时显著减少了机械加工量。图4-39中所示的梁即为我国科学家利用增材制造技术生产的某飞机机型长达10m的大型左翼肋条。

4）制造一些过去无法实现的功能结构，包括最合理的应力分布结构；通过最合理的复杂内流道结构实现最理想的温度控制手段；通过合理的结构设计和材料分布实现振动频率特征的调控、避免危险的共振效应；通过多材料任意复合实现一个零件的不同部位分别满足不同的技术需求等。

图4-43b所示为金属增材制造的内部具有非常复杂流道结构的微型发动机。该发动机是由技术Sierra Turbines使用VELO 3D的金属增材制造技术成功打印的。它将原来61个独立的零件通过增材制造技术合并为1个整体件来实现，消除了接口，提高了尺寸精度，减少了组装工作和后期处理。而图4-43c所示为采用陶瓷和镍合金快速成型的具有防磁防腐双重功能的部件。

5）通过激光组合制造技术改造提升传统制造技术，使铸造、锻造和机械加工等传统制造技术手段更好地发挥作用。激光立体成型技术可以实现异质材料的高性能结合，从而可以在通过铸造、锻造和机械加工等传统技术制造出来的零件上任意添加精细结构，并且使其具有与整体制造相当的力学性能。这就可以把增材制造技术成型复杂精细结构的优势与传统制造技术高效率、低成本的优势结合起来，形成最佳的制造策略。

2. 汽车行业

快速成型技术对汽车制造类的重工业也产生了重大影响。汽车的很多部件，如图4-44所示，已应用快速成型技术进行研制开发与生产，较为成熟的主要产品有发动机缸体、发动机缸盖、变速器壳体、离合器壳体、新能源水冷电动机壳体等定制配件。快速成型技术在汽车行业主要用于设计数据匹配验证、零件造型展示、试制样车装车、工夹具类、金属嵌件类以及功能试验。

在汽车制造领域采用的快速成型工艺主要有FDM、SLA、SLS、MJF（多射流熔融技术）、SLM、PolyJet等。调研数据表明，截至2019年，近10%的离散制造商选择了使用快速成型设备为其销售或服务的产品生产零件。虽然没有查到最新的数据，但有理由相信，目前使用快速成型技术进行供货的离散制造商比例肯定超过了10%。

项目4 快速成型技术概述

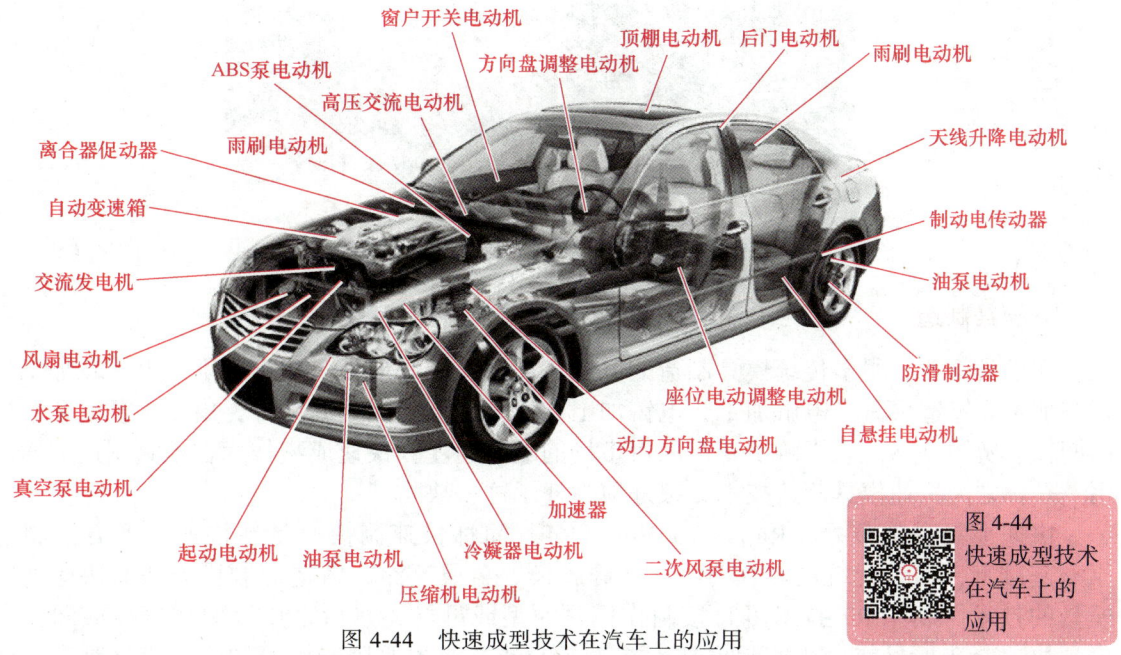

图 4-44 快速成型技术在汽车上的应用

图 4-44 快速成型技术在汽车上的应用

国外很多汽车公司采用快速成型技术。如美国福特汽车公司已经通过大量运用快速成型技术，制造了福特 C-MAX 和福特福星混合动力车中的转子、阻尼器外壳和变速器，以及 EcoBoost 的四气缸发动机和福特 2011 版探险者这款车的制动片。德国的宝马汽车公司，还有日本的小岩公司都在使用该技术提升汽车的性能，促进新产品的开发等。图 4-45 所示为国外汽车公司的快速成型应用案例。图 4-45a 所示为福特公司的 EcoBoost 3.5L 发动机，其中很多原件使用了快速成型制造技术，如制动片、油盘、差速器壳、排气导管、铸铝油过滤适配器等，这款发动机主要用在福特 TRANSIT 厢式车上面。

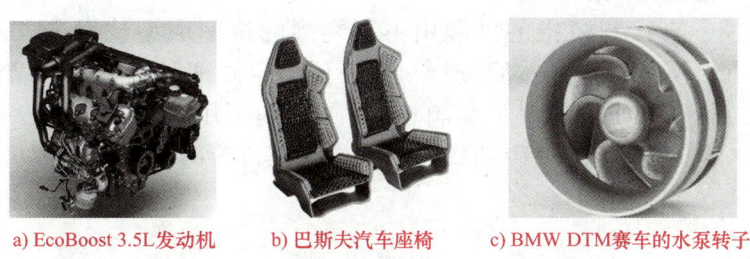

a) EcoBoost 3.5L 发动机　　b) 巴斯夫汽车座椅　　c) BMW DTM 赛车的水泵转子

图 4-45 国外汽车企业快速成型的应用案例

我国很多的汽车企业也利用快速成型进行汽车的研制。在国产汽车品牌中，长安、江淮、一汽、上汽等车企都在汽车研发阶段积极应用快速成型技术提高研发效率，如图 4-46 所示的 LED 车灯样快速成型件以及汽车前保险杠快速成型样件。在保险杠的案例中，6 套前后保险杠的总成功能样件，采用快速成型制造周期仅 40 天，费用约为 60 万元左右。而如果使用传统制造方法，制造周期约需 6 个月的时间，制造费用则可能高达约 500 万。

概括地说，快速成型技术在汽车研制中所发挥的优势有：快速成型缩短研发周期、一体成型快速验证设计、复杂结构颠覆传统设计。

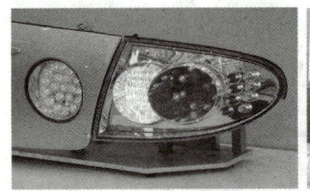 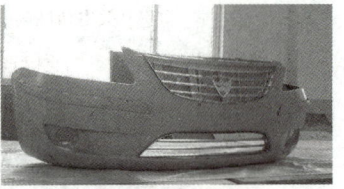

a) 车灯快速成型样件　　　　b) 汽车前保险杠样件

图 4-46　我国汽车企业快速成型的应用案例

3. 模具制造

在模具行业，很多传统模具制造的方法，如数控铣削加工、成型磨削、电火花加工、线切割加工、铸造模具、电解加工、电铸加工、压力加工和照相腐蚀等，由于工艺复杂、加工周期长、费用高，严重影响了新产品对市场的响应速度。快速成型技术在模具制造方面的应用——称之为快速模具制造技术，很好地弥补了这一缺陷。

快速模具制造技术（Rapid Tooling，RT，简称快速制模）是在快速成型方法制造的原型基础上，结合传统的制模方法（如硅胶模、金属喷涂、铸造等制模方法）快速地制造模具的技术。利用 RT 技术可直接制作模具原型或母模，然后采用该原型直接或间接实现模具快速制造。目前，快速制模技术在模具制造方面主要用于手板制作、直接制模、间接制模。

（1）手板制作　在产品的设计过程中，在完成了设计图样以后，设计者最想做的一件事便是想知道自己设计的东西做成实物是什么样、外观和自己的设计思想是否吻合、结构设计是否合理等。手板制造便是应这种需求而产生的。通俗点讲，手板就是在没有开模具的前提下，根据产品外观图样或结构图样先做出的一个或几个，用来检查外观或结构合理性的功能样板。

常用的制作手板的方法有手工、数控加工。随着快速成型技术的发展，该技术也应用于手板制作，且应用越来越广泛。

（2）直接制模　直接制模指的是利用不同类型的快速成型技术（SLA、SLS、LOM、3DP 等）直接制造出模具本身，然后进行一些必要的后处理和机加工，以获得模具所要求的力学性能、尺寸精度和表面粗糙度。图 4-47a 所示为利用 3DP 工艺直接制模，经表面强化处理后制得的水套砂芯，图 4-47b 所示为涡轮壳浇注铸模的砂型、砂芯及低温合金浇注的铸模。

a) 水套砂芯　　　　b) 涡轮壳的砂型、砂芯及浇注零件

图 4-47　砂型和砂芯

快速制模在模具精度和性能控制方面比较困难，特殊的后处理设备与工艺也使成本提高较大，模具尺寸也受到较大的限制，因此直接制模技术应用的并不多。但该技术用于直接制作带随形异形冷却水路的模具很有成效，如图 4-48 所示。采用随形异形冷却水路，不仅可

以有效地缩短模具设计时间，而且可以使冷却更加均匀，有效降低产品的热变形，提高模具产品质量和使用寿命。

（3）间接制模　间接制模是指利用快速成型制造技术首先制作模芯，然后用此模芯复制硬模具（如铸造模具或采用喷涂金属法获得轮廓形状），或者制作母模复制软模具（如硅胶模）等。目前基于 RP 快速制造模具的方法多为间接制模。常用的间接制作硅胶模具，不仅生产成本低，研制周期短，而且硅胶模具可用于 100 件以内小批量产品的快速制造。

利用快速成型技术可以直接或间接制造铸造用的蜡模、消失模、模样、模板、型芯或型壳等，然后结合传统铸造工艺，快捷地制造精密铸件。图 4-49a 所示为快速成型制作的奇瑞汽车发动机进气歧管原型，图 4-49b 所示为快速铸造方法生产的汽车发动机进气歧管。

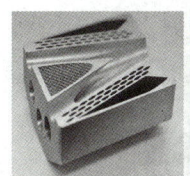

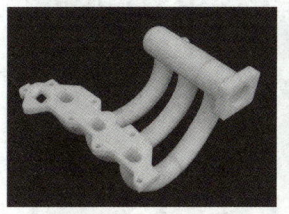

a) 发动机进气歧管原型　　b) 发动机进气歧管铸件

图 4-48　带随形异形水路的模具　　　　图 4-49　采用石膏型铸造的发动机进气歧管

应用快速制模方法，在最终生产模具开模之前进行新产品试制与小批量生产，可以大大提高产品开发的一次成功率。快速制模的制造周期一般为传统数控切削方法的 1/10～1/5，生产成本仅为传统方法的 1/5～1/3，因此，RT 技术具有很好的发展前景。

4. 艺术动漫

快速成型制造技术为艺术家以三维形式更细腻、形象、准确、生动、迅速地表达自己的思想情感提供了一种新的手段。采用传统方法，艺术家在利用陶瓷、玻璃、石材及其他材料进行三维艺术创作时，从创作灵感的萌发到作品的完成需经历几个月乃至几年的时间，其中绝大多数时间为创作思想物化过程。如果为力求三维表达的准确而做的逐步修正，以及艺术品制作过程中因各种失误造成残缺的作品，则必须重新制作，费时又费力。而采用逆向工程与快速成型制造技术，艺术家的思想可以首先转化为 CAD 三维造型，当 CAD 造型满意后，再通过快速成型制造系统快速制作出三维物化作品，以判断构思的合理性和作品表达思想的准确性。如不满意可立即修改 CAD 模型，重新制作出修改后的新作品，直至满意为止。整个过程快捷、准确。图 4-50 所示为直接用软件设计然后进行 3D 打印的工艺品。

此外，为使珍稀艺术品被更多人学习和欣赏，也可采用逆向工程技术与快速成型制造技术相结合的方法，快速准确地制作复制品，充分展示原作品的艺术价值。图 4-51a 所示的贝多芬头像复制品，是通过三维测量设备获得头像外部的点云数据，如图 4-51b 所示，经过点云处理、曲面重构获得三维 CAD 模型后，采用快速成型技术迅速制作出与原品近乎相同的复制品。

快速成型技术在动漫、影视相关领域中的应用十分普及，如图 4-52 所示。应用 RP 可快速制作影视创作中的道具、服装服饰、全身装备、场景设计，动漫领域的动漫形象和衍生品。

快速成型技术在古文物的修复或重建方面具有极大的实用价值。如基于数字化理念，利用逆向工程，能够将古代建筑文物转换成 3D 数字模型文件进行保存，为日后修复或重建提供数据支撑；进一步利用快速成型技术，可以复原古代建筑，展示古建筑的风貌。图 4-53 所示为采用 FDM 工艺重建的缩小比例的古代宫殿。

图 4-50　快速成型的工艺品

a) 头像的复制品　　b) 头像的点云数据

图 4-51　艺术品头像的复制

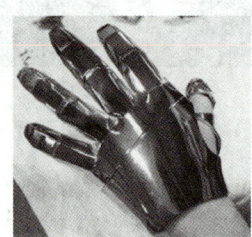

a) 动漫卡通人物　　b) 电影钢铁侠2手部道具

图 4-52　人物及服饰打印

图 4-53　采用 FDM 重建的宫殿模型

图 4-54 所示为复制前后的汉代三足陶鼎。复制过程为：首先采用双目光学测量机三维立体扫描后，对采集数据依据原特征进行了数据处理；然后将处理后的模型数据进行分层处理，并将分层数据传送至快速成型设备进行打印。最后将打印成型后的复制件，采用传统作色工艺对其上色、做旧，仿制出原件，尤其是再现出了"暴汗"处的光泽度。

除了快速复制文物模型，快速成型技术还被博物馆用于对无法翻模或不适于翻模的文物进行复制及局部残缺文物的修复。图 4-55 所示为采用 SLA 技术修复的隋代白瓷高足杯。

a) 修复前　　b) 修复后

图 4-54　汉代三足陶鼎（左为原件，右为复制件）　　图 4-55　修复前后的隋代白瓷高足杯

图 4-56 所示为修复前后的近现代工艺品双龙瓶。在该工艺品的修复过程中，采用 3D 扫描仪进行了龙头及端口处数据的采集；在数据处理时利用龙头的对称性，结合端口处的特征，得到缺失部分龙头的数据模型。利用该数据模型进行 3DP 打印，获得修复部位初型。通过打磨、上色及复旧等处理，较好地修复了该工艺品。

a) 修复前　　　　b) 成型修复部位　　　　c) 喷绘　　　　d) 修复后

图 4-56　近现代工艺品双龙瓶的修复

利用相似的工艺过程可以很好地进行文物的修复，对文物的保护和研究起到极大的促进作用。图 4-57 所示为修复后的古代战马雕塑及佩剑。

图 4-57　修复的古代战马雕塑及佩剑

目前由于受到打印材料种类和成本的限制，现有的快速成型文物仅支持 PLA、光敏树脂等材料，无法支持陶土、铜、铜锡、钛等材料。未来，随着快速成型产业链日益完善，逆向工程与快速成型技术在文物保护中将发挥更大的作用。

5. 医学医药

在医学领域，快速成型技术应用于从最初的医疗辅具制造到细胞打印，逐渐从"形似"到"神似"。有关细胞打印的生物 3D 打印在前面的工艺部分已阐述，此处仅涉及非生物 3D 打印。

如果人体某块骨骼缺失或损坏需要置换，首先可扫描完好的骨骼，形成计算机图形并做对称变换，再采用快速成型技术制作出相应骨骼。由于 3D 打印技术可以直接打印形成同样形状和体积的移植骨骼，把打印的东西安装在有缺陷的部分上，然后用螺钉固定，缩短手术周期。另外，由于 3D 打印机打印出来的移植骨骼有着特殊的孔，相邻骨骼在生长过程中会进入孔隙，使得真骨与人工骨骼之间牢固地结成一体，也可使患者的恢复期缩短。目前，我国使用 3D 打印机已开发出数十个种类的人工移植物，其中的颈椎椎间融合器、颈椎人工椎体及人工髋关节 3 个产品已进入临床观察阶段。

图 4-58 所示为 3D 打印骨盆修复应用案例。在复杂骨盆骨折诊断治疗中，由于骨盆形态不规则，存在伤情复杂，观察、操作、复位固定等困难。通过影像学数据资料（CT/MRI 数据），影像三维重建，使用 3D 打印机打印出骨折模型。在模型上将骨折复位、固定，可直观、真实、准确掌握伤情，可为术中提供实际操作经验，并且预弯钢板可直接用于术中的固定，为临床做好充分的术前准备。

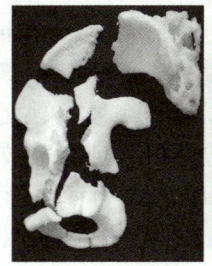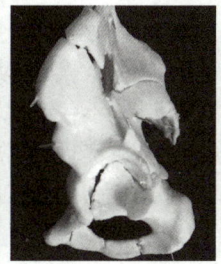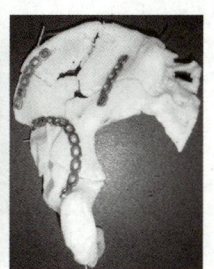

a) 骨折模型　　　　b) 复位模型　　　　c) 手术方案

图 4-58　复杂骨盆骨折诊断治疗术前准备

在生物医学领域，运用CT或MRI数据，采用RP技术快速制作物理模型，可加工出内、外部三维结构完全仿真的生物模型（图4-59），可直观察看人体组织结构，为研究人员和外科医生等提供非常有益的帮助。这些技术在很多外科（如颅外科、神经外科、口腔外科、整形外科和头颈外科等）可帮助外科医生辅助诊断，确定手术及治疗计划，有效提高了诊断和手术水平。

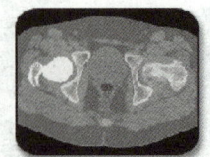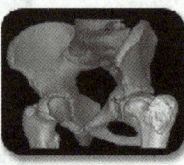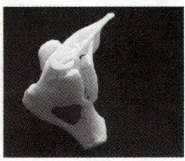

图4-59 从CT数据到骨骼3D数字模型到RP模型

除医学外，在医药上快速成形技术也有很好的应用。美国食品药品监督管理局于2015年7月批准了全球第1个3D打印药品，标志着药品生产领域的新篇章。利用该技术制药，可使药物速释、缓释、植入、药械一体化。目前应用在制药方面的快速成型工艺有3DP、FDM、SLA。

在医药上，黏结剂喷射技术3DP是最早被使用来进行片剂开发的，采用该技术可使片剂更加疏松多孔且更易碎。随着3D打印技术的不断发展，其在缓控释制剂制备上的优势越发突出。图4-60所示为使用挤压式3D打印技术打印的阿司匹林双层片剂，包括速释层包合缓释层的包合打印双层片、速释层在外缓释层在内的同心圆柱体打印片，以及速释层在内缓释层在外的同心圆柱体打印双层片。体外释放试验表明，该制剂能够同时满足5种药物的释放，且实验结果表明药物与辅料之间无明显相互作用。该类复方片剂的研究表明，可以将单个药物根据用药需求组合成复杂制剂从而生产个性化药片，解决药物不相容的问题，并提高患者服药的顺应性。

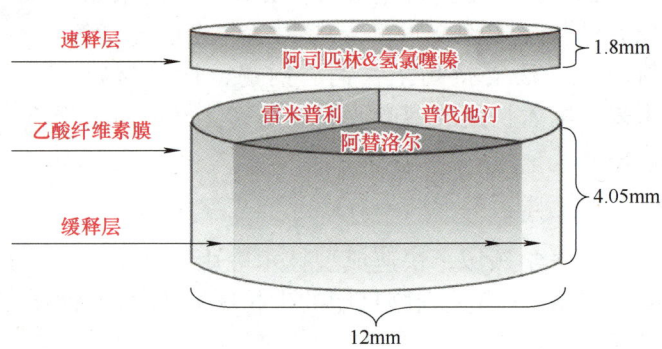

图4-60 包含5种药物的3D打印复方片剂

图4-61所示为茶碱控释片的3D打印制备过程。该过程采用FDM制作工艺，可以按照设计打印出不同规格的茶碱片。采用该方法制备的片剂，具有载药量高、易于存储等诸多优点。

除了制备片剂外，快速成型技术还用来制备植入剂。与传统工艺相比，3D打印能够通过对微观结构的精确控制，实现对植入剂几何形状、表面积、内部构造以及影响释放动力学的其他属性更好的控制，不仅可以使其在最大程度上与患者的给药部位相吻合，也可以显著减少或消除突释效应，并实现比常规植入剂制造技术更可控的零级释放。

在透皮给药制剂方面，3D打印技术具有显著优势，尤其是在微针及透皮贴剂领域。如采用SLA技术，以治疗皮肤癌的达卡巴嗪为药物模型，打印了由25根聚富马酸二羟丙酯微针组成的载药微阵列，以实现化疗药物的透皮给药。其中，微针的尖端和基部直径分别为20μm和200μm，针头长度仅1mm。测试结果证明，这些微针完全能承受被插入患者皮肤后可能产生的压力和应力。体外释放试验表明，该载药微针阵列可在长达5周的时间内实现定位释药。这种经皮肤给药的药物传递系统的优势在于患者无痛体验，更愿意配合治疗，并且能够控制药物释放等。

项目4 快速成型技术概述

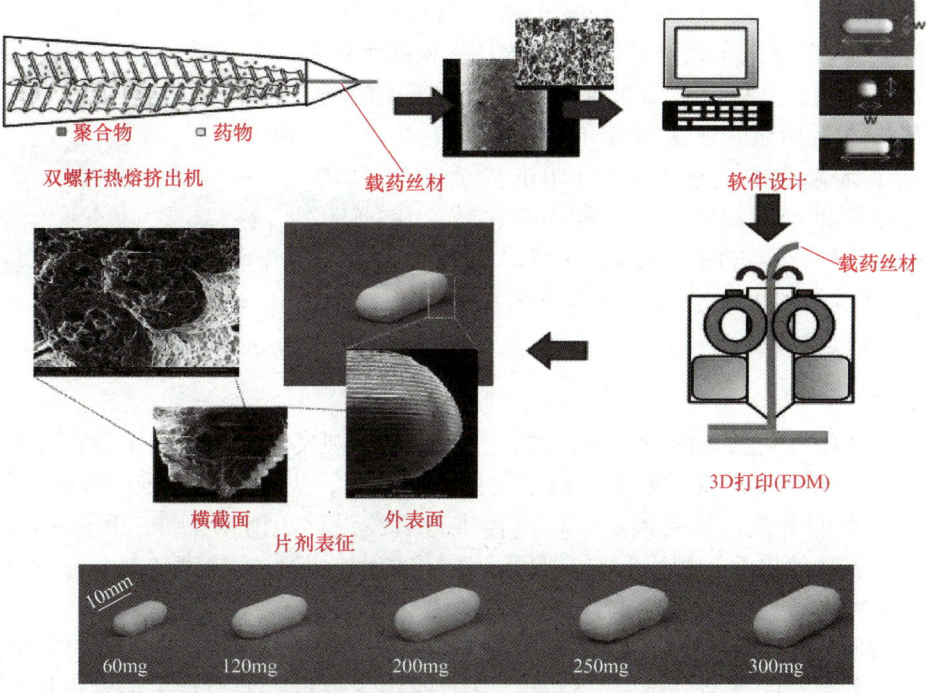

图 4-61 茶碱控释片的 3D 打印制备过程

使用 3D 打印可以彻底改变药品生产的方式，使其从"一刀切"向个性化、按需制造转变。所制药品具有空间分布精确、释放精准、药物剂量可控等优势，弥补了传统制药技术的不足，发展前景极为广阔。

事实上，快速成型技术在快速制造一些个性化辅具以及急需物品方面也发挥了很好的作用。图 4-62 所示为快速成型所制作的假肢义体及穿戴情况。

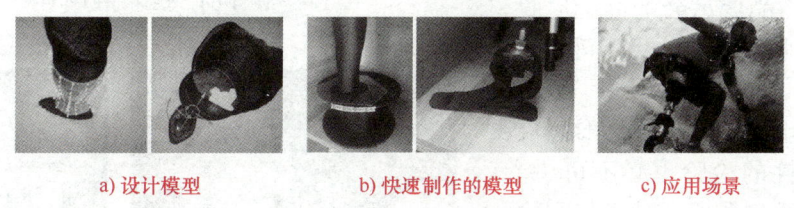

a) 设计模型　　　　b) 快速制作的模型　　　　c) 应用场景

图 4-62 快速成型的假肢义体

6. 破损件的修复

除了文物的修复外，利用快速成型技术还可以快速修复受损零件，或现场对部分简易零件进行制造以替换破损件。这些方法可大大减少备件库存，节省资金，尤其对一些特殊环境运行的装备，可大大提高装备保障效率。基于快速成型设备在破损件方面所起到的积极修复作用，其被称为"移动的修理厂"或"移动的修理车间"。

用快速成型设备来取代军舰的"维修车间"，在战斗情况下进行局部修补，这对于维护船舶的战斗力起着至关重要的作用。在海面上，军事工程师能够利用这项高度灵活的制造技术，快速修复、生产和替换任何必要的部件。这意味着军舰将不再需要运载任何维修零件，故障的产生几乎不再危及军事任务。如 2015 年元旦过后，我海军某驱逐舰支队一艘战舰在进港停泊时，绞缆绳的传动齿轮轮齿突然断裂，无法快速抛锚。紧急关头，机电部门维修人员快速卸下受损齿轮,用 3D 打印机对齿轮展开抢修,很快修复了受损齿轮。

3D 打印技术也对汽车维修技术、维修方法和汽车备件库存带来影响。当高档轿车的贵重零部件,如曲轴、缸体、缸盖出现磨损、裂纹等故障时,技术人员可使用 3D 打印机来修复这些零部件,从而延长了关键零部件的使用寿命,降低了维修成本。利用 3D 打印机甚至可以直接把损毁的或紧缺的零件打印出来,减少备件库存和备件资金占用,便捷汽车维修。

图 4-63 所示为利用快速成型技术快速修复后的叶片和煤矿机械链轮环。

a) 修复的叶片

b) 修复后的煤矿机械链轮环

图 4-63 快速修复的破损件

7. 工业设计

新产品的开发总是从外形设计开始的,外观是否美观实用往往决定了该产品是否能够被市场接受。传统的产品开发过程是:根据设计师的思想,先制作出二维图样和三维效果图,然后制作油泥类的手模,经决策层评审后再进行后续设计。由于二维工程图样或三维效果图不够直观,表达效果受到很大限制,且手工制作模型耗时长,精度较差,修改也困难,因此,产品开发的周期长,成本高。

快速成型制造技术制作出的样件不仅给设计方提供了便利,还能使用户非常直观地了解尚未投入批量生产的产品外观及其性能,并及时做出评价,使设计方能够根据用户和市场的反馈及时改进产品,为销售创造有利条件,并避免由于盲目生产可能造成的损失。同时,在工程投标中投标方采用快速成型样件,可以直观全面地提供评价依据,为中标创造有利条件。图 4-64 所示为护肤品瓶子和电话机外壳,在样品展示会上可让厂商更直观的做出评价,起到投石问路的作用。

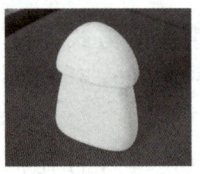
a) 护肤品瓶子

b) 电话机外壳

图 4-64 快速成型样件

在工业设计领域,除了外形评价外,结构合理性的检验也必不可少。有限空间内的复杂系统,对其装配检验、干涉检查,尤其是对其可制造性和可装配性的检验尤为重要。原型可以用来做装配模拟,观察工件之间如何配合、如何相互影响。在新产品投产之前,先用快速成型制造技术制作出全部零件原型,然后进行试安装,并验证设计的合理性和安装工艺与装配要求。若发现有缺陷和干涉,便可以迅速、方便地进行纠正。这是快速成型技术除了制作原型外,另一个较为广泛的应用。图 4-65、图 4-66 所

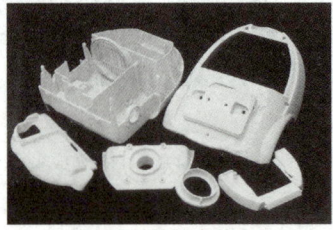
a) 吸尘器的外壳的零件

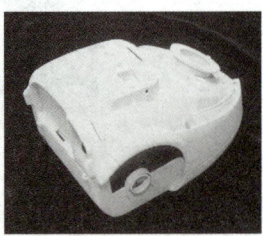
b) 装配后吸尘器的外壳

图 4-65 吸尘器外壳样件

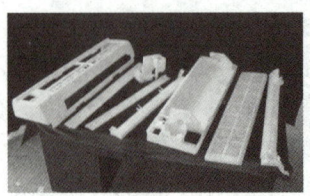
a) 空调外壳零件

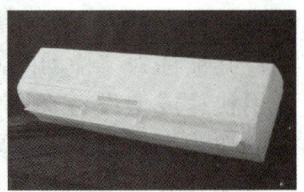
b) 组装后的空调外壳

图 4-66 空调外壳样件

示的吸尘器外壳样件和空调外壳样件都是通过将快速成型的原型进行装配模拟,一次成功完成设计的。

8. 机器人

随着快速成型技术的发展和机器人技术的广泛应用,快速成型技术在机器人方面的应用逐渐被重视,可用于机器人原型的快速开发、机器人原部件的制作等。另一方面,将快速成型喷头部件安装在机器人手臂上,不仅可以凭借其长距离臂进行大规模打印,而且由于其具有多轴的特点,在制造部件时通常不需要支撑结构,因此可以实现更大的自由度。下面主要讲述快速成型技术在机器人方面的应用。

快速成型技术在机器人方面的应用可概括为:

1)新型机器人的快速原型。利用快速成型准确、快速、低成本、适宜小批量制作产品的特点,可以在工业领域开发出更好、更高效的工业机器人。图4-67a所示为3D打印仿人类行走的双足机器人。

2)3D打印工业机器人部件。利用3D打印技术制作机器人部件,可以快速地完成部件的装配。图4-67b所示为3D打印的机械人手臂。

3)3D打印自组装机器人。采用智能材料打印成的机器人,在受到一些外界刺激的情况下,能够自动实现预先编制的动作。这种随着时间的变换,形状或性能发生变化,以实现智能构件的打印,称之为4D打印,是目前增材制造领域广受重视的技术之一。图4-67c所示为采用形状记忆高分子材料打印成的机器人,在受到微弱的电流刺激下,就会自动折叠成事先确定的形状,从而实现机器人的自组装。

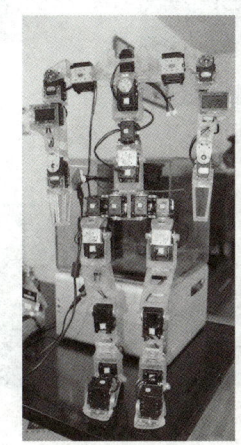
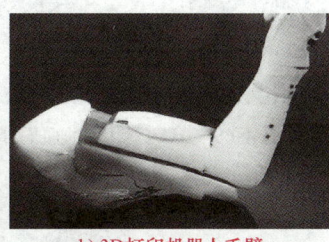
b) 3D打印机器人手臂

a) 3D打印双足机器人   c) 3D打印自组装机器人

图4-67　3D打印技术在工业机器人方面的应用

4)3D打印软体机器人。图4-68a所示为采用软体材料利用喷墨打印制作的软体机器人,可以轻松实现抓取、放下等动作。图4-68b和c分别为仿珊瑚和仿蠕虫机器人。

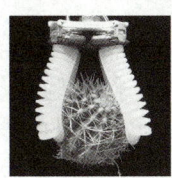  

a) 软体机械手　　b) 仿珊瑚机器人　　c) 仿蠕虫机器人

图4-68　3D打印仿生机器人

5)3D打印纳米机器人。借助最先进的芯片和纳米技术,在原子水平上精确地建造和操纵物体的纳米机器人,可在人类无法进行操作的分子层面上对原子和细胞结构实现一系列操作。图4-69是被称之为"血管清道夫"的纳米机器人。该机器人可以在血管内自由穿行,清理血管壁。

9. 其他领域

快速成型技术经过近 40 年的发展，工艺种类和成型材料越来越多，应用也越来越广泛。除了上述的这些方面，快速成型技术在建筑、食品卫生、衣服鞋帽、动漫教育等很多领域都取得了突破性进展。图 4-70～图 4-73 分别展示了快速成型在建筑、美食、服装鞋帽、首饰等方面的应用。

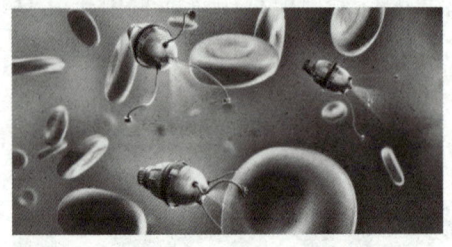

图 4-69 3D 打印纳米血管清道夫

a) 建筑模型

b) 区域规划

图 4-70 3D 打印在建筑行业应用

a) 巧克力

b) 章鱼面包

c) 卡布奇诺咖啡

图 4-71 3D 打印几种美食

图 4-72 快速成型的服装鞋帽

图 4-73 快速成型的首饰

4.4.2 快速成型技术的简要发展史

基于层层叠加的增材制造方式的历史几乎可以追溯到 150 年前，当时人们利用二维图层叠加成型了三维地貌图。但直到 20 世纪 60～70 年代，研究工作才验证了第一批现代增材制造工艺的可行性，包括 20 世纪 60 年代末的光聚合技术、1972 年的粉末熔融工艺、1979 年的薄片叠层技术。然而，当时的增材制造技术尚处于起步阶段，几乎完全没有商业市场，对研发的投入也很少。

20 世纪 80 年代和 90 年代初，增材制造方面的相关专利和学术出版物数量明显增多，出现了很多创新的增材制造技术，例如，1989 年麻省理工学院的 3D 打印技术（3DP），20 世纪 90 年代的激光束熔化工艺。同一时期，一些增材制造技术被成功商业化，包括立体光固化成型（SLA）技术、固体熔融沉积（FDM）技术，以及选择性激光烧结（SLS）技术。但是在当时，高成本、有限的材料选择，尺寸限制以及有限的精度，限制了增材制造技术在工业上的应用，只能用于少量快速原型件或模型的制作。表 4-4 列出了现在几大主流工艺的发展时间。

表 4-4 几大主流工艺的发展时间

名称	简称	发展时间（年）
立体光固化成型	SLA	1986—1988
逐层固化法	SGC	1986—1988（消失于 1999 年）
分层实体制造	LOM	1985—1991
熔融沉积成型	FDM	1988—1991
选择性激光烧结	SLS	1987—1992
三维打印	3DP	1985—1997

20 世纪 90 年代和 21 世纪初是增材制造技术的快速发展期。电子束熔融（EBM）等新技术实现了商业化，而已有技术得到了改进。研究者的注意力开始转向开发增材制造相关软件，出现了增材制造的专用文件格式、增材制造的专用软件，如 Materialise 的 Magics 开发完成。设备的改进和工艺的开发使 3D 增材制造产品的质量得到了很大提高，开始被用于工具甚至最终零件。

20 世纪以来，金属的增材制造技术在众多增材制造技术中脱颖而出，成为市场关注的重点。北京航空航天大学王华明团队研究出的大型金属构件增材制造工艺，金属增材制造的设备、材料和工艺相互促进发展，多种不同的金属增材技术互相竞争，互相促进，使得不同的技术特点开始展现，应用方向也逐渐明朗。

在快速成型技术的发展过程中，还有几个时间节点值得关注：

1) 2003 年，德国 EOS 开发直接激光烧结（DMLS）技术，金属增材制造诞生，开启了金属件快速成型技术直接制造的新纪元。

2) 2008 年，第一台开源的桌面级 3D 打印机 RepRap 发布。作为一种能进行复制的 3D 打印机，桌面级开源 3D 打印机为轰轰烈烈的 3D 打印普及化浪潮揭开了序幕。

3) 2012 年，英国著名经济学杂志《经济学人》封面文章，声称 3D 打印将引发全球第三次工业革命，使得这项技术得到了各国政府和企业的高度重视，推动了该技术的快速发展和广泛应用。

4.4.3 快速成型技术的发展现状

1. 世界各国增材制造产业发展概况

快速成型技术即增材制造技术的出现，引发了一场新型的"工业革命"。欧美等科技发达的国家和地区与新兴经济体将其作为战略性新兴产业，纷纷制定发展战略，投入资金，加大研发力量，推进产业化。

作为全球第一科技强国的美国，也是增材制造发源地。美国不仅拥有世界最前沿的增材制造技术，而且还诞生了两大增材制造行业巨头 Stratasys 和 3D Systems。该技术在美国的应用，无论是在军事、航空航天、医疗、工业，还是在民用方面，都走在世界前列。美国成为增材制造领先的国家，主要的引领要素是低成本快速成型设备的社会化应用和金属零件直接制造技术在工业界的应用。

俄罗斯在增材制造领域中的作用或许被外界小看了，因为鲜有报道。但有关的资料表明，其实俄罗斯是一个激光技术产业大国，在激光技术领域在国际上处于数一数二的地位。目前，俄罗斯增材制造技术在其激光技术的辅助下发展迅速，并通过与世界发达国家的技术交流与合作，在增材制造领域走到了世界前列。在增材制造应用方面，俄罗斯也紧跟世界脚步，在工业制造、航空、军事与医疗等领域都已有不小的进展。

作为科技强国的日本，增材制造技术在医疗、工业制造、技术开发等领域的应用，也让人耳目一新。

印度的增材制造技术目前也有一些进展，在模具和航空航天领域获得了一些应用。

我国增材制造技术在国家政策的支持下，经过近40年的发展，其产业化步伐明显加快，科技创新成果显著增加，关键技术、装备性能不断提升，涌现出一批具有一定竞争力的骨干企业，应用领域日益拓展，形成了若干个产业集聚区，生态体系初步形成，2020年的产业规模已经突破220亿元。针对材料、工艺和设备的研究成果部分已实现产业化，应用范围覆盖航空航天、装备制造、汽车、生物医疗和文化创意等重要领域。根据美国国际数据集团（IDG）预测，我国未来增材制造产业规模将维持至少22.3%的年增长率。

在增材制造的发展过程中，西安铂力特激光成形技术有限公司研发的激光选区熔化装备，在铺粉效率、定位精度等关键技术指标上已达到国际先进水平。湖南华曙高科技股份有限公司已开发出全球首款开源一体化工业级3D打印智能控制系统。北京易博三维科技有限公司研制出国内首台微型金属桌面增材制造装备。江苏永年激光成形技术有限公司通过与激光器生产企业武汉锐科光纤激光技术股份有限公司合作，共同推动国产大中功率激光器在增材制造领域的推广和应用。华中科技大学研发的"智能微铸锻一体化"金属增材制造技术，产品的部分技术指标和性能均超过传统铸件的性能。广东峰华卓立科技股份有限公司开发出了阵列喷嘴全自动砂型增材制造机，用其打印的砂型的各项参数接近国外先进水平。中航迈特增材科技（北京）有限公司研发的真空感应气雾化制粉炉突破国外技术封锁，且形成年产10台（套）的制备能力。

我国高校和科研机构在增材制造技术领域的研究起步较早，早在20世纪90年代初，清华大学、西安交通大学等就开始了对增材制造的研究。其中华中科技大学侧重选择性激光烧结技术，清华大学侧重熔融沉积成型技术，北京航空航天大学和西北工业大学主要集中在对金属材料的研究，西安交通大学重点研究立体光固化成型技术。经过多年的积累，逐渐形成了代表我国增材制造最高水平的研究团队，涌现出一批学科和行业带头人。如清华大学颜永年、北京航空航天大学王华明、华中科技大学史玉升、西安交通大学卢秉恒、西北工业大学黄卫东、华南理工大学杨永强等。此外，大连理工大学、南京航空航天大学、中北大学以及中科院深圳先进研究院等科研机构在设备研制、软件开发、产品制造和材料研发等领域开展了一系列的研究。

2. 增材制造标准的制定

为引领增材制造行业的发展，争取话语权，世界各国都特别关注增材制造标准的制定。

国际标准化组织（ISO）和美国材料与试验协会（ASTM）是国际上最具权威性的增材制造标准制定与发布的机构，其他各国也都参与和开展了增材制造标准的制定工作，如英国标准协会（BSI）、法国标准化协会（AFNOR/UN）、德国标准化学会（DIN）等。

2002年，美国汽车工程师协会（SAE）发布了第一份增材制造技术标准——宇航材料规范AMS 4999–2002，目前SAE已经发布及正在制定标准30余项。美国ASTM成立了专门的增材制造技术委员会ASTM F42，涵盖术语、设计、材料和工艺、试验方法、人员等子领域，包括10多个国家100多个成员单位，目前已发布标准30余项，在研标准20余项。ISO也成立了增材制造技术委员会TC 261，下设术语、方法、工艺和材料、试验方法、数据处理等工作组，已发布 ISO 标准 10 余项，在研标准 20 余项。

欧盟在增材制造标准化方面提供了积极的支持。在 TC 261 第七框架计划的支持下提出了名为 SASAM 的项目，联合 ISO、ASTM 以及 CEN 多方力量于 2015 年 6 月发布了 2015 增材制造标准化路线图，提出了增材制造标准化研究计划和欧洲增材制造产业优劣势与存在的问题。

我国增材制造标准化工作研究相对滞后，在增材制造材料、组织性能、尺寸精度、可靠性和稳定性等方面缺乏相关的标准规范，尚未形成明确的增材制造标准体系。2014 年，我国成为 ISO/TC 261 的成员国。2016 年，全国增材制造标准化技术委员会（SAC/TC 256）成立，承接 ISO/TC 261 相关工作，主要负责增材制造术语、工艺、测试、评价、软件及相关技术服务等领域的国家标准制修订工作。目前已发行由中机生产力促进中心、上海材料研究所、西安交通大学、西北工业大学、清华大学和西安增材制造国家研究院有限公司等单位联合制定的 GB/T 35351—2017《增材制造 术语》等国家标准 9 项，近 10 项仍在论证；以及由中国航空综合技术研究所、北京煜鼎增材制造研究院有限公司和北京航空航天大学共同起草发布的 HB 20450—2018《航空钛合金零件激光直接沉积增材制造粉末规范》等航空行业标准 5 项。

随着 AM 技术的成熟完善和多种类产品的应用，增材制造标准化研究也呈现逐年递增的态势，在经济、生产、企业国际化的大背景下，学术交流日益紧密，增材制造标准化研究趋于统一。中国增材制造标准化研究虽处于初级快速发展阶段，但高性能大型金属构件激光增材制造、大尺寸多激光选区熔化和智能微铸锻等自主研发的技术已处于国际领先地位，为国内标准化研究提供了具有竞争力的优势。未来需建立与美国材料与试验协会（ASTM）国际卓越增材制造中心（AM CoE）类似的增材制造标准化研究专业结构，促进制定我国增材制造技术发展与标准研究路线图，着力扶持国家重点行业关键零部件的标准制定，重点关注即将上市但仍未通过行业认定的产品，在增材制造发展的全球浪潮中把握主动权。

4.4.4 快速成型技术的发展趋势

快速成型的优势在于制造周期短、适合单件个性化需求、大型薄壁件制造、钛合金等难加工、易热成型零件制造、结构复杂零件制造，在航空航天、医疗等领域，产品开发阶段，计算机外设发展和创新教育上具有广阔发展空间。快速成型技术代表着先进生产模式和制造技术的发展趋势，可满足大规模制造向定制化制造发展的社会多样化需求。

但快速成型技术与传统制造技术相比，还面临许多新挑战和新问题。受技术装备、新型材料、设计软件、质量安全和公共环境等制约和影响，目前仅适用于少批量、小尺寸、高精度、造型复杂的零部件和元器件的加工制造，还难以代替传统制造业大规模、大批量的加工制造，尚未进入大规模工业应用。

随着快速成型技术的发展，新工艺的不断出现，新应用的不断拓展，快速成型逐渐呈现以下发展趋势：

（1）向日常消费品制造方向发展　三维打印是国外近年来的发展热点。将三维打印机作为计算机一个外部输出设备来应用，可以直接将计算机中的三维图形输出为三维的彩色物体，在科学教育、工业造型、产品创意、工艺美术等领域有着广泛的应用前景和巨大的商业价值。其发展方向是提高精度、降低成本、发展高性能材料。

（2）向功能零件制造发展　采用激光或电子束直接熔化金属粉，逐层堆积金属，这就是金属直接成型技术。该技术可以直接制造复杂结构金属功能零件，制件力学性能可以达到锻件性能指标，进一步的发展方向是提高精度和性能，同时向陶瓷零件的增材制造技术和复合材料的增材制造技术发展。

（3）向智能化装备发展　目前快速成型设备在软件功能和后处理方面还有许多问题需要优化。例如，成型过程中需要加支撑，软件智能化和自动化需要进一步提高；制造过程、工艺参数与材料的匹配性需要智能化；加工完成后的粉料或支撑需要去除等。这些问题直接影响设备的使用和推广，设备智能化是走向普及的保证。

当前，已经处于第二代增材制造设备时代。第一代增材制造设备主要是满足设计产品的原型制作。通过增材制造设备能够打印出立体的物品，而且形象逼真，但是功能性不强。第二代增材制造设备则能够打印出需要的功能性产品，包括金属的、生物的产品，也包括一些大型的结构件产品和柔性产品。未来第三代增材制造设备的智能化、信息化水平会更高，与机器人、智能材料等其他先进技术的结合则更为紧密，还可以衍生出很多模块化的功能。

（4）向组织与结构一体化制造发展　增材制造将实现从微观组织到宏观结构的可控制造。例如在制造复合材料时，将复合材料的组织设计制造与外形结构设计制造同步完成，在微观到宏观尺度上实现同步制造，实现结构体的"设计-材料-制造"一体化。该技术将支撑生物组织制造、复合材料等复杂结构零件的制造，给制造技术带来革命性发展。

4.4.5　我国发展快速成型产业的重要战略意义

当前，全球正在兴起一轮数字化制造浪潮。发达国家面对近年来制造业竞争力的下降，大力倡导"再工业化，再制造化"战略，提出智能机器人、人工智能、快速成型（增材制造）是实现数字化制造的关键技术，并希望通过这三大数字化制造技术的突破，巩固和提升制造业的主导权。

目前我国正处于"数转智改"的关键时期。大力发展增材制造产业，可以在提升我国工业领域产品开发水平的同时，助力攻克技术难关，并且形成新的经济增长点，促进就业，推动我国由"工业大国"向"工业强国"的转变。

1）发展快速成型产业，可以提升我国工业领域的产品开发水平，提高工业设计能力。传统的工业产品开发方法，往往是先开模具，然后再做成样品。而运用 RP 技术，无需开发模具，制造时间可以缩短为以前的 1/10～1/5，费用降低到以前的 1/3 以下。一些好的工业设计理念，无论其结构多么复杂，利用快速成型技术，在短时间内就可以制造出来，从而极大地促进产品的创新设计，有效克服我国工业设计能力薄弱的问题。

2）发展快速成型产业，可以生产复杂、特殊、个性化产品，有利于攻克技术难关。在航空航天、大型武器等装备制造业，零部件种类多、性能要求高，需要进行反复测试，运用快速成型技术可以为基础科学技术的研究提供重要的技术支持。除此之外，还可以直接加工出特殊、复杂形状的零部件，简化装备的结构设计、化解技术难题，实现关键性能的赶超。

3）发展快速成型产业，可以形成新的经济增长点，促进就业。随着快速成型技术应用的普及，"大批量个性化定制"将成为重要的生产模式。因此，快速成型技术和现代服务业的紧密结合，将衍生出新的细分产业，新的商业模式，创造出新的经济增长点。如利用快速成型技术，结合电子商务和大数据技术，激发个性化需求，可为大量消费者定制生活用品、文体器具、工艺装饰品等，形成一个数百亿甚至数千亿的文化创意制造产业，增加社会就业。

任务拓展　　了解增减材复合加工技术

通过前面的学习，知道了采用快速成型工艺制造的成型件，其几何尺寸精度和表面粗糙度都不太理想，需要进行后处理，包括热处理、机加工（铣削、钻削）和抛光加工。这是由于在模型离散化过程中大都采用 STL 格式和二维的分层技术，从而造成尺寸的误差和阶梯效应。而传统的机加工尤其是数控加工，具有高精度、高效率、加工柔性好、工艺规划简单等特点，正好能够弥补上述快速成型技术的缺点。图 4-74 所示为增材制造和减材制造的优缺点互补关系。因此，将增材制造（AM）和减材制造（常用数控切削加工）进行有机地结合，产生了一种新的复合加工技术——增减材复合加工技术，也称之为一体化加工技术。

增减材复合加工技术不仅融合增材制造与减材制造两种加工的优势，同时相互弥补了各自的不足，对于各类复杂工件的加工具有更大的弹性。这项技术具备了潜在的颠覆性技术特征，将是下一步制造业关注的重点与热点，它的进一步推广与应用必将促使相关产业迎来新的飞跃。它是一种将产品设计、软件控制以及增材制造与减材制造相结合的新技术，可在同一台机床上实现"加减法"的加工，是将现有的数控切削加工和增材制造组合的混合型方案。这样，对于传统切削加工无法实现的特殊几何构型或特殊材料的零件，近净成型的阶段可由增材制造承担，而后期的精加工与表面处理，则由传统的减材加工承担。由于在同一台机床上完成所有加工工序，不仅避免了原本在多平台加工时工件的夹持与取放所带来的误差积累，提高了制造精度与生产效率，同时也节省了车间空间，降低制造成本。

增减材复合加工技术以"离散–堆积–控制"的成型原理为基础，是一种添加/去除材料的过程。即首先在计算机中设计出功能零件的三维 CAD 模型，然后将该模型按一定的厚度分层切片，将零件的三维数据信息转换为一系列的二维或三维轮廓几何信息，再将层面几何信息与沉积参数和机加工参数相融合，生成扫描路径数控代码。成型系统执行增材制造部分的数控代码，进行逐层堆积，完成轮廓的增材制造；而切削加工系统则执行机加工部分的代码，完成所需表面的减材加工，最终成型出三维实体零件。图 4-75 所示为增减材复合加工原理。

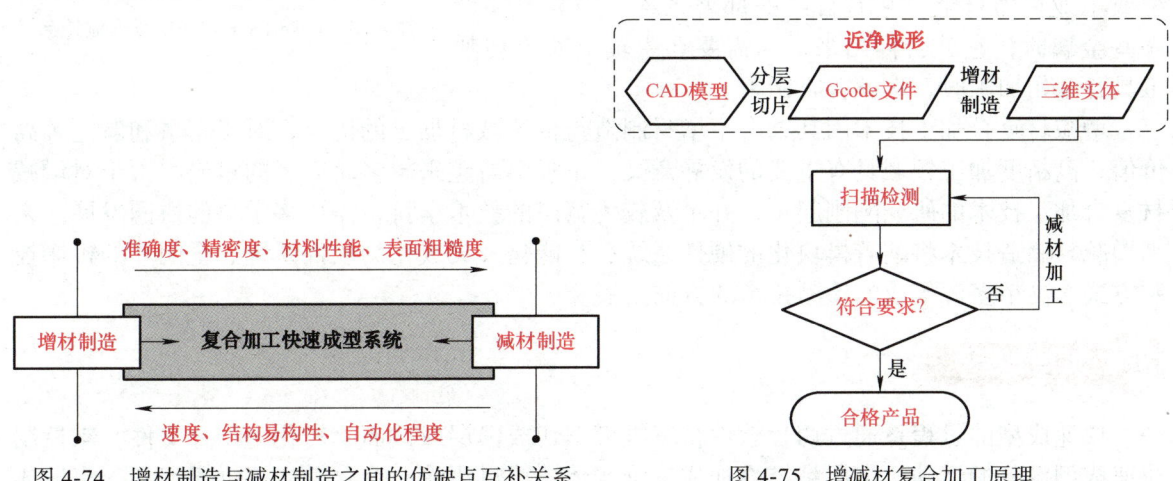

图 4-74　增材制造与减材制造之间的优缺点互补关系　　　　图 4-75　增减材复合加工原理

从增减材复合加工技术的原理可以看出，该技术的实质是 CAD 软件驱动下的三维堆积和机加工过程。因此，一个基本的复合加工系统应该由以下几个部分组成：CNC 加工中心、沉积制造部分、送料系统、软件控制系统以及辅助系统。其中涉及的关键技术包括复合加工的集成方式、软硬件平台搭建和复合制造控制系统。

目前已有的增减材复合加工的集成方式有：基于直接能量沉积的复合加工集成、基于冷喷涂的增减材复合加工集成、基于粉末融积的增减材复合加工和基于材料喷射成形技术的增减材复合加工。

复合加工机床软硬件平台的搭建，需针对增减材加工工艺需要的软硬系统进行有机集成，以实现加工零件高效率、高品质及低成本的批量化规模生产，并保证高品质产品的稳定、一致化批量的产出。软件层面的系统集成需要解决三个主要关键技术：支撑结构的优化问题、自适应分层处理的问题以及增减材加工工序的最优化。

复合加工控制系统目前通常使用的方式是在数控机床原有的 CNC 控制系统的基础上，在系统的现有工作区域中引入新的增材加工设备。这需要 CNC 系统不仅能够生成刀具以及打印材料喷嘴的轨迹，而且能够快速地在二者之间自由切换。对于增材制造设备，最为关键的是要灵活精准地控制原料的送给速率以及激光能量。但目前的研究与应用仍局限在以试错法为主的开环系统，即在增材制造之前，先决定好制造相关参数，如激光的能量和进料速率等，待制造完成后再对参数进行评估与改进。这种方式的局限性在于：在增材制造过程中，送料喷头经过带有转角的位置时，喷头会进行短暂的停顿用来变向，但此时送料的速度不变，其结果就是造成局部材料过度沉积。至于专门为复合制造设计的闭环系统，因为其设计十分困难，不仅需要先进的插入式测量技术获取加工过程中的各种参数，更要实时处理这些参数以及时地在加工过程中做出调整。因此，需要构建激光能量与原料送给速度的关系，以实现加工过程的全闭环控制，取得良好的效果。

图 4-76 所示为 Lasertec 65 DED 复合制造系统。它通过激光沉积 3D 打印添加金属，制造出略显粗糙的形状，然后通过传统的铣削工艺，获得所需精度和表面粗糙度的金属制件。在该系统中安装的金属打印头，是由专门从事激光沉积的西班牙公司 Meltio 推出的。该金属打印头，几乎可以安装到任何现有的数控铣床、龙门系统或工业机器臂上。它有自己的部署系统，当需要铺设一些金属时，它就会伸出来，当需要在主轴上安装切削工具并开始加工时，它就会收回来。

图 4-76 Lasertec 65 DED 复合制造系统

增减材复合加工技术因其结合了增材制造与传统减材加工的优点，对于军事和航空等高价值、高精度加工领域具有重要的发展意义，正吸引着越来越多研究者的目光。由于对增减材复合加工技术的研究刚刚起步，并牵及较为宽广的技术学科，需要多学科的协同发展。未来增减材制造技术将朝着模块化的硬件系统、智能化及集成化的软件系统、全闭环的机床控制方式、高精多源集成的检测技术的方向发展。

项目总结

快速成型的过程是通过切片软件将三维模型切成薄层或截面，转化为切片文件，来控制快速成型设备的运动，层层粘结叠加成三维实体。该过程将一个复杂的三维模型加工离散成一系列二维层片的加工，可省略传统机械加工所用的夹具和刀具，大大降低了加工难度。从理论上讲，任何复杂的三维模型都可以通过快速成型制造出来。快速成型已成为产品快速制造的强有力手段，在航空航天、汽车摩托车、家电、生物医学、文化创意、模具等领域得到了广泛应用。目前，快速成型朝着更快的制造速度、更高的制造精度、更稳定的可靠性及更智能化的方向发展，成型材料（尤其是功能材料、金属材料）将朝着多样性方向发展，成型零件向大型制造与微型制造双向发展。

我国虽在快速成型领域起步稍晚，但在政策的支持和广大科研工作者的努力下，经历了追跑、并跑，在某些方面已经实现了领跑。在当前数字化转型的浪潮下，增材制造技术必将发挥更大的作用。

项目训练与考核

1. 项目训练

小组交流讨论：交流你对快速成型技术的认知，讨论如何利用快速成型技术进行产品创新设计。

2. 项目考核卡

项目考核卡见表 4-5。

表 4-5 快速成型技术的概述项目考核卡

考核项目	考核内容	参考分值	考核结果	考核人
素质目标考核	遵守规则	5		
	课堂互动	5		
	团结合作	10		
	创新理解	5		
知识目标考核	快速成型技术的概念	5		
	快速成型的工作流程	10		
	快速成型的应用领域	10		
	快速成型的应用意义	10		
能力目标考核	理解快速成型技术的成型特点	5		
	能说明快速成型的工作流程	10		
	能列举快速成型技术的具体应用	10		
	能概括快速成型对产品创新设计的益处	15		
合计		100		

思考题

4-1 物体的成型方式有哪些？各自的最主要特点是什么？

4-2 快速成型技术的别称有哪些？为什么获得这些称谓？

4-3 快速成型技术的工作原理是什么？与传统减材制造相比，该技术具有哪些特点？

4-4 为什么各国都在大力发展"增材制造"技术？

4-5 如何客观地评价我国增材制造的发展水平？

4-6 快速成型技术在哪些领域获得很好的应用？为什么？

4-7　快速成型技术有哪些成熟的工艺方法？

4-8　熔融沉积快速成型的技术特点是什么？为什么FDM工艺在快速成型技术的大众化方面起到了积极作用？

4-9　金属增材制造的热源有哪几种？所采用的成型材料有哪几种形式？

4-10　试比较SLA与DLP两种光固化类快速成型工艺的区别。

4-11　生物3D打印的材料具有什么特点？所采用的生物3D打印工艺具有什么特点？

4-12　如何利用快速成型技术来培养"创新创业"能力？

4-13　快速成型技术将给我国的制造业带来怎样的影响？

4-14　上网查阅资料，以具体案例说明快速成型技术在新产品或设备开发上的应用。

4-15　网上观看我国3D打印领域的"教父"卢秉恒院士的"开讲啦3D打印技术应用"，思考如下几个问题：

（1）卢院士赠送给主持人的是什么礼物？采用什么方法制造的？

（2）卢院士是如何描述3D打印技术的未来的？

（3）卢院士是如何从工作中寻找乐趣的？

（4）在未来实现两个强国的征程中，卢院士是怎样嘱咐青年一代的？

（5）卢院士在讲座的最后，念了自己所赋的一首诗："聚一束神光，熔女娲晶石。绘天下神奇，鼎中华辉煌。"这首诗给我们什么样的启发？

（6）试概括一下以卢院士为代表的中国3D打印人，具有什么样的精神品质。

4-16　若学校想建设快速成型实训中心，从安全和成本以及对环境影响的角度，考虑一下该选择哪种类型的快速成型工艺和设备？为什么？

4-7 增材制造人才需求分析

4-17　查阅资料，以具体案例说明快速成型（3D打印）是如何铸就大国重器的？

4-18　扫描二维码，阅读"增材制造人才需求分析"，了解增材制造人才需求的近况。思考该如何"急国家所急"？

4-19　查找资料，了解我国3D打印五大领军人物：颜永年、卢秉恒、王华明、黄卫东和史玉升，概述他们为我国3D打印技术发展所做的贡献。从他们身上，可以学习到哪些高贵品质和科研精神？

项目 5

快速成型数据模型的前处理

项目简介

在项目 4 中已经了解了各种不同快速成型的工作原理，知道虽然工作原理不同，但快速成型的工作流程是相同的。知道在用成型设备进行成型前，需要将数据模型进行一系列前处理，包括三维模型的离散处理生成 STL 文件、成型方向的选择、分层处理生成 Gcode 文件。在该过程中涉及两种通用的数据文件：离散数据 STL 文件、快速成型设备可识别的数控代码 Gcode 文件，主要的处理包括成型方向的选择和模型的分层处理。数据模型前处理的好坏对成型效率、成型表面质量和成型件强度等有很大的影响，因此前处理是快速成型制造至关重要、不可或缺的重要技术环节之一。通过本项目引导和任务实施，将达成下列目标：

素质目标	知识目标	能力目标
（1）愿意学习，能进行条理分析和归纳总结，独立思考，解决问题 （2）能客观评价事物，评价自己和他人，接受他人的批评和改进意见 （3）能从新技术的发展应用中，激发出科技报国的家国情怀和使命担当 （4）具备应用新技术，进行产品创新设计的思维	（1）了解快速成型前处理流程 （2）了解 STL 文件格式和特点 （3）知晓成型方向选择原则 （4）清楚分层处理工艺参数的含义 （5）熟悉分层处理软件的使用流程	（1）能够理解前处理的重要性 （2）会进行 STL 文件的转换 （3）知道最佳成型方向的选择 （4）会使用分层软件进行分层切片 （5）可将分层文件保存到合适的存储器

任务 5.1　快速成型数据处理流程

任务引入

快速成型的整个过程都是数字驱动的。从最初的 CAD 模型或采集的点云数据，到离散后的 STL 模型，再到分层处理后的 Gcode 数控文件。每个环节中所获得的数据质量好坏，都会影响最终成型件的质量和效率。因此，要了解快速成型过程中各种数据文件间的关系及其特点。

任务分析

要清晰了解快速成型过程中各种数据文件间的关系及其特点，熟知快速成型的数据处理流程及模型的获取途径和方法是首要任务。本任务首先是熟知快速成型数据模型的来源，了解快速成型通用数据模型存放文件 STL 的特点，掌握三维数据模型转化成 STL 文件的途径和方法，从源头抓起。

难点和重点

难点：为什么要进行分层切片处理？
重点：掌握快速成型的数据处理流程。

任务实施

5.1.1 快速成型数据处理流程简介

快速成型制造虽然有不同的加工工艺，但都是通过逐层叠加材料来制造零件的。几乎所有快速成型工艺的数据处理流程都可用图 5-1 来表示。

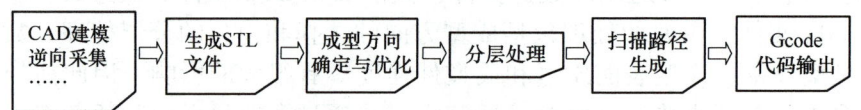

图 5-1　快速成型的数据处理流程

也就是说，若要快速成型零部件，首先要利用 CAD 系统正向设计或逆向采集等获得三维数据模型，并将模型转化为通用数据接口格式——STL 数据格式；然后利用分层软件对 STL 文件进行分层处理，将生成的切片轮廓信息进行轮廓填充，生成包含各层面扫描信息的数控指令文件（Gcode）。层面扫描信息也可以直接来自 CT 或 MRI 数据或 CAD 模型直接分层得到的数据。最后将 Gcode 文件通过复制或通过数据线、网络直接发送到快速成型设备。快速成型设备根据所接受的数控指令进行运动，完成成型件的制作。

从快速成型工艺的数据处理流程可以看到，该过程中涉及两方面的数据处理：一是原始的数据模型如何转化为快速成型领域通用的接口 STL 数据模型，二是将 STL 数据模型处理成驱动快速成型设备运行的数控代码 Gcode。

5.1.2 快速成型模型的数据来源

快速成型模型的数据来源十分广泛，既可以是来自正向设计的三维 CAD 模型，也可以是来自逆向工程所采集的数据（点云或面片数据）。对初学者来说，还有一条快捷便利的数据来源，就是从网络上下载一些打印模型，直接用来打印。

下面介绍快速成型数据来源的几条途径：

1. 正向设计

这是一条较重要也是应用最广泛的数据来源途径。目前产品的设计已经广泛采用计算机辅助设计软件进行三维造型，三维模型可以直接在 CAD 软件中完成。主流的计算机辅助设计软件有：UG、Pro/E、Cimatron、CATIA、SolidWorks 等。这是一种由概念设计到详细设计的正向设计方法。

2. 逆向采集

这种数据来源于采用逆向工程技术对已有实物进行数字采集，并根据采集数据运用逆向设计软件处理成 STL 文件，或采用逆向或逆向和正向相结合的方法重构出实物的三维数据模型。

另外，还可通过计算机断层扫描（CT）和核磁共振（MRI）获得医学/体素层面数据，通过专用的医学三维图像处理软件（例如 Mimics 软件），将 CT 或 MRI 数据转换成三维 CAD 模型或快速成型所需的模型文件。

3. 网络下载

现在网上有很多这方面的资源，有很多还是开放免费的，如：http://www.dayin.la，http://www.hori3d.com。

在下载这些模型时，一定要尊重知识产权，合规合法地使用这些模型。

任务 5.2　STL 文件及其缺陷检测与修复

任务引入

STL 模型是以三角形集合来表示物体外轮廓形状的几何模型，虽转换方便、表达简单，是通用的数据接口文件，在快速成型领域应用广泛。在实际应用中，对 STL 模型的数据是有一定的规范要求的，如不符合规范，则需要对 STL 模型进行检查与修复，否则会导致分层处理或成型失败。本任务就是了解 STL 文件的格式、常见的缺陷，掌握如何检查与修复的方法和步骤，为下一步分层处理做好准备。

任务分析

要正确地进行 STL 模型的缺陷检测和修复，首先要了解 STL 文件格式、常见的错误类型，然后再利用有效的方法进行缺陷检测与修复。

难点和重点

难点：如何理解 STL 文件的冗余性？
重点：1. 了解 STL 文件格式及其含义。
　　　2. 掌握一种从 CAD 软件中将模型输出为 STL 文件格式的方法。
　　　3. 会使用一种软件对 STL 文件进行缺陷检测及修复。

任务实施

5.2.1　STL 文件简介

STL 是 STereoLithography（立体光刻）的缩写，其文件格式是由 3D Systems 公司

于 1988 年制定的用于立体光刻计算机辅助设计软件的文件格式，后被称为标准三角语言（Standard Triangle Language）、标准曲面细分语言（Standard Tessellation Language）等。经过多年的发展，许多套装软件支持这种格式，STL 文件被广泛用于快速成型和计算机辅助制造（CAM），成为快速成型系统用得最多的数据转换形式，被誉为快速成型领域的"准"工业标准，几乎所有类型的快速成型制造系统都接受 STL 数据格式。因此，无论是通过正向设计的 CAD 模型还是逆向采集后的数据，通常都将三维数据模型输出保存为 STL 格式。

1. STL 文件格式

STL 文件是通过对 CAD 实体模型或曲面模型进行表面三角形网格化获得的，如图 5-2 所示，是若干空间小三角形面片的集合。

三角形网格化就是用小三角形面片去逼近自由曲面，逼近的精度通常由曲面到三角形曲面的距离或者是曲面到三角形的弦高差来控制，如图 5-3 所示。所以曲面越不规则，逼近误差要求越小，所离散的三角形面片的数目就越多，STL 文件就越大。

图 5-2　STL 模型

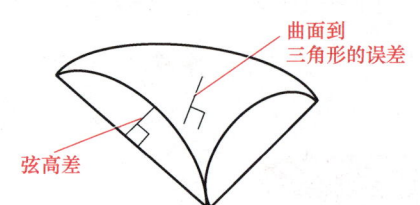

图 5-3　逼近误差的计算

在 STL 文件中，每个三角形面片用三角形的三个顶点和指向模型外表面的三角形面片法矢量来表示，如图 5-4 所示。三个顶点按照逆时针排列，遵循右手法则。三角形面片正确的条件之一是右手法则所判断的大拇指方向与所表示的法矢量一致。

STL 文件仅描述三维物体的表面几何形状，没有颜色、材质贴图或其他常见三维模型的属性。STL 文件有文本文件（ASCII 格式）与二进制文件（BINARY）两种。ASCII 格式的 STL 文件占用空间较大，BINARY 格式的文件因较简洁而较常见。

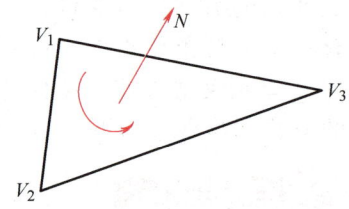

图 5-4　三角形面片的表示方法

如下是 STL 文件的 ASCII 格式：

```
Solid<filename>                          //文件路径及文件名
    Facet normal Nx Ny Nz                //三角形面片法矢量的 3 个分量值
    Outer loop
        Vertex V1x  V1y V1z              //三角形面片的三个顶点坐标
        Vertex V2x  V2y V2z
        Vertex V3x  V3y V3z
    End loop
    End facet                            //第一个三角面片定义完毕
    ……
    End solid<filename>                  //整个文件结束
```

从上述格式可以看出，每个面片采用四个数据项表示每一个三角形面片，即三角形的三个顶点坐标（V_1　V_2　V_3）和三角形面片的外法线矢量（N_x　N_y　N_z）。

STL 的 BINARY 文件格式如下：

```
#of bytes      description
    80              有关文件、作者姓名和注释信息
    4               小三角形平面数目
                facet 1                        //面片 1
    4           float normal x                 //面片 1 X 方向法矢
    4           float normal y                 //面片 1 Y 方向法矢
    4           float normal z                 //面片 1 Z 方向法矢
    4           float vertex1 x                //面片 1 第一个顶点 X 坐标
    4           float vertex1 y                //面片 1 第一个顶点 Y 坐标
    4           float vertex1 z                //面片 1 第一个顶点 Z 坐标
    4           float vertex2 x                //面片 1 第二个顶点 X 坐标
    4           float vertex2 y                //面片 1 第二个顶点 Y 坐标
    4           float vertex2 z                //面片 1 第二个顶点 Z 坐标
    4           float vertex3 x                //面片 1 第三个顶点 X 坐标
    4           float vertex3 y                //面片 1 第三个顶点 Y 坐标
    4           float vertex3 z                //面片 1 第三个顶点 Z 坐标
    2               未用（构成 50 个 B）
                facet 2
                ……
```

二进制 STL 文件用固定的字节数来表示三角面片的几何信息。文件起始的 80 字节是文件头存储零件名，可以放入任何文字信息；紧随着用 4 个字节的整数来描述实体的三角形面片个数，后面的内容就是逐个给出每个三角形面片的几何信息。每个三角形面片占用固定的 50 字节，它们依次是 3 个 4 字节浮点数，用来描述三角形面片的法矢量；3 个 4 字节浮点数，用来描述第 1 个顶点的坐标；3 个 4 字节浮点数，用来描述第 2 个顶点的坐标；3 个 4 字节浮点数，用来描述第 3 个顶点的坐标，每个三角面片的最后 2 个字节用来描述三角面片的属性信息（包括颜色属性等，暂时没有用）。一个二进制 STL 文件的大小为三角形面片数乘以 50 再加上 84 个字节。

2. STL 文件的规范

STL 只能用来表示封闭的面或体。用 STL 文件正确描述三维模型，必须遵守一定的规范：

（1）取向原则　每个小三角形平面的法矢量必须由内部指向外部，小三角形三个顶点排列的顺序同法矢量，符合右手法则，如图 5-4 所示。

（2）共顶点原则　相邻的两个三角形只能共享两个顶点，即一个顶点不能落在相邻的任何一个三角形的边上。图 5-5 所示为共顶点原则正确和错误的两种情况。

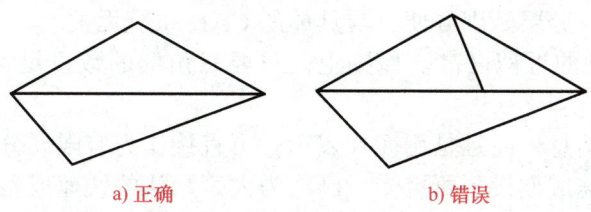

a) 正确　　　　　　　　b) 错误

图 5-5　共顶点原则

（3）取值原则　STL文件的所有顶点坐标必须是正的，即STL模型必须落在第一象限；若为零或负数，则是错误的。但目前几乎所有的CAD/CAM软件都允许在任意的空间生成STL文件，因此在导出STL文件时系统会出现错误提示信息，单击"是"按钮，即可继续。

（4）充满原则　在三维模型的表面上必须布满小三角形平面，不能有裂缝和孔洞。内外表面之间的厚度不能为0，并且外表面不能从其本身穿过。

3. STL文件的输出

5-1 UG软件输出STL文件的方法及步骤

STL文件格式简单且容易输出，因此，许多计算机辅助设计（CAD）系统能输出STL文件格式。在输出的过程中，不仅可以选择STL文件的类型，还可以对其精度进行控制。在计算机数据处理能力足够的前提下，进行STL格式化时，应选择更小、更多的三角形面片，使之更逼近原始的三维模型的表面，这样可以降低由离散化为STL格式所带来的误差影响。

几种常见的三维CAD造型软件输出STL文件的方法步骤见表5-1。

表5-1　常见CAD造型软件输出STL文件的方法步骤

软件名	输出STL文件的方法步骤
Inventor	Save Copy As（另存为）→ Options（选项），在（选项）中选STL，设定为High（高）
CAXA	右键单击要输出的模型→ Part Properties（零件属性）→ Rendering（渲染）→ 设定Facet Surface Smoothing（三角形面片平滑）为150 → File（文件）→ Export（输出）→选择STL
SolidEdge	① File（文件）→ Save Copy（保存副本）→选择文件类型为STL（*.stl） ② Options（选项）：设定Conversion Tolerance（转换误差）为0.001或0.025（mm），设定Surface Plane Angle（平面角度）为45°
SolidWorks	① File（文件）→ Save As（保存）→选择文件类型为STL（*.stl） ② Options（选项）→ Resolution（品质）→ Fine（良好）→ OK（确定）
Pro/E Wildfire	① File（文件）→ Save a Copy（保存副本）→ Model（模型）→选择文件类型为STL（*.stl） ② 设定弦高为0，然后该值会被自动设定为可接受的最小值 ③ 设定Angle Control（角度控制）为1
Siemens NX	① File（文件）→ Export（输出）→ Rapid Prototyping（快速成型）→设定类型为Binary（二进制） ② 设定Triangle Tolerance（三角形误差）为0.0025 设定Adjacency Tolerance（邻接误差）为0.12 设定Auto Normal Gen（自动法向生成）为on（开启） 设定Normal Display（法向显示）为off（关闭） 设定Triangle Display（三角形显示）为on（开启）

4. STL文件的特点

STL文件格式的优点主要有：

1）数据格式简单，分层处理方便，与具体的CAD系统无关。

2）对原CAD模型的近似度高。原则上，只要三角形的数目足够多，STL文件就可以满足任意精度要求。

3）具有三维几何信息，而且是用面片表示，可直接作为有限元分析的网格。

4）为几乎所有快速成型设备所接受，已成为大家默认的快速成型数据转换标准。

但STL格式也有如下的一些缺点：

1）STL模型只是三维模型的近似描述，会造成一定的精度损失。

2）不含CAD拓扑关系。将CAD模型转换为STL模型后，丢失了零件材料、特征公差等属性信息。

3）文件有大量的冗余数据。因为每个顶点分别属于不同的三角形，所以同一个顶点在STL文件中重复存储多次。另外三角面片的法矢量也是一个不必要的信息，由三个顶点坐标的右手法则就可得到。

4）易产生重叠面、孔洞、法矢量和交叉面等错误及缺陷。

5）STL文件不包含颜色和材质等方面的信息。如若想保存模型中颜色和材料等方面的信息，可将模型文件保存为OBJ或3MF格式，其中3MF格式能够更完整地描述3D模型，因为该文件除了几何信息外，还可以保存内部信息，以及颜色、材料、纹理等其他特征。

总的来说，STL文件格式简单，通用性良好，后续切片算法易于实现。STL文件在快速成型技术领域得到了广泛应用，成为该领域实际的接口标准和最常用的数据交换文件。

5.2.2 STL文件的缺陷类型

STL文件的缺陷检查与分析主要包括两方面：STL模型数据的有效性和STL模型封闭性检查。有效性检查包括检查模型是否存在裂隙、孤立边等几何缺陷；封闭性检查则是检查所有的STL三角形可是否围成一个内外封闭的几何体。

在检查STL文件的过程中常有如下几个方面的缺陷：

1）间隙，或称裂纹、孔洞，如图5-6a所示。这主要是由于三角形面片的丢失引起的。当CAD模型表面有较大曲率的曲面相交时，在曲面的相交部分会出现丢失三角形面片，从而造成孔洞。

2）法矢量错误，如图5-6b所示。这是由于进行STL格式转换时，因未按正确的顺序（右手法则）排列三角形的三个顶点，从而导致所得法矢量的方向没有指向外部，即不符合右手法则。

3）顶点错误，如图5-5b所示，即三角形的顶点落在另一三角形的某条边，使得两个三角形共用一条边，违背了STL文件的共点原则。

4）重叠和分离错误，如图5-6c所示。重叠和分离错误主要是由三角形顶点计算时的舍入误差造成的。在STL文件中，顶点坐标是单精度浮点型，如果圆整误差范围较大，就会导致面片重叠或分离。

5）面片退化，如图5-6d所示。面片退化是指小三角形面片的三条边共线。这种错误常常发生在曲率剧烈变化的两相交曲面的相交线附近，在转化STL文件时，CAD软件的三角网格化算法不完善造成的。

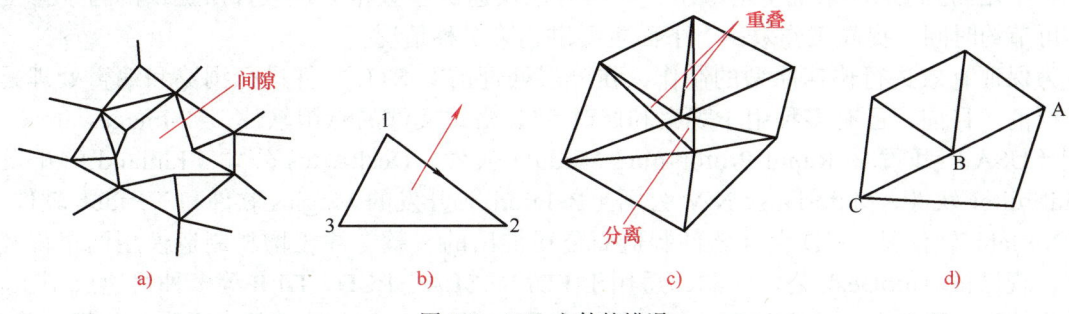

图5-6 STL文件的错误

6）拓扑信息的紊乱。这主要是由某些细微特征在三角形网格化圆整时所造成的。如

图 5-7a 所示，直线 AB 同时属于四个三角形面片，这显然违反了 STL 文件的规范；图 5-7b 顶点位于某个三角形面片内，图 5-7c 发生面片重叠，这些都是 STL 文件不允许的。对于这些情况，必须重建 STL 文件。

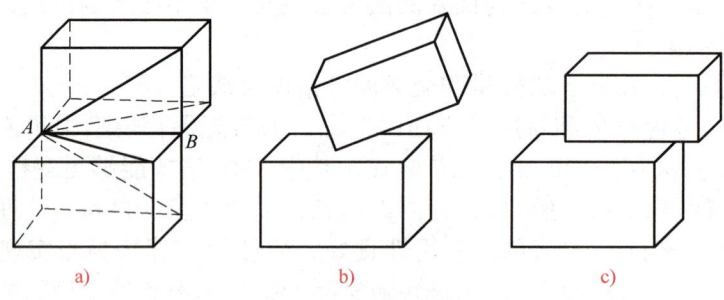

图 5-7 拓扑信息的紊乱

STL 文件中的孔洞是一种比较严重的缺陷。如果在 STL 文件中出现孔洞，尽管不会造成切片的失败，但会造成切片轮廓的不封闭，在进行区域扫描时，扫描线超出轮廓的情况，导致成型零件的制作失败。如图 5-8 所示，由于轮廓线段 AB 的缺损，导致扫描线超出轮廓区域。

当 STL 文件中出现重叠与分离错误时，由于切片不能正常地找到毗邻的三角形面片，会直接导致切片的失败，如图 5-9 所示。

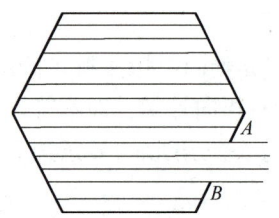

图 5-8 间隙错误造成切片轮廓不封闭

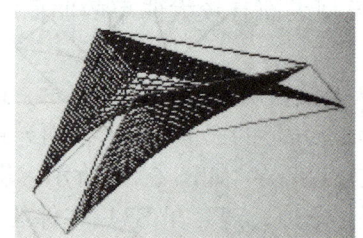

图 5-9 切片失败的情况

5.2.3 STL 文件的快速检查与修复

STL 文件出现的许多问题往往来源于 CAD 模型中存在的一些问题。对于一些较大的问题（如大孔洞、多面片缺失、较大的体自交），最好返回 CAD 系统处理，对于一些较小的问题，可不用回到 CAD 系统重新输出，采用有些快速成型数据处理软件所提供的自动修复功能，可节约时间，提高工作效率。下面主要讲述第二种情况。

为保证有效进行快速原型的制作，在分层处理前对 STL 文件进行浏览和编辑处理是十分必要的。目前，已有多种用于观察和修改 STL 格式文件的专用软件，如 Imageware Copy 公司（USA）开发的 Rapid Prototyping Module 软件、DeskArtes 公司（Finland）开发的 Rapid Editor 软件、Materialise N.V. 公司（Belgium）开发的 Magics 软件和 Netfabb 软件。

Netfabb 软件是由 3D 设计软件制造商公司推出的一款专注于增材制造模型网格修复的软件，现已被 AutoDesk 公司收购，适用于 FDM、SLA、LCD、DLP 等多种快速成型工艺，在航空航天、重工业、汽车和医疗保健领域很受欢迎。Netfabb 软件具有观察、编辑、修复、分析 STL 文件和切片功能，有三个版本：基础版、个人版和专业版。基础版是免费的，但很多功能只有在个人版和专业版中才能使用。不过模型中的一些常见错误，基础版就够能解决。在此对该软件基础版的自动修复功能进行简单介绍。

采用 Netfabb 软件快速检查和修复的主要步骤为：
1）加载模型并预检。
2）进行标准检查。
3）自动修复。
4）接受修复结果并再次检查。
5）输出修正结果。

下面结合案例详细加以说明。

Step 1 加载模型并预检。

启动软件 Netfabb 2017 基础版，单击菜单栏中的 Project>Open，或者单击工具栏上的 导入待修复的模型，也可直接将模型拖入软件视图。在加载模型后，Netfabb 软件会自动对模型进行一系列检查。主要包括是否有未闭合空间、是否存在相反的法向、是否有孤立的边线等。如果发现问题，会在视图窗口的右下角显示红色的感叹号，如图 5-10 所示。

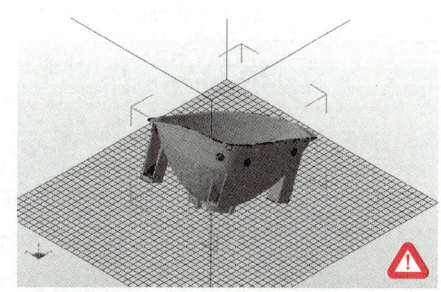

图 5-10　导入有问题的模型

如果加载模型后没有红色感叹号，则说明模型没有问题，可直接用来进行分层处理。

Step 2 进行标准检查。

对预检后出现问题的模型，需要进行更进一步的检查。步骤为：

在菜单栏中单击 Extras（执行）>New analysis（新分析）>Standard analysis（标准分析）命令。检查分析结束后会在模型管理器的右上角多出一个名为"Part analysis"的层。在该面板中部，若出现一个红色的"No"，则说明该模型在对应的地方出现了问题；若是绿色的"Yes"，则表示模型中不包含该方面的错误。图 5-11 中显示该模型未封闭，出现了孔洞；而该模型法矢量方向一致，没有问题。

Step 3 自动修复。

对上述出现的问题，在菜单栏中单击 Extra>Repair parts（修复部件）命令，或者单击工具栏中的 按钮，则可进行自动修复。

单击"修复部件"命令后，仔细观察右侧面板中关于模型的一些统计信息，了解模型的基本信息和所出现的问题。在该案例中，出现了边界边和孔洞的问题，如图 5-12 所示。此时，单击该面板最下方的按钮"Automatic Repair"（自动修复）。在弹出的修复方式选择对话框中，选择"Default Repair"（默认修复），然后单击"Execute"（执行）按钮。可以看到模型的一些参数有了变化，原型中出现的孔洞（Holes）数量变为"0"，如图 5-13 所示，说明该模型所出现的问题得到了修复。

Step 4 采用修复结果并再次检查。

单击图 5-13 对话框中右下角的"Apply Repair"（应用修复）按钮，在弹出的对话框中，选择"Remove Old Part"（移除原部件）。这个操作会移除之前添加的 Part Analysis 和 Part Repair 层，并且将修正的结果应用于模型。这时如果界面上的警号图标消失，则说明修复成功，如图 5-14 所示。

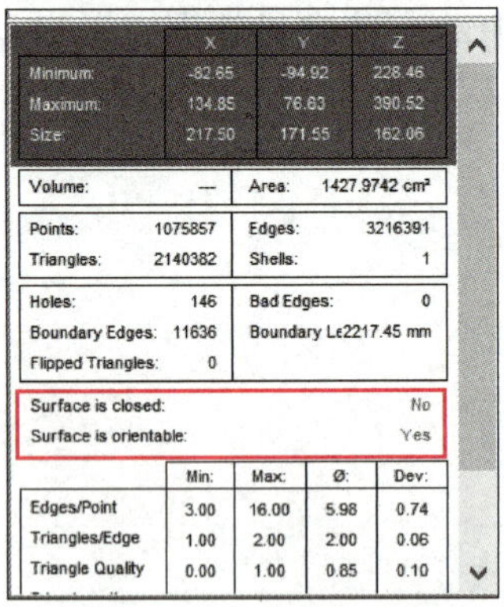

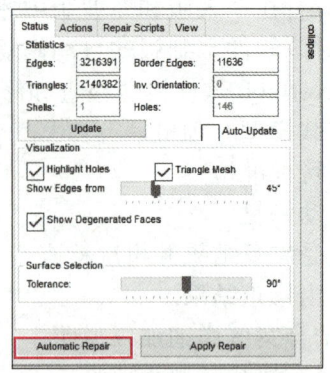

图 5-11　模型标准检查结果

图 5-12　所检查出现的问题

图 5-13　自动修复时参数的变化

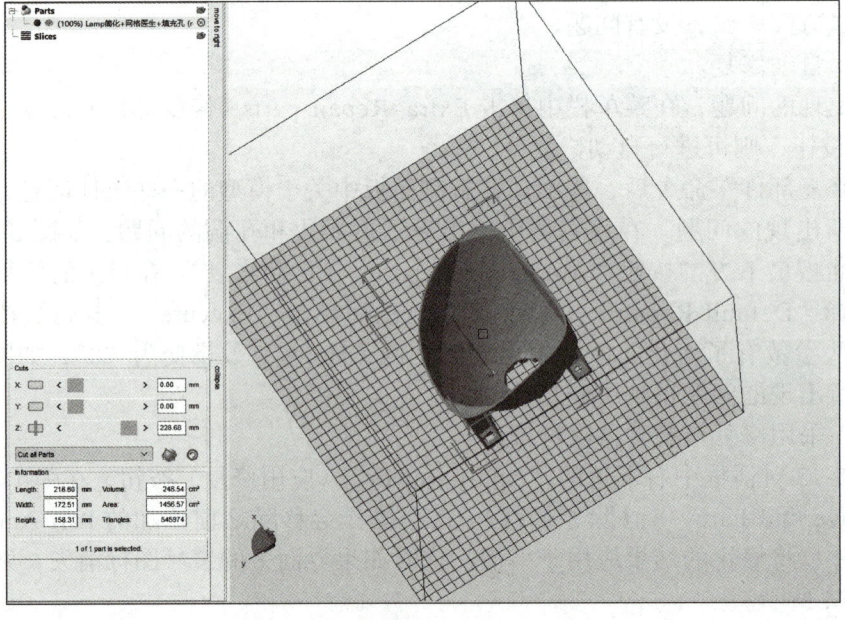

图 5-14　已修复问题的模型显示

为保险起见，可再次运行标准检查。当检查结果中所有问题检查结果为"0"，且出现两个绿色的"Yes"，如图 5-15 所示，则表明该模型确无问题。否则，需要用更高级的功能来进行修复，软件需要升级到个人版或专业版。

一般来说，基础版的 Netfabb 软件能自动修复模型中的封闭问题和法向问题，至于壁厚和自相交问题则需要用到 Create Wall 和 Wrap 功能。

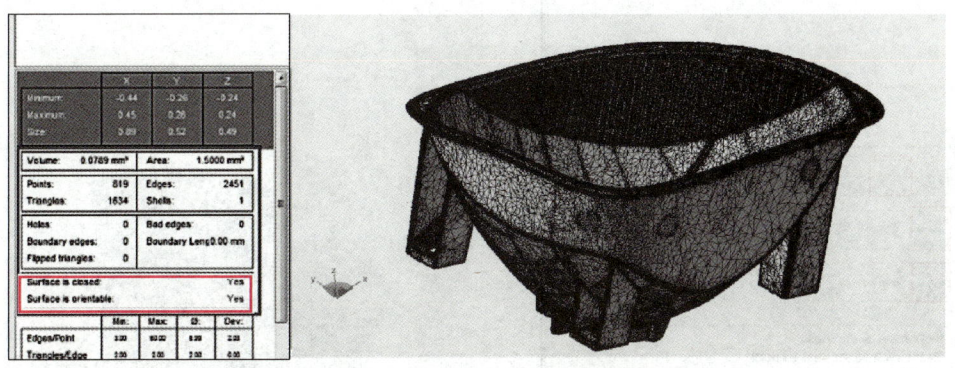

图 5-15　再次运行自动修补的结果

Step 5　导出模型

如果觉得修复效果不错的话，就可以将修复后的模型导出。单击菜单栏中 Part>Export part 命令，选择想要导出的模型文件格式，一般选择 STL 格式；或者在模型上单击右键，在弹出的快捷菜单中选择。若此时弹出的对话框告知该模型仍有错误，如图 5-16 所示，则需要对模型进行更加严格的检查。单击该对话框中的 Repair（修复）按钮让 Netfabb 软件针对该种文件类型进行额外的修复，通常问题都能解决。

当红色的警号变为绿色的勾号，如图 5-17 所示，说明模型已经没有问题。此时单击 Export 按钮即可完成整个修复过程。

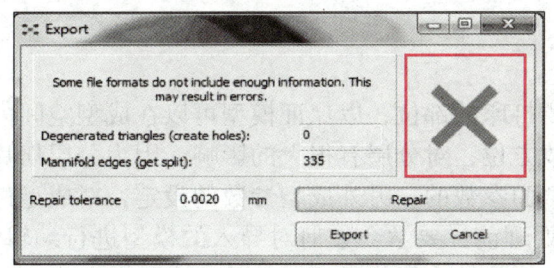　　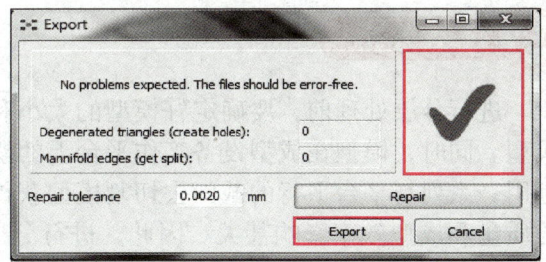

图 5-16　有问题需要进一步修复　　　　　图 5-17　修复后导出模型

Netfabb 软件还有一个很好的工具：测量。该工具可测量最小壁厚，避免模型厚度过小，导致打印失败。导入模型后，单击 Extra>New Measuring 命令，或者单击工具栏的 按钮，此时右侧面板出现测量工具，如图 5-18 所示。该面板中第一行按钮表示选择点的类型（面上的点、边上的点、角点、切线上的点、切线上的角点），第二行按钮表示测量尺寸类型（距离、角度、半径），第三行为测量方式（壁厚、点到点、点到线、线到点、线到线、面到点）。根据模型的特点，在视图中单击待测量的壁厚，这时自动弹出此处的尺寸，可将其拖到适当的位置，如图 5-19 所示。

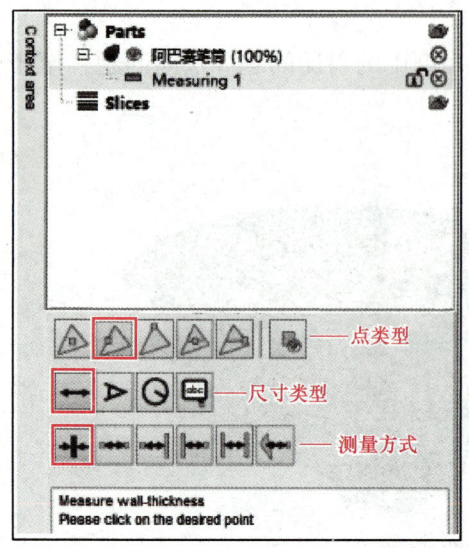

图 5-18 模型测量工具

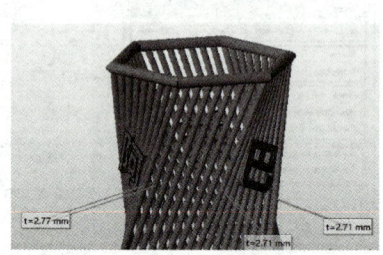

图 5-19 模型测量结果

任务 5.3 三维模型的分层处理

任务引入

当 STL 模型经过检查修复，确定没有问题后，用一系列平行于成型平台的平面切割模型，以获得可用来进行快速成型的 Gcode 数控文件——这个过程就是分层处理。通常分层处理都在专用的分层切片软件中进行。

任务分析

进行分层处理前，要确定好模型的大小和要打印的部位，以保证模型可以在成型空间内成型。同时，模型在成型设备工作平台上的摆放方位，对分层有很大的影响，因为分层切片是用一系列与平台平行的截面去切割模型获得截面参数的。另外成型参数的设定，对成型件的质量和成型效率影响甚大。因此，进行分层处理前，要学会如何对导入的模型进行编辑、设置成型参数、确定成型方向，掌握一种专用切片软件进行分层处理的基本步骤和方法。

难点和重点

难点：1. 为什么快速成型会产生台阶效应？
　　　2. 如何选择合理的成型方向？
重点：1. 学会选择合理的成型方向。
　　　2. 了解 Gcode 文件的格式组成。
　　　3. 理解支撑的作用。

任务实施

5.3.1 模型的分割

当欲成型的零件尺寸较大,超出快速成型设备的工作范围,或当零件的结构复杂,成型后的支撑无法去除,或者一个零件的悬空结构较多需要添加较多支撑时,需对零件进行分割。分割后的每块模型制作完成后,再将各部分粘合还原出整体原型。

模型分割时需要考虑如下的因素:
1)不要从零件结构上的曲面部分进行分割。
2)分割好的每一部分尺寸尽可能均匀收缩。
3)方便后续拼合且不留明显痕迹。

图 5-20a 所示为汽车接角密封条的 CAD 模型。可以看到,该密封条内部结构复杂,且截面形状变化。采用 FDM 快速成型设备制作原型时,原型件的内部支撑很难去除,且其内表面无法进行打磨等后处理。因此,为保证内部的成型质量,在制作前对模型进行了分割,分割后的模型如图 5-20b 所示。

a) 密封条外形与截面

b) 分割后的模型

图 5-20 三维模型的分割

图 5-21a 所示为某零件的 CAD 模型,外廓尺寸为 854.2mm × 349.8mm × 71.2mm,超出了某快速成型设备的成型空间。由于模型基本无较大的曲面,且零件为蜂窝状结构,制作时不易变形,所以分割时主要考虑尺寸的均匀及拼合方便。根据成型机的工作空间要求,将该零件分割成 4 块,如图 5-21b 所示。

图 5-22a 所示为一个雕塑的模型,如果不进行拆分的话,则悬空的两个手臂在快速成型时,将会产生很多的支撑。采用图 5-22b 所示的拆分方案后,同时调整两个手臂的成型方向,可以在不产生支撑的情况下,将手臂快速成型出。当打印完成后,再将三部分粘接在一起,就能形成一个完整的模型。

现在很多的软件都可以对模型进行分割处理,如 Netfabb、Geomagic Studio、Magics 等软件。后面将针对具体的案例来讲述。

a) 原模型(尺寸854.2mm×349.8mm×71.2mm)

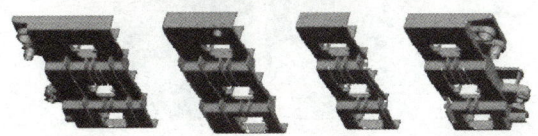
b) 分割后的模型

图 5-21 大尺寸模型的分割

a) 原模型

b) 拆分后的模型

图 5-22 悬空模型的拆分

5.3.2 成型方向的选择

成型方向即成型时的叠堆方向。现在很多的快速成型设备，都采用水平工作台，即在 XOY 平面内进行截面构型，然后沿 Z 向进行叠堆，因此，成型方向即与 Z 向一致。

成型方向是影响成型精度、成型时间、制作成本、模型强度以及支撑添加的主要因素。采取什么成型方向，要综合考虑这些结果。从缩短成型时间以提高制造效率方面来考虑，应选择尺寸最小的方向作为成型方向；从减少支撑以节省材料及方便后处理方面来考虑，应使悬臂结构的数量最少；为了提高某些关键尺寸和形状的精度，需要将较大的尺寸方向作为叠加方向（如摆放时，使零件中孔的轴线平行成型方向的孔的数量最大化）。

下面结合手机面板的成型方向选择来进行说明。图 5-23 为某手机面板的三种成型方式与对应的切片效果。图 5-23a 所示为平放面板，成型方向所制作的原型件强度较高，成型时间短，但手机面板台阶误差很大，台阶效应非常明显，表面质量很低；如图 5-23b 所示，横放面板时表面质量较高，但每层截面线的条纹较长，影响美感，且侧面卡槽的精度不足，成型时间长。综合考虑表面质量和面板上孔及卡槽的精度，竖放时成型最好，如图 5-23c 所示。

在确定成型方向及放置模型时，一般遵循如下的"一要二不要"原则：

1）要用平面做底面。也就是说如果模型有平面的话，则要尽可能选择平面作为底面，增加模型与工作平台间的接触面积，以增强模型稳定性，保证打印质量。

2）不要头重脚轻。模型放置时，要尽量将体积大的一端朝下，避免头重脚轻致使模型在打印过程中倾倒。

3）不要过多悬空。过多悬空模型，会使支撑增多，不仅成型时间长，而且影响成型件的表面质量。

图 5-24 所示为十二兽首中马兽首 3D 打印时的两种成型方向对分层处理及支撑的影响。图 5-24a 将马兽首模型的底面放置于打印平台，完全符合上述三条原则；图 5-24b 所示的放置形式，头重脚轻不稳固，且增加了很多的支撑。因此，在成型该模型时，图 5-24a 所示的成型方向较优。

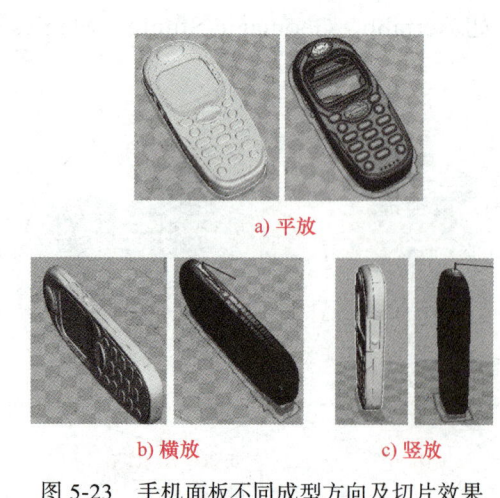

a) 平放

b) 横放   c) 竖放

图 5-23 手机面板不同成型方向及切片效果

a) 较好放置

b) 较差放置

图 5-24 不同放置位置对支撑的影响

对于同一个零件，减小零件成型方向的高度尺寸，可以减少零件的分层数量，降低零件制作的辅助时间。但实际上，通过减小零件堆积方向的高度尺寸来减小制作时间并不太可能。因为高度方向尺寸的减小可能导致零件制作过程中为保证零件制作成功的支撑数量的增加，从而增加了支撑的制作时间，增加了材料的损耗和后处理工作的难度。因此，成型方向的选择是一个综合考虑的结果。一般说来，为了提高成型效率和精度，减少支撑，优选的成型方向应达到以下的目标：

1）尽可能减少零件的支撑面积，以使零件有较少的悬臂结构。
2）尽可能降低零件分层方向的高度，以减少零件的制作时间。
3）尽可能减小零件的表面粗糙度，以提高零件的制作精度。

即较优的成型方向是在满足零件成型精度的前提下，成型时间较少，表面形成的支撑也要尽量少。

5.3.3 多模型的摆放

如同数控加工，一个零件的加工时间包括了切削时间和辅助时间。快速成型时，成型时间包括了材料的堆积时间和辅助时间。快速成型时的辅助时间是指喷头不吐丝时空行程所花的时间，有 XOY 水平面内的和 Z 向移动的时间两种。

由于成型单个零件和多个零件所需的辅助时间基本相近，因此，可以通过每次成型多个零件来减少成型时间。即在成型空间允许的情况下，将多个 STL 模型调入合并为一个 STL 模型进行分层处理，然后一起成型。

图 5-25 所示为学生创新设计的爱心盒，分为盒盖和盒体。利用某切片软件进行分层处理时，仿真显示单独成型盒盖和盒体时，两个总的成型时间为 3h；而将两个模型同时调入合并为一个模型进行成型时，成型时间为 2.02h。因此，采取了将盒盖和盒体合并后进行分层处理，然后成型的快速成型方案。

模型越小，越要考虑多个模型的同时打印，以减少辅助时间。在多个模型的摆放时，要注意将高度接近的放在一起，以减少喷头移动的空行程时间。如图 5-26b 所示的多个模型摆放方案 2 优于图 5-26a 所示的摆放方案 1。

a) 爱心盒盖

b) 爱心盒体

c) 合并成型

图 5-25 爱心盒的快速成型方案选择

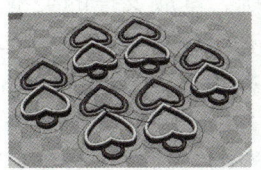
a) 摆放方案1

b) 摆放方案2

图 5-26 多个模型打印时的摆放方案选择

5.3.4 支撑的设置

快速成型能加工任意复杂形状的零件，但由于其层层叠加的特点决定了在成型过程中上一层的成型必须由下一层来支撑。支撑相当于传统加工中的夹具，起固定零件的作用。支撑对成型件的制作起着至关重要的作用，它可以防止零件在加工过程中因收缩变形而引起的制作失败，保持原型在制作过程中的稳定性，可保证原型在制作时相对于加工系统的精确定位。

快速原型支撑结构设计的优劣，直接影响成型件的成型时间、成型精度甚至成型的成败。分层实体制造 LOM 中切碎的纸、三维喷涂粘结成型 3DP 中未粘结的粉末、选择性激光烧结 SLM 中未烧结的粉末，就是模型的支撑，能对模型起固定及定位作用。对于光固化成型 SLA、LDP 及 LCD，虽然未固化的液体能支撑模型，但不能固定模型的成型位置，所以必须设置部分支撑防止模型在成型过程中漂浮，如图 5-27a 所示。熔融沉积成型 FDM 喷头挤出半固态的材料、喷墨式三维打印 PolyJet 喷出液态的光敏树脂，在堆积成型中，当上一层截面大于下一层截面时，上一层截面多出的部分会因为无支撑发生塌陷或变形，影响零件原型的成型精度，甚至使零件不能成型，所以必须设置支撑，如图 5-27b 所示。

支撑按其作用不同可分为基底支撑（又称底垫）和原型支撑，如图 5-28 所示。基底支撑与工作台接触，添加于工作台之上，形状为包络成型件在 XOY 平面上的投影区域，其主要作用为：

a) SLA 成型的支撑　　b) FDM 成型的支撑

图 5-27　支撑的设置

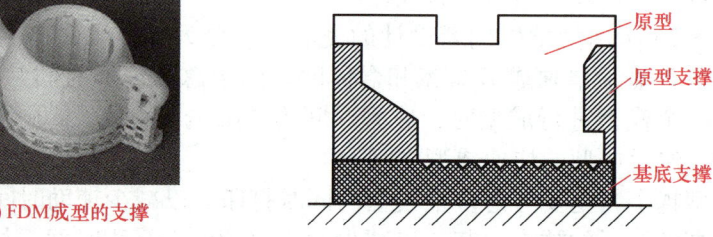

图 5-28　成型时的支撑类型

1）辅助打印，增加稳定性。尤其是点接触或接触面积很小的模型打印时，添加基底支撑对增加稳定性特别重要。

2）防止成型件从工作台上铲出时，损坏底面。

3）消除工作台的平面度所引起的误差，保证成型零件处于水平位置。

4）有利于减小或消除翘曲变形。因为翘曲变形主要发生在堆积的最初几层，随着堆积层数的增加，新堆积层引起的翘曲变形程度逐渐减小，直至消失。底面积过大的平板结构模型，需要添加防翘边的基底支撑，尤其是 ABS 塑料。

不同的快速成型系统，基底支撑的类型有所不同，有时也可以不添加基底支撑。

原型支撑主要添加在零件结构的悬空部位或悬浮倾角较大的面，起到辅助成型的作用。是否添加支撑依据"支撑角"是否大于"临界角"来决定。"支撑角"是指模型任何一面片三角形的法矢量与成型方向之间的夹角。当某超过最小面积设定的区域上计算出的所有"支撑角"都大于"临界角"时，该区域就需要添加支撑。一般"临界角"设定在 45°～60° 的范围内。

添加支撑有两种方法：一是在 CAD 系统中手工添加支撑，二是利用切片软件自动生成支撑。手动添加支撑要求用户对成型工艺非常熟悉，否则添加支撑的质量难以保证。现在多采用自动生成支撑的方法，一般的快速成型系统软件都具备自动生成支撑的功能。

如图 5-29a 所示的模型，开口朝上倾斜一角度（图 5-29b）放置比平放（图 5-29c）打印使用的支撑材料多，成型时间长。平放时，球形下部分产生支撑，因为该区域的支撑角大于所设定的 45° 临界角。

a) 半球模型　　　　　b) 斜放时的支撑　　　　c) 平放时的支撑

图 5-29　不同放置位置的支撑情况

一般来说，添加支撑需考虑如下因素：

（1）支撑的强度和稳定性　支撑是为原型提供支撑和定位的辅助结构，良好的支撑必须保证足够的强度和稳定性，使得自身和它上面的原型不会变形或偏移，真正起到对原型的支撑作用。如果支撑强度不足，如薄壁或点状的支撑，由于其截面积很小，自身很容易变形，就不可能真正起到支撑作用，进而影响零件原型的精度和质量。

（2）支撑的加工时间　支撑加工必然要消耗一定的时间，在满足支撑作用的情况下，要求加工时间越短越好，即支撑结构应尽可能少，同时还可以节约成型材料。在满足强度的条件下，可加大支撑间距，以缩短加工时间。

（3）支撑的可去除性　当原型制造完毕后，需将支撑与本体分开。原型与支撑粘接过牢，不但不易去除而且会降低原型的表面质量，甚至在去除时会破坏原型。支撑与原型结合部分越小，越容易去除，所以结合部位的粘结在能保证足够支撑强度的情况下，应尽可能小。外部支撑比内部支撑去除方便，在选择成型方向时，应尽量减少内部支撑。

现在有些快速成型机采用双喷头，打印实体和支撑部分时分别采用不同的材料。支撑材料多为水溶性的，在造型完成后，将原型置于水中可迅速溶化掉。另外在成型工艺参数的设置上，将支撑材料的密度设置的比主材料小些，可以较为容易地从主材上移除支撑，不仅可以节省加工时间，而且便于支撑材料的去除。

5.3.5　台阶效应

确定了成型方向和支撑类型后，就可以按照设定的分层高度（简称层高），沿成型方向进行分层，以得到一系列等距水平面内的零件轮廓截面信息。然而在成型过程中，是以各层截面图形为底，高度为层高的一个个柱形体依次叠加成型的。这样所形成的三维实体，表面不可避免地形成"台阶"状，如图 5-30 所示。

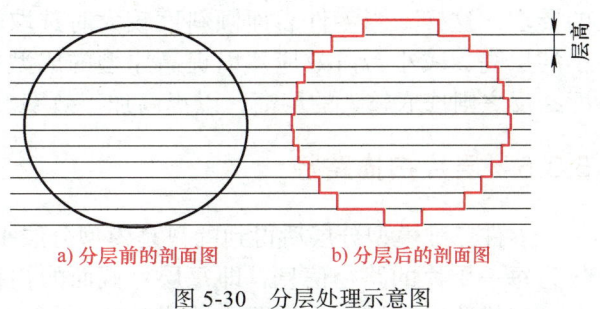

a) 分层前的剖面图　　　b) 分层后的剖面图

图 5-30　分层处理示意图

从图 5-30b 中可以看出，快速成型的叠层制造原理将不可避免导致在加工件的表面出现所谓的"台阶效应"。台阶效应是影响加工件表面质量的一个重要因素。当面片的法矢量方向与成型方向夹角越小，台阶效应越明显。也就是说，模型的曲率半径越大，台阶效应越明显；模型的曲率半径越小，台阶效应也会减小，如图 5-31 所示。减小层高数值，虽然可以减小台阶效应，但由于台阶效应是叠层制造系统的原理误差，是不可消除的，即使分层高度达到微米（μm）级，台阶效应仍然存在。

台阶效应不仅影响到成型件的表面质量，也可能影响到其强度。如图 5-32 所示的壳体零件，台阶效应所带来的局部体积缺损，已严重影响零件的结构强度。

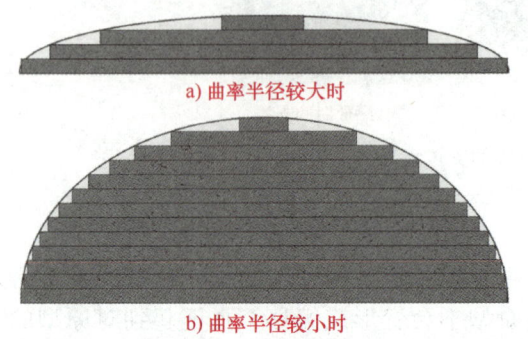
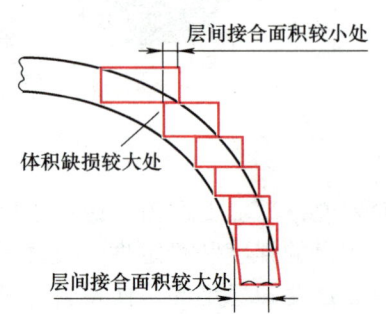

图 5-31　不同曲率半径对台阶效应的影响　　图 5-32　台阶效应对成型零件强度的影响

对于同一个原型件，层高越大，所需加工的层数越少，成型时间越短，但台阶效应带来的表面质量就较差；层高越小，台阶效应越小，表面质量提高，但层高过小会增加分层数量，增加成型时间，并且数据处理量的增大也增加了数据处理时间。可见加工效率与成型件表面质量是一对矛盾。这一矛盾在目前快速成型系统普遍采用等层高分层处理方法的情况下，是难以得到解决的。

由于快速成形技术本身所固有的台阶效应，严重地影响了其制造精度和表面粗糙度，如何最大限度地减小台阶效应而引起的原理性误差，提高成形精度和效率，已经受到快速成型领域的广泛关注。

为了解决等层高切片处理方法中所存在的问题，有关学者进行了自适应分层方法的研究。自适应分层就是在误差控制下，根据模型几何特征的变化采用不同的层高对模型进行分层，如图 5-33b 所示。也就是根据零件轮廓的表面形状，自动地改变层高数值，以满足零件表面精度的要求。这样，当零件表面倾斜度较大时选取较小的层高，减小台阶效应，以提高原型的成型精度；反之则选取较大的层高，以提高加工效率。

5.3.6　层片扫描路径

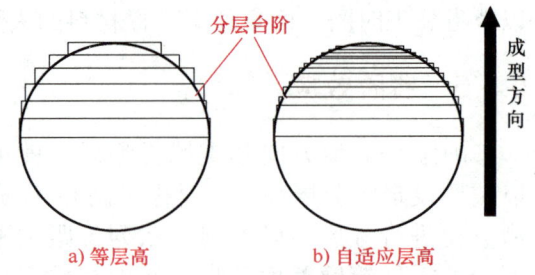

图 5-33　两种分层方法

零件三维模型分层后得到的只是模型分层平面的截面轮廓，还必须将其截面轮廓信息转化为每一层片的路径信息，即每层片截面的扫描路径，包括轮廓和填充部分，如图 5-34 所示。扫描路径再转化为机器能够读取的语言，也就是 G 代码。这些 G 代码，将指示成型设备的运动轨迹，从而完成模型的成型。

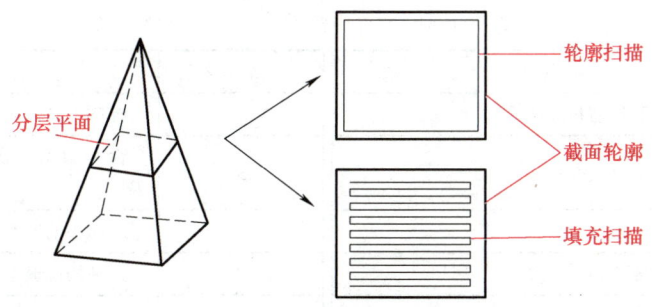

图 5-34 截面轮廓的扫描路径

层片扫描路径对于提高快速成型设备的成型质量和成型效率具有重要意义。不同形式的扫描路径与制件的精度、强度和成型效率都密切相关。鉴于扫描路径在快速成型技术中的重要性,扫描路径的优化一直是研究热点。国内外学者提出了多种层片扫描路径的生成算法,包括同样也适合快速成型技术中扫描路径生成的数控加工和数控雕刻中二维刀具轨迹生成算法的研究。目前,在快速成型中成功应用的扫描方式有平行扫描法(图 5-35a)、轮廓扫描法(图 5-35b)和分形扫描法(图 5-35c)等。每一种扫描路径都存在优点和缺点,拥有不同的适应范围和对象。

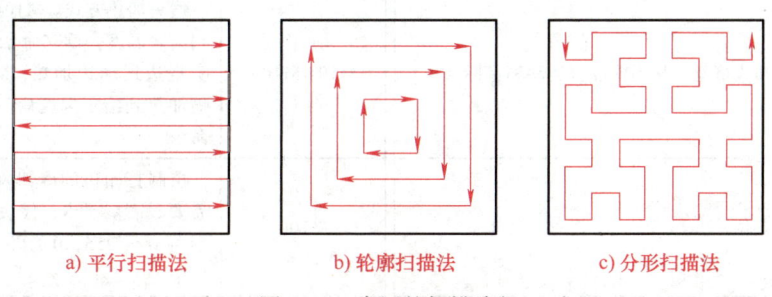

a) 平行扫描法   b) 轮廓扫描法   c) 分形扫描法

图 5-35 常用的扫描路径

平行扫描法路径生成简单,速度快,可以在加工控制过程中生成。如果截面轮廓较为复杂,可将其分割成若干个简单的无内孔的子区域,在每个简单的子区域内连续扫描,依次扫描每个子区域。这样避免了扫描路径需要频繁跨越内孔的非加工区域,减少了空行程,提高了加工效率。

优质的快速成型扫描轨迹应该具有以下特点:①保证制件的成型精度和表面质量,减小层间应力,尽量减小翘曲变形;②尽量保持扫描路径的连续性,减少空行程,提高成型效率;③可以优化机构的运行状态,减少振动和噪声,延长成型设备的寿命。

5.3.7 Gcode 文件简介

在快速成型过程中,需要将 STL 文件进行分层处理,得到截面轮廓数据,然后进行层片扫描路径的生成。这些截面轮廓和加工路径的信息会形成 NC 代码存放在 Gcode 文件中,以驱动快速成型设备运动。因此 Gcode 文件的内容就是控制 3D 打印机的命令,一行对应一条控制命令,按从上到下的顺序逐行执行命令。

Gcode 文件的命令通常用"一个英文字母(A-Z)+数字"的方式表示。在快速成型设备的控制中,Gcode 文件中常用的英文字母及含义见表 5-2。

表 5-2 Gcode 文件中的常用英文字母及含义

字母	含义	字母	含义
G	用来控制运动和位置	T	控制工具，通常是喷头
M	辅助命令	S	命令参数，例如电动机的电压，喷头温度
E	挤出量（mm）	F	打印头的速度（mm/min）
P	命令参数，频率（次/ms）	X	X 轴的位置参数
Y	Y 轴的位置参数	Z	Z 轴的位置参数
*nnn	校验码，用于检测通信错误		

Gcode 文件中的常用命令见表 5-3。

表 5-3 Gcode 文件中的常用命令

命令	含义	命令	含义
;	注释。注释符号后面所写的，打印机都不会执行	G90/G91	设置定位模式，G90 为绝对坐标系，G91 为相对坐标系
G0	喷头不挤丝，从当前位置移动到目标点	G92	设置当前位置
G1	喷头挤丝，从当前位置运动到目标点	M104/M109	喷头加热方式。M104 为不等待喷嘴加热到给定温度，读完命令后就可以开始运动，实现边运动边加热；M109 则需要等待喷嘴加热到给定温度后，才开始执行下一条命令
G28	复位	M106	控制打印机的冷却风扇运作。命令后面需要设置参数 S，代表风扇运行功率，范围为 0～255，0 为不运作，255 为 100% 功率
M82/M83	设定挤丝模式，M82 为绝对挤丝，M83 相对挤丝	M140/M190	平台热床加热方式。M140 是命令热床加热到给定温度，能够边加热边执行其他命令；M190 是等待热床加热到给定温度，只有达到温度后才允许执行其他命令。后面跟一个温度参数 S

例如代码 "G1 X20 Y80 Z0 F1200 E22.4" 的含义是：打印头从当前位置移到目标点 (20, 80)，并在行进过程中，打印头以 1200mm/min 的速度运动，挤出 22.4mm 的丝。

观察一个 Gcode 文件，可以发现 X、Y 坐标信息比较多，而 Z 坐标信息较少，这是因为在快速成型过程中，多进行层片的二维运动，形成一个截面形状之后，才进行 Z 轴的递增。

关于更多的 Gcode 编程指令，读者可以查阅相关的技术文档。

5.3.8 分层处理案例

上面学习了有关模型前处理的几项关键技术：正确的 STL 模型、合理的成型方向、支撑类型和分层参数，这些都关系到模型的成型成败、成型时间、成型质量、成型强度等。对这些关键技术的掌握对分层处理非常重要。下面就学以致用，利用 Miracle 分层切片软件，将 STL 模型进行分层处理，生成 Gcode 文件。

1. Miracle 软件安装和机型添加

双击安装文件下的 ![Miracle.msi] 按钮，出现如图 5-36 所示的安装界面，单击"下一步"按钮，直至完成安装。

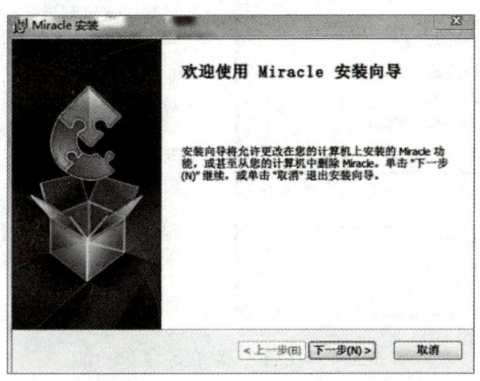

5-2 Miracle 切片软件的安装

图 5-36 Miracle 软件的安装界面

安装后在计算机桌面上将出现该软件的快捷按钮。首次运行时，双击该按钮后将出现如图 5-37 所示的"安装向导"。选择语言后，单击"Next"按钮，将出现如图 5-38 所示的机型选择对话框，选择对应的机型，在出现的下一个对话框中，单击"Finish"按钮，完成机型的添加，此时软件进入到常规的初始界面。

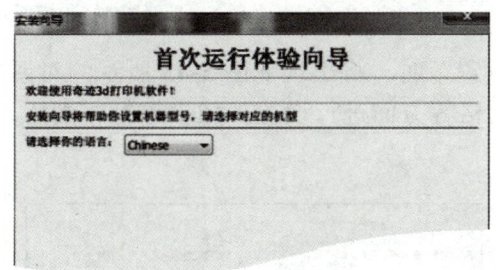

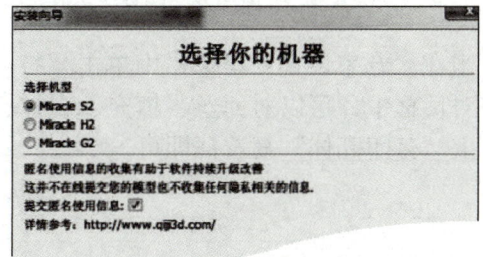

图 5-37 首次运行体验向导　　　　　　　　图 5-38 机型选择

在以后的运行过程中，若想添加新机型，可单击软件菜单栏中的"机型">"运行新机型添加向导"命令。

2. Miracle 切片软件功能简介

Miracle 软件安装后，在桌面上将产生一个按钮，双击后，可启动该软件。该软件的界面和其他软件相似，包含菜单栏、属性页以及图形工作区。下面对主要操作指令作一介绍。

5-3 Miracle 切片软件基本功能简介

"文件"菜单各命令功能如图 5-39 所示。

"工具"菜单各命令功能如图 5-40 所示。

"机型"菜单中可以选择已经设定好的机型，也可以添加新的机型。

"专家设置"菜单中可以进行"快速打印模式"和"完整配置模式"的选择。单击"快速打印模式"命令所弹出的窗口如图 5-41 所示，包含了打印模式的选择和材料的选择。单击"完整配置模式"命令，则出现常规默认下的几个属性页，如图 5-42 所示，其中包含了成型基本参数属性页。

213

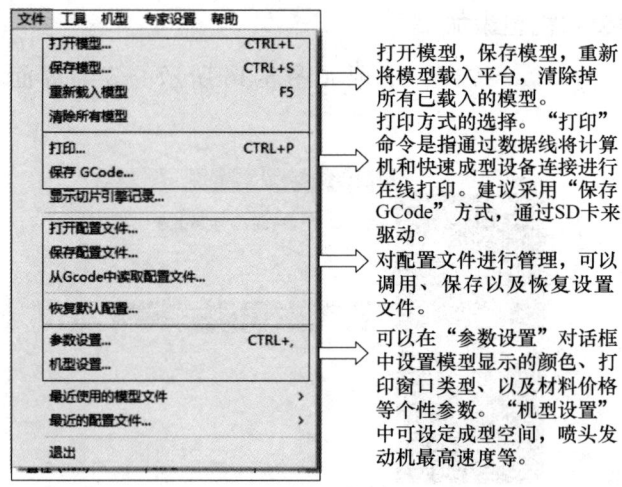

图 5-39 "文件"菜单各命令功能

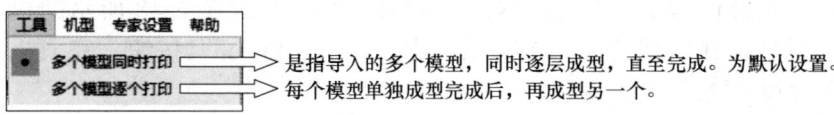

图 5-40 工具菜单栏功能 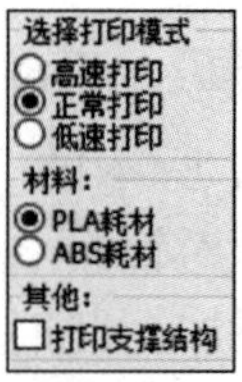　　　　　　　　　　　图 5-41 快速打印模式功能

当在"专家设置"菜单栏中单击"打开专家设置"时，将出现如图 5-43 所示的对话框。在该对话框中，可以对回丝、填充、支撑、底层网格等方面进行设置。如果想打印壳体，则勾选上"打印壳体"复选框即可。

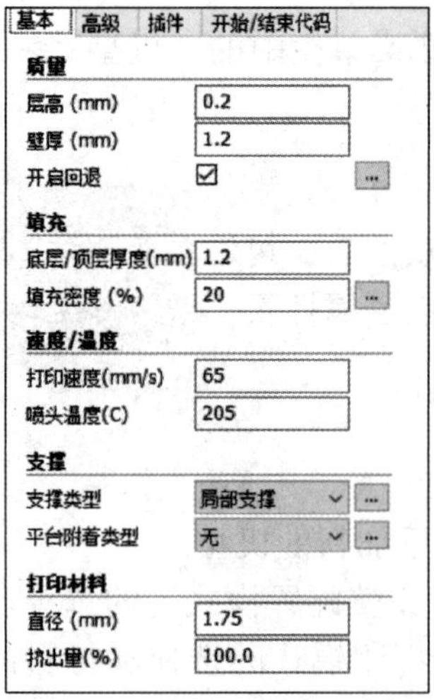

图 5-42 完整配置模式功能 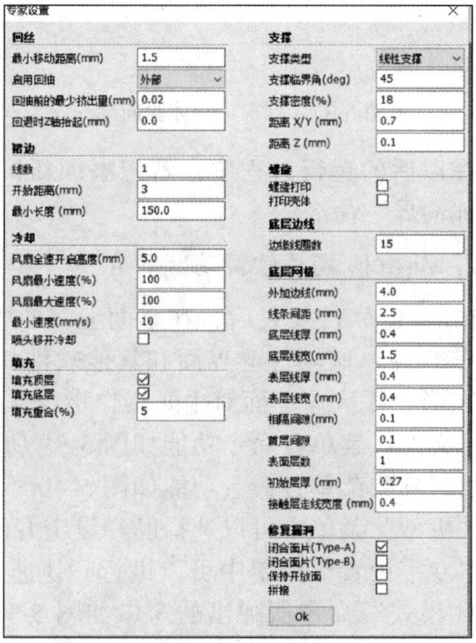　　　　　　　　　　图 5-43 "专家设置"对话框

3. 模型操作功能简介

在该软件的图形工作区域内有一些对模型操作的功能按钮，下面给予简单的介绍。

5-4 Miracle 切片软件模型操作功能简介

图 5-44 所示为模型切片处理流程命令组。在该软件中，只要从左至右执行该三个命令，就可以实现将 STL 模型转化为 Gcode 代码，流程非常清晰。

图 5-45 所示为模型编辑命令组。当打开 STL 模型文件后，可采用该组命令对模型进行旋转、比例缩放和镜像操作。在软件中可使模型绕 X、Y、Z 三根轴进行旋转。当单击模型后，再单击"旋转"命令，则出现三个方向、以不同颜色表示的圆。将鼠标放在其中任何一个圆上，按下鼠标左键拖动，每拖动一次旋转 15°。如果想精确旋转该模型，可采用"<Shift>+ 左键"，则每拖动一次旋转 1°。

图 5-44 切片处理流程命令组

图 5-45 模型编辑命令组

模型的比例缩放可按等比或非等比的方式进行。当缩放比例中的按钮为 🔒，表示等比缩放；若按钮为 🔓 时，为非等比缩放，可在对应的轴向中输入比例数值。单击这两个按钮可进行两者间的切换。

执行镜像操作时，可分别实现 X、Y、Z 三个方向的镜像。

在图形工作区，有几个快捷或组合键可使用：左键—移动物体，中键—缩放视角，右键—旋转视角，"<Shift>+ 右键"—平移视角。

通过对模型的平移、缩放或镜像，可选择合理的成型尺寸和成型方向。

图 5-46 所示为模型的两种显示模式：一种是普通模型显示，另一种是层模型显示。显示为普通模型时，可对模型进行平移、缩放或镜像等操作。当进行分层切片处理后可切换为层模型显示模式，层模型包括了模型截面和支撑部分。通过浏览层模型，可以清晰地看到每层的扫描路径，判断支撑的添加是否合理等。

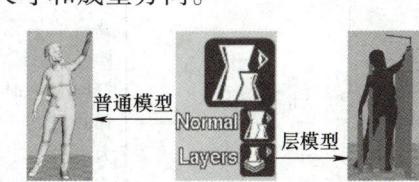

图 5-46 图形显示模式

模型的 Gcode 切片文件可保存在计算机上指定的目录下，也可以直接保存到 SD 卡中。此时 SD 卡通过读卡器与计算机连接。

另外要说明的是，当打开或导入的模型显示为灰色时，有两种可能性：一是该模型不在工作空间内，需要通过平移等操作置放于成型室内；二是该模型的尺寸较大，超过了工作空间。此时需要根据要求，将模型缩小或进行模型分割。

5-5 分层基本参数介绍

5-6 支撑的设置

4. 分层参数介绍

在分层切片软件中，一般将分层参数分为基本参数和高级参数两大类。以 FDM 成型用的分层切片软件为例，所包含的基本分层参数及其含义见表 5-4。

表 5-4　分层基本参数及其含义

序号	基本参数	含义	图示
1	层高 /mm	沿成型方向每层的高度。若喷头直径为 0.4mm，则层高范围可设定为 0.1～0.2mm。普通质量设为 0.2mm，高质量设为 0.1mm。层高越大，打印时间越短，但表面质量越差	 0.2mm层高 　0.1mm层高
2	壁厚 /mm	指的是水平方向内外壳的厚度。通常为喷头直径的整数倍。若喷头直径为 0.4mm，壁厚一般设为 1.2mm	
3	开启回退	一般默认为开启。开启回退是为了喷头在空行程移动的时候不让丝漏出来，否则会影响外观	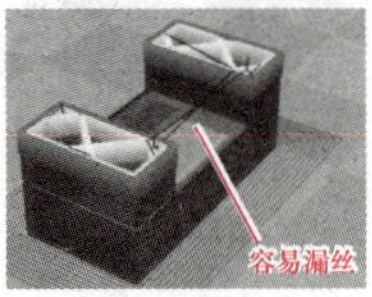 容易漏丝
4	底层/顶层厚度 /mm	这个参数控制底层和顶层的厚度。该数值小的话，很容易造成底层和顶部的孔洞。在设定时，该参数最好与壁厚接近以保证模型强度较为均匀，并且是层厚的倍数	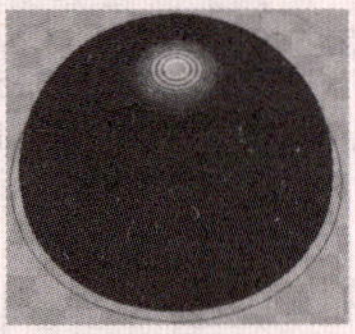 层高0.2mm，顶层厚度0.6mm时，顶部所形成的孔洞(黄色显示)
5	填充密度（%）	控制除壁厚和顶层/底层厚度的其他区域内的填充密度。一般设为≥20%，这样可以保证模型顶部完好而不至于塌陷。打印壳体时设为 0%，打印实心体时为 100%。对于浮雕照片类，建议填充密度为 70% 以上以保证好的透光效果。该数值越大，模型强度越好，但不影响表面质量	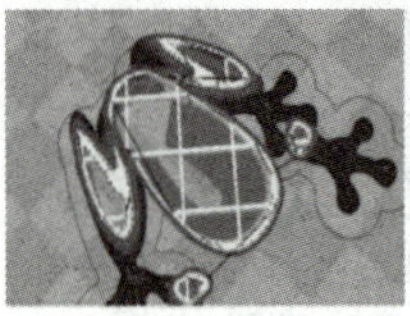 10% 　20%
6	打印速度/(mm/s)	这个是默认的全局速度。采用 ABS 或 PLA 进行壳体的打印，填充速度没有例外设置的话，采用默认速度 65mm/s。速度超过 90mm/s，打印时很容易出现质量问题	
7	喷头温度 /℃	一般根据材料的熔点来设定。对于 FDM 常用的 ABS，温度设定为 220℃。由于 PLA 的黏度较大，很难挤动，因此温度设定得比该材料的熔点 190℃ 高些，可为 205℃。具体多少可参见购买材料上的推荐值	

（续）

序号	基本参数	含义	图示
8	原型支撑类型	该部分的支撑是指对打印原型结构部分的支撑，有三种：无、局部支撑、全部支撑。"无"表示不加支撑，"局部支撑"是指支撑只从打印平台上开始，其他地方不产生支撑，可能会造成打印失败；"全部支撑"表示所有悬空的地方都加支撑，包括内外悬空部位。"全部支撑"有可能会落在模型上，造成表面不好看，特别是有些地方的支撑可能不易清理，通常的做法是旋转模型到某一个方位，尽量减少需要支撑的面	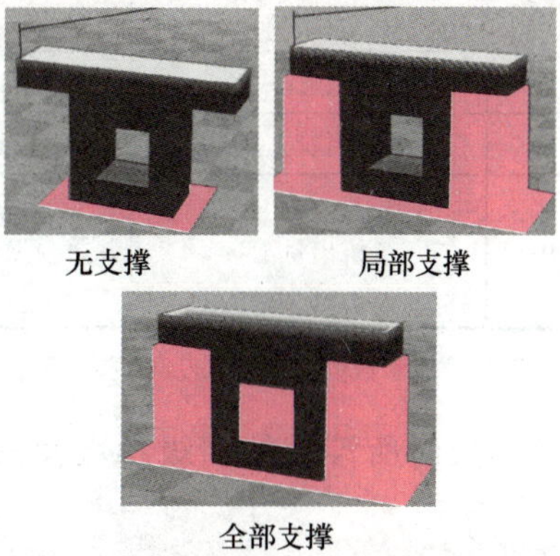 无支撑　局部支撑　全部支撑
9	平台附着支撑类型	有三种类型：无、底层边线、底层网格。"无"表示不需要添加，"底层边线"表示首层打印时在模型的外边缘打印线圈，"底层网格"表示首层打印网格线后再继续打印模型 首层添加辅助支撑是用来确保模型粘合工作台的牢固性。一般而言，如果平台调得很平，用"无"是可以的，但对于底部较小的模型，用"底层边线"可以增加模型与平台的粘合性，同样也要求平台很平。推荐使用"底层网格"，先打印3层网格作为铺垫，然后再在网格上打印模型	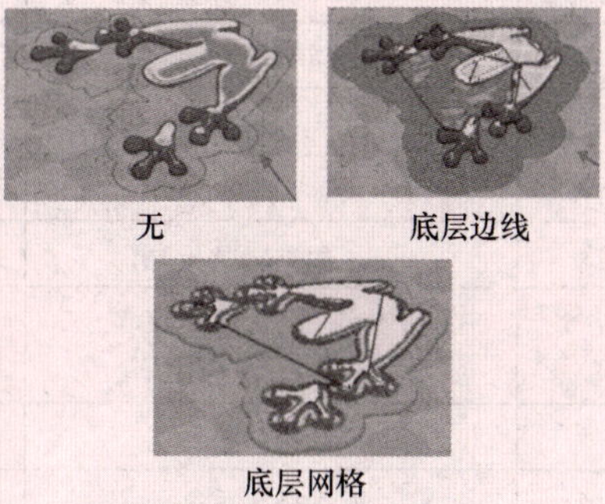 无　底层边线　底层网格
10	材料直径/mm	耗材的直径。用于 FDM 的耗材，现在市场有两种类型：$\phi 3mm$ 和 $\phi 1.75mm$。根据成型设备来选	
11	挤出量（%）	挤出量是指挤出材料的截面积与喷嘴孔的截面积之比，默认为100%。如果在打印过程中，发现出丝量不足，可以适当增加这个数值	

部分分层基本参数对成型时间、成型件表面质量和模型强度的影响见表5-5。

表5-5　分层基本参数对成型时间、成型件表面质量和模型强度的影响

序号	基本参数变化	影响		
		成型时间	表面质量	模型强度
1	层高↑	减少	台阶效应增大，表面变粗糙	沿成型方向强度降低
2	壁厚↑	增加	无影响	提高
3	开启回退√	无影响	不漏丝，对表面不会产生影响	无影响
4	底层/顶层厚度↑	增加	改善	有影响，会提高
5	填充密度↑	增加	无影响	提高
6	打印速度↑	减少	在一定范围内提高速度，会提高表面质量，但超过上限，反而会降低表面质量	无影响

(续)

序号	基本参数变化	影响		
		成型时间	表面质量	模型强度
7	原型支撑↑	增加	有结点，表面变粗糙	没有影响
8	平台附着支撑↑	增加	底层的表面质量会变差	没有影响
9	挤出量↑	无影响	提高太多，打印速度跟不上的话，打印材料会在表面产生堆积，影响表面质量	提高

注：↑表示数值增大，√表示选择该值。

分层时所涉及的高级参数及其含义见表5-6。

表5-6 分层高级参数及其含义

序号	高级参数		含义
1	喷嘴直径		使用机型的喷嘴直径
2	回丝	回丝速度	回退的速度和长度。如果拉丝严重，可增大回退速度。但过大的回退速度容易让丝料磨损严重，甚至断丝。一般接受默认值
		回丝长度	
3	初始层厚		打印第一层时的层高
4	初始层线宽		最底层额外线宽比例，将使得模型更好地粘在工作台，可以提高打印的成功率。一般接受默认值
5	底层切除		下沉进工作平台的模型高度，下沉部分将不会被打印出来
6	两次挤出重叠		双喷头时的设置
7	速度	移动速度	不同部位的打印速度。为了使材料与平台间粘结牢靠，底层打印速度设置的较小；而为了提高顶/底部外观质量，顶/底部打印速度以及外壁打印速度都设置的较小些
		底层打印速度	
		填充打印速度	
		顶/底部打印速度	
		外壁打印速度	
		内壁打印速度	
8	每层最少打印时间		当打印时间小于此值时，会使实际速度小于设置的速度，当打印细长有尖顶的物体时，增加每层时间可能会更好
9	开启风扇		默认无开启

"底层切除"是一个较有用的参数。利用这个参数可以起到模型分割的作用，当模型底部不平整或者太大时，可以使用这个参数，切除一部分模型后再打印。底层切除的含义如图5-47所示。

a) 底层切除0mm　　　b) 底层切除3mm　　　c) 底层切除5mm

图5-47 不同底层切除对模型打印的影响

5. 头像的分层切片处理

下面利用 Miracle 软件进行头像分层切片处理，具体操作步骤见表 5-7。

5-7 头像分层切片处理

表 5-7　头像分层切片数据操作步骤

步骤	内容	图示
1. 打开或导入模型	单击菜单栏中的文件 > 打开模型，或者单击按钮 ，将头像的 STL 文件载入 载入后的模型显示为灰色，表明模型超出了快速成型设备的成型空间，因此下一步对其进行比例缩放	
2. 缩放模型	单击模型图形，在图形区域的右下角出现了图形编辑按钮，单击中间的 。在弹出的对话框中，确保比例缩放为等比 ，然后在 Scale X 0.2 中输入 "0.2"。此时，图形模型将显示为黄色，表明该模型在成型空间内是有效的	
3. 旋转模型	单击鼠标右键，旋转图形空间，从不同的视角浏览模型与成型平台的空间位置，发现头像的底平面与工作平台不平行，有一个夹角。将鼠标指针放在灰色旋转圆上使其呈现为黄色，按住 "<Shift>+左键"，将模型底平面旋转与工作平台平行 注意：旋转模型时，"<Shift>+左键"，每次旋转 1°；若单击左键，则每次旋转 15°	
4. 分层切片	采用默认的基本参数，单击 按钮，进行模型的分层切片。结束后，将显示出成型时间及所用材料的长度和重量。打印该模型将用时 3.55h，消耗材料 14.01m、42g	
5. 浏览支撑和扫描路径	单击模型浏览模式中的 Layers 按钮，此时模型显示出支撑和分层的图形，并在右角出现分层浏览条。用鼠标指针沿着该浏览条拖动时，可以看到每一层的扫描路径，看清楚内部填充和支撑情况 图中红色为外轮廓，黄色为填充网格，青色为支撑，蓝色为喷头空行程轨迹	
6. 保存 Gcode	单击 按钮，在弹出的对话框中，选择保存路径，输入文件名，保存为 Gcode 文件	

通过上面的讲述和操作，可将在 Miracle 软件中数据分层处理的流程总结如图 5-48 所示。

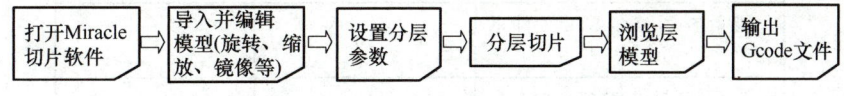

图 5-48　Miracle 软件分层处理流程

项目总结

为实现"快速成型前处理"的项目目标，按照前处理流程构建了任务。通过各项任务实施，能完成将 CAD 模型转化为 STL 文件，检查与修复 STL 模型，能选择合理的成型方向和分层参数，能利用分层切片软件完成将 STL 模型分层处理成 Gcode 数控代码。

在转化 STL 模型时，要注意模型的输出精度，尽可能选择小数值的误差来控制模型转化精度，以提高离散数据的精度，保证模型的细小结构特征。在利用 STL 模型进行分层切片前，需要对 STL 模型进行检测与修复，因为 STL 模型的缺陷将影响到分层切片数据处理结果，关乎快速成型的成败。此外，在分层处理前，要选择好成型方向，并设置好分层参数和支撑，以保证成型件有较好的成型质量、较短的成型时间以及较强的模型强度。如果成型件的三个目标有矛盾冲突时，可根据模型的技术要求，在达到最主要目标的同时，兼顾其他。

 项目训练与考核

1. 项目训练

利用学过的三维设计软件，设计一个 CAD 模型，保存为 STL 文件，然后进行 STL 文件的检查修复。进一步利用分层切片软件，将该 STL 文件分层切片，生成为 Gcode 文件并保存。

2. 项目考核卡

项目考核内容见表 5-8。

表 5-8　快速成型前处理项目考核卡

考核项目	考核内容	参考分值	考核结果	考核人
素质目标考核	遵守规则	5		
	课堂互动	5		
	客观评价	5		
	精益求精	5		
知识目标考核	前处理的工作内容	5		
	STL 文件的格式	5		
	成型方向的确定原则	5		
	支撑添加原则	5		
	Gcode 文件的内涵	5		
	切片软件的处理流程	5		
能力目标考核	能将 CAD 模型输出为 STL 文件	5		
	能检查和修复 STL 文件的错误	10		
	能正确选择成型方向	10		
	能选择合理的分层参数	10		
	能利用分层软件进行模型的分层处理	10		
	能正确输出 Gcode 文件	5		
合计		100		

思考题

5-1　快速成型工艺的数据处理流程是怎样的？

5-2　快速成型行业常用的 CAD 数据模型存放为何格式？为什么采用该格式？

5-3　STL 文件中每个三角形的顶点和法矢量之间需要满足什么关系？为什么还需要法矢量信息？

5-4　STL 有哪些常见的缺陷？

5-5　利用 Netfabb 软件进行 STL 文件缺陷检测与修复的步骤是什么？

5-6　分层切片软件的主要功能是什么？

5-7　在分层切片软件中编辑导入模型的主要作用是什么？

5-8　层高对成型件的表面质量、成型时间、模型强度有什么影响？

5-9　壁厚设置时要注意什么？顶/底层厚度与壁厚之间应满足什么关系？

5-10　浏览层模型的目的是什么？

5-11　影响成型件表面质量的分层参数有哪些？

5-12　填充密度对表面质量、成型时间、模型强度有何影响？

5-13　简述分层切片软件的分层处理流程。

5-14　如何确定成型方向？

5-15　支撑分哪几种类型？该如何设置？

5-16　台阶效应是如何产生的？如何减小台阶效应？在成型过程中，是否可以消除台阶效应？

5-17　分层切片后，为何还要进行扫描路径的处理？

5-18　Gcode 文件中包含哪些信息？

项目 6

快速成型材料及后处理

项目简介

材料是快速成型技术发展的基础和关键,决定了快速成型技术的工艺种类和应用。了解快速成型材料的特性,对掌握快速成型技术的特点,提高成型件的制作质量和效率,采取更为有效的后处理方法,都很有帮助。本项目主要介绍不同类型快速成型材料的特点,不同材料成型件的后处理方法和流程。通过本项目的引导和各任务的实施,将达成下列目标:

素质目标	知识目标	能力目标
(1)培养沟通的能力 (2)培养分析问题和解决问题的能力 (3)养成绿色环保意识 (4)学会新工具的使用方法 (5)培养工程职业素养	(1)熟悉快速成型工艺对材料性能的要求 (2)了解快速成型常用材料的种类和特点 (3)熟悉常用材料后处理的方法 (4)知晓快速成型后处理流程	(1)能够理解和接受快速成型工艺对材料性能的要求 (2)知道如何选择常用快速成型材料 (3)会用合适的方法对成型件进行后处理 (4)使用合理的快速成型后处理流程

任务 6.1 认识快速成型材料

任务引入

快速成型材料决定了所采取的快速成型工艺和应用。因此,要深入了解快速成型工艺及应用,就需要对材料的特性有一定的认识。本任务讲述了快速成型工艺对材料性能的要求,以及现有快速成型材料的类型和快速成型材料发展中的问题与发展趋势,重点阐述了 FDM 和金属快速成型工艺所用材料的特点。

任务分析

要了解快速成型材料,就需要熟悉快速成型工艺对材料性能的要求,然后分门别类地对快速成型材料进行了解,认清快速成型材料发展中存在的问题和未来的发展趋势。

> **难点和重点**

难点：为什么说材料是快速成型技术发展的基础和关键？
重点：1. 了解快速成型工艺对材料的基本要求。
　　　2. 熟悉常用快速成型材料。

> **任务实施**

6.1.1　快速成型工艺对材料性能的基本要求

在前面的项目中已经了解了 FDM、SLA、SLM、LOM、3DP、LDP 等一系列快速成型工艺的工作原理，深知虽然所采用的材料和工作原理有所不同，但各工艺的核心是将材料添加到待成型表面上，并用某种方法使其粘结固化，从而得到一个具有一定形状尺寸和功能的三维实体。虽然不同的快速成型工艺对所采用材料的性能要求不同，但基本要求是一样的，主要体现在以下 3 个方面。

1）有利于快速精确地成型原型零件。
2）当成型件为间接使用零件时，其性能要有利于后续处理工艺。
3）当成型件为直接功能件时，其材料要接近制件最终对强度、刚度、耐潮性、热稳定性等的要求。

当然，与快速成型件的四个应用层面（概念型、测试型、模具型、功能零件）相适应，对成型材料的要求也不同。概念型的模型对材料成型精度和物理化学特性要求不高，主要要求成型速度快，如对光敏树脂，要求较低的临界曝光功率、较大的穿透深度和较低的黏度。测试型的模型对于材料成型后的强度、刚度、耐温性、耐蚀性等有一定要求，以满足测试要求；如果用于装配测试，则对材料的成型精度还有一定的要求。模具型的模型要求材料适应具体模具制造要求，如对于消失模铸造用原型，要求材料易于去除。功能零件的模型则要求材料具有较好的力学性能和化学性能。

为使快速成型材料更好地满足各种要求，所采取的解决方法一方面是研究专用材料以适应专门需要；另一方面是根据用途，研究几类通用材料以适应多种需要。

6.1.2　快速成型工艺常用的材料

成型材料是快速成型技术发展的重要物质基础。从某种程度上来说，材料的发展直接决定了快速成型的应用领域。目前所使用的成型材料种类还很有限，主要有塑料、光敏树脂、金属材料、陶瓷材料、复合材料。除此之外，还有橡胶材料、彩色石膏材料、人造骨粉、细胞生物原料，以及砂糖等食品材料。下面来了解几种常用材料的性能。

1. 塑料

在快速成型领域，塑料类，如 ABS、PLA、PC、尼龙，以及通过不同比例材料混合后产生的 120 多种软硬不同的新材料等，因其强度、冲击强度、耐热性、硬度及抗老化等性能相对优越，是最为常用的成型材料。下面介绍几种常用的塑料。

（1）PLA 材料　PLA（聚乳酸）是一种可生物降解的热塑性塑料，来源于可再生植物资源（如玉米、甜菜、木薯和甘蔗）所提取的淀粉原料。该淀粉原料经糖化转化为葡萄糖，然后由葡萄糖及一定的菌种发酵制成高纯度乳酸,再通过化学合成方法聚合成PLA。因此,PLA具有良好的生物可降解性,使用后能被自然界中微生物在特定条件下完全降解,最终生成二氧化碳和水,不污染环境,对环境保护非常有利,是公认的环境友好型材料,甚至被称为"绿色塑料"。

PLA的另一个优点是成型时不会产生很难闻的气味,较适合在家、办公室或者教室中使用。且PLA材料的冷却收缩较ABS的小,即使成型设备不配备加热平台也能成功完成制作。因此,PLA是快速成型爱好者喜欢使用的成型材料,在FDM成型设备中的使用较为广泛。

(2) ABS材料　ABS(丙烯腈-苯乙烯-丁二烯共聚物)是一种石油衍生物,具有耐热、抗冲击、耐低温、耐化学药品腐蚀等特点,且质量轻、价格便宜、经久耐用、有一定弹性、容易挤出,非常适用于快速成型,是接受程度仅次于PLA的适用于FDM的成型材料。

一般来说,若采用ABS作为成型材料,加热平台是必不可少的,目的是为了防止成型第一层时冷却太快,成型件发生翘曲和收缩。另外,ABS相较PLA等材料,其在成型过程中有害物质的释放量较多,因此在采用ABS材料时,成型设备需要放置在通风良好的区域,或者采用封闭机箱并配备空气净化装置。

(3) PC塑料　这类塑料具备工程塑料的所有特性,即强度高、耐高温、抗冲击、抗弯曲。PC塑料的强度比ABS塑料高出约60%,具备极强的工程材料属性。目前该类塑料被广泛应用于制作电子消费品、家电、汽车制造、航空航天、医疗器械等零部件。

(4) PS塑料　采用PS(聚苯乙烯)材料制作的成型件,尺寸精度高、表面质量强、性能稳定,高温气化后灰粉残留少,目前主要用于打印制作熔模铸造、石膏铸造、陶瓷铸造、真空铸造原型等。

(5) PSU塑料　它是所有热塑性材料里面强度最高、耐热性最好、耐蚀性最优的材料,通常作为最终零部件使用,目前主要用于打印制作航空航天、交通工具及医疗行业的配件。

(6) TPU/TPE材料　TPU热塑性聚氨酯,是一种柔软但又具备足够韧性的材料,非常适合成型类橡胶性能的零件。它具有很大的弹性,可以反复拉伸、移动和冲击,而不会磨损或降解,如图6-1所示。TPE是热塑性弹性体,可以制造伸展性特别好的物体,通常用于汽车部件、家用电器、医疗用品、鞋底、密封件、智能手机盖、腕带等的生产中。当前也有设计师用TPE来打印服装,但打印时难度较高,特别是对于远端送料的快速成型机,很难控制这种柔性材料的进退。

(7) PEEK材料　PEEK(聚醚醚酮)是一种半结晶热塑性塑料,具有耐高温、自润滑性、化学稳定性、耐辐射,以及优异的力学性能等,被认为是世界上性能最好的工程热塑性塑料之一。PEEK可用于制造航空航天、汽车、石油天然气和医疗行业要求苛刻的应用物品。在生物医学领域,PEEK具有优良的生物相容性,与金属材料的植入体相比,PEEK材料的弹性模量和人骨弹性模量更接近,能够满足人体正常的生理需要,是一种良好的骨科植入物材料。图6-2所示为利用PEEK材料成型的骨科植入物。

PEEK可作为快速成型材料制造机械零部件以及骨科植入物,但由于PEEK材料具有较高的熔点,多数快速成型设备的喷头工作性能不足以更好地熔化PEEK材料,这个问题给PEEK的快速成型,特别是FDM工艺带来一定的难度。

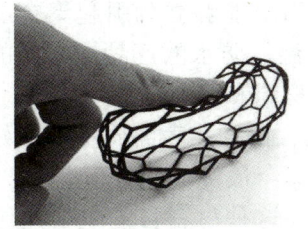
图 6-1　TPU 材料的 FDM 成型件

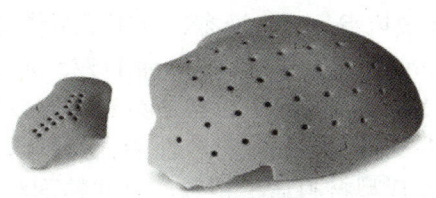
图 6-2　PEEK 骨科植入物

（8）尼龙　尼龙线材有优良的韧性、耐磨性、疲劳强度等优点，在工业上广泛应用。尼龙 –12 可应用于需要高耐疲劳度的场合，如应用于可重复使用的摩擦贴合嵌件；尼龙 –6 可制作具有一定精度的耐用原型以及可经受严苛生产环境的制造工具，并能满足高功能要求的小批量部件制作。

在航空和汽车领域，可采用 FDM 工艺制作尼龙工具、夹具和检具以及内饰板、低热进气组件和天线罩的原型；在消费品的产品开发方面，尼龙可制作用于卡扣面板以及防冲击组件的耐用原型。图 6-3 所示为快速成型的尼龙弯管。

尼龙玻纤是一种由尼龙树脂和玻璃纤维增强材料组成的复合材料，其拉伸强度、抗弯强度、热变形温度以及材料的模量等性能均有所增强，成型件的收缩率有所减小，但表面变粗糙，冲击强度降低。目前主要用于打印制作汽车、家电、电子消费品领域的展示模型、功能部件、真空铸造原型、最终产品和零配件等。

图 6-3　尼龙弯管

（9）混合材料　目前市场上出现了一些在 PLA/ABS 中混合其他材料的成型材料，如木质感 PLA 材料、金属质感 PLA/ABS 材料、碳纤维 PLA/ABS 材料、夜色荧光 PLA/ABS 材料。图 6-4 所示为利用这些混合材料成型的 FDM 件，所呈现出的不同质感可以满足不同性能需求。

a）木质感　　　　b）金属质感　　　　c）碳纤维　　　　d）夜色荧光

图 6-4　混合材料成型的 FDM 件

由此可以看到，混合材料将是 FDM 技术成为主流技术的背后驱动力之一。通过掺杂和复合几种材料，可得到意想不到的性能。如碳纤维与 PEEK、尼龙材料复合可以实现金属的强度，但却比金属更轻，完全可以在某些领域替代金属；又如，在 TPU 中加入石墨烯，加工成可导电的 TPU 线材，可以打印柔性传感器、射频屏蔽罩、柔性导电线路以及可穿戴式电子产品。因此，混合材料的使用将提高 FDM 的应用层次，使 FDM 在航空、汽车等领域也大有可为。

2. 光敏树脂

光敏树脂，即 UV 树脂，由聚合物单体与预聚体组成，其中加有光（紫外光）引发剂

（或称光敏剂），在一定波长的紫外光（250～300nm）照射下能够立刻引起聚合反应完成固化。光敏树脂一般为液态，可用于制作具有高强度、耐高温、防水的产品。常见的光敏树脂有 Somos NEXT 材料、Somos 11122 材料、Somos 19120 材料和环氧树脂。

1）Somos NEXT 材料是类 PC 新材料，成型件的韧性、精度和表面质量都较好，基本可达到 SLS 制作的尼龙材料性能，其打印制作的部件拥有迄今最优的刚性和韧性，同时保持了 SLA 成型材料做工精致、尺寸精确和外观漂亮的优点。这种材料目前主要用于汽车、家电、电子消费品等领域。

2）Somos 11122 材料的防水性强，尺寸稳定性好，并具有多种类似工程塑料的特性，主要应用于汽车、医药、电子等领域。

3）Somos 19120 材料为粉红色，是一种铸造专用材料。成型后具有低留灰烬和高精度等特点，可直接代替精密铸造的蜡模原型，避免了开发模具的风险，大大缩短了开发周期。

4）环氧树脂，含灰量极低（800℃时的残留含灰量 <0.01%），不含重金属锑，可用于熔融石英和氧化铝高温型壳体系，目前主要用于打印制作极其精密的快速铸造型模。

3. 金属材料

近年来，金属材料的快速成型技术逐渐应用于产品的直接制造，得到了较为迅速的发展。目前，快速成型用金属材料主要有粉末和丝材两种形式。金属丝材与传统焊丝相同，理论上凡能在工艺条件下熔化的金属都可作为快速成型的材料。粉末是最常用的成型材料形式，所采用的快速成型工艺主要有选择性激光烧结 SLS、电子束熔融 EBM、选择性激光熔化 SLM 和激光近净成型 LENS。其中选择性激光熔化 SLM 为研究的热点，其使用高能激光源，可以熔融多种金属粉末。与金属快速成型工艺的多样性相比，适用于快速成型的金属材料却较为有限，尤其是工业级的成型材料，只有十余种，因为只有纯净度高、球形度好、粒径分布窄、氧含量低的金属粉末材料，才能满足金属零件的快速成型需求。目前，应用于快速成型的金属粉末材料主要有钛合金、不锈钢、铝合金、高温合金、镁合金等，此外还有用于成型首饰用的金、银等贵金属粉末材料。

钛合金具有耐高温、高耐蚀性、高强度、低密度以及生物相容性等优点，在航空航天、化工、核工业、运动器材及医疗器械等领域得到了广泛的应用，主要用于成型飞机发动机压气机部件，以及生物骨骼及其医学替代器件。

钛合金件被广泛应用在高新技术领域，其传统制造方法都采用锻铸造，但是采用该方法生产的大型钛合金件，由于产品成本高、工艺复杂、材料利用率低以及后续加工困难等不利因素，阻碍了其更为广泛的应用。如美国的 F-22 飞机中尺寸最大的钛合金（Ti6Al4V）整体加强框，所需毛坯模锻件 2796kg，而实际成型零件质量不足 144kg，材料利用率仅为 5% 左右。同时，在铸造模锻件毛坯的过程中会消耗大量的能量，也降低了加工制造的效率。并且传统方法对制造技术及装备的要求高，通常需要大规格锻坯加工及大型锻造模具制造、万吨级以上的重型液压锻造装备，制造工艺相当复杂，生产周期长、制造成本高。而采用金属增材制造技术的近净成型工艺，可以从根本上解决这些问题。如 2009 年，王华明院士团队利用激光快速成型技术制造出我国自主研发的大型客机 C919 的主风窗框。在此之前只有欧洲一家公司能够生产，仅每件模具费就高达 50 万美元，而利用激光快速成型技术加工的零件，成本不及模具的 1/10。又如 2010 年，王华明团队利用激光快速成型技术直接制造 C919 中央翼根肋，精坯质量仅为 136kg（传统锻件重达 1607kg），节省了 91.5% 的材料，并且经过测试，其性能比传统锻件还要好。因此，在钛合金类结构件的制造方面，采用金属增材技术具有较大的优势,逐渐成为一种直接制造钛合金零件的新型技术。

钛合金整体关键构件的激光成型技术是"金属增材制造技术"的高端发展,对航空航天工业来说是一场革命性的技术。在这方面,中美两国属于第一阵营。TiAl6V4(TC4)是最早用于 SLM 工业生产的一种合金,但是由于钛本身的抗塑性剪切变形能力和耐磨性差,限制了其在高温和腐蚀、耐磨条件下的使用。因此,铼(Re)和镍(Ni)被引入钛合金中,快速成型的 Re 基复合喷管已经成功应用于航空发动机燃烧室,工作温度可达 2200℃。

不锈钢具有耐空气、蒸汽、水等弱腐蚀介质和酸、碱、盐等化学侵蚀性介质腐蚀的性能,是快速成型材料中性价比较高的金属粉末材料,主要用于打印制作尺寸较大的物品。目前应用于金属快速成型的不锈钢主要有三种:奥氏体型不锈钢 316L、马氏体型不锈钢 15-5PH、马氏体型不锈钢 17-4PH。奥氏体型不锈钢 316L 具有高强度和耐蚀性,可在很宽的温度范围下降到低温,可应用于航空航天、石化等大型工程领域,也可用于食品加工和医疗等领域。马氏体型不锈钢 15-5PH,又称马氏体时效(沉淀硬化)不锈钢,具有很高的强度、良好的韧性、耐蚀性,而且可以进一步地硬化,组织中不包含铁素体。目前,广泛应用于航空航天、石化、化工、食品加工、造纸和金属加工业。马氏体型不锈钢 17-4PH,在 315℃高温下仍具有高强度,高韧性,而且耐蚀性超强,随着激光加工状态可以带来极佳的延展性。

铝合金具有优良的物理、化学和力学性能,在许多领域获得了广泛的应用,但由于铝合金自身的特性(如易氧化、高反射性和导热性等)增加了 SLM 工艺的难度。目前,SLM 成形铝合金中存在氧化、残余应力、空隙缺陷及致密度等问题,这些问题主要通过严格保护气体、增加激光功率、降低扫面速度等措施来改善。所使用的 SLM 铝合金材料主要集中在 Al-Si-Mg 系合金,广泛使用的材料有铝硅 AlSi12 和 AlSi10Mg 两种。铝硅 AlSi12,是具有良好热性能的轻质增材制造金属粉末,可应用于薄壁零件的成型,如换热器或其他汽车零部件,还可应用于航空航天及航空工业级的原型及生产零部件。Si-Mg 组合使铝合金具有较高的强度和硬度,较为适用于快速成型薄壁以及复杂几何形状零件,因此所成型的 AlSi10Mg 金属件更适合应用于具有良好热性能和低质量的场合中。

高温合金是指以铁、镍、钴为基,能在 600℃以上的高温及一定应力环境下长期工作的一类金属材料,其具有较高的高温强度、良好的耐热腐蚀性和抗氧化性能以及良好的塑性和韧性。目前按合金基体种类大致可分为铁基、镍基和钴基合金三大类。高温合金主要用于高性能发动机,在现代先进的航空发动机中,高温合金材料的使用量占发动机总质量的 40%~60%。图 6-5 所示为快速成型的高温合金件。

图 6-5 快速成型的高温合金件

Inconel 718 是含铌、钼的沉淀硬化型镍铬铁合金,是镍基高温合金中应用最早的一种,也是目前航空发动机使用量最多的一种合金。Inconel 718 合金具有良好的耐蚀性及耐热、拉伸强度、疲劳强度、蠕变性,适用于各种高端应用,如飞机涡轮发动机和陆基涡轮机等。

钴铬合金具有强度高、耐蚀性强、生物相容性良好以及无磁性的性能,主要应用于外科植入物,包括合金人工关节、膝关节和髋关节,同时还可用于发动机部件以及时装、珠宝行业等。

镁合金作为最轻的结构合金,由于其特殊的高强度和阻尼性能,在诸多应用领域具有替代钢和铝合金的可能。例如，镁合金在汽车以及航空器组件方面的轻量化应用，可减少燃料使用量和废气排放。镁合金具有原位降解性，并且其弹性模量低，强度接近人骨，有优异的生物相容性，在外科植入方面比传统合金更有应用前景。图 6-6 所示为快速成型的镁合金件。

市场供应的铜基合金，俗称青铜，具有良好的导热性和导电性，可以结合设计自由度，制成复杂的内部结构和冷却通道，适用于半导体器件等需要有效冷却的模具，也适用于薄壁、形状复杂的微型换热器。

工具钢的适用性来源于其优异的硬度、耐磨性和抗形变能力，以及在高温下保持切削刃的能力。热作模具用钢 H13 就是其中一种，能够承受不确定时间的工艺条件；马氏体钢，以马氏体 300 为例，又称"马氏体时效"钢，在时效过程中的高强度、韧性和尺寸稳定性都是众所周知的。与其他钢不同，模具用钢 H13 碳含量极低，属于金属间化合物，通过丰富的镍、钴和钼的冶金反应硬化。由于高硬度和耐磨性，马氏体 300 适用于许多模具的应用，如注塑模具、轻金属合金铸造、冲压和挤压等。同时，马氏体 300 也广泛应用于航空航天、高强度机身部件和赛车零部件。图 6-7 所示为快速成型的工具钢车框架。

图 6-6　快速成型的镁合金件

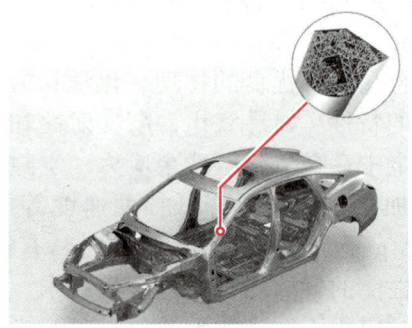

图 6-7　快速成型的工具钢车框架

4. 陶瓷材料

陶瓷材料是人类使用最古老的材料之一，但其在快速成型领域是属于比较"年轻"的材料。陶瓷材料具有高强度、高硬度、耐高温、低密度、稳定性好、耐腐蚀的优点，但也因其硬而脆的特点使其切削成形尤其困难，特别是复杂陶瓷件，一般通过模具来成型。然而模具加工成本高、开发周期长，在产品更新换代速度迅速的当下，单一的陶瓷材料已难以满足企业需求。采用快速成型制造方式有更高的结构灵活性，有利于陶瓷的定制化，可以提高陶瓷零件的性能。较为常用的陶瓷材料是由陶瓷粉末和某一种黏结剂粉末所组成的混合物，采用 3DP、SLS、SLM 等快速成型工艺来成型。然而由于黏结剂分量对零件的尺寸精度影响较大，导致陶瓷快速成型直接制造并不成熟。目前国内外利用陶瓷材料进行快速成型仍处于研究阶段，尚未真正实现商品化。

5. 其他快速成型材料

除了以上几种快速成型材料，目前市场上较为常见的还有橡胶类材料、彩色石膏材料、人造骨粉、细胞生物原料以及砂糖等材料。

橡胶类材料，硬度和断裂伸长率低，撕裂度和拉伸强度高，非常适合用于要求防滑或柔软表面的应用领域，目前主要用于打印制作消费类电子产品、医疗设备以及汽车内饰、轮胎、垫片等。

彩色石膏材料，是基于石膏的、易碎、坚固且色彩清晰的材料，其成型件处理完毕后，表面可能出现细微的颗粒效果，外观很像岩石，在曲面表面可能出现细微的年轮状纹理，因而倍受动漫玩偶等领域欢迎。

人造骨粉目前主要用于加拿大正在研发的"骨骼打印机"，此打印机利用类似喷墨打印机的技术，在人工骨粉制作的薄膜上喷洒一种酸性药剂，使薄膜变得更坚硬，将人造骨粉转变成精密的骨骼组织，从而实现快速成型技术与医学、组织工程的结合。

细胞生物原料，是在实验室先培养出细胞介质，生成类似鲜肉的代替物质，然后以水基溶胶为黏合剂，再配合特殊的糖分子制成生物墨水，然后在计算机的控制下喷到生物纸上，最终形成各种器官。

食品材料目前主要是砂糖。利用食品3D打印机，喷射加热过的砂糖，可以直接打印成具有各种形状的美味甜品。

6.1.3 主要成型材料的优缺点分析

以上介绍和分析了不同成型材料的性能和应用领域。材料是快速成型的物质基础，是当前制约快速成型技术发展的瓶颈之一。只有搞清楚成型材料的特性，才能更好地发挥材料的优势。表6-1对主要成型材料的优缺点和应用进行了总结。

表6-1 主要成型材料的优缺点和应用

材料名称	优点	缺点	应用领域
工程塑料	强度和硬度较高、耐冲击性、耐热性、抗老化性好	产品易出现各向异性	汽车、家电、电子消费品、航空航天、医疗器械
光敏树脂	高强度、耐高温、防水	加工速度慢，有一定污染	可用于制作高强度、耐高温、防水器件
金属材料	金属性、延展性好，较高的力学性能和表面质量	制备成本高、品质控制困难，产品容易产生疏松	航空航天、汽车、模具等
陶瓷材料	高强度、高硬度、耐高温、低密度、化学稳定性好、耐腐蚀等	制备成本高、品质控制困难、打印设备功率高	航空航天、汽车、生物医疗等
细胞生物原料	生物相容性好	产量低，配套的成型设备技术要求高	与医学、组织工程相结合，可制造出药物、人工器官等

6.1.4 国内快速成型材料的发展

成型材料作为快速成型技术的物质基础，其性能和价格将成为制约该技术发展的重要因素。目前，快速成型材料主要包括工程塑料、光敏树脂、橡胶类材料、金属材料和陶瓷材料等。在近几十年的发展中，新材料是快速成型技术的重要推动力。

我国快速成型材料行业起步于1988年，随着下游应用领域不断深化与扩大，行业也不断迎来新的发展。近年来快速成型技术得到了快速的发展，实际应用领域正在逐渐增多。但我国对成型材料的研究还不够成熟，制定的标准还不够完善，市场上应用的成型材料大部分还依赖进口，价格昂贵。快速成型材料已成为制约该产业发展的瓶颈之一。

在快速成型技术的发展过程中，我国的快速成型材料，尤其是工业级的快速成型材料，主要存在以下几方面的问题：

1）可适用的材料成熟度跟不上快速成型市场的发展速度。

2）价格高，研发难度大。快速成型材料一般要求强度高、耐腐蚀、耐高温、比重小、具有良好的可烧结性，同时，还要求材料无毒、环保、性能稳定，能够满足快速成型持续可靠运行。另外，还要求材料的经济性好，简单说就是成本低，客户用得起。使快速成型材料价格降低的主要途径只能是关键技术的突破，但目前这一点还难以解决。

3）材料市场对国产材料的技术含量和水平不够信任，认可度低。

4）成型材料对人体的安全性与对环境的友好性之间存在相对较大的矛盾。

5）缺乏标准化及系列化规范。快速成型对粉末材料的粒度分布、松装密度、氧含量、流动性等性能要求极高。然而，目前国内对此还没有一个明确而严谨的行业性标准，这就导致企业在材料特性的选择上需要花费大量时间。很多快速成型制造企业需要完全依赖进口快速成型材料，这就造成了成型件制造成本的上涨，反过来拖累了快速成型的产业化进程。

随着科技的发展，人们越来越深刻地认识到成型材料与快速成型技术间相互促进、共同发展的关系。目前，成型材料呈现出以下几方面的发展趋势：

1）随着快速成型技术的逐渐成熟，金属材料的形态也将越来越丰富，高性能的金属粉末材料将逐步取代塑料与树脂，成为最主要的成型材料。

2）成型材料的成本将不断降低，材料的使用性能、工艺性能将大幅提高。这一趋势有一定技术难度，尤其在一些特殊领域，如医学应用领域，要求非常高，需要科研人员的大量研发攻关来解决。

3）成型材料逐步国产化。快速成型主要应用于高端制造领域，在其他领域的应用较少，使得成型材料的应用市场较窄。另外一方面，国内成型材料的生产企业较少，成型材料大量依赖进口，而国外的专利与垄断又进一步推高了材料价格。随着我国高端制造业的升级发展，增材制造将和减材制造、等材制造三分天下，其成型材料的国产化必将成为不可逆的新趋势，这也将推动我国材料企业向技术含量更高、产品附加值更高的上游产业链发展。

任务6.2　不同材料成型件的后处理方法

任务引入

由于快速成型层层叠加的制造方式，不可避免地产生原理性"台阶效应"，有的还有支撑，再加上大部分成型件的致密度不能满足实际生产要求，因此几乎所有的快速成型件都不能立即使用，都需要进行不同程度的后处理，以去除支撑，获得满意的表面质量。

任务分析

不同快速成型工艺的成型件所采取的后处理方法是不同的，即使同一种工艺若所采用的成型材料不同，所采取的后处理方法也不同。对快速成型件所采取的后处理方法与成型材料有关，因此从常用成型材料的角度，讲述不同材料成型件的后处理方法。

难点和重点

难点：为什么不同材料的成型件其后处理方法不同？
重点：1. 了解不同材料成型件的支撑去除方法。
　　　2. 了解不同材料成型件的表面处理方法。

# 任务实施

6.2.1 对快速成型件的一般要求

由于所选择的成型材料和成型工艺不同,快速成型件的外观、强度、尺寸精度、表面粗糙度会有很大的差别。但总的来讲,对快速成型件的要求包括如下几项:

1)表面粗糙度。快速成型工艺本身无法消除的台阶效应,会使成型件表面留下凹凸不平的痕迹。因此成型件不可能是理想光滑的表面。但对成型件的表面粗糙度,不同零件和结构,甚至不同部位,都有相应的要求。因此只有通过打磨、抛光等后处理方法来达到要求。

2)强度。到目前为止,大多数快速成型件的强度都不够高,需要在成型后通过后处理提高快速成型件的强度,如采取热固化、表面硬化和热等静压等。

3)尺寸精度。因为快速成型件存在阶梯效应,成型件尺寸精度通常不是很高。因此,需要进行一定的后处理来提高尺寸精度。

4)外观。对仅做形状和尺寸验证的快速成型件而言,对其外观没有特殊要求,但在某些验证设计场合,则要求成型件表面的颜色能直接反映出来。由于现在大多数快速成型只能打印单色,因此为满足对外观色彩的要求,需要对其进行后期的着色处理,使成型件呈现出定制物品的目标颜色。

6.2.2 不同材料成型件的支撑去除

1. 聚合物支撑的去除

(1)熔融沉积成型 若 FDM 所用的支撑材料与模型材料相同,由于支撑材料的成型密度比零件低一些,支撑与零件仅仅进行点接触,则可以借助小刀、钳子等手动工具通过机械方式去除支撑。处理时要特别小心,以免损坏模型。支撑处理后的毛边还要通过做进一步的打磨抛光处理。这类支撑常见于桌面式单喷头快速成型设备。

如果采用双喷头快速成型设备,采用 FDM 工艺成型时使用比模型容易去除的可溶性支撑材料,如水溶性支撑材料、溶于碱性溶液的支撑材料、溶于酒精的支撑材料,则只要将成型件分别放入水、碱性溶液或者酒精等特定溶液中,一段时间后支撑就可以自行脱掉。如果是非可溶性支撑,则使用手动工具去除支撑。

(2)光固化成型 SLA 支撑部分所用材料与成型件的材料相同。支撑形状通常为树状,其中树枝与零件点接触并对其进行支撑,如图 6-8 所示。

大多数立体光固化系统成型的部件从成型设备中取出后,都要放在紫外线烘箱或自然光下完成固化。通常需要在照射固化前取下支撑,并打磨零件,因为这时材料还略软,更容易取下。SLA 的支撑使用手动工具进行去除即可。

(3)材料喷射成型 材料喷射系统使用蜡状材料作为支撑材料。根据系统的不同,可以选择使用喷水系统将蜡支撑材料冲洗掉,如图 6-9 所示,或者将其加热融掉。

(4)粉末床熔融 聚合物粉末床熔融技术是少数不需要支撑材料的工艺之一,因为未熔融粉末可以作为支撑。成型结束待零件冷却后,将成型件从成型室中挖出,并用空气和砂子(或粉末)的混合物进行喷砂以清理零件。该过程类似于考古学家从考古现场挖掘出古物。

图 6-8 SLA 成型件支撑

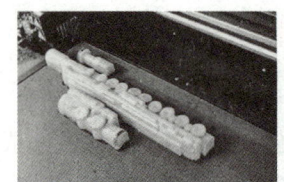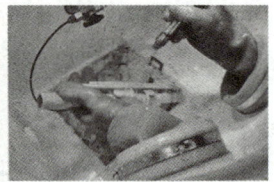
图 6-9 带有喷水系统的蜡支撑处理

由于未烧结的聚合物粉末在成型过程中会产生"结块",很难从长而细的管道或孔中去除粉末,因此在设计时可以在管道上留出清理孔。成型后使用气枪就可以轻松地将粉末从管道中吹出来,如图 6-10 所示。

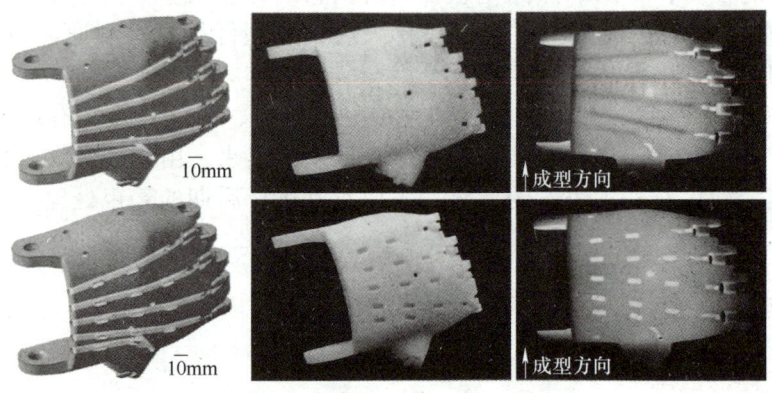

图 6-10 便于粉末清理的产品结构改进

2. 金属支撑的去除

去除金属零件的支撑具有一定的挑战性,需要花费大量时间,这就是为什么金属零件的快速成型需要减少支撑数量的原因。下面简单介绍一下金属支撑的去除方法:

(1) 热处理 金属增材制造时,整个零件是焊接在一块成型基板上的。因此,后处理的第一步是将带有零件的成型基板一起进行热处理以去除残余应力,否则当零件从平台上卸下后极易发生变形。

(2) 从成型基板上卸下零件 通常采用电火花线切割或使用锯来完成,因此,在设置打印文件时,通常将零件定位在基板上方 2～5mm 处。如果使用电火花线切割卸下零件,考虑到切割线宽度对零件材料切割消耗的影响,需要预留 2mm 的高度进行切割;如果使用锯,考虑到锯条宽度对零件材料切削消耗的影响,则预留 5mm 的高度进行切割。

(3) 去除支撑材料 如果零件设计良好,并且只在底部有支撑,则可以通过电火花线切割将其快速去除。但大多数情况下,其余的支撑都需要通过手工去除。

(4) 表面处理 当除去所有支撑后,必须通过砂磨、磨削、喷丸处理以及机械加工等方式对零件进行表面处理。

表 6-2 列举了一把快速成型铝制吉他的前处理及后处理所需时间。可以看到,金属增材制造能加工出很复杂的个性化产品,但整个过程还是一个很耗时的过程,当然相比传统的制造方法,还是很节省时间的。

表 6-2 AM 铝制吉他各阶段所花时间

序号	任务	时间/h	零件图
1	增材制造文件准备	2.5	
2	机器准备	2	
3	成型	9	
4	机器清洁	2	
5	热处理	3	
6	冷却	30	
7	从成型基板卸下零件	15	
8	去除支撑	4	
9	表面处理	4	

6.2.3 不同工艺成型件的表面处理

1. 聚合物表面处理

聚合物快速成型件的表面处理流程如下：

（1）蒸汽平滑　这种处理是通过蒸发溶剂，使蒸汽充分溶解零件的外表面，以消除层纹来实现表面光洁的效果。如成型材料为 ABS，则用丙酮作为溶剂；若为 PLA，则用三氯甲烷（也称氯仿）作为溶剂。但要谨记，使用这些化学药品时应格外小心。

为了实现蒸汽平滑，最简单的方法是熏蒸，如图 6-11 所示。即在容器底部放一些溶剂，然后将零件悬挂在溶剂上方。可以对容器进行加热也可以在室温下进行。这种方法与将快速成型件浸入溶剂相比，优势在于溶剂能均匀地分布在快速成型件上，可以获得更加一致的效果。

现在市场上有专用的 PLA 成型件抛光液，使用时请遵循操作规范。

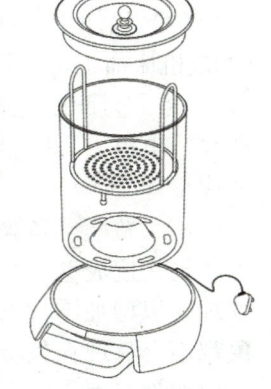

图 6-11　熏蒸示意图

（2）滚筒磨光　滚筒磨光又称翻滚，是一种批量精加工制造的工艺，可用于对快速成型件进行去毛刺、倒圆角、去氧化皮、打磨、清洁和增亮的处理。在处理时，将特殊形状的介质颗粒和快速成型件放入滚筒中，然后进行旋转或振动。运动使介质和快速成型件产生摩擦，逐渐将零件表面磨平以达到需要的效果。快速成型件在滚筒中停留的时间越长其被磨掉的越多，即越光滑。对于激光烧结零件，典型的翻滚时间为 3～6h，具体时间取决于所使用的研磨介质。随着零件的有效磨损，零件的精度也会受到影响。

（3）染色　染色是一种非常好的将颜色施加在聚合物粉末床熔融零件上的技术，几乎可以使用任何合成类服装材料的染料或皮革染料。在大多数情况下，只需按照每种特定类型染料的说明进行操作即可。颜色的色调在很大程度上取决于零件在染料中停留的时间。停留时间越长，颜色就会变得越深。注意在染色的过程中，不断搅拌染料很重要，否则零件上会出现深色和浅色的斑点。

（4）涂漆　涂漆是聚合物快速成型件最常见的表面处理工艺之一。该过程与任何其他形式的绘画非常相似，适用于所有的快速成型件。在涂漆前快速成型件要尽可能地利用砂纸做好打磨等前处理。为达到表面光滑的效果，根据需要可以施加多层底漆涂料，并在每层之间进行打磨操作。在某些情况下，如果快速成型件的表面粗糙度很糟糕，或具有非常明显的"台阶效应"，为了更快地获得好的底漆涂层，则可以先在零件上涂一层汽车车身填充剂然后打磨掉，再涂底漆涂料进行打磨等工作。

一旦表面处理平滑，就可以上色了。通常需要涂若干层染料，然后再涂几层清漆，以保护零件并使其具有良好的光泽度。

（5）表面纹理化　令人惊喜的是，将3D纹理（如皮革、鲨鱼皮或编织图案等）应用于快速成型件可以隐藏很多的表面台阶，而这些台阶在没有纹理的情况下清晰可见。若在零件柔和弯曲的部分使用纹理处理，可以使台阶几乎完全消失。

现在有几种软件包（如Materialise 3-matic和Z-Brush等）可以将真实的3D纹理添加到零件表面，但是必须注意添加到软件中的文件不能太大，否则会导致其无法处理，特别是需要将文件转换为STL格式的时候。

（6）喷砂　喷砂是在高压下强制将砂流推向零件表面，从而使粗糙的表面变光滑、光滑的表面变粗糙、成形表面或去除表面污染物。在快速成型的背景下，喷砂主要用于去除粘附在粉末床熔融成型零件表面的粉末。

由于喷砂是一种研磨过程，因此要注意喷砂时零件不要太靠近喷嘴，一般两者间的距离保持在大约30cm。否则，砂子可能会轻微"灼伤"零件并留下褐色痕迹。在许多情况下，可以用使用过的聚酰胺粉来代替砂子，这样可以避免砂子引起的烧伤问题，但清洁表面需要花费更多的时间。

（7）机加工　如果快速成型件要达到工程要求的表面粗糙度或精度要求，则手动或用CNC机床加工可能是实现这一目标的唯一方法。

（8）金属化　所有用于塑料的常规聚合物金属化技术都可以应用于快速成型件，包括化学镀、电镀、真空金属化或PVD（物理气相沉积）。金属化可以获得看起来像金属零件的快速成型件。

（9）覆膜　覆膜就是用可拉伸的聚合物薄膜包裹住零件表面，这项技术在汽车工业中常见。当快速成型件并不复杂时，可以应用该技术进行表面处理；甚至可以对包覆膜进行纹理处理，以增加零件的3D效果。包覆前要确保快速成型件表面足够光滑，以保证任何台阶现象都不会显现在包覆材料上；并且被包覆零件的表面要清洁干燥，以便包覆膜可以粘附在快速成型件表面。

（10）水纹　水纹也称水浸印刷或水转印，是一种将印刷术应用于三维表面的方法。首先将要印刷的图案或图像打印在可溶的PVA胶片上，然后将胶片放置在水箱的表面上，该胶片溶解于水后使图像的墨水漂浮在水面上，最后小心地将放在墨水层上面的零件降入水中，将浮于水面的图像墨水转印到零件上。

2. 金属表面处理

有多种工艺可以用来降低金属快速成型件的表面粗糙度值，有一些涉及机械作用，如机加工、喷丸处理、滚筒处理，另一些涉及化学物质并结合了某种类型的机械作用，如电抛光。无论何种方法都必须根据其效果、去除的材料量、成本以及所需的表面粗糙度要求进行评估。

（1）喷丸处理　图 6-12 所示的喷丸处理，类似于喷砂的过程。该过程使用压缩空气将小的球形颗粒射向零件，使零件粗糙表面的凸起部分变平，并对零件产生微锻效果，不仅可以使表面光滑，还可以提高表面强度。常用的介质包括玻璃球和钢球。喷丸一般在密闭的腔室内进行，时间 5～10min 即可完成。处理后的模型表面光滑，有均匀的亚光效果。

（2）等离子清洗和离子束清洗　等离子清洗是通过使用称为等离子体的电离气体从物体表面清除物质的过程。通过使用高频电压（通常为 kHz 到 MHz）电离低压气体（通常为 1/1000 大气压）产生等离子体。离子束清洗技术是通过加速离子束（能量达到 1500eV）将分子颗粒、吸附的气体、聚合物碎片和水蒸气从零件表面去除。

a）喷丸处理过程　　　b）喷丸用介质

图 6-12　喷丸处理

（3）机加工和打磨　对金属快速成型件的加工与其他金属零件的加工没有什么不同。

（4）磨料流加工　磨料流加工是通过将磨料浆注入零件的内部通道来抛光的技术。

（5）阳极氧化　阳极氧化用于在零件上产生保护性和装饰性氧化层，从而改善耐蚀性和耐磨性。铝制快速成型件可以采用与传统铝制零件完全相同的方法进行阳极氧化。

（6）等离子喷涂　等离子喷涂是一种热喷涂工艺，用于生产高质量的涂层。该技术允许将几乎任何金属或陶瓷材料喷涂到大部分材料上，并且获得极好的黏合强度，同时最大限度地减小基底的变形。

（7）电镀和 PVD　对金属快速成型件的电镀与传统工艺制造零件的一样，可以获得一层或多层不同的金属。第一层镀层通常由铜制成，因为它比较容易被抛光成高度光滑的表面，然后在铜层上再镀镍、银等。

（8）涂漆　对金属快速成型件的涂漆与聚合物相同。此外，金属零件也可以进行粉末喷涂，这是通过静电吸附的方式将干燥粉末沉积在零件表面上，然后置于烘箱中，使粉末熔化并在零件上形成聚合物皮。

6.2.4　其他处理方法

1. 热处理和时效处理

（1）消除残余应力　在金属的增材制造过程中，残余应力是不可避免的。消除残余应力是快速成型件后处理的第一步，要将快速成型件和成型基板一起进行残余应力的消除，消除残余应力后才能用线切割或锯将快速成型件从成型基板上分离开。不同金属材料和零件的热处理温度和时间差异很大，但原理却是相同的：通过均匀加热零件，并使其保温至整个零件达到温度平衡，然后缓慢冷却零件，直至常温。通过这样的处理，可以消除其残余应力。

消除应力不会改变材料的结构，但会显著影响其硬度值。缓慢的冷却速度对于避免由于材料不同引起的区域温度差异而使张力重新引入零件非常重要，这在消除较大零件的应力时显得尤为重要。

如有必要，则可以在带有保护气体的热处理炉中消除应力，以保护其表面免受氧化。在极端条件下，可以使用真空炉。

（2）热等静压　热等静压（HIP）是使用高压来改善材料性能的一种热处理形式。使用时，加热高压容器，使容器内部压力增加；该压力通过惰性气体（通常为氩气）从各个方向给零件施加,因此称为"热等静压"。在该过程中,高温、高压使材料发生塑性变形、蠕变和扩散,消除了零件材料的内部微孔,从而改善了快速成型件的力学性能和可加工性。经过 HIP 处理的金属零件可以达到与锻造零件相似的冶金性能。

(3) 表面硬化和渗氮处理　渗氮处理是在一定温度(通常采用 520℃)、一定介质中使氮原子渗入零件表层的化学热处理工艺。渗氮处理使用分解的氨气作为氮来源向金属零件的表面添加氮,可使零件在相对较低的温度下形成非常坚硬的外壳,而且无须淬火,可提高工件的表面硬度、疲劳寿命和耐磨性。

渗氮工艺非常适合处理承受高负荷的组件。该工艺具有热处理范围广、外壳渗透深度大,可提高零件表面硬度、耐磨性、耐划伤性和抗咬合性等优点,具有广阔的应用领域。

2. 粘接或焊接快速成型零件

如果采用模型分割的方法,将整个模型分成几部分进行成型,则在成型后,需要将其粘接或焊接在一起,以形成整体。

对于大多数快速成型件工艺和材料,采用最常见的环氧胶就能起到粘接作用,有些可以使用氰基丙烯酸酯胶(强力胶)。市场上有特种胶黏剂,可以为某些金属提供更好的胶接作用。当然,金属快速成型件也可以通过焊接来形成整体件。图 6-13 所示为分割成型再焊接的成型快速成型件。

如果零件确实需要胶合或焊接在一起,则强烈建议在分割零件上添加凸凹接头,以使零件胶合或焊接时排列整齐。这种简单的设计修改可以大大提高并改善零件的胶合质量。

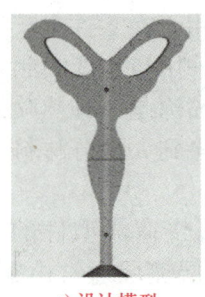

a) 设计模型　　b) 模型分割　　c) 焊接后的成型件

图 6-13　分割成型再焊接的成型件

任务 6.3　不同工艺快速成型件的后处理流程

任务引入

不同成型工艺由于所采用的材料不同,再加上成型件的应用领域不同,后处理流程会有很大的不同。那不同快速成型工艺所获得的成型件需要采取什么后处理流程,才能获得满足要求的成品?对此将在本任务中进行阐述和分析。

任务分析

不同工艺成型的快速成型件所采用的后处理方法是多样化的,即使同一种工艺如果所采用的成型材料不同的话,所采取的后处理方法也是不同的。所采用的后处理方法需要与成型材料、成型技术以及零件几何形状和技术要求相匹配,有时可以同时采取多种方法对同一种快速成型件进行后处理。下面就一起来了解几种常用的快速成型工艺的成型件后处理流程。

注意本书中所提及的后处理流程顺序不是唯一的,可进行适当的调整。

难点和重点

难点：学会一种快速成型件的后处理方法。
重点：了解不同工艺快速成型件的后处理流程。

任务实施

6.3.1 FDM 成型件的后处理流程

FDM 快速成型工艺常用 ABS、PLA 线材，在成型过程中逐层叠加完成制作。FDM 成型件除了有支撑外，表面通常比较粗糙，存在细微瑕疵。因此，要获得满意的 FDM 成型件，后期需要进行一系列的后处理。

对 FDM 成型件的后处理通常采取图 6-14 所示的流程。

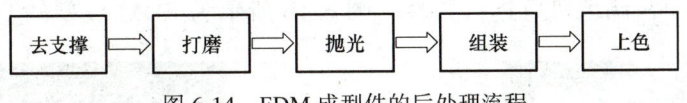

图 6-14 FDM 成型件的后处理流程

（1）去支撑　相关内容详见 6.2.2 中的（1）。
（2）打磨　打磨工具一般有以下几种：
1）锉刀。如平锉、圆锉、半圆锉、异形锉刀。
2）砂纸。标号越大磨砂越细，标号越小磨砂越粗。一般先用小标号的粗砂纸进行打磨，再使用大标号的细砂纸，进行细化打磨。
3）镊子。主要针对细小处，手指无法打磨到的地方，用镊子夹着折好的磨砂纸对细小处进行细化打磨。
4）雕刻刀。在有些结构层次不明确的地方，可以选择雕刻刀调整模型的结构，做一个整体性的修饰，增强模型的体积感和协调感。

打磨是为了得到一个更为完整的模型，因此，打磨的方式各有不同。砂纸是常用的工具，打磨前要先加一点水防止材料过热起毛。常用的砂纸标号有 400#/600#/800#/1000#/1200#/1500#，标号越低的砂纸颗粒越大。打磨的顺序是从低标号开始，不过因为打印物件的表面平整度不同，也可以不用完全按固定顺序来，如用完 400# 后可直接用 800# 的砂纸，具体可以根据实际情况确定。

（3）抛光　丙酮可以溶解 ABS 材料，所以 ABS 模型常使用丙酮的蒸汽熏蒸来实现成型件的抛光。丙酮熏蒸较难控制，少了没有效果，多了或是熏蒸时间过长，表面甚至会液化起泡，因此该方法适合对表面没有特殊细节要求的成型件。另外，需要注意的是丙酮是一种有毒化学物质，挥发性强，且易燃易爆，建议在通风良好的环境并佩戴好防毒面具等安全设备后再进行操作。

PLA 材料不可用丙酮抛光，一般采用 PLA 抛光液。PLA 抛光液其实就是加了水稀释过的亚克力胶水，主要成分是三氯甲烷或者氯化烷等混合溶剂。操作方法是将抛光液放入操作器皿后，将模型用钢丝或者绳子挂着模型底座放进已加入抛光液的器皿中浸泡，浸泡时间不宜过长，8s 左右即可。跟丙酮一样，PLA 抛光液也是一种有毒物质，建议谨慎使用。图 6-15 所示为 PLA 成型件抛光后的效果。

另外，也可以采用表面喷砂的方法来进行抛光。喷砂的具体原理是通过动力装置将非常细微、坚硬的细砂球颗粒吹出，这些细砂高速碰撞物体表面，比较明显的沟壑就会被"砸掉"，得到略带一点粗糙的"磨砂"效果。喷砂比打磨要快，是很常用的抛光方法，可以使表面快速光滑。不过喷砂要在密闭的工作空间，否则乱飞的颗粒、粉尘，都是有害的。

（4）组装　一些超大尺寸和多部件或拆件打印的模型，需要粘接组装。进行粘接时最好采用点涂抹胶水法，然后用橡皮圈固定，使得粘接时更加紧密。如果粘接过程中遇到模型有间隙或接触处粗糙的情况，可以使用 Bondo 胶或填料使其变平滑。

（5）上色　模型上色的方法可采用喷涂法和手涂法。喷涂法操作比较简单，比较适合小型模型或模型精细的部分上色。为了能喷出理想的效果，进行喷涂前要先进行试喷，看看浓度是否合适，以有效避免资源浪费。使用喷涂法能够将涂料均匀地喷在模型表面，大大节省处理时间，是当前快速成型产品主要上色工艺之一。因为油漆附着度较高，所以其适用范围比较广。在色彩光泽度上，受产品原镜面影响，光泽度仅次于电镀和纳米喷镀效果。

手涂法更适合处理复杂的细节，上色时需以"#"形来回平涂两到三遍，可使手绘时产生的笔纹减淡，令色彩均匀饱满。为了使颜料更流畅、色彩更均匀，在进行涂装时，可以滴入一些同品牌的溶剂在调色皿里进行稀释。图 6-16 所示为 FDM 成型件上色前后对比。

图 6-15　PLA 成型件抛光后的效果

图 6-16　FDM 成型件上色前后对比

6.3.2　SLA 成型件的后处理流程

SLA 是最早实用化的快速成型技术，采用液态光敏树脂原料。SLA 成型件从液态成型槽中取出后，须进行清洗、初次固化、去支撑、打磨、二次固化，然后电镀、喷漆或上色等一系列后处理，才能得到要求的产品，其处理流程如图 6-17 所示。

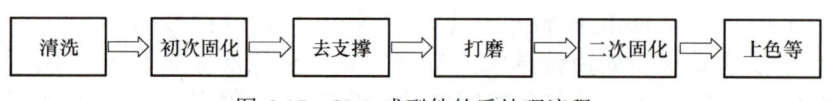

图 6-17　SLA 成型件的后处理流程

（1）清洗　成型结束后，用平铲小心将 SLA 成型件从平台上铲下，放入倒有酒精的容器中，清洗工件。若有细节部分未清洗干净，可再放入超声波清洗机中进行清洗。在超声波容器中可注入足够的异丙醇（IPA）覆盖成型件，清洗几分钟即可。

（2）初次固化　清洗后的成型件不要用纸巾、抹布等擦拭，自然风干固化，或用吹风机等加速风干。

（3）去支撑　用平口钳小心去掉多余支撑。剪断支撑件时，在不损坏表面的情况下可尽可能接近成型件。这步可以在固化之前或之后完成，固化之前做会更容易些。

（4）打磨　去除支撑的部位，一般都需要打磨。如果要成型的物品需要上色或者对表面的细节要求比较高，其他部位还需打磨。打磨出来的物品看起来，整体会更加完美。

（5）二次固化　可将 SLA 成型件放置在固化箱中进行二次固化。固化一段时间后，进行翻面，再固化一段时间，以确保成型件完全干燥。

（6）上色等　干燥后的成型件，可根据需要进一步进行打磨、上色、拼接等处理，以获得满意的效果。图6-18所示为SLA成型件后处理的效果。

6.3.3　SLS成型件的后处理流程

SLS工艺所采用的是粉末材料，在成型过程中末被烧结的粉末起到支撑的作用，因此在制作中无须添加额外的支撑。SLS可成型金属、陶瓷粉末等，下面主要讲述SLS金属

图6-18　SLA成型件后处理的效果

件的后处理，因为金属材料增材制造技术已经在航空航天、医疗等领域得到广泛应用。采用后处理，可进一步提高金属成型件的力学性能和热学性能。

SLS金属成型件的后处理流程如图6-19所示。

（1）静置　金属粉末经过激光烧结后，应在快速成型室中静置5～10h，待原型坯体缓慢冷却后，再进行下一步的处理。

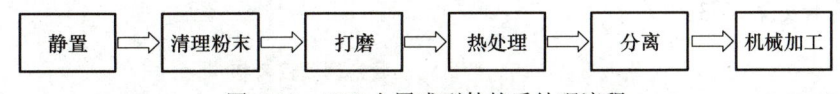

图6-19　SLS金属成型件的后处理流程

（2）清理粉末　将成型件从成型室中取出，用刷子大致刷去加工部件的表面粉末，其余残留的粉末可用空气压缩机吹气除去。

（3）打磨　打磨所做的目的是去除零件毛坯体上的各种毛刺、加工纹路，并且在必要时对加工时遗漏或无法加工的细节进行相应的修补。

常使用锉刀和砂纸进行手工打磨。当然也可使用打磨机、砂轮机、喷砂机等设备。喷砂处理时，要将带着成型件的基板放入喷砂机中一起进行，去除表面及支撑内部残留的粉末，获得一定光滑的表面。

（4）热处理　可通过高温烧结、热等静压烧结、熔浸、浸渍等方法，去除快速成型过程中由于温度变化过大而产生的内部应力。加热时，先将成型件加热到较低温度，待金属表面初步升温，除去原型表面各种杂质粉末；之后再进一步加热到更高温度下保温一段时间，使烧结件的形状得以保持。

（5）与金属基板分离　如是金属成型件，以上的处理都是带有金属基板的。待回火去应力后，需要将基板与成型件采用线切割设备沿着基板表面切离。如果接触面较小的话，可以采用钳子将带有支撑的成型件从基板上钳下来。

（6）机械加工　将带有支撑的金属成型件采用机械加工方式，如铣床、加工中心等去除支撑，并将有配合的位置进行精加工，保证加工精度。

当然也可以采用打磨笔来打磨掉残留的支撑点。操作时打磨笔需来回运动，不能在某个位置停留太久，打磨工件时将工件凸出的支撑点去除即可，再采用喷砂处理进行表面光滑。

项目总结

本项目对快速成型件所用材料和后处理方法进行了介绍。

为实现"快速成型材料及后处理"的项目目标，构建了如下三个任务：认识快速成型材

料、不同成型材料的后处理方法、不同工艺快速成型件的后处理流程，从最基础的认识材料性能开始，进一步进行后处理方法和流程的介绍，帮助学生了解不同材料快速成型后处理的目的和重要性，学会对常规快速成型件进行后处理。

在后处理的过程中，关键是要根据不同材料的特点采取针对性的方法。虽然相同的材料和工艺所制作的快速成型件，所采取的后处理方法有其相同点，但需要注意的是，在具体的执行过程中，还是要针对零件的技术要求和使用场合，采取更为适合、有效的后处理方法。本项目中所提到的实施流程，也要根据成型材料和所采用的快速成型系统以及具体应用要求，进行适当的调整。

项目训练与考核

1. 项目训练

小组合作完成某 FDM 成型件的后处理，并进行效果评价。

2. 项目考核卡

项目考核卡见表 6-3。

表 6-3　快速成型材料及后处理项目考核卡

考核项目	考核内容	参考分值	考核结果	考核人
素质目标考核	遵守规则	5		
	课堂互动	5		
	协作分工	10		
	刻苦肯干	10		
知识目标考核	后处理的目的	5		
	后处理的常用方法	10		
	不同工艺的后处理流程	10		
	成型件的评价指标	10		
能力目标考核	能选择合理的工具	5		
	能说清案例中后处理的步骤	10		
	能进行案例的后处理	10		
	能评价案例后处理效果	10		
	合计	100		

思考题

6-1　快速成型工艺对成型材料有什么样的要求？

6-2　FDM 工艺常用的材料有哪些？什么材料适合于桌面式 FDM 快速成型设备？

6-3　应用于金属成型制造的材料主要有哪几种？

6-4　在快速成型技术的发展过程中，成型材料呈现出什么问题？

6-5　未来的成型材料将向哪方面发展？

6-6　FDM 成型件的后处理方法有哪些？

6-7　PLA 与 ABS 成型件所采用的化学抛光方法有什么不同？为什么？

6-8　SLA 成型件的后处理流程？

6-9　SLS 金属成型件的后处理流程如何？

项目 7

快速成型件的制作

项目简介

当完成快速成型的前处理,得到可用于成型的 Gcode 文件后,就可以利用设备进行快速成型了。本项目将根据前面所完成的逆向重构模型数据,利用不同的快速成型设备进行成型件的制作。通过本项目的引导和各任务的实施,将达成下列目标:

素质目标	知识目标	能力目标
(1)愿意学习,能进行条理分析和归纳总结,独立思考,解决问题 (2)能客观评价事物,评价自己和他人,能接受他人对自己的批评和改进意见 (3)能从新技术的发展应用中,激发出科技报国的家国情怀和使命担当 (4)具备应用新技术,进行产品快速制造的思维	(1)能选择合理的成型方向和切片参数 (2)掌握分层切片处理流程 (3)熟悉快速成型设备的操作流程 (4)能选择合适的成型后处理方法	(1)能利用软件完成分层切片处理 (2)会操作设备完成案例的快速成型 (3)能进行成型件的后处理 (4)能客观评价成型件质量

任务 7.1 基于熔融沉积成型(FDM)制作人体头像

任务引入

根据项目 3 任务 3.3 重构的人体头像数据,用熔融沉积成型工艺完成人体头像的制作。

任务分析

桌面级 FDM 3D 打印机由于价格实惠、类型多样、安全环保,再加上原理简单、适合初学者、普及较早,是使用人群最多、市面上最常见的 3D 打印机,同时在教育行业中的应用非常广泛。由于本任务对人体头像的成型精度要求不高,因此采用桌面级 FDM 3D 打印机来完成。要完成该头像的制作,首先要了解该设备的性能和操作流程,然后再进行成型。这里以昆山奇迹三维科技有限公司的 Miracle S2– 桌面级 3D 打印机为例,讲述人体头像的成型。

难点：如何在3D打印过程中更换材料？

重点：学会桌面级FDM 3D打印机的操作。

7.1.1 Miracle S2- 桌面级3D打印机简介

FDM型桌面级3D打印机在市场上较为普遍，本案例采用Miracle S2- 桌面级3D打印机进行成型。该3D打印机为三角洲式全封闭结构，采用并联臂结构运动方式，具有一键式全自动调平功能及自动插补成型平台水平度的调节方式，可远程自动送料和手柄按压快速送料，支持全彩触摸屏/USB数据线连接等多种操作模式，实现SD卡脱机打印。其结构外形和主要参数见表7-1。

表7-1 Miracle S2- 桌面级3D打印机主要参数

名称	型号与参数	外形图片
成型尺寸	φ180mm×180mm（直径×高）	
输入功率	80W	
输入电压	220V	
打印速度	20～200mm/s（可调）	
喷嘴直径	0.4mm	
打印层高	0.1～0.2mm	
文件类型	STL/Gcode	
精度误差	±0.2mm	
打印材料	ABS、PLA	
耗材直径	1.75mm	
连接方式	支持SD卡脱机打印、USB直接连接	
支持系统	Windows XP/Windows 7/Windows 8	

7.1.2 人体头像的FDM快速成型

7-1 Miracle 3D打印机的基本操作

采用Miracle S2- 桌面级3D打印机进行成型的操作流程如图7-1所示。具体操作步骤如下：

图7-1 Miracle S2- 桌面级3D打印机的操作流程

7-2 人体头像的FDM制作

Step 1 开启电源。

打开右侧面下方的总电源开关以及上方的成型室观察灯开关，待3D打印机的复位等操作自动执行后，进行下一步。

Step 2 插入 SD 卡。

将复制了所要成型文件的 SD 卡插入设备右侧的槽口中。SD 卡的外形如图 7-2 所示。

注意： 插卡时要留意 SD 卡的正反面及朝向。一般插卡时，正面朝上，把带三角的一端朝向设备槽口，朝内稍微用力插。取 SD 卡时，要先用手朝内按压一下 SD 卡，待 SD 卡从槽口中弹出，再取出。切忌硬拔，以免损伤 SD 卡。

另外，在使用 SD 卡时，最好将读取开关关闭，以防病毒侵入。

Step 3 调入成型文件，进行打印。

单击设备显示屏中的打印按钮，在出现的文件列表中选择所要打印的文件。然后单击 ▶ 按钮，即可开始成型。具体操作如图 7-3 所示。

a) 单击打印按钮

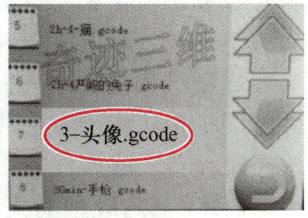
b) 选择文件

a) 正面　　b) 反面

图 7-2　SD 卡

c) 确认打印

图 7-3　调入文件进行打印的操作

注意： 1）在打印前，要确保喷头和成型平台已清理干净，并保证成型平台安装正确。

2）确认成型材料和软件系统中设定的材料一致，避免用错材料，造成打印出错。

3）单击打印操作按钮后，打印机一般不会立即进行打印，需要等待一段时间。这是因为这时的打印温度还没有达到设定值，只有当工作温度达到设定温度时，才开始打印。

打印时，显示屏的打印界面中，将显示出打印进度、打印速度、工作温度、剩余时间等，并提供了暂停、退出及打印参数设置按钮，如图 7-4 所示。

若没有完成打印，中途需要换料，可单击暂停按钮。此时打印机的喷头将移至右侧。换料结束后，若想继续打印的话，则再次单击暂停按钮即可。注意：这个过程中，不能移动喷头。

若打印没有结束，单击退出按钮，将出现一个中断打印界面，如图 7-5 所示。若单击"是"按钮，则打印机自动将现在的打印状

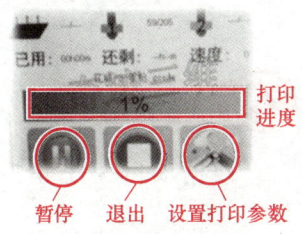

图 7-4　打印显示界面

态（包括打印位置和其他打印参数）存于 SD 卡中，并覆盖掉原来的打印文件。当再次调入该打印文件，将出现如图 7-6 所示的界面，单击界面中的"是"按钮，3D 打印机将从断点处继续打印。若单击"否"按钮，则打印将从头开始。

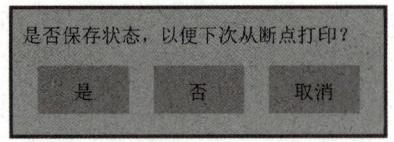
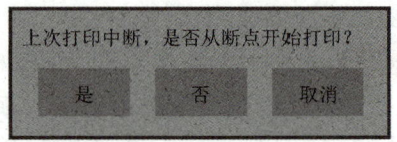

图 7-5 "打印中断"界面　　　　　　图 7-6 "中断后是否继续"界面

注意： 1）打印过程中，要特别留意最初几层。若出现不粘结或翘曲，则必须停止打印，解决问题后再继续打印。

2）若中断后还想继续打印，在中断期间千万不要动打印机，以免喷头与打印平台间的相对位置发生变化，造成成型件断层处的错位。

Step 4 取下成型件。

成型结束后，Miracle 3D 打印机将发出"滴"的一声。此时可打开成型室门，将成型件随同平台从成型室中取出来。然后用平口铲子贴紧平台底部，将成型件从平台上铲下。

Step 5 成型件的后处理。

FDM 工艺成型的模型后处理比较简单，主要是去除支撑，打磨表面，形成符合要求的原型件。

图 7-7 所示为人体头像的成型过程。

a) 头像数据　　　b) 带有支撑的成型件　　　c) 处理后的原型件

图 7-7 人体头像的成型过程

注意： FDM 成型件常见的质量问题是模型底面的翘曲，特别是打印大型部件时。防止此现象发生的最好办法就是：确保成型平台的水平度、喷嘴的高度设置准确、成型环境温度合适及成型平台预热完全。

任务 7.2 基于光固化成型（SLA）制作汽车散热器风扇

任务引入

根据项目 3 任务 3.5 重构的汽车散热器风扇数据模型，用光固化成型机完成风扇的制作。

任务分析

光固化技术是利用紫外光将液态的光敏树脂固化，从而一层一层堆积成三维实体。为了固定打印零件，保证正确成型，在悬浮部分需要添加支撑。零件的摆放、添加支撑、分层处理等前处理操作在专用的 Magics RP 软件里完成。将分层处理生成的层面信息文件，导入光固化成型设备，就可以打印零件。

难点和重点

难点：如何在 Magics RP 软件中合理地添加支撑？
重点：1. 了解 Magics RP 软件的功能。
　　　2. 掌握 SL300 光固化打印机的基本操作。

任务实施

7.2.1　Magics RP 软件简介

Magics RP 软件是全球著名的 STL 编辑处理平台，是该领域的领导者，专注于 STL 技术的研发与创新，有着一整套的基于 STL 的解决方案。它可对所有常见和不常见的快速成型问题提供一个基于用户的解决方案，与主流的 CAD 软件兼容。Magics RP 软件可控制快速原型建构过程，对于 STL 文件的处理方便、迅捷、准确，从而提高 RP 加工的效率和质量。Magics RP 软件具有如下功能：

（1）三维模型的可视化　在 Magics RP 软件中可方便清楚地观看 STL 模型的任何细节，并可进行测量、标注等。

（2）自动检查和修复　能对 STL 文件的错误进行自动检查和修复。

（3）多种文件的编辑　Magics RP 能够接受 Pro-E、UG、CATIA 等软件文件，以及常规的 STL、DXF、VDA 或 IGES、STEP 等格式文件，还有 ASC 点云文件、SLC 层文件等，并且可以将非 STL 文件转化成 STL 文件，直接进行编辑，为快速成型做准备。

（4）多个零件的自动摆放　可将多个零件快速且方便地摆放在成型平台上，也可从库中调用各种不同的快速成型加工机器的参数。所具备的底部平面功能能够在几秒钟将零件转为所希望的成型角度。

（5）分层功能　可将 STL 文件切片，输出为不同的文件格式（如 SLC、CLI、SSL），并能够快速简便地执行切片校验。

（6）STL 文件的编辑操作　可直接对 STL 文件进行修改和设计操作，包括移动、旋转、镜像、阵列、拉伸、偏移、分割、抽壳等功能。

（7）支撑设计　能在很短的时间内自动设计支撑，并有多种形式的支撑可供选择，如点状支撑。由于点状支撑容易去除，并能保证支撑面光洁，因此常被采用。

7.2.2　SL300 光固化打印机介绍

SLA 光固化三维打印机是技术最成熟、应用最广泛的快速成型设备之一。目前生产光固化成型设备的公司很多，美国 3D Systems 公司的这类设备在国际市场上占的比例最大；我国主要有西安交通大学恒通智能机器有限公司、上海联泰科技有限公司、中瑞机电科技有限公司。这里以中瑞机电科技有限公司的 SL300 光固化打印机（图 7-8）为例，讲述风扇 3D 打印的流程。

SL300 光固化打印机打印速度快，成型精度高，自动程度高，

图 7-8　SL300 光固化打印机

易上手操作，可快速构建具有光洁的表面以及优良的特征分辨率、有边缘定义和公差的零件，该设备主要技术参数见表 7-2。

表 7-2 SL300 光固化打印机主要技术参数

光学扫描	光波直径	0.10～0.15mm
	扫描速度	5.0m/s
	光速跳跨速度	10m/s
工作台	垂直分辨率	0.002mm
	重复定位精度	0.01mm
层厚	标准构建样式	0.1mm
	快速构建样式	0.125mm
	精确构建样式	0.075mm
最大成型尺寸		300mm×300mm×200mm

7.2.3 风扇的 SLA 快速成型

Step 1 载入模型。

打开 Magics RP 软件，通过单击菜单栏下的文件输入命令或单击工具栏中的 按钮，载入风扇模型，如图 7-9 所示。

Step 2 模型的自动修复。

单击工具栏的 按钮，弹出对 STL 文件错误进行诊断的对话框。自动诊断后，显示对 STL 模型诊断分析结果，并自动修复。

Step 3 模型摆放。

单击"机器平台"菜单下的自动放置命令，或单击工具栏"机器平台"选项卡中的 按钮，弹出"自动放置"对话框，将风扇零件整齐排放在平台上，如图 7-10 所示。该成型方向比较合理，所以不再需要对风扇摆放方位进行编辑。

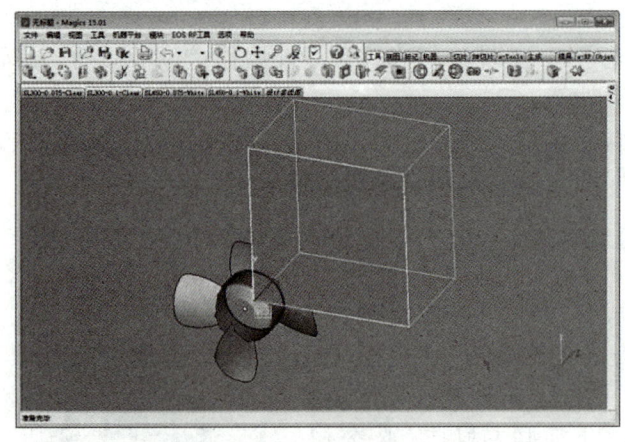

图 7-9 加载零件

图 7-10 模型自动放置

Step 4 生成并修改支撑。

这里采用先自动生成支撑，再手动修改支撑的方案。

(1) 生成支撑　选中风扇零件，单击"生成支撑"工具栏里的 按钮，稍等片刻，软件自动生成支撑（图 7-11），并进入支撑编辑模式。

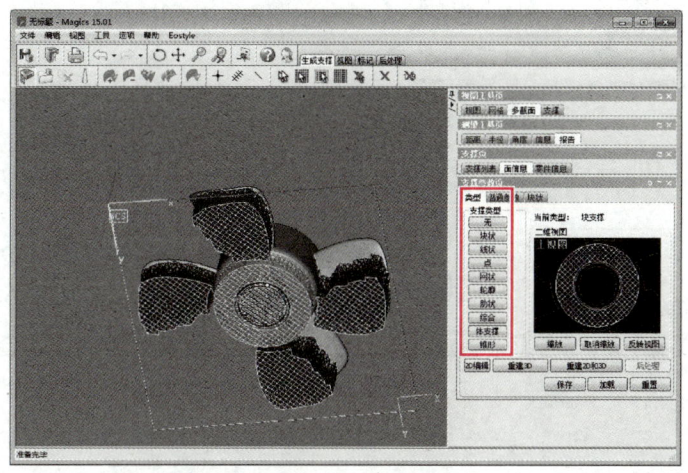

图 7-11　自动生成的风扇支撑

(2) 修改支撑　当软件自动施加支撑后，需要逐个进行校验，人工确定保留、去除或者修改。单击"支撑类型"下面的 2D 编辑 按钮，弹出"支撑二维编辑窗口"（图 7-12），对不同支撑进行合理的修改，添加或减少，修改后的支撑如图 7-13 所示。

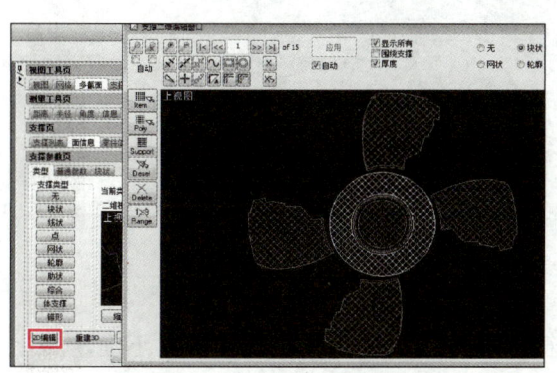

图 7-12　支撑二维编辑窗口

图 7-13　修改后的支撑

Step 5　分层处理。

单击菜单"机器平台"，在其工具栏中单击 按钮，打开分层参数设置对话框，如图 7-14 所示。根据快速成型设备每层构建的厚度，确定层厚。这里设置层厚为 0.1mm。切片处理后生成的文件格式一般为 SLC 格式，而且生成打印零件实体和支撑两个层片文件。

Step 6　打印。

开启光固化设备，将预处理得到的两个 SLC 文件复制或传输给设备的控制计算机，设置成型机参数，如图 7-15 所示。设置完成后开始打印。打印结果如图 7-16 所示。

Step 7　后处理。

(1) 清洗零件　打印完成的零件需用浓度高于 85% 的乙醇进行清洗，去除粘附在零件上的树脂。清洗干净后可用压缩空气进一步净化零件表面。请避免长时间将零件浸泡在无水乙醇中，否则会破坏零件。

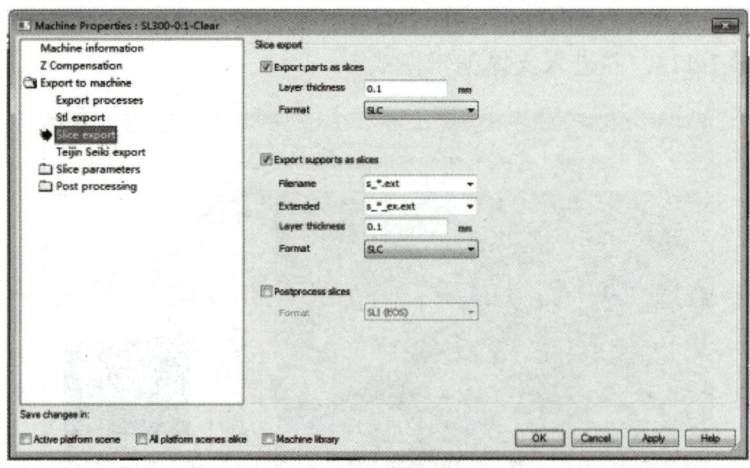

图 7-14 分层参数设置对话框

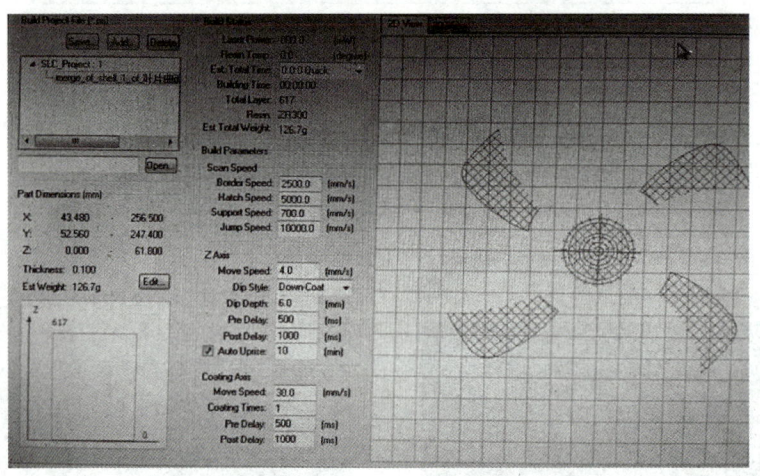

图 7-15 打印参数设置

（2）二次固化　将清洗干净的零件放入固化箱中进行二次固化。根据零件大小确定固化时间，一般为 10～15min。

（3）喷砂打磨　根据需求，对零件进行手工或机器处理，进一步提高表面质量及尺寸精度。可采用 600#～800# 的砂纸蘸水对零件表面进行打磨处理。

经过清洗和二次固化后的风扇零件如图 7-17 所示。

a）上表面

b）下表面

图 7-16 成型后的风扇零件

a）下表面

b）上表面

图 7-17 后处理好的风扇零件

项目 7　快速成型件的制作

任务 7.3　基于光固化工艺（LCD）制作后视镜外罩

任务引入

根据项目 3 任务 3.6 重构的汽车后视镜外罩的数据模型，用 LCD 光固化成型设备完成后视镜的制作。

任务分析

LCD 光固化 3D 打印技术，是采用 4K 分辨率 LCD 屏幕选择性区域透光原理，利用波长为 405nm 的 UV 光源选择性穿透 LCD 屏幕，固化光敏树脂成型的增材制造工艺。成型材料为 405 光敏树脂。相较于 FDM，LCD 成型件精细度更高、表面更光滑，支撑物对模型物体表面损伤更小。此外，LCD 还具有打印速度快、费用低等特点。因此，本任务采用 LCD 光固化工艺来成型后视镜外罩，以满足后视镜外罩表面光滑的主要性能要求。

在利用 LCD 成型前，采用国产软件 ChiTuBox 对模型编辑和切片，然后将分层处理生成的层面信息文件，导入光固化成型设备，进行打印成型。

难点和重点

难点：如何选择成型方向以保证 LCD 成型件在成型过程中不掉落？
重点：1. 了解 ChiTuBox 软件的功能。
　　　2. 学会 LCD 成型设备的基本操作。

7-3 ChiTuBox 用户手册

任务实施

7.3.1　ChiTuBox 软件简介

ChiTuBox 是一款国产软件，其功能强大，简单易用，能够帮助用户更轻松便捷地进行光固化数据处理操作。除必备的旋转、缩放、镜像、修复、镂空、复制等功能外，ChiTuBox 能够进行多文件快速处理、智能自动排列、自动/手动添加支撑以及一键式快速切片。图 7-18 所示为该软件的处理流程。

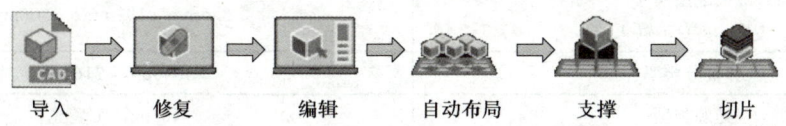

图 7-18　ChiTuBox 软件处理流程

作为第三方光固化 3D 打印机数据处理软件，ChiTuBox 软件大量的控制和内置功能可以加速切片工作流程，同时保持高质量的文件输出。ChiTuBox 软件可为 20 多种树脂打印机提供官方支持，支持 SLA、LCD、DLP 工艺。ChiTuBox 软件目前开发有 Basic 版和 Pro 版。ChiTuBox Basic 是一款免费的、功能齐全的 3D 打印预处理软件，只需单击四下鼠标进行模型导入、支撑添加、切片、导出，就可完成编辑和切片。除了简单易用的界面，ChiTuBox Basic 软件还配备了编辑所需的工具，包括旋转、缩放、镜像、修复、镂空、复制、挖洞等，以及多模型处理工具，只需两步操作就可以将多个模型排列整齐。这些工具易懂易操作，可以快速达到想要的效果。采用该软件的自动检测和分析功能，可以实现一键进行支撑的自动添加。同时该软件还提供了手动添加、编辑、移动支撑的功能。添加的支撑可实时展示，并可逐层进行浏览。

ChiTuBox Basic 软件兼容多种主流操作系统，支持大多数 3D 文件格式，包括 STL、OBJ、CBDDLP、PHOTON、PHOTONS、ZIP、SLC、WOW、FHD、CWS、CTB、PHZ、SVGX、LGS、CHITUBOX、CFG 等，因此适用性较强。

本案例将采用 ChiTuBox 软件进行模型的编辑和切片，完成分层切片处理。

7.3.2　LCD 成型设备介绍

光固化打印机 L300 是昆山市奇迹三维科技有限公司采用 LCD 成型工艺开发的设备，其外形如图 7-19 所示，其技术参数见表 7-3。

图 7-19　Miracle 3D–L300 光固化成型设备示意图

表 7-3　光固化成型设备 L300 技术参数

项目	参数
外形尺寸（长×宽×高）	650mm×510mm×900mm
最大成型尺寸（长×宽×高）	345mm×193mm×350mm
屏幕分辨率	3840ppi×2160ppi
光源类型	405nm、UV 光
打印速度	200 层 /h
打印层厚	0.05～0.15mm
控制接口	USB
电源	0.7kW（max）

该设备采用 405 光敏树脂成型材料，为水溶性，基本操作流程如图 7-20 所示。

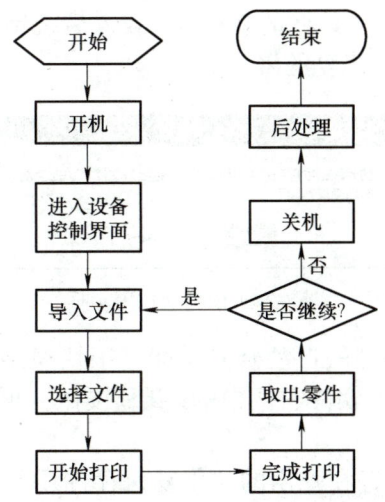

图 7-20　Miracle 3D-L300 的基本操作流程

7.3.3　后视镜外罩的 LCD 快速成型

7-4
后视镜外罩的
切片处理

Step 1　选择机型，进行切片设置。

1）打开 ChiTuBox Basic 软件，单击右下侧图形窗口的 切片设置 按钮，在弹出的"切片设置"对话框中，单击 按钮，添加机器型号。若没有现成的，可单击"机器类型"列表中的"others>default"，再单击 确定 按钮，退出"添加机器型号"对话框，返回到"切片设置"对话框。此时"机器类型"列表中将出现"default"，如图 7-21 所示。

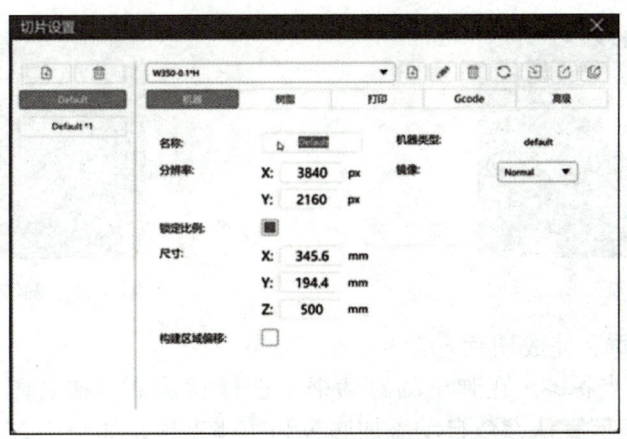

图 7-21　"切片设置"对话框

2）单击"切片设置"对话框中的"机器"选项卡，可重新命名机器，并修改该新机器的参数。

在"切片设置"对话框中，也可以对"树脂"的材料密度和价格进行设定，对"打印"基本参数和 Gcode 文件的开头、层间和结束命令进行设置等。设定好参数后，单击对话框右上角的 X ，关闭"切片设置"对话框。

Step 2　载入模型，完成修复和编辑。

1）单击主菜单＜开始＞中工具栏的█按钮，载入后视镜外罩模型。此时将弹出图7-22所示的有关模型损坏、需要进行修复的警示。

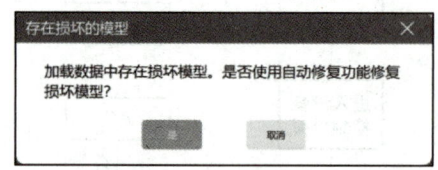

图7-22　模型损坏警示框

2）单击█按钮，启动模型的自动修复功能。很快模型以三角网格显示，表示修复已经完成。为确保模型无误，单击软件右侧中的█按钮，再次对模型进行修复。修复后的模型如图7-23所示。

3）单击主菜单中＜支撑＞，在弹出的"修复保存选项"对话框中（图7-24），单击█按钮，仅保留修复后的模型。此时在成型空间中，仅显示出修复后的模型。

图7-23　修复后的模型

图7-24　"修复保存选项"对话框

4）单击该模型，在弹出的"图形编辑"工具组中，单击█按钮，在弹出的图形中（图7-25），单击不同颜色显示的旋转轴，进行位置的调整，使其摆放位置更为合适，如图7-26所示。

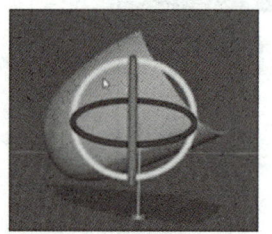
图7-25　旋转前的模型

图7-26　旋转后的模型

Step 3　添加支撑，完成切片。

单击主菜单中＜支撑＞，在弹出的对话框中选择默认值，在右侧支撑添加界面中单击█按钮，软件将按照默认参数自动添加底筏和实体支撑，如图7-27所示。

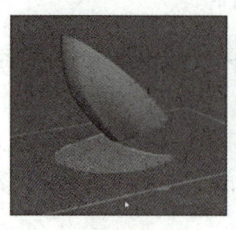
a) 底筏

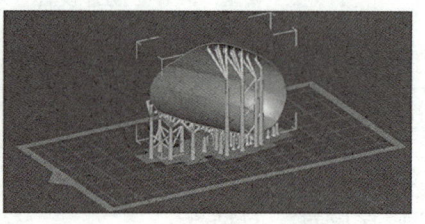
b) 全部支撑

图7-27　模型支撑添加情况

此操作也可以分为两步完成，一是单击 底筏 按钮，先添加"底筏"；再单击 按钮，手动添加实体支撑。

从不同视角观察添加支撑后的模型，如果合适，则单击 按钮回到文件列表属性界面。在该界面上单击 切片 按钮，软件将自动完成切片。切片完成后的界面如图7-28所示。

Step 4　浏览切片，保存文件。

在图7-28中，可看到所用材料重量及所用时间。将鼠标放置在模型切片滑动条上，拖动滑条，可看到每一层的切片情况。图7-29所示为分别表示不同层的切片情况。

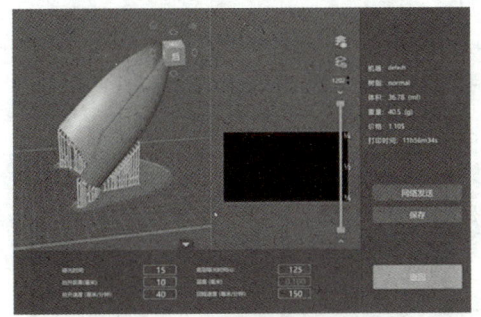

图7-28　切片完成后的界面

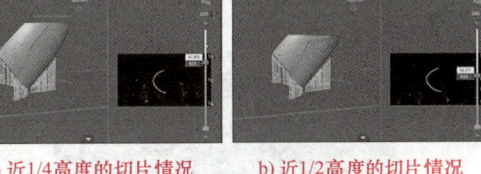

a) 近1/4高度的切片情况　　b) 近1/2高度的切片情况

图7-29　不同高度的切片情况

单击图7-28上的 保存 按钮，系统将自动将切片文件保存到指定的位置。

注意： 所保存的切片文件格式为"*.zip"，整个保存过程可能要花费一定的时间。

一般先将切片文件保存在计算机上，然后再复制到SD卡中。切片文件准备好后，就可以到设备上去打印啦！

7-5 后视镜外罩的成型及后处理

Step 5　开启成型设备，插入SD卡。

1) 打开<设备总开关>。在设备后侧，将按钮 至"Ⅰ"，给设备上电（"O"表示设备断电）。当打开总开关后，电源指示灯变亮，设备通电，散热风扇起动，此时能听到风扇运转声音。

2) 打开<电源开关>。在设备前侧控制面板下方，按下 按钮，起动LCD设备，此时控制面板点亮。注意：当再次按下此按钮时，将关闭设备，熄灭控制面板。

3) 插入SD卡，将带有转接头的SD卡插入设备左侧面的槽口。

Step 6　进入设备控制界面，开始打印。

进入控制界面后，控制界面的主页有三大菜单：<工具>、<系统>、<打印>。

1) <工具>菜单如图7-30所示，其界面的各功能介绍如下：

➢ 手动 ：单击该按钮，将进入下一级菜单，如图7-31所示，各按钮的作用标注在图中。

图7-30　"工具菜单"界面

图7-31　"手动子菜单"界面

> 校正：用于测试屏幕是否正常、UV 光能量的大小、曝光时间是否准确。
> 设 Z 为零：设置当前的 Z 坐标位置为零位。
> 全屏曝光：用于清理料槽底部的粘接残渣。
> 紧急停止：当发生紧急情况时，按此按钮，可停止设备的运行。
> 返回：点击此按钮，将回到上一界面。

2)＜系统＞菜单如图 7-32 所示，其界面的各功能介绍如下：
> 系统信息：显示当前固件版本及设备 ID 等信息。
> 网络：显示网络地址，可利用网络传输文件。
> 售后服务：显示售后服务联系方式及技术支持等相关信息。
> 语言：切换系统语言，目前支持中英文切换。

3)＜打印＞菜单如图 7-33 所示，其界面的各功能介绍如下：

图 7-32 "系统菜单"界面

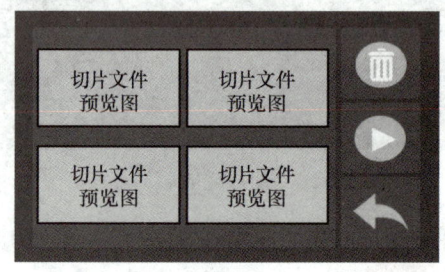

图 7-33 "打印菜单"界面

> 删除：用于删除所选择的切片文件。
> 开始打印：开始所选切片文件的打印。

进入控制界面后，进行如下操作：

1) 选中要打印的"切片文件预览图"，单击开始打印按钮。

2) 在打印过程中，可通过"开始打印子菜单"界面（图 7-34），浏览打印进度、用时以及打印层数和总层数。通过单击 按钮停止打印，单击 按钮暂停打印。在打印过程中，如果没有什么状况，可一直打印，直至打印结束。

图 7-35 所示为打印过程中的情况。当听到设备蜂鸣提示音，表示打印完成。

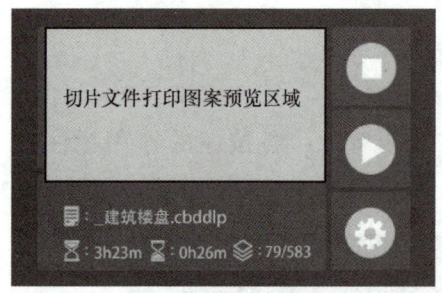

图 7-34 "开始打印子菜单"界面

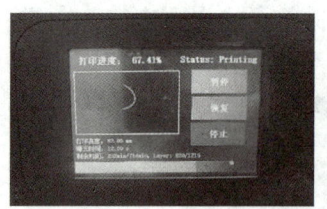

a) 显示屏上的打印过程信息

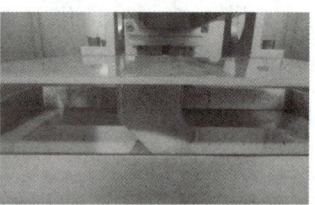

b) 成型室正在打印的情况

图 7-35 打印过程中

Step 7 取出成型件，进行后处理。

打印完成后，需要等待一段时间，让树脂材料充分控干后，才能进行下面的操作。

1) 松下紧固旋钮，将打印平台和模型一起从机器里取出。为防止树脂滴到料槽外的地方，可将不锈钢托盘置于料槽上方，随平台一起取出，然后把打印平台放置到清洗盘中。

2）用相应工具（美工刀、铲刀等）将模型剥离打印平台，再将模型放入专用的酒精收纳盒中清洗干净。

3）用相应工具（斜口钳、水口钳、美工刀等）去除支撑。

4）将去好支撑的成型件放入固化箱中固化若干时间。不同材料需要的固化时间也不相同，甚至有些材料不需要固化，具体根据实际情况选择。

5）取出模型，使用相应工具（锉刀、砂纸、美工刀等）进行修整打磨。

6）用清水清洗打磨之后的模型，再用高压气枪吹干残留的水渍，或自然晾干。

7）清理料槽。若长时间不使用设备，务必将多余的树脂倒入相应的瓶罐中，密封、遮光保存；料槽尽量用无尘纸拭擦；切忌直接扔进酒精槽中浸泡。如需浸泡清洗，须用专业清洗料液。清洗完成后迅速擦干，确保离型膜干净透明。

8）清理成型室。用被酒精溅湿的干净抹布清理擦拭成型室，注意避开中间的LCD液晶面屏幕。

若打印材料为水溶性材料，则步骤3）可省略。图7-36所示为后处理过程中的几个步骤。

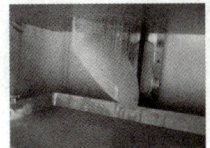  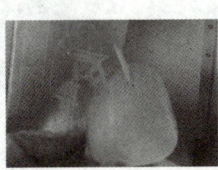  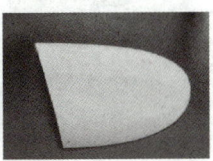

a) 刚完成打印　　b) 松开且竖立平台控干材料　　c) 从工作台取下成型件　　d) 清洗且打磨　　e) 最终打印件

图7-36　后处理的几个步骤

任务7.4　基于粉末粘接工艺（3DP）制作石膏头像

任务引入

根据项目3任务3.3重构的石膏像模型，用3DP粉末粘接成型设备完成石膏像的制作。

任务分析

3DP粉末粘接工艺通过喷头将粘结剂按照零件截面印刷在"材料粉末"上面，适用于石膏、陶瓷、塑料、金属等粉末材料。3DP快速成型是为数不多的不需要加热装置或激光器的成型工艺，可在室温条件下成型，具有成本低、无支撑等特点，在文创教育、个性化公仔玩偶制作、娱乐、数字艺术、建筑、土木工程、地理空间资讯、医疗美容、工业设计等方面已获得应用。本任务采用3DP粉末粘接工艺来成型石膏头像，以满足快速再现逆向设计模型的需求，达到快速制作原型的目的。

难点和重点

难点：采用3DP进行快速成型，为什么可以不添加支撑？

重点：了解3DP成型设备的成型原理。

任务实施

7.4.1 3DP 成型设备简介

本案例采用江苏薄荷新材料科技有限公司提供的 Mint-200 全彩粉末 3D 打印机。该设备集成有打印喷头（又称打印引擎）、三维切片软件、喷胶粘粉控制系统等关键部件，可应用于复合基石膏粉末、陶瓷粉末等材料，能快速制作 3D 打印模型，具有全彩色、无支撑、低成本等特点。使用该设备时，还配备有除粉回收系统。整套系统的外形如图 7-37 所示。

打开 Mint-200 全彩粉末 3D 打印机的上盖，平台内部结构如图 7-38 所示。

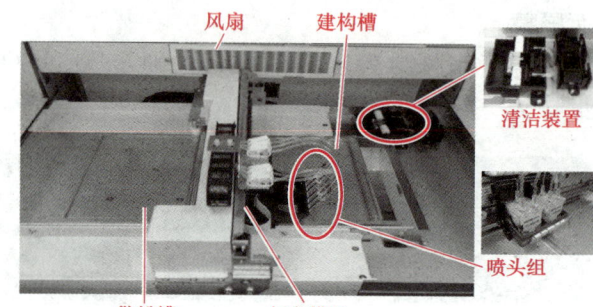

a) Mint-200 3D 打印机　　b) 除粉回收系统

图 7-37　Mint-200 全彩粉末 3D 打印系统　　　　图 7-38　Mint-200 内部的平台结构

Mint-200 全彩粉末 3D 打印机的主要技术参数见表 7-4。

表 7-4　Mint-200 全彩粉末 3D 打印机主要技术参数

最大成型空间/mm	机体型式	成型速度/(mm/h)	分层厚度/mm	系统软件	分辨率/dpi	喷头喷嘴数量	文件格式	使用材料	
200×160×150	桌面型	约 20	0.08～0.12	Windows7/Windows XP	1200×556	2 套喷头、2400 个喷嘴/套	STL/VRML	石膏基复合粉末、陶瓷粉末	透明、乳白、青蓝、红、黄色墨水

7-6 ComeTrue Slice 软件操作手册

该设备通过 USB2.0 接口与装有 ComeTrue Slice 软件的计算机连接。

在利用 Mint-200 全彩粉末 3D 打印机进行成型前，需要利用 ComeTrue Slice 软件进行切片处理。下面就简单介绍 ComeTrue Slice 切层软件。

7-7 ComeTrue Slice 软件使用

7.4.2 ComeTrue Slice 切层软件简介

ComeTrue Slice 切层软件的安装较为简单，可参见相关资料。在此仅简单介绍该软件的功能。

ComeTrue Slice 切层软件可完成 STL、OBJ 文件的分层切片处理，并将切片结果输出至 3D 打印机进行打印。其主要功能如下：

1）输入 OBJ & STL 模型对象。
2）编辑 OBJ & STL 几何模型，包括平移、缩放、旋转与镜像处理。
3）对模型对象进行分层切片处理。
4）建构空间多视角显示模型，可进行上视图、前视图与 3D 视图等显示。
5）设定打印参数，发送层片文件至 3D 打印机。
6）可对 3D 打印机进行运动控制。

该软件界面分成三部分，如图 7-39 所示，即上视图、侧视图以及立体图。可在上视图与侧视图之中进行模型的基本几何操作，如平移、缩放、旋转与镜像等处理。当切片完成后，其切片结果将以立体图的形式呈现。

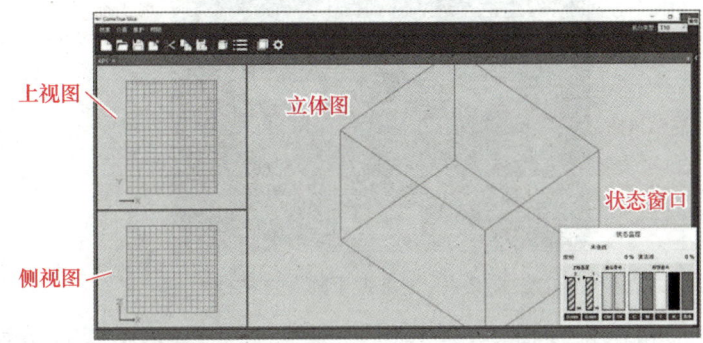

图 7-39　ComeTrue Slice 切片软件界面

ComeTrue Slice 软件的主菜单栏中有档案、接口、维护、帮助菜单。
主菜单栏下的工具栏放置有各种基本指令，以方便用户操作，如图 7-40 所示。

图 7-40　ComeTrue Slice 切片软件工具栏各项指令

图 7-39 右下角所示为"状态监控"窗口（放大图如图 7-41 所示）。最上方第一行显示出与机台连接状态；若有连接，则显示打印机的状态和软件的版本号。第二行为预估废粉槽的使用量与预估剩余的清洁液。下方由左至右分别为供粉槽和建构槽高度，墨头 CM 和 YK 的寿命，以及 CMYK 四色墨水与胶水剩余量。

在有模型对象的情况下，软件下方状态栏会显示对象状态，由左到右为对象尺寸、对象体积、对象网格数。

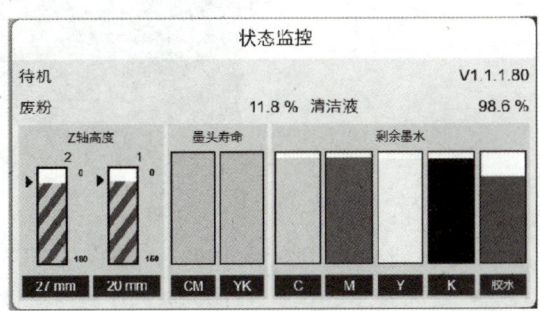

图 7-41　"状态监控"窗口

主菜单栏中"维护"功能操作，主要控制机台的各项动作（注意未连接机台时，维护功能无法使用，需连接机台才可做维护动作），如图 7-42 所示。

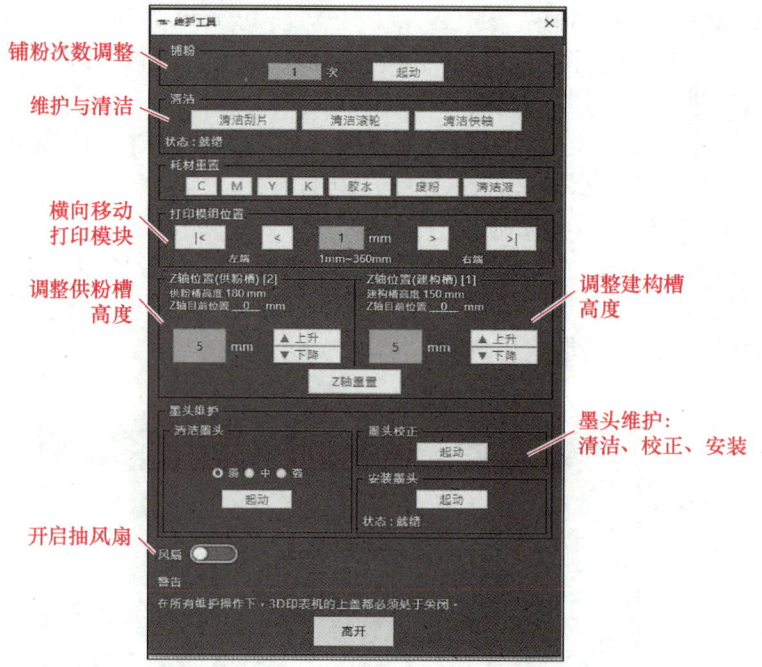

图 7-42 "维护工具"对话框

在图 7-39 的右上角可选择所采用的机型，本软件支持 T10 及 M10 两种型号（T10 即 Mint-200）。当选择好机型后，在"设定"对话框中（图 7-43），可对语言、胶水量等一般参数，依需自行调整设定。

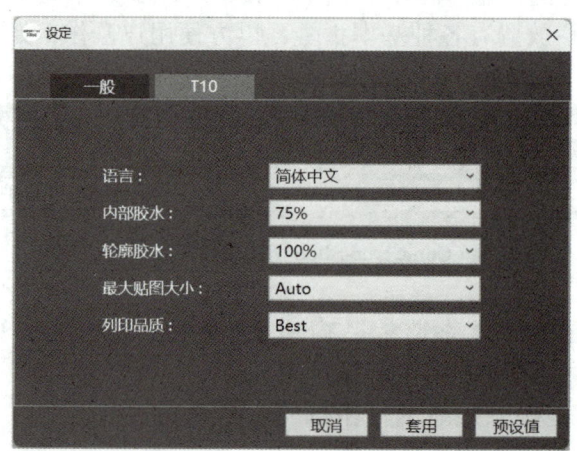

图 7-43 机型"设定"对话框中的一般参数

- 语言：英文、繁中、简中。
- 内部胶水：0% ~ 100%，预设为 50%。
- 轮廓胶水：0% ~ 100%，预设为 75%。
- 最大贴图大小：1024 ~ 4096 及 Auto，预设 Auto。
- 打印品质：Normal、Best、Super Best，预设为 Best。

机台类型不同，"设定"对话框显示的机台设定内容也有所不同。图 7-44a、b 所示分别表示机型为 T10、M10 时，所需设定的一些打印参数。

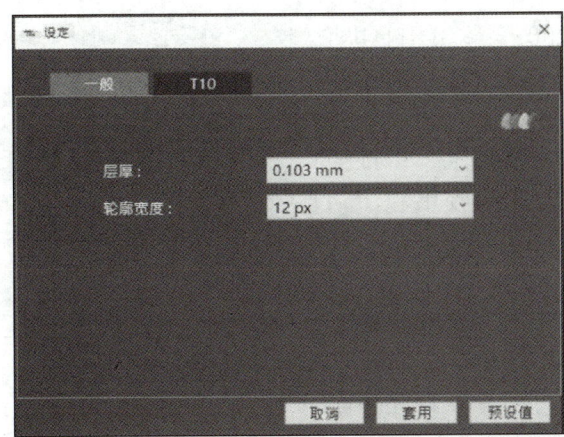 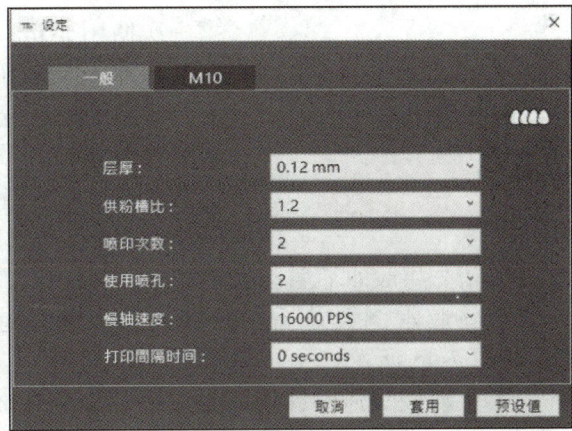

a) T10机型　　　　　　　　　　　　　　b) M10机型

图 7-44　不同机型打印参数的设定

T10 机型适用于打印石膏粉，M10 机型所使用的材料为陶瓷粉。下面介绍一下这些打印参数：

T10 机型可设定的打印参数：
- 层厚：有 0.103mm 及 0.12mm 两种选择，预设为 0.103mm。
- 轮廓宽度：4～16Pixel，预设为 12Pixel。

M10 可设定的打印参数：
- 层厚：设定会有更多的选择，0.04～1mm 共 25 个选项，默认 0.08mm。
- 供粉槽比：此选项的作用将会给供粉槽提供多于建构槽的粉量。1.2 的倍率表示建构槽下降 1mm，则供粉槽上升 1.2mm，请注意过大的供粉槽比虽会提供更多的粉量，但同时也需留意供粉槽的粉量是否足够使用。
- 喷印次数：可设定喷印时，重复喷印几次。
- 使用喷孔：一只墨头（TJXXX）总共有 1～4 的喷孔排。当选择 1 时，会使用 1 号排喷孔喷印，选择 2 时会使用（1+2）号排喷孔喷印，选择 3 时会使用（1+2+3）号排的喷孔喷印，选择 4 时会使用（1+2+3+4）号排的喷孔喷印。这个做法可以进一步地调整所喷的胶水量。
- 慢轴速度：可设定慢轴的走速为 16000PPS（约 3840mm/s）、12000PPS（约 2880mm/s）、8000PPS（约 192mm/s）、4000PPS（约 96mm/s）。
- 打印间隔时间：设定打印一层后暂停的时间，0～30 s，预设为 0 s。

当切片文件准备完毕即可进入打印流程。

有关该软件的具体操作及软件功能介绍请参见《ComeTrue Slice 软件操作手册》。

7.4.3　Mint-200 全彩 3D 打印机使用前的准备工作

有关 Mint-200 全彩 3D 打印机的详细使用见《全彩 3D 打印技术使用手册》（江苏薄荷新材料科技有限公司，2018 年），在此主要介绍使用前的准备工作。

7-8 Mint-200 全彩 3D 打印技术使用手册

1. 安装胶水、清洁液及打印墨头

7-9 胶水、清洁液及打印墨头的安装

第一次使用 Mint-200 全彩 3D 打印机请先安装胶水及清洁液，每次使用时请注意胶水及清洁液是否充足。

若更换胶水或首次安装胶水，可依照以下流程操作（CMYK、透明胶水和清洁液皆照该流程）：

1）请先将胶水瓶盖打开。

2）将胶水倒置并插在转接头上，用力向下压，以戳破橡胶塞，如图 7-45 所示。

3）将转接头逆时针旋转至 OFF，以完成胶水安装。打印墨头的安装请按照图 7-46 所示的三步骤进行。

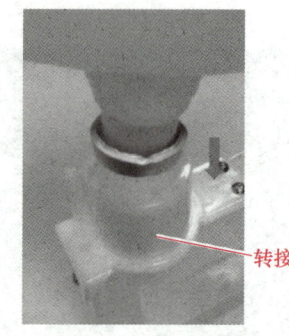

图 7-45　胶水安装

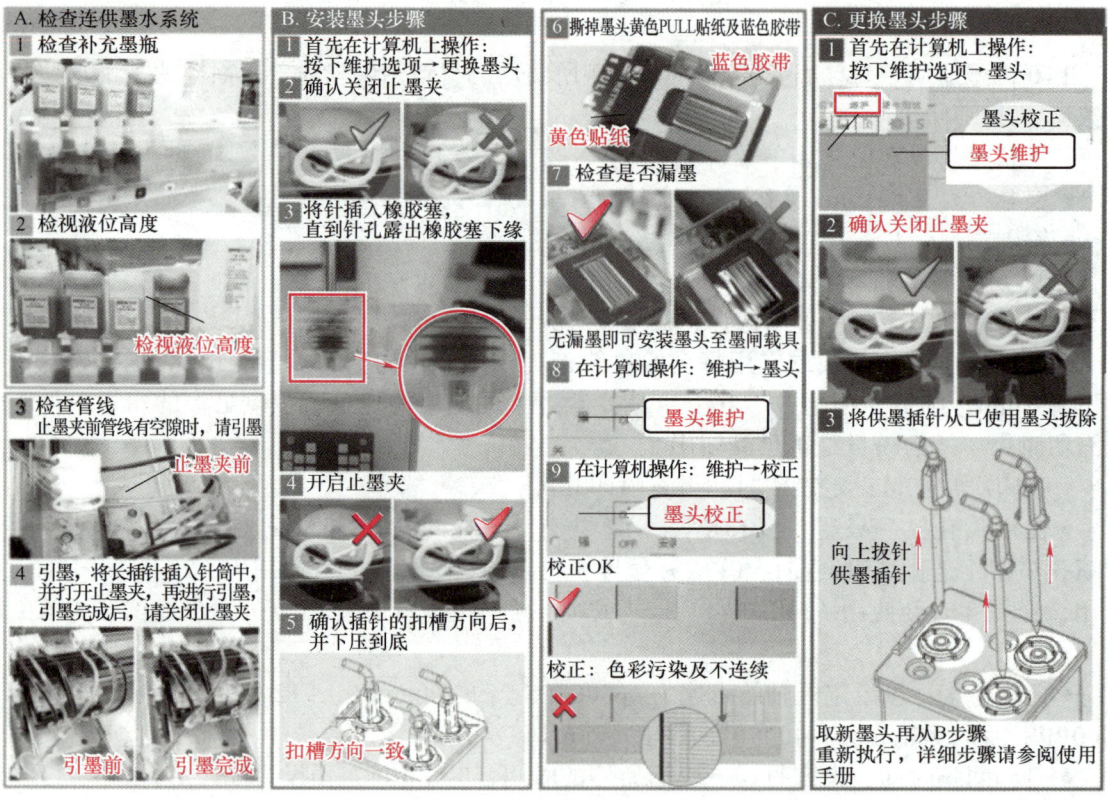

图 7-46　墨头安装操作指引

2. 向供粉槽补粉

7-10 补粉铺粉及列印校正

向供粉槽中补粉请按照下列步骤执行：

1）打开 ComeTrue Slice 切层软件的维护工具，如图 7-42 所示，在"Z 轴位置（供粉槽）"中输入 180mm，然后将供粉槽下降至 180mm 处。

2）往供粉槽内加粉。

3）加粉接近满时用铲子进行捣粉，使粉末均匀。

4）继续加粉，重复捣粉动作，直至达到供粉槽顶端。

3. 铺粉

铺平粉末材料请按照以下步骤执行：

1）通过图7-42"维护工具"对话框中的"Z轴位置（建构槽）"的上下键，将建构槽上升至最高。

2）在该界面"铺粉"选项组中先输入铺粉次数，然后单击"起动"按钮，即开始铺粉。

3）确认供粉槽与构建槽皆平整，即完成铺粉。若不平的话，重复上述步骤。

4. 墨头校正（参见图7-47）

第一次铺完粉后，要先做一次打印测试，包含墨头校正和喷嘴测试。

1）在"维护工具"对话框中单击"墨头校正"按钮。

2）在弹出的"墨头校正"对话框中，按照操作步骤指南，先单击"下一步"按钮，再单击"打印"按钮，将进行喷头校正。在"墨头校正"测试页中分别记下ABC最小的值，比如A6、B6、C6（图7-47c）。在步骤3（图7-47d）中输入刚确定的校正值A6、B6、C6，单击"完成"按钮，完成墨头的校正。

注意： 校正值A是指墨头左右偏移（水平方向），校正值B是指墨头前后偏移（垂直方向），校正值C是指墨头上下两侧的偏移。

3）降低建构槽约5mm，然后将一块平整玻璃置于建构槽上。

4）在玻璃上铺一层粉末，即可开始正式打印物件。

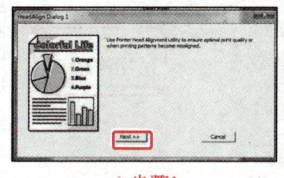 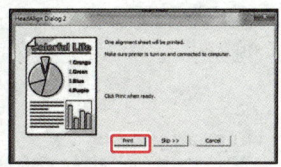 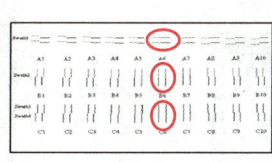 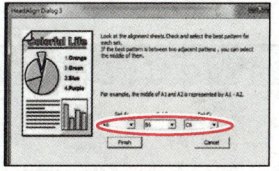

a) 步骤1　　　　b) 步骤2　　　　c) 测试页　　　　d) 步骤3

图7-47　墨头校正步骤

7-11 石膏头像的 3DP成型

7.4.4 使用Mint-200全彩3D打印机制作头像

Step 1 起动打印机。

确保USB连接线已连接上计算机和3D打印机后，再打开3D打印机电源。

Step 2 启动ComeTrue Slice软件。

Step 3 导入模型。

先单击■按钮建立新档案，再单击"档案→汇入"命令，导入要打印物件的模型文件"头像.stl"。

Step 4 编辑模型。

单击■变形工具按钮，对导入的模型进行编辑。在图形窗口右侧出现的模型编辑界面中，输入要缩小的比例（在此选择等比缩放，缩放 0.5），单击"套用"按钮。模型变化如图 7-48 所示。

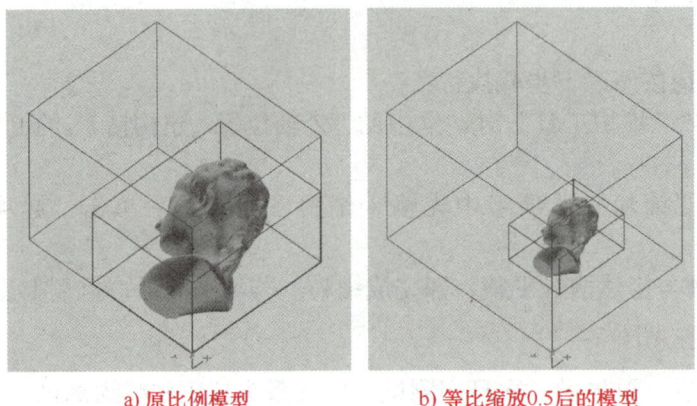

a) 原比例模型　　　　b) 等比缩放0.5后的模型

图 7-48　模型编辑

Step 5　开始打印。

1）单击"档案→打印"命令。

2）在弹出的"打印条件"对话框（图 7-49）中，确认层厚、轮廓宽等打印条件，单击"确定"按钮。

3）接着在弹出的 ComeTrue Print Tool 对话框中（图 7-50），输入打印范围。查看"注意"，没问题后勾选右下角的"准备完毕"复选框。

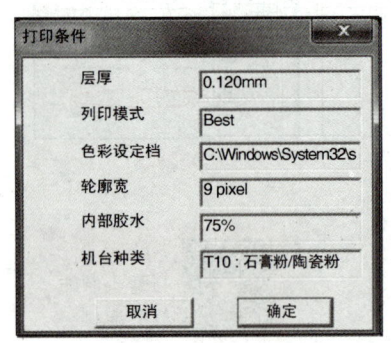

图 7-49　打印条件

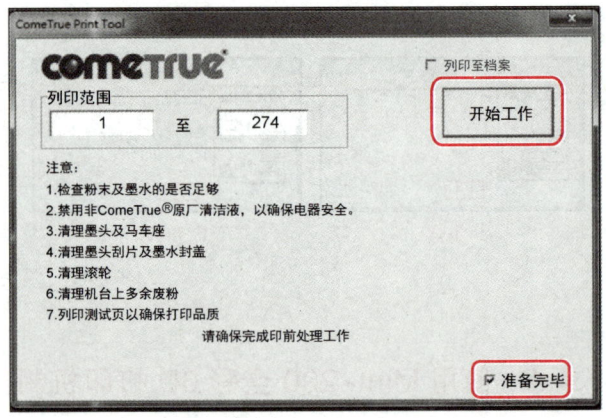

图 7-50　ComeTrue Print Tool 对话框

4）此时会弹出确认快轴清洁窗口（图 7-51）。按照要求清洁快轴后，单击 OK 按钮，返回 ComeTrue Print Tool 对话框。

5）此时该对话框中右上角的"开始工作"按钮由灰色变亮。单击该按钮，便可开始打印。

6）在打印过程中，可通过图 7-52 所示的界面来观察打印进程。若出现问题，可单击"CANCEL JOB"按钮，取消打印。

项目 7 快速成型件的制作

图 7-51 清洁快轴

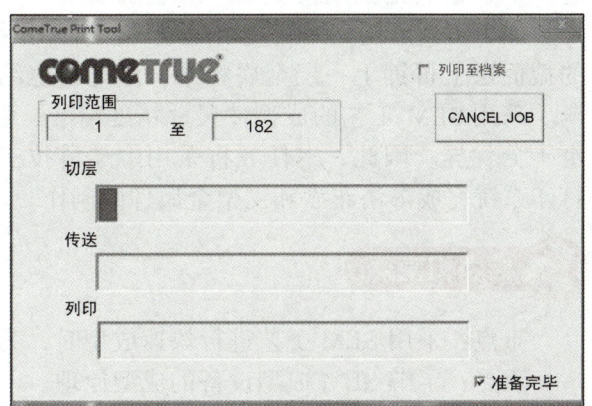

图 7-52 物体打印中

Step 6 打印件除粉及初步固型。

1）待打印结束后，单击 ComeTrue Slice 切层软件的维护工具（图 7-42），将风扇打开。然后在"Z 轴位置（建构槽）"键入欲上升建构槽的高度，再单击向上的箭头，升高建构槽。

2）用油漆刷清扫建构槽内打印件附近的多余粉末。

3）接着用手直接取出打印件或直接连同下方玻璃一并取出。

4）将取出物件置入 TD3 除粉回收系统内，进行烘烤（单击 Heater 键，烘烤约 2～4h）、除粉（按下 Depowder 键，并按下喷枪进行操作）。相关除粉回收系统的介绍，请参照有关资料。

7-12 取件及后处理

Step 7 成型件固化处理。

除粉后的成型件必须做固化处理来加强物件强度。流程如下：

1）使用固化剂进行浸泡、涂抹或浇淋等处理。

2）干燥。

在此使用 TI-915 后处理剂进行涂抹、浸泡等固化，再干燥 1h 左右。处理后的头像如图 7-53 所示。

图 7-53 3DP 成型头像

任务 7.5 基于金属熔化成型（SLM）3D 打印系统制作淋浴花洒和支架

🔄 任务引入

利用 3D 打印工艺成型金属构件一直是增材制造的重要发展方向。目前，已有多种打印工艺可实现直接或间接成型金属构件，应用较为广泛。本任务将根据项目 3 任务 3.4 重构的淋浴花洒模型及创新设计的支架，采用金属增材制造来完成其制作。

263

任务分析

SLM 是使用金属粉末直接成型金属构件的一种 3D 打印技术，采用激光束热源。在打印时，刮刀在成型缸基板上铺一层金属粉末，激光束将按零件各层截面轮廓选择性地熔化粉末，加工出当前层。一层烧结完成后，升降系统下降一个截面层的高度，铺粉辊在已成型后的截面层上再铺上一层金属粉末，激光再烧结该层。如此层层加工，直到整个零件烧结完毕。采用 SLM 工艺的成型件尺寸精度精准、强度高、致密度好，力学性能及其他方面性能也十分优异。因此，本任务将采用中瑞科技三维有限公司提供的基于 SLM 金属熔化的 3D 打印系统完成淋浴花洒和支架金属件的制作。

难点和重点

难点：采用 SLM 工艺进行快速成型时，为什么要添加惰性气体？
重点：了解 SLM 成型设备的成型原理。

任务实施

7.5.1 ZRapid iSLM280 设备简介

所采用的基于 SLM 金属熔化的 3D 打印设备 iSLM280，如图 7-54 所示。整个成型过程在抽成真空或充满保护气的加工室中进行，以避免金属在高温下与其他气体发生反应，其打印系统主要结构如图 7-55 所示。

图 7-54　ZRapid iSLM280 金属打印设备

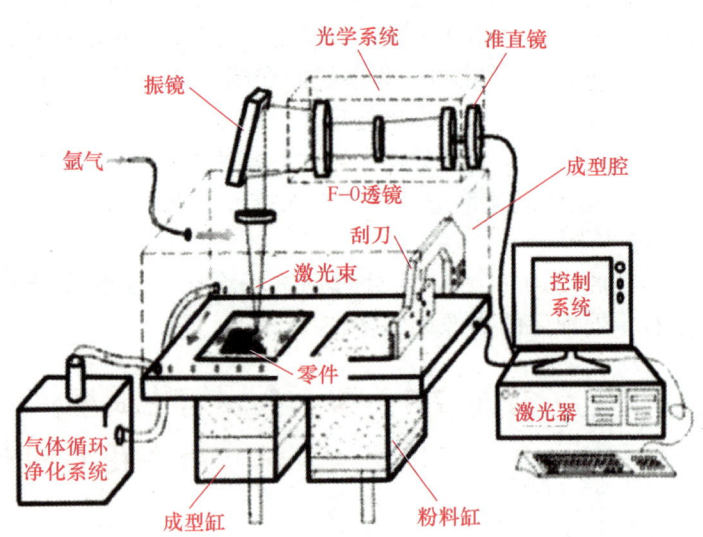

图 7-55　iSLM 成型系统主要结构

该设备配备有高能量密度、精细光斑直径的激光，能在极短的周期内，完成复杂零件的建造，其技术参数见表 7-5。

表 7-5　ZRapid iSLM280 金属打印设备技术参数

项目	技术参数
激光系统	激光类型：光纤激光器；波长：1064nm；激光器功率：500W
重涂系统	涂铺方式：刮刀双向铺粉；正常层厚：0.05mm；快速制作层厚：0.05～0.15mm 精密制作层厚：0.02～0.05mm
光学扫描系统	光斑（1/e² 方法）：0.06～0.20mm；扫描振镜：高速扫描振镜 零件扫描速度：1.0～4.0m/s（推荐）；零件跳跨速度：10.0m/s（推荐） 参考制作速度：4～20cm³/h
保护系统	保护气体：氮气、氩气；流量控制：0～3L/min（智能调节） 除尘控制：高效保护气体循环系统
制作缸	标准容积：约 27.5L；XY 制作平台：280mm×280mm（未计螺孔圆角等） Z 轴：380mm（含基板厚度）；最大制件重量：50kg 加热类型：精密电阻丝加热 成型材料：不锈钢、模具钢、钛合金、铝合金、钴铬合金、镍合金、铜等
控制软件	网络类型：以太网、TCP/IP、IEEE802.3；控制软件：iSLM（Presto SLM） 数据处理软件：3dLayer（三维支撑分层处理软件） 数据接口：CLI、SLC、STL 文件
安装条件	电源：220（1±10%）V，AC 50/60Hz，单相，5A/20A；环境温度：20～26℃ 相对湿度：低于 40%，无霜结；设备尺寸：1.75m（长）×1.40m（宽）×2.20m（高）（未计计算机架）； 设备重量：约 1800kg

采用该设备打印的成型件具有如下特点：

1）未经抛光即有较佳的表面质量。
2）成型件精度高，可用于制作精密样件。
3）直接制造金属功能件，不需要中间工序，极大地简化了生产流程。
4）具有冶金结构组织，致密度高（>99%），具有优异的力学性能，可省去后处理。
5）根据零件的规模和复杂性，可在几分钟至几小时内完成对零件的制作。
6）可直接制造出有复杂几何形状的功能件（如配合卡扣、活铰链）。

7-14 淋浴花洒及支架的分层切片处理

7）材料适用面广，其金属粉末可为各类单一材料，也可为多组元材料。

8）特别适合于单件或小批量的功能件定制。

7.5.2　淋浴花洒和支架的 SLM 制作

在进行金属打印前，采用 Magics 软件进行分层切片处理。

有关 Magics 软件的功能已在任务 7.2 中进行了简介。本案例对淋浴花洒和支架的切片处理可参见视频（二维码 7-14），在此不再赘述。下面重点讲述金属的 3D 打印过程。

7-15 淋浴花洒和支架的 SLM 制造

Step 1　起动设备。

1）打开总电源开关，再打开配电箱，如图 7-56 所示，确定 iSLM280 设备的各部分电源线都已连接上。打开 iSLM280 打印机的主设备开关，显示为"ON"。

2）打开设备主开关。将设备后部面板上的设备主开关■向顺时针方向旋转 90°，转至"ON"处，起动金属打印机。

3）起动工控机。将控制面板上如图 7-57 显示的方框中部分按钮按下，起动工控机。

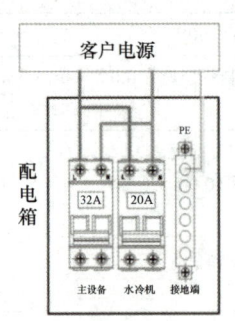

图 7-56　配电箱示意图

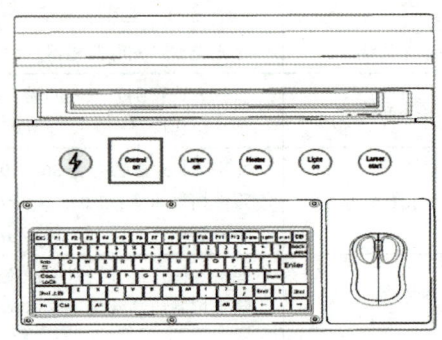

图 7-57　起动工控机

提示： 当发生事故或可能发生事故时，立即按下设备正面的紧急停止按钮，必要时可以直接关闭设备主开关，切断电源，并立即通知相关负责人员，确定导致紧急情况的原因并纠正问题。

Step 2　起动水冷机。

打开配电箱图 7-56 中的水冷机电源开关，使控制 iSLM280 设备水冷机电源开关显示为"ON"。

Step 3　加载数据。

1）工控机起动后，计算机显示屏自动打开。在桌面上选择 iSLM 控制软件，双击打开。

2）单击 iSLM 软件打印界面的按钮，在弹出的文件对话框中，选择所要的 *.SLC 格式的剖分层片文件，并单击打开按钮。

此时 iSLM 软件界面出现加载文件进度条，显示解压、解密和解析剖分文件的进程。待数据加载完成后，其形状将在模型显示区内显示。

3）通过指定层数框或上下拖动滑动条（图 7-58 中框选的命令组），预览查看各层文件界面，检查是否存在干涉或者漏加支撑的区域。也可以通过确定打印层数，跳到选择层数，浏览该层的情况。

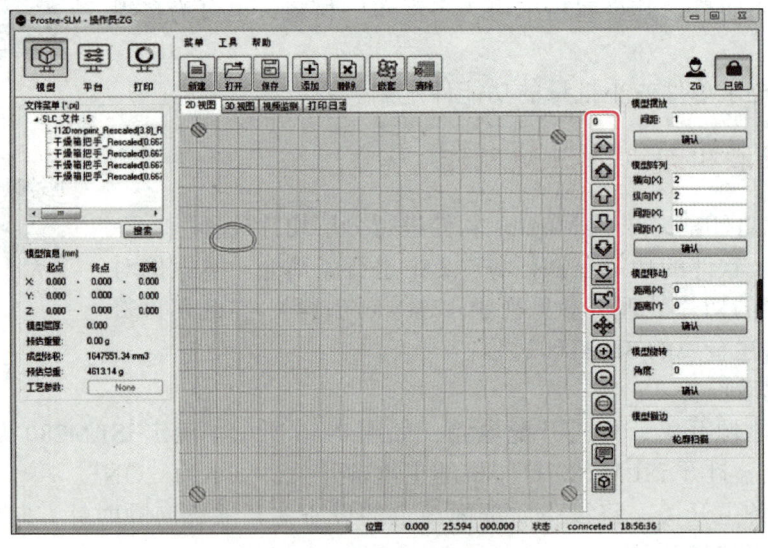

图 7-58　浏览各层面

4）检查工艺参数是否匹配，包括所选材料、设备状态等。

5）单击 ▦ 按钮，在下拉菜单中选择"输出 SLC（S）"→"输出 CLI（C）"→"输出 CLI-Left（L）"，输出所需格式的切片文件。

Step 4 计算供粉量。

1）在工具栏中点击 ▦ 按钮。

2）在弹出的如图 7-59 所示的对话框中，输入所需打印零件的开始层数和结束层数（默认为加工所有平台上零件）。输入完毕后，单击"供粉仿真"按钮。

3）此时系统将自动计算供粉量，并弹出"粉末检测"对话框（图 7-60）。在该对话框内，将给出每一层所需要的材料、打印当前零件所需要材料以及剩余材料。若粉末高度不够，最后一行"总计"处剩余粉末的数值会是负数且变红。

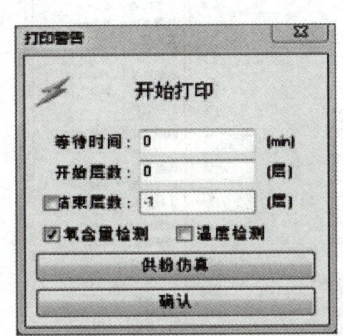

图 7-59 供粉仿真

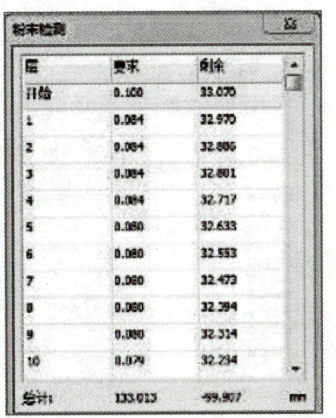

图 7-60 "粉末检测"对话框

注意： 若粉末不够，则需要将供粉轴下降到足够完成零件加工的高度，且多预留 10mm 以上，添加足量的粉末。

Step 5 做好主设备打印的准备工作。

打印前主设备的准备工作，主要包含以下几方面：

1）安装与调平刮刀，再利用 iSLM 软件将刮刀架移到最右端，并将"供粉轴（R）"移动到原位置，"成型轴（Z）"移动到上限位。

2）选用大小合适的基板，并清理干净，保证去除锐边。

3）用毛刷和吹耳球彻底清理工作平台基板上安装螺钉孔和调节孔内残留的金属粉末，再用内六角扳手将基板装夹好。然后在 iSLM 软件中，控制"成型轴（Z）"逐渐向下移动接近基板，将基板上表面与平台调平，并调整至合适的间距。最后将刮刀回零。

4）装入金属粉末且填实铺平，将刮刀回零。

5）清理成型室，关闭成型室门。

6）确保设备侧门、过滤箱门及溢粉槽蝶阀等（包括所有的门和阀）关闭，然后进行气体置换。待成型室氧含量低于设定值时，在 PLC 控制界面会自动变为维持低氧。

若打印材料需要加热，待维持低氧后单击 PLC 控制界面的加热，并按下控制平台的加热按钮。

7）检查冷水机温度是否达到设定范围。达到后按下控制面板上的激光器电源按钮。15s 后，再按下控制面板上的"Start"激光器触发按钮。

Step 6 成型件的打印。

1)主设备的准备工作做好后,单击 按钮。

2)在弹出的信息框内,根据打印要求,输入等待时间、开始层和结束层(-1默认打印到最后一层)。

勾选"氧含量检测"和"温度检测"复选框(若材料不需要加热则取消勾选),单击"确认"按钮,设备即准备加工零件。

3)当设备状态变为BUILDING,且设备数据处理完毕,即开始打印。此时,在软件的右侧,将显示当前设备状态、打印进程和打印参数,如图7-61框内所示。

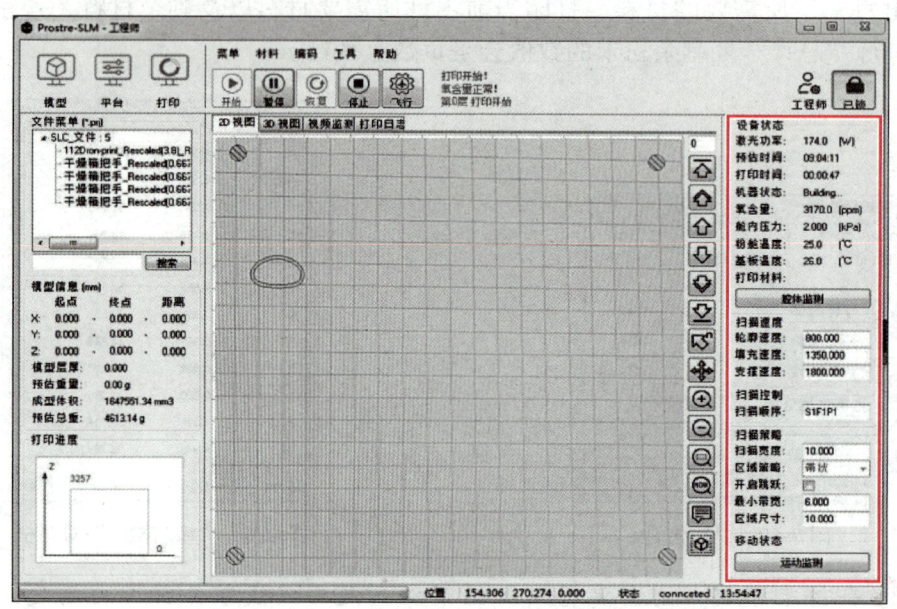

图7-61 打印进行中的软件界面

注意: 在打印初期,要仔细观察成型室内前几层打印状况,看一下供粉平台的粉量是否合适,以及刮刀的刮粉情况。

如果供粉过多或供粉过少,可单击软件控制界面的飞行按钮,在"飞行更改参数"对话框中的"飞行供粉"处调整供粉量,如图7-62所示。

在打印过程中,可利用 命令按钮,暂停、恢复或停止打印过程。

注意: 单击暂停按钮后,打印任务将在当前打印层完成后停止。但要注意打印中断最好不要超过15min,因为超过这个时间,零件可能会出现轻微的扭曲。

在零件打印成型过程中,SLM软件可对打印零件及iSLM280设备的各项参数进行监控。监控界面可以在实时曲线和实时数显界面之间切换。

Step 7 成型件的后处理。

1. 人工收取零件

待打印结束后,在弹出的对话框中单击"OK"按钮,然后回到平台界面,单击右上角的未锁门按钮,打开设备安全门锁。

关闭激光电源按钮、加热按钮、气源气阀(设备短时间不用时关闭),再打开加工成型室的门。

操作人员按照操作规范穿戴好防护服，并将所需工具放入成型室内。然后关闭成型室大门，在 PLC 控制界面进入手动模式，打开大排气阀，如图 7-63 所示。

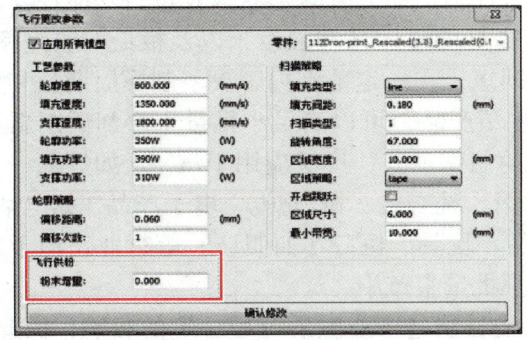

图 7-62 "飞行更改参数"对话框

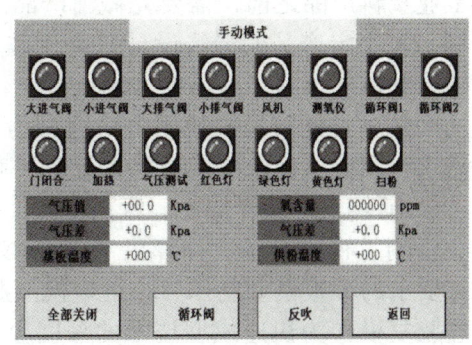

图 7-63 PLC 控制界面

打开成型室观察门，并打开手套盖，展开手套。

每次将基板升起约 50mm（不许一次升高超过 50mm），同时从手套里操作清理部分粉末。重复该过程，直到 Z 轴触碰到上限位，基板完全升起，使用毛刷和吹耳球把基板四个角的粉末清理干净。

打开成型室大门，用内六角扳手卸下固定基板的螺钉。倾斜带有基板的零件，将零件内部的部分粉末使用毛刷清理干净。将基板与零件一起从成型室中移除，放入到转运盆中。

2. 清理零件粉末

先手工清粉，再使用振粉机清粉。然后将零件放入到对应材料的清粉喷砂机中，使用气枪清理零件支撑内部的粉尘。

3. 零件后处理

先连同基板一起进行去应力退火，然后进行电切割，分离基板和零件。再对零件进行去支撑、打磨、喷砂等处理，直至满足客户要求。图 7-64～图 7-66 表示分别清理粉末后带基板的打印零件、后处理好的成型件，以及零件装配体（两套材料分别为不锈钢和铝合金）。

图 7-64 成型后带基板的零件

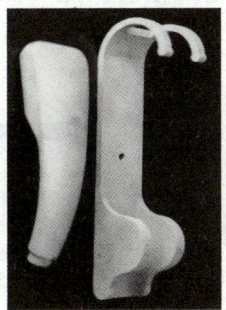

图 7-65 完成后处理的零件

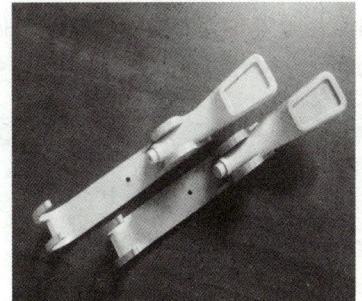

图 7-66 两零件装配体

任务拓展　了解硅胶复模技术

硅胶复模，又被称为硅胶倒模、硅胶覆模等，是指利用原有的样板模型，在真空状态下制作出硅胶模具，并在真空状态下采用 PU、类 POM、ABS 等材料进行浇注，从而克隆出与原样板模型相同的复制件。

近年来，随着工业产品开发速度的不断加快，对模具的需求量越来越大。通常在大批量生产工业塑料产品之前，需要先做出产品的样件来评估产品的外观形状以及进行功能性安装实验等，来决定产品的最终设计。由于硅胶具有良好的复印性和强度，以及极低的收缩率，采用硅胶制作的模具，不需要表面处理，制造周期短，在一定范围内解决了制模周期长和费用高的问题。且硅胶模具使用寿命通常为50件注塑产品，可以满足小批量生产和试制新产品的需求。因此，硅胶复模技术现已是一种常见的制作工艺，广泛应用于汽车（如灯罩、仪表板、内饰件）、机械零部件、家用电器（如电冰箱、洗衣机、微波炉）、电子产品（如电话、手机、音响、视听设备、计算机部件）、文化用品、玩具、医疗（如假肢）等行业，用于对材料有要求的手板模型制作、小批量模型制作和小批量生产中。

硅胶复模作为快速成型技术的深度应用，对增材制造产业发展有着一定的影响，因此，需要了解该工艺的应用。

1. 基于快速原型的硅胶模具制作

硅胶模是基于原型，采用快速翻制工艺进行制作的，其制作流程如图7-67所示。

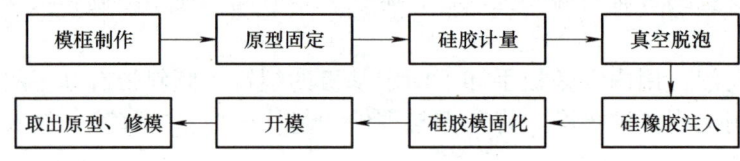

图7-67 硅胶模制作流程

（1）模框制作 模框的材料可选用表面光滑的高密度板或树脂板等制造。根据原型几何尺寸和硅胶模具使用要求，选择硅胶模型框尺寸，要求型框四壁、底面距模型边缘20mm左右。合适的模框尺寸，不仅可以节省硅橡胶，降低制模成本，还利于硅橡胶浇注，降低从硅胶模中取出产品的难度。

（2）原型固定 为了防止悬空的原型在浇注和抽真空时移位，需要将原型固定在模框中，通常采用细绳悬挂法或借助于浇口棒将原型悬空，如图7-68所示。由于硅胶模是整体一次浇注成型的，为便于分模，在固定原型前，先要在原型选定的分型面边缘上，用彩色笔画上分型标记线，或粘上薄的彩色胶带作为分型线标记，以备后期可清晰地沿分型面刀割，进行分模用。

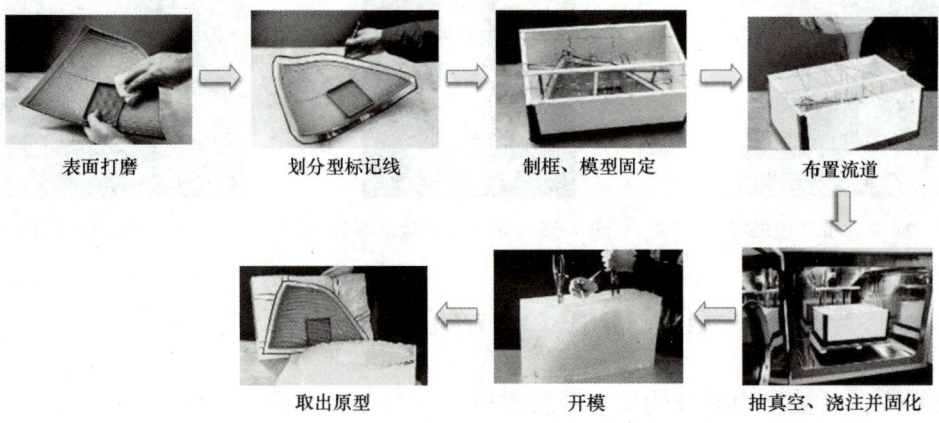

图7-68 覆盖件硅胶模的制作

（3）硅胶计量、真空脱泡、硅橡胶注入　根据模框大小和原型的体积，计算硅胶的重量，按比例分别称量硅橡胶、固化剂，在容器中混合搅拌均匀后，放入真空注型机中抽真空，并保持真空10min，进行脱泡处理。然后将抽成真空后的硅橡胶缓慢倒入制好的模框内，并将其再次放入真空注型机中，抽真空15～30 min，以排除混入其中的空气。

（4）硅胶模固化　从真空注型机中取出浇注好的硅胶模后，还需要进行固化。先放置在室温环境中，固化时间为24 h（25℃）或更长时间（低于25℃），让硅胶模中残留的空气所形成的气泡有充分时间逸出。然后在55℃烘箱中保温8h左右，使硅胶充分固化。需要注意，不同品种的胶料固化时间有所差异。

（5）开模取出原型、修模　硅胶模完全固化后，拆除围框，沿分型面的标记线用手术刀片分割硅胶模，得到硅胶模具的上下模，取出原型。一般分型线为波浪形，以确保上、下模合模时定位准确，避免因合模错位引起误差。如果发现模具有少量缺陷，可以用新配的硅胶修补，并经同样程序进行固化处理。如果原型形状复杂（有倒钩、很多斜面），上下两半模无法满足脱模条件时，开模时可以将硅胶模具剖开成数块。在用刀剖开模具时，可用开模钳协助开模。

图7-68所示为一个汽车覆盖件的硅胶模制作过程。由于硅橡胶具有良好的复印性，原型表面一定要打磨光滑，否则表面的台阶效应会复印在硅胶模上，从而复印在产品表面。

2. 利用硅胶模具浇注产品

对于批量不大的注塑件，可采用硅胶模具通过树脂材料的真空注型来生产。采用硅胶模具利用树脂材料进行浇注产品的工艺流程如图7-69所示。

图7-69　采用硅胶模具利用树脂材料进行浇注产品的工艺流程

（1）模具预处理　产品浇注前需要对硅胶模进行预处理，包括制作流道、浇口、排气孔。流道开在模具型腔的最高处，并在一些树脂不易充满的死角处，开出排气孔。对于比较大的硅胶模具，可开2～3个分流道，以避免塑料件出现缺料现象。对于一模多腔，要注意流道的位置和截面尺寸，保证所有型腔都能注满。浇口一般开在零件的内表面，以免影响塑料件的外观质量。预处理完成后，将硅胶模具放入恒温箱中进行预热，使硅橡胶模具膨胀，来减小浇注产品的误差。

（2）合模固定　为了便于脱模，合模前在硅胶模的内部喷上脱模剂。将硅胶模上下模合模，并用胶带固定。合模应准确，不能错位。胶带固定要松紧适宜且均匀，太紧模具变形；太松飞边过大，会影响产品的尺寸精度。

（3）配料浇注　硅胶模在制作树脂件时由A料（树脂）与B料（硬化剂）组成，两种材料的总体积是产品的体积再加20%的损耗。为了提高树脂件的致密程度和充填能力，需要将浇注材料和模具抽真空，一方面除去材料中的空气，另一方面也抽去模具型腔中的空气。抽真空的时间根据树脂件的大小和具体情况有所不同。抽完真空后，将两种材料混合搅拌，然后浇注到模具型腔中。

（4）固化脱模　将浇注后的模具从真空注型机中取出，放入65～70℃烘箱中进行硬化。硬化时间随制件大小和树脂类型而不同，并放在室温下冷却，待制件完全固化后，拆去胶带，打开硅胶模，将制件取出。

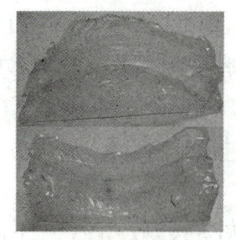

a) 硅胶模具　　　　　　b) 浇注转角密封条

图 7-70　用硅胶模浇注汽车转角密封条

（5）制件后处理　制件取出后，还需要除去流道、打磨、抛光、喷漆等后处理，才能交付使用。

图 7-70 所示为汽车转角密封条的硅胶模及浇注的产品样件。

表 7-6 列出了硅胶模具的优缺点。

表 7-6　硅胶模具的优缺点

序号	优点	缺点
1	开模成本低	模具寿命有限，一般注射 20～30 件
2	制作周期较短	每次出模都需要很仔细，以防弄断细小特征
3	成型材料弹性好，接近注射效果	硅胶模具的尺寸精度较低
4	适合小批量生产	合模精度影响产品质量，对操作人员有一定的经验要求
5	可制作出复杂产品的模具	硅胶模具属于一次性产品，无法回收再利用

项目总结

本项目根据前面所完成的逆向重构模型，利用分层切片处理技术和不同的快速成型设备进行成型件的制作。

为实现"快速成型件的制作"的项目目标，构建了如下几项任务：基于熔融沉积成型（FDM）制作人体头像、基于光固化成型（SLA）制作汽车散热器风扇、基于光固化工艺（LCD）制作后视镜外罩、基于粉末粘接工艺（3DP）制作石膏头像、基于金属熔化成型（SLM）3D 打印系统制作淋浴花洒和支架。通过任务的实施，了解不同快速成型设备的操作流程，进一步加深对典型快速成型工艺原理和成型材料的理解。

快速成型设备种类很多，不同的成型工艺、成型材料对成型效率、成型质量和成型成本影响很大。采用桌面式 FDM 成型设备，可使用 ABS、PLA 等材料进行制作，操作方便，成本较低，但成型件表面质量较差。如果采用单喷头的 FDM 成型设备制作，难免有支撑，不仅影响成型效率，还影响到成型成本、成型质量和后处理的难易。因此，在分层切片处理时要充分考虑成型方向的选择。SLA 和 LCD 都是采用光固化的成型方式，成型精度高、表面质量好、成本适中，形成的支撑较少。由于 LCD 采用倒立式由"面→体"的成型，与 SLA 直立式由"点→线→面→体"成型，有着明显的不同，且光源为数字光而非激光，因此成型效率相对提高、成本降低。但 LCD 采用的是离型膜，其耐用性较差，增加了维护保养的成本；同时受到 LCD 成型件重力的影响，需要适当增加支撑，因此，确定 LCD 成型方向时，要选择模型较大面与成型平台接触，以增大成型件与平台间的接触力，以免成型过程中掉落。3DP 粉末粘接工艺设备不需要激光器或加热装置，设备使用更为安全，但由于采用的是粉末材料对环境的污染和对人体的伤害，需要引起足够的重视。采用 SLM 金属熔化 3D 打印系统可以直接制造金属材料，可使用的金属材料也较多，关键要保持 SLM 金属成型过程中的惰性环境和激光功率稳定。相对而言，SLM 金件的后处理相对较为复杂。

在使用设备进行成型件的制作和后处理时，要学习"大国工匠"精神，严格执行设备的操作流程和要求，做到严格规范、认真负责、精益求精。

项目训练与考核

1. 项目训练

根据现有实训条件，小组合作完成某种工艺的成型件制作和后处理，并进行效果评价。

2. 项目考核卡

项目考核卡见表 7-7。

表 7-7　快速成型件的制作项目考核卡

考核项目	考核内容	参考分值	考核结果	考核人
素质目标考核	遵守规则	5		
	课堂互动	5		
	协作分工	5		
	刻苦肯干	5		
知识目标考核	熟悉快速成型设备的操作流程	10		
	选择合理的成型方向和参数	10		
	掌握分层切片处理流程	10		
	熟知成型件的后处理方法	10		
能力目标考核	能完成案例的分层切片处理	10		
	能完成案例的快速成型	10		
	能进行成型件的后处理	10		
	能客观评价成型件的质量	10		
合计		100		

思考题

7-1　在利用快速成型设备进行打印前，需要做哪些准备工作？以所操作的设备为例。

7-2　快速成型设备由哪些部分构成？各部分的主要作用是什么？以所使用设备为例。

7-3　成型材料需要具备什么特点？以所使用设备为例，阐述如何添加或卸掉成型材料。

7-4　完成成型件需要采取哪些后处理方法？

7-5　如何选择打印模型的成型方向和分层参数？

附录

快速成型领域常用的缩略词

缩略词	含义	缩略词	含义
3DP	3D 打印或三维喷涂粘结	MRI	磁共振成像
3MF	增材制造文件格式,用于描述三维模型的颜色、材质、纹理和其他特征	NSF	美国国家科学基金会,其为美国政府资助机构
ABS	丙烯腈–苯乙烯–丁二烯共聚物,是一种耐冲击且韧性高的热塑性聚合物	OEM	原始设备制造商
AJP	气溶胶喷射打印	PA	聚酰胺。用于粉末床熔融系统的热塑性聚合物
AM	增材制造	PAEK	聚芳基甲酮。高熔点的热塑性聚合物,属于聚芳谜酮中的一种
AMF	用于传递增材制造模型数据的增材制造文件格式,包括对 3D 打印零件表面几何形状的描述以及对颜色、材料、晶格、纹理和元数据的本地支持	PBF	粉末床熔融
BAAM	大面积增材制造,一种大尺寸的材料挤压技术	PBT	聚对苯二甲酸丁二酯。用作绝缘体的一种强热塑性聚合物,耐溶剂
CLIP	连续液面生长	PC	聚碳酸酯。一种热塑性聚合物,具有高成型性和高抗冲击性
DDM	直接数字制造	PEEK	聚醚醚酮。高熔点的热塑性聚合物,属于聚芳醚酮中的一种
DED	定向能量沉积	PEI	聚乙烯亚胺。一种用于黏结剂、洗涤剂和化妆品的聚合物
DfAM	增材制造设计	PEKK	聚醚酮酮。高熔点的热塑性聚合物,属于聚芳醚酮中的一种
DLP	数字光处理	PLA	聚乳酸,其为可降解的热塑性聚合物,通常从可再生资源中提取
DMD	直接金属沉积	PLLA	左旋聚乳酸,其为由玉米淀粉、甘蔗或木薯根制成的可生物降解的聚酯
DMLS	直接金属激光烧结	PMMA	聚甲基丙烯酸甲酯。一种热塑性聚合物,用于体素级黏结剂喷射工艺
DMP	直接金属打印	PP	聚丙烯。一种热塑性聚合物,广泛应用于各种制造领域

（续）

缩略词	含义	缩略词	含义
EBAM	电子束增材制造	RE	逆向工程
EBM	电子束熔化	RM	快速制造
FDM	熔融沉积成型	RP	快速成型
FFF	自由成型制造	SFF	实体自由成型制造
HIP	热等静压	SHS	选择性热烧结
ISO	国际标准化组织	SL	立体光固化
LBM	激光束熔化	SLA	立体光固化成型或立体光固化装置
LENS	激光近净成型	SLM	选择性激光熔化
LOM	分层实体制造	SLS	选择性激光烧结
LS	激光烧结	STL	STL 是三角形面片格式文件，是增材制造系统事实上的标准接口
MEMS	微机电系统	TPU	热塑性聚氨酯，具有高弹性、耐低温性、耐水性和耐油性
MJF	多喷头融合技术	WAAM	电弧增材制造

参考文献

[1] 陈雪芳,孙春华,等. 逆向工程与快速成型技术应用 [M]. 3版. 北京:机械工业出版社,2019.

[2] 陈丽华,刘江. 3D打印制造 [M]. 北京:电子工业出版社,2020.

[3] 金涛,童水光. 逆向工程技术 [M]. 北京:机械工业出版社,2003.

[4] 刘晓宏. 创新设计方法及应用 [M]. 北京:化学工业出版社,2006.

[5] 成思源,杨学荣,等. 逆向工程技术 [M]. 北京:机械工业出版社,2017.

[6] 郑月禅. 3D打印与产品创新设计 [M]. 北京:中国人民大学出版社,2019.

[7] 殷红梅,刘永利. 逆向设计及其检测技术 [M]. 北京:机械工业出版社,2020.

[8] 贺永,傅建中,高庆. 生物3D打印:从医疗辅具制造到细胞打印 [M]. 武汉:华中科技大学出版社,2019.

[9] 迪格尔,诺丁,莫特. 增材制造设计(DfAM)指南 [M]. 安世亚太科技股份有限公司,译. 北京:机械工业出版社,2021.

[10] PRATHEESH KUMAR S,ELANGOVAN S,MOHANRAJ R,et al. Review on the evolution and technology of State-of-the-Art metaladditive manufacturing processes,Materials Today,2021(2):1-14.

[11] 全国增材制造标准化技术委员会. 增材制造 术语:GB/T 35351—2017 [S]. 北京:中国标准出版社,2017.

[12] 中国机械工业联合会. 增材制造 金属材料粉末床熔融工艺规范:GB/T 39252—2020[S]. 北京:中国标准出版社,2020.

[13] 国际标准化组织,ASTM国际标委会. AM术语 一般原则 术语:ISO/ASTM 52900:2015 [S]. [S.l.:s.n.],2015.

[14] ASTM国际标委会. 粉床熔化增材制造的标准规范:F2924 Titanium-6/Aluminum-4 Vanadium [S]. [S.l.:s.n.],2012.

[15] 刘然慧,袁建军,等. 3D打印:Geomagic Wrap逆向建模设计实用教程 [M]. 北京:化学工业出版社,2020.

[16] 刘然慧,刘纪敏,等. 3D打印:Geomagic Design X逆向建模设计实用教程 [M]. 北京:化学工业出版社,2017.

[17] 杨晓雪,闫学文. Geomagic Design X三维建模案例教程 [M]. 北京:机械工业出版社,2017.

[18] 王勇,黄健. 国外增材制造发展政策与研究进展概述 [J]. 新材料产业,2016(6):2-6.